U0156019

SAME

The Same Planet
同 一 颗 星 球

PLANET

在 山 海 之 间

在 星 球 之 上

卡特里娜

一部1915—2015年的历史

Katrina

A History, 1915-2015

[美] 安迪·霍洛维茨
————著

ANDY
HOROWITZ

刘晓卉
————译

江苏人民出版社

图书在版编目（CIP）数据

卡特里娜：一部1915—2015年的历史／（美）安迪·霍洛维茨著；刘晓卉译. — 南京：江苏人民出版社，2024.8

（"同一颗星球"丛书）

书名原文：Katrina：A History，1915-2015

ISBN 978-7-214-29120-2

Ⅰ. ①卡… Ⅱ. ①安… ②刘… Ⅲ. ①台风灾害-研究-新奥尔良 Ⅳ. ①P425.6

中国国家版本馆 CIP 数据核字（2024）第 103930 号

Katrina：A History，1915—2015 by Andy Horowitz

江苏省版权局著作权合同登记号：图字 10-2022-173 号

书　　　名	卡特里娜：一部 1915—2015 年的历史	
著　　　者	[美]安迪·霍洛维茨	
译　　　者	刘晓卉	
责 任 编 辑	张　欣	
责 任 监 制	王　娟	
装 帧 设 计	潇　枫	
出 版 发 行	江苏人民出版社	
地　　　址	南京市湖南路 1 号 A 楼，邮编：210009	
照　　　排	江苏凤凰制版有限公司	
印　　　刷	江苏凤凰盐城印刷有限公司	
开　　　本	652 毫米×960 毫米　1/16	
印　　　张	20.75　插页 4	
字　　　数	277 千字	
版　　　次	2024 年 8 月第 1 版	
印　　　次	2024 年 8 月第 1 次印刷	
标 准 书 号	ISBN 978-7-214-29120-2	
定　　　价	78.00 元	

（江苏人民出版社图书凡印装错误可向承印厂调换）

总　序

　　这套书的选题，我已经默默准备很多年了，就连眼下的这篇总序，也是早在六年前就已起草了。

　　无论从什么角度讲，当代中国遭遇的环境危机，都绝对是最让自己长期忧心的问题，甚至可以说，这种人与自然的尖锐矛盾，由于更涉及长时段的阴影，就比任何单纯人世的腐恶，更让自己愁肠百结、夜不成寐，因为它注定会带来更为深重的，甚至根本无法再挽回的影响。换句话说，如果政治哲学所能关心的，还只是在一代人中间的公平问题，那么生态哲学所要关切的，则属于更加长远的代际公平问题。从这个角度看，如果偏是在我们这一代手中，只因为日益膨胀的消费物欲，就把原应递相授受、永续共享的家园，糟蹋成了永远无法修复的、连物种也已大都灭绝的环境，那么，我们还有何脸面去见列祖列宗？我们又让子孙后代去哪里安身？

　　正因为这样，早在尚且不管不顾的 20 世纪末，我就大声疾呼这方面的"观念转变"了："……作为一个鲜明而典型的案例，剥夺了起码生趣的大气污染，挥之不去地刺痛着我们：其实现代性的种种负面效应，并不是离我们还远，而是构成了身边的基本事实——不管我们是否承认，它都早已被大多数国民所体认，被陡然上升的死亡率所证实。准此，它就不可能再被轻轻放过，而必须被投以全力的警觉,就像当年全力捍卫'改革'时一样。"①

的确,面对这铺天盖地的有毒雾霾,乃至危如累卵的整个生态,作为长期惯于书斋生活的学者,除了去束手或搓手之外,要是觉得还能做点什么的话,也无非是去推动新一轮的阅读,以增强全体国民,首先是知识群体的环境意识,唤醒他们对于自身行为的责任伦理,激活他们对于文明规则的从头反思。无论如何,正是中外心智的下述反差,增强了这种阅读的紧迫性:几乎全世界的环境主义者,都属于人文类型的学者,而唯独中国本身的环保专家,却基本都属于科学主义者。正由于这样,这些人总是误以为,只要能用上更先进的科技手段,就准能改变当前的被动局面,殊不知这种局面本身就是由科技"进步"造成的。而问题的真正解决,却要从生活方式的改变入手,可那方面又谈不上什么"进步",只有思想观念的幡然改变。

幸而,在熙熙攘攘、利来利往的红尘中,还总有几位谈得来的出版家,能跟自己结成良好的工作关系,而且我们借助于这样的合作,也已经打造过不少的丛书品牌,包括那套同样由江苏人民出版社出版的、卷帙浩繁的"海外中国研究丛书";事实上,也正是在那套丛书中,我们已经推出了聚焦中国环境的子系列,包括那本触目惊心的《一江黑水》,也包括那本广受好评的《大象的退却》……不过,我和出版社的同事都觉得,光是这样还远远不够,必须另做一套更加专门的丛书,来译介国际上研究环境历史与生态危机的主流著作。也就是说,正是迫在眉睫的环境与生态问题,促使我们更要去超越民族国家的疆域,以便从"全球史"的宏大视野,来看待当代中国由发展所带来的问题。

这种高瞻远瞩的"全球史"立场,足以提升我们自己的眼光,去把地表上的每个典型的环境案例都看成整个地球家园的有机脉动。那不单意味着,我们可以从其他国家的环境案例中找到一些珍贵的教训与手段,更意味着,我们与生活在那些国家的人们,根本就是在共享着

① 刘东:《别以为那离我们还远》,载《理论与心智》,杭州:浙江大学出版社,2015年,第89页。

"同一个"家园,从而也就必须共担起沉重的责任。从这个角度讲,当代中国的尖锐环境危机,就远不止是严重的中国问题,还属于更加深远的世界性难题。一方面,正如我曾经指出过的:"那些非西方社会其实只是在受到西方冲击并且纷纷效法西方以后,其生存环境才变得如此恶劣。因此,在迄今为止的文明进程中,最不公正的历史事实之一是,原本产自某一文明内部的恶果,竟要由所有其他文明来痛苦地承受……"①而另一方面,也同样无可讳言的是,当代中国所造成的严重生态失衡,转而又加剧了世界性的环境危机。甚至,从任何有限国度来认定的高速发展,只要再换从全球史的视野来观察,就有可能意味着整个世界的生态灾难。

正因为这样,只去强调"全球意识"都还嫌不够,因为那样的地球表象跟我们太过贴近,使人们往往会鼠目寸光地看到,那个球体不过就是更加新颖的商机,或者更加开阔的商战市场。所以,必须更上一层地去提倡"星球意识",让全人类都能从更高的视点上看到,我们都是居住在"同一颗星球"上的。由此一来,我们就热切地期盼着,被选择到这套译丛里的著作,不光能增进有关自然史的丰富知识,更能唤起对于大自然的责任感,以及拯救这个唯一家园的危机感。的确,思想意识的改变是再重要不过了,否则即使耳边充满了危急的报道,人们也仍然有可能对之充耳不闻。甚至,还有人专门喜欢到电影院里,去欣赏刻意编造这些祸殃的灾难片,而且其中的毁灭场面越是惨不忍睹,他们就越是愿意乐呵呵地为之掏钱。这到底是麻木还是疯狂呢?抑或是两者兼而有之?

不管怎么说,从更加开阔的"星球意识"出发,我们还是要借这套书去尖锐地提醒,整个人类正搭乘着这颗星球,或曰正驾驶着这颗星球,来到了那个至关重要的,或已是最后的"十字路口"!我们当然也有可能由于心念一转而做出生活方式的转变,那或许就将是最后的转

---

① 刘东:《别以为那离我们还远》,载《理论与心智》,第85页。

机与生机了。不过,我们同样也有可能——依我看恐怕是更有可能——不管不顾地懵懵懂懂下去,沿着心理的惯性而"一条道走到黑",一直走到人类自身的万劫不复。而无论选择了什么,我们都必须在事先就意识到,在我们将要做出的历史性选择中,总是凝聚着对于后世的重大责任,也就是说,只要我们继续像"击鼓传花"一般地,把手中的危机像烫手山芋一样传递下去,那么,我们的子孙后代就有可能再无容身之地了。而在这样的意义上,在我们将要做出的历史性选择中,也同样凝聚着对于整个人类的重大责任,也就是说,只要我们继续执迷与沉湎其中,现代智人(homo sapiens)这个曾因智能而骄傲的物种,到了归零之后的、重新开始的地质年代中,就完全有可能因为自身的缺乏远见,而沦为一种遥远和虚缈的传说,就像如今流传的恐龙灭绝的故事一样……

2004年,正是怀着这种挥之不去的忧患,我在受命为《世界文化报告》之"中国部分"所写的提纲中,强烈发出了"重估发展蓝图"的呼吁——"现在,面对由于短视的和缺乏社会蓝图的发展所带来的、同样是积重难返的问题,中国肯定已经走到了这样一个关口:必须以当年讨论'真理标准'的热情和规模,在全体公民中间展开一场有关'发展模式'的民主讨论。这场讨论理应关照到存在于人口与资源、眼前与未来、保护与发展等一系列尖锐矛盾。从而,这场讨论也理应为今后的国策制订和资源配置,提供更多的合理性与合法性支持"[1]。2014年,还是沿着这样的问题意识,我又在清华园里特别开设的课堂上,继续提出了"寻找发展模式"的呼吁:"如果我们不能寻找到适合自己独特国情的'发展模式',而只是在盲目追随当今这种传自西方的、对于大自然的掠夺式开发,那么,人们也许会在很近的将来就发现,这种有史以来最大规模的超高速发展,终将演变成一次波及全世界的灾难性盲动。"[2]

---

[1] 刘东:《中国文化与全球化》,载《中国学术》,第19—20期合辑。
[2] 刘东:《再造传统:带着警觉加入全球》,上海:上海人民出版社,2014年,第237页。

　　所以我们无论如何，都要在对于这颗"星球"的自觉意识中，首先把胸次和襟抱高高地提升起来。正像面对一幅需要凝神观赏的画作那样，我们在当下这个很可能会迷失的瞬间，也必须从忙忙碌碌、浑浑噩噩的日常营生中，大大地后退一步，并默默地驻足一刻，以便用更富距离感和更加陌生化的眼光来重新回顾人类与自然的共生历史，也从头来检讨已把我们带到了"此时此地"的文明规则。而这样的一种眼光，也就迥然不同于以往匍匐于地面的观看，它很有可能会把我们的眼界带往太空，像那些有幸腾空而起的宇航员一样，惊喜地回望这颗被蔚蓝大海所覆盖的美丽星球，从而对我们的家园产生新颖的宇宙意识，并且从这种宽阔的宇宙意识中，油然地升腾起对于环境的珍惜与挚爱。是啊，正因为这种由后退一步所看到的壮阔景观，对于全体人类来说，甚至对于世上的所有物种来说，都必须更加学会分享与共享、珍惜与挚爱、高远与开阔，而且，不管未来文明的规则将是怎样的，它都首先必须是这样的。

　　我们就只有这样一个家园，让我们救救这颗"唯一的星球"吧！

刘东
2018 年 3 月 15 日改定

我们别无选择

如果不去努力争取未来,我们就会走向自我毁灭

目　录

致　谢

当我开始着手写这本书时，我知道撰写历史就是讲述他人的故事。然而我不知道的是，在某种程度上，撰写历史还涉及借鉴他人的观点、应对他人的批评意见，如果事情进展顺利的话，还会涉及花他人的钱。这本书的不足之处反映了我作为一个历史学者的力有不逮，但若其有些许成就的话，都要归功于我身边人的智慧和慷慨。

来自各种机构的支持使我能够完成本书的写作。我在研究生阶段就开始研究这个课题，由耶鲁大学提供的亨利·S.麦克尼尔奖学金和海伦娜·P.巴尔克利美国历史奖学金为我的教育提供了主要的资金支持。纽黑文耶鲁俱乐部连续六年颁发给我奖学金。拜内克古籍善本图书馆提供的小阿奇博尔德·汉纳美国历史奖学金、耶鲁大学社会与政策研究所的政策奖学金以及约翰·莫顿·布鲁姆美国历史与文化研究生科研奖学金也支持了我的各项研究工作。贾尔斯·怀廷夫人人文奖学金使彼时还是研究生的我一整年都能心无旁骛地写作。杜兰大学的新奥尔良南部海湾中心在我研究生阶段授予我全球南方奖学金，在我进入杜兰大学从教后又授予我门罗奖学金。在杜兰大学，我还得到了历史系和文学院的慷慨支持，得以在林中工作室驻留，那段时间写作效率颇高。最后，冥冥之中，路易斯安那州评议委员会的路易斯安那州艺术家和学者项目奖励将杜兰大学给我的一个学期假期变成了一整个学年的不受打扰的研究和写作时间。

感谢以下机构的档案管理员和图书管理员，因为有他们，我的研究才得以完成。这些机构是：耶鲁大学图书馆、拜内克古籍善本图书馆、杜兰大学图书馆、路易斯安那研究收藏馆、阿米斯塔德研究中心、霍根爵士档案馆、新奥尔良大学厄尔·K. 朗图书馆、路易斯安那州立大学图书馆、哈里·威廉姆斯口述历史中心、路易斯安那大学拉斐特分校伊迪丝·加兰·杜普雷图书馆、麦克尼斯州立大学弗雷泽纪念图书馆、路易斯安那州立图书馆、路易斯安那州立档案馆、新奥尔良公共图书馆、北卡罗来纳大学南方历史收藏馆、特拉华大学灾害研究中心、美国陆军工程兵团、国会图书馆和美国国家档案馆。

当我尝试理解我所发现的这些档案资料的同时，我也在跨越三大洲、多个学科的十几个会议上分享了我正在进行的研究。这本书因为这些会议的滋养而更加完善。我非常感谢为我提供这些机会的学术机构和专业组织，感谢所有花时间与我分享其专业知识的学者。同时，我也感谢我在《美国南部史期刊》(*Journal of Southern History*)和《南方文化》(*Southern Cultures*)上发表相关主题文章时的几位编辑和匿名审稿人，并感谢这些期刊允许我在这里复制文章的部分内容。第二章是基于《美国南部史期刊》(2014 年 11 月第 70 卷第 4 期，第 893—934 页)刊发的《飓风贝琪和新奥尔良下九区的灾难政治，1965 — 1967 年》("Hurricane Betsy and the Politics of Disaster in New Orleans's Lower Ninth Ward, 1965 - 1967")，并做了适当的编辑和扩展。结语的部分内容基于《南方文化》(2014 年秋季第 20 卷第 3 期，第 6—23 页)所刊发的《英国石油公司石油泄漏和路易斯安那帝国的终结》("The BP Oil Spill and the End of Empire Louisiana")这一稿件。

了不起的南方口述历史项目支持了我近 20 年的工作。南方口述历史项目、路易斯安那州立博物馆以及拜内克图书馆使我能够在 2006 年的夏天来到新奥尔良，询问人们对城市未来的看法，这个项目被称为"想象新奥尔良"。杰奎琳·霍尔(Jacquelyn Hall)、格伦达·吉尔摩(Glenda Gilmore)、卡伦·利瑟姆(Karen Leathem)和乔治·迈尔斯(George Miles)使这成为可能，莫拉·菲茨杰拉德(Maura Fitzgerald)、乔希·吉尔德（Josh Guild）、帕梅拉·汉密尔顿（Pamela Hamilton）、梅甘·皮尤（Megan Pugh）和伊丽莎白·谢尔本（Elizabeth Shelburne）使这成为现实。南方口述历史项目还使我2010年的夏天能够在路易斯安那州度过，采访人们有关英国石油公司石油泄露的经历。我们采访过的人太多，很遗憾无法在这里一一列出，但他们所说的一些话出现在本书中，他们的真知灼见和在困难时期所表现出的大度慷慨一直让我铭记于心。

　　我感激哈佛大学出版社为这本书的出版提供过帮助的每个人，尤其是罗宾·贝林杰（Robin Bellinger），他见证了本书成书的全过程。三位学者在出版社的邀请下阅读了整部原稿，并提供了非常有帮助的建议。莫莉·罗伊（Molly Roy）为本书作图。我将永远感激我的编辑托马斯·勒比恩（Thomas LeBien），他对我最初的书稿提案给出意见，认为我应当把书稿写成像如今所呈现出来的形态。

　　如果我将过去几年中杜兰大学里以各种方式帮助过我的人全部列出，那么这个致谢部分立马变成大学通讯目录，异常冗长。那么我就这样说吧，我非常感激我杜兰大学的同事们，特别是历史系、环境研究项目、拜沃特研究所和新奥尔良南部海湾中心的同仁们，希望这样说不会有所遗漏。本着同样的精神，我要感谢我在耶鲁大学的同学们，以及我在杜兰大学和耶鲁大学的学生们，他们并不知道他们教给我的东西实在太多了。

　　以下的这些人对本书做出了特殊且重要的贡献，他们是弗朗西丝卡·阿蒙（Francesca Ammon）、罗珊·阿德利（Rosanne Adderley）、汤姆·贝勒（Tom Beller）、戴维·布莱特（David Blight）、克里斯·邦纳（Chris Bonner）、乔希·卡弗里（Josh Caffery）、迈克尔·科恩（Michael Coenen）、克雷格·科尔滕（Craig Colten）、马克·戴维斯（Mark Davis）、约翰·德莫斯（John Demos）、凯特·达德利（Kate Dudley）、莫拉·菲茨杰拉德、贝弗·盖奇（Bev Gage）、布鲁斯·格雷（Bruce Gray）、法比耶纳·格雷（Fabienne Gray）、佩姬·格雷（Peggy Gray）、乔希·吉尔

德、雅各布·哈克（Jacob Hacker）、莱斯利·哈里斯（Leslie Harris）、马克·赫林（Mac Herring）、埃默生·希尔顿（Emerson Hilton）、乔纳森·霍洛韦（Jonathan Holloway）、丽贝卡·雅各布斯（Rebecca Jacobs）、马特·雅各布森（Matt Jacobson）、艾莉森·卡诺斯基（Alison Kanosky）、马西·考夫曼（Marcy Kaufman）、利兹·金斯利（Liz Kinsley）、卡罗林·克里姆乔克（Carolee Klimchock）、斯科特·诺尔斯（Scott Knowles）、罗宾·莫里斯（Robin Morris）、安德鲁·奥芬贝格尔（Andrew Offenberger）、珍·帕克（Jen Parker）、佩奇·彭伯顿（Paige Pemberton）、艾莉森·普莱尔（Allison Plyer）、道格·雷（Doug Rae）、凯蒂·雷克达尔（Katy Reckdahl）、雅各布·雷米斯（Jacob Remes）、爱德华·理查兹（Edward Richards）、乔·罗奇（Joe Roach）、伊莱休·鲁宾（Elihu Rubin）、保罗·萨宾（Paul Sabin）、丽贝卡·斯内德克（Rebecca Snedeker）、兰迪·斯帕克斯（Randy Sparks）、尼克·斯皮策（Nick Spitzer）、特德·斯坦伯格（Ted Steinberg）、汤姆·萨格鲁（Tom Sugrue）、约翰·斯威德（John Szwed）、克洛艾·塔夫脱（Chloe Taft）、劳伦·蒂尔顿（Lauren Tilton）、凯特琳·提尔顿（Caitlin Verboon）、卡罗琳·韦尔（Carolyn Ware）、莫莉·沃森（Molly Worthen）、鲁西·尤（Ruthie Yow）、塔利亚·泽马赫-伯辛（Talya Zemach-Bersin）。我还要感谢那些我无意中遗漏的未出现在这一名单上的人，希望他们不要怪我。我特别感谢拉里·鲍威尔（Larry Powell）提供给我大量的宝贵资料，感谢里奇·坎帕内拉（Rich Campanella）和我一起查看地图，感谢梅甘·皮尤使我的句子更加凝练。利兹·科恩（Liz Cohen）是那个曾说服我去读研究生的人，她读了本书初稿，并对几乎每一页都给出了改进意见。我很遗憾，由于篇幅有限，我无法详细阐释这些人对此书的重要性，也无法感谢更多其他的人，他们不一定直接完善了本书，但肯定帮助提高了我的水平。

　　有三位导师帮助我构思这个研究项目，他们的影响一直持续到最后。约翰尼·法拉格（Johnny Faragher）是我所见过的最不能容忍信口开河行为之人,他让我保持诚实。凯·埃里克松(Kai Erikson),一位研究灾难和社区的杰出学者,使我明白做人文学科研究就是学习做个仁义之人的实用艺术。还有格伦达·吉尔摩,从我大学第一天走进她的教室,我一直觉得她在告诉我关于我自己国家的秘密。她使我明白了生活中同情的力量、改变的可能性以及心怀希望之必要性。换句话说,格伦达·吉尔摩是我成为历史学家的原因。

　　请允许我回顾一下更早的开端作为结语。从逻辑上讲,我所感谢的人和事可以追溯到一辆洗衣车的底部。根据我的家族传说,在一个世纪前,我的曾祖父母躲在马车下逃脱了巴布鲁伊斯克大屠杀。毕竟,如果没有那辆马车或者车上某个人的灵机一动,本书就不会存在。我确信我的祖先没有去过路易斯安那州,但我想若有机会,他们应该能理解这个地方。他们知道修复这个世界需要怎样的勇气和希望。我的家人大多喜欢唱歌。我不知道该如何用语言表达我对他们的感念,包括我的祖母玛丽(Mary)和塞尔达(Zelda)、我的哥哥杰西(Jesse)、我的嫂子加比(Gabby)、我的侄子本吉(Benji)和雷米(Remy)、我的姑姑妮娜(Nina)、我的叔叔霍尔(Holland),还有我的表兄弟马特(Matt)、乔恩(Jon)、劳伦(Lauren)、艾米(Amy)、里斯(Reece)、埃利奥特(Elliot)和亨利(Henry),特别是我的父母西德尼(Sidney)和格拉迪斯(Reece),我只能说每一天我都意识到自己有着难以置信的幸运——因为我出生在最好的家庭。

　　最后,现在我只是在炫耀了:我也娶了最好的人。在她给予我的众多幸事中,最美妙的是给了我两个女儿米拉(Mira)和塞尔达,她们成了第六代新奥尔良人。对于此和其他所有的一切,莎拉,这本书为你而作。

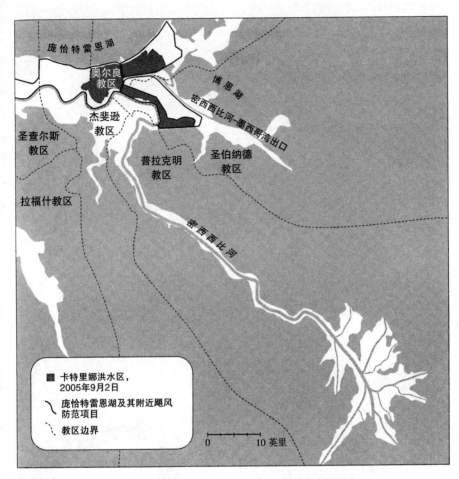

卡特里娜洪水区,2005 年 9 月 2 日。

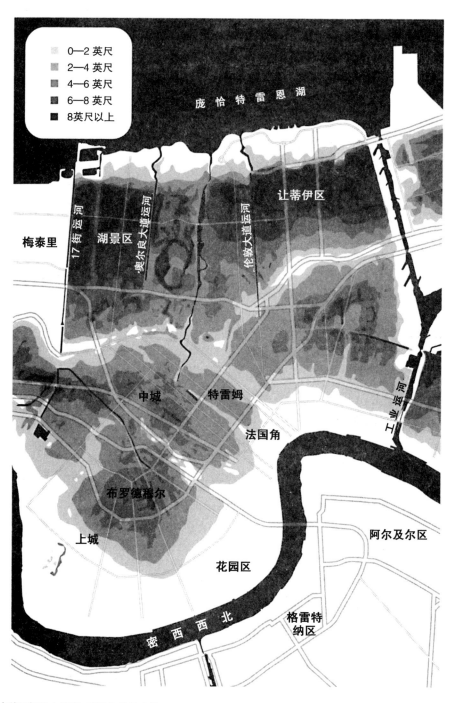

图例：
- 0—2 英尺
- 2—4 英尺
- 4—6 英尺
- 6—8 英尺
- 8英尺以上

庞恰特雷恩湖

让蒂伊区

梅泰里

17街运河

湖景区

奥尔良大道运河

伦敦大道运河

中城

特雷姆

法国角

工业运河

布罗德穆尔

上城

阿尔及尔区

花园区

密西西北

格雷特纳区

卡特里娜洪水深度，2005 年 9 月 2 日。

新奥尔良
东部

海湾内河航道

密西西比河-墨西哥湾入口

比安弗尼湾

下九区

阿拉比区

沙尔梅特区

河

0　　　　　　　1 英里

引　言

1915 年 9 月 29 日,在密西西比河最靠近墨西哥湾处一端的泥泞尽头、新奥尔良市下游约 161 千米处,一场不知名的飓风着陆了。在路易斯安那州的伯伍德镇(Burrwood),风速表显示这里的阵风时速为每小时 225 千米左右。在暴风不那么猛烈的日子,由几百个人组成的美国陆军工程兵团在这里展开救援。晚上他们住在整洁的小屋里,白天就在河口处清理淤泥,疏通航运运河。① 随着风暴向上游移动,杜兰大学的空盒气压表暴跌至 713 毫米,雨量测量器显示这里 21 小时内的降雨量为 212 毫米。这一区域时常遭受飓风侵袭,可就连对飓风司空见惯的这里来说,这些数据也是惊人的。艾萨克·克莱因(Isaac Cline)是位于新奥尔良市的美国气象局(the United States Weather Bureau)首席气象学家,他报告说这样的风暴是"墨西哥湾沿岸历史上甚至可能是美国历史上有记录的最为强烈的飓风"②。

---

① 关于伯伍德镇的介绍,参见 R. Christopher Goodwin, Kenneth R. Jones, Debra M. Stayner, and Galloway W. Selby, *Evaluation of the National Register Eligibility of Burrwood, Plaquemines Parish, Louisiana*(《路易斯安那普拉克明教区伯伍德镇国家注册资格评估》)(New Orleans: R. Goodwin & Associates, Inc. , 1985), in the Louisiana State Library, Baton Rouge, LA;关于风速的研究,参见 Isaac Cline, *Storms, Floods and Sunshine: A Book of Memoirs*(《暴风、洪水和阳光:回忆录》)(New Orleans: Pelican Publishing Company, 1945), p. 158;关于码头的介绍,参见 John M. Barry, *Rising Tide: The Great Mississippi Flood of 1927 and How It Changed America*(《潮涌:1927年密西西比河大洪水及其对美国的改变》)(New York: Simon & Schuster, 1997),pp. 78 - 92。

② Isaac M. Cline, "The Tropical Hurricane of September 29, 1915 in Louisiana"(《1915 年 9 月 29 日路易斯安那州的热带飓风》), *Monthly Weather Review* (《每月天气报告》)43, no. 9 (1915): 459 (for the barometer) and 456 (for "intense");关于降水,参见 George G. Earl, *The Hurricane of Sept. 29th, 1915, and Subsequent Heavy Rainfalls*(《1915 年 9 月 29 日的飓风和随后的暴雨》), report to the Sewerage and Water Board of New Orleans (October 14, 1915), p. 15, in the City Archives, Louisiana Division, New Orlens Public Library。

但是气象数据本身并无太多意义，单单看这些数据并不能显示这场风暴对人类意味着什么，也无法看出人类是如何应对它的。精确的数据如风速、降雨量、气压值并不能记录在一些反复被自然力侵扰的地区中存在的生命形态。我们需要不同的工具来研究测量这些特殊时期，在这些时期里，土地、风和水一同扰乱了人类的历史进程，这对我们人类影响巨大以至于我们用一个词来命名它。该词的基本意义是整个宇宙都处于混乱无序的状态——这个词便是"灾难"。

1915 年的飓风夺去了路易斯安那州的 275 条人命，财产损失预计有 1 200 万（以 2015 年的美元货币估计为 2.8 亿）。伯伍德镇上游一个叫作帝国的小镇，只有 4 户人家的房屋仍然挺立。新奥尔良东部的圣伯纳德教区（St. Bernard Parish），一个叫作圣马洛的定居点整个从地球上消失。圣马洛这一村庄是以 18 世纪 80 年代带领一群非洲奴隶逃跑的吉恩·圣马洛（Jean Saint Malo）命名的。此人最后被西班牙官员所捕，于 1784 年在卡维尔多（Cabildo）被处决——这里现在已经成为新奥尔良的历史中心广场。在这次飓风中，强烈的风暴将圣路易斯大教堂（the Saint Louis Cathedral）尖塔上的石片吹落至此处。新奥尔良的一些地方连续 5 天都浸泡在 30 厘米左右深的水中。① 尽管如此，风暴刚刚过去后，很多新奥尔良人就开始了他们的庆祝活动。

飓风发生后，报纸上这样说："我们的记录显示新奥尔良能够抵挡得住大风暴。"市长很快就拒绝了外部援助。负责防洪事宜的新奥尔良污水和供水委员会（the Sewerage and Water Board）在事发一个月后

① 关于死亡人数，参见 Cline, "Tropical Hurricane"（《热带飓风》），p. 465；关于损失，参见 "Gulf Coast Loss Reaches Millions"（《墨西哥湾沿岸损失达数百万美元》），*New York Times*（《纽约时报》），October 2, 1915, p. 17；关于吉恩·圣马洛，参见 *Gwendolyn Midlo Hall, Africans in Colonial Louisiana : The Development of Afro-Creole Culture in the Eighteenth Century*（《殖民时期路易斯安那州的非洲人：18 世纪非洲克里奥尔文化的发展》）（Baton Rouge: Louisiana State University Press, 1992），pp. 213－232；关于尖塔，参见 "Vieux Carre in Direct Path of Hurricane Weathers Storm with Very Small Damage"（《位于飓风直接路径上的新奥尔良老区经历了风暴，损失很小》），*New Orleans Times-Picayune*（《新奥尔良皮卡尤恩时报》），September 30, 1915, p. 3；关于洪水，参见 *Thirty-Second Semi-Annual Report of the Sewerage and Water Board of New Orleans, LA*（《洛杉矶新奥尔良下水道和水务局第 32 半年度报告》）（New Orleans: Sewerage and Water Board, 1915），p. 63, in the City Archives, Louisiana Division, New Orlens Public Library。

对该事件进行了调查,总结说该市新的排水系统经受住了一场决定性的考验。该机构的报告称,"我们可以确定地说世界上没有哪个城市能像新奥尔良一样在这样的大灾面前损失如此之轻,造成的不便如此之少"。该报告从像艾萨克·克莱因这样的气象学家那里搜集数据,然后推断说最近出现的极端暴风和暴雨"在较近的未来一般不太可能再次出现"①。

对于新奥尔良这样一座自 1718 年欧洲殖民地建立以来遭受过了92 场飓风和热带风暴侵袭的城市来说,这种逻辑很奇怪。② 尽管该市在历史上发生了如此多次风暴,污水和供水委员会还是认为即使一场大风暴再次光顾,新奥尔良也会是安全的。该报告的撰写者从这场风暴中得到的"经验"是:"没有理由说该市以及周边乡村在各个方面不能比以往发展得更好。"1915 年这次飓风的经历使该市的工程师、投资商、城市规划师和政客、开发商以及购房者之间达成了这样的共识——新奥尔良应该继续增长。③

新奥尔良人所创造的城市成了世界上最为著名的地区之一。一个世纪后皮内特原创铜管乐队的女士们这样唱道:"没有城市如我的家乡一样。"④新奥尔良的倾慕者对该市有诸多褒扬,如"梦想之地"

---

① " 'Storm Proof!' The Record Shows Orleans"(《记录显示新奥尔良"能够抵挡得住大风暴"》), *New Orleans Item*(《新奥尔良简报》), September 30, 1915, p. 10; "Storm Over, City Emerges Victor"(《风暴过后,城市胜出》), *New Orleans Item*(《新奥尔良简报》), September 29, 1915, p. 1; Earl, *The Hurricane of Sept. 29th*(《9 月 29 日的飓风》), 17 - 1.

② US Army Corps of Engineers, *Hurricane Study*: *History of Hurricane Occurrences along Coastal Louisiana*(《飓风研究:路易斯安那州沿海飓风发生史》)(New Orleans: New Orleans District, 1972), pp. 1, 12 - 23.

③ Earl, *Hurricane of Sept. 29th*(《9 月 29 日的飓风》), p. 17;关于城市增长,参见 Harvey Molotch, "The City as Growth Machine: Toward a Political Economy of Place"(《作为增长机器的城市:迈向地方政治经济学》), *American Journal of Sociology*(《美国社会学杂志》)82, no. 2 (September 1976): 309 - 332.

④ Original Pinettes Brass Band, "Ain't No City"(《没有城市》), 2014, YouTube video, https://www.youtube.com/watch? v = 2bIF7VHY_jg.

"快活之都""无忧之城""美国最为有趣的城市"以及"美利坚之魂"。[①] 这里有爵士乐，有马蒂·格拉斯狂欢节(Mardi Gras)，对世界文化有贡献突出，可以说，新奥尔良比美国其他城市更加注重创新性、世界主义以及对生活的热忱。

然而，今天新奥尔良也开始重视灾难了。2005 年 8 月 29 日，新奥尔良的堤坝系统崩塌了，整个城市都被水所淹，几百人因此丧生，几千户房屋被毁，这不但成了现代美国历史上最为可怕的时刻之一，还让卡特里娜飓风成了灾难的代名词。人们对 1915 年那场风暴的应对方式为一个世纪后所发生的事情投下了阴影，因为这场风暴之后发展起来的新社区在 2005 年经历了最严重的洪水侵袭。[②] 一座建筑的修建年代比其居民的族裔和阶级等任何单一因素更能昭示它是否能够度过 2005 年的灾难。追踪卡特里娜所引起的洪水的基本情况能够让我们看到 90 多年前新奥尔良城市的样貌——1915 年前该市所建的大多数房屋并没有被冲毁，而在新奥尔良污水和供水委员会于 1915 年提

[①] 有关新奥尔良 20 世纪形象的描述，参见 Kevin Fox Gotham, *Authentic New Orleans*: *Tourism*, *Culture*, *and Race in the Big Easy*（《真实的新奥尔良：轻松城的旅游、文化和种族》）（New York: New York University Press, 2007）; Lynnell L. Thomas, *Desire and Disaster in New Orleans*: *Tourism*, *Race*, *and Historical Memory*（《新奥尔良的欲望与灾难：旅游、种族与历史记忆》）（Durham: Duke University Press, 2014）; Anthony J. Stanonis, *Creating the Big Easy*: *New Orleans and the Emergence of Modern Tourism*, *1918 - 1945*（《创造轻松城：1918—1945 年新奥尔良与现代旅游业的兴起》）（Athens: University of Georgia Press, 2006）; J. Mark Souther, *New Orleans On Parade*: *Tourism and the Transformation of the Crescent City*（《新奥尔良大游行：旅游业与新月之城的变革》）（Baton Rouge: Louisiana State University Press, 2006）; 以及 Louise McKinney, *New Orleans*: *A Cultural History*（《新奥尔良：一段文化史》）（New York: Oxford University Press, 2006）。

[②] 关于湿地排水问题，参见 Craig E. Colten, *An Unnatural Metropolis*: *Wresting New Orleans from Nature*（《非自然大都市：从大自然中夺取新奥尔良》）（Baton Rouge: Louisiana State University Press, 2005）; 有关显示卡特里娜洪灾范围和"截至 1939 年每个街区建筑的媒体建造年代"的地图，请参见 Richard Campanella, *Bienville's Dilemma*: *A Historical Geography of New Orleans*（《比恩维尔的困境：新奥尔良历史地理》）（Lafayette: Center for Louisiana Studies, 2008）, (map section, no page number); 另见 Peirce F. Lewis, *New Orleans*: *The Making of an Urban Landscape*（《城市景观的塑造》）（1976; Charlottesville: University of Virginia Press, 2018）; Craig E. Colten, ed., *Transforming New Orleans and Its Environs*: *Centuries of Change*（《改造新奥尔良及其周边地区：世纪之变迁》）（Pittsburgh: University of Pittsburgh Press, 2000）; Ari Kelman, *A River and Its City*: *The Nature of Landscape in New Orleans*（《一条河流，一座城市：新奥尔良的自然景观》）（Berkeley: University of California Press, 2003）; Kelman, "Boundary Issues: Clarifying New Orleans's Murky Edges"（《边界问题：澄清新奥尔良的模糊边缘》）, *Journal of American History*（《美国历史杂志》）94, no. 3 (December 2007): 695 - 703。

出城市应继续发展的号召之后,所建的大多数住房都未能幸免。①

　　我们通常将灾难想象为特殊事件,将他们描述为外来的侵袭,与历史无关的上帝之举,以及来自外部的狠狠一击。这是为什么大多数关于卡特里娜的叙述都以河堤的崩坏开始,停笔于灾难发生的不久之后。但是这些故事并没有告诉我们到底发生了什么,为什么发生以及怎样做才能防止灾难的发生。河堤在被冲毁前得首先被修建起来。

　　我撰写的这个关于卡特里娜的故事从 1915 年讲起,这样做是为了呈现一种不同的观点——灾难其实来自内部。比起一些独立的事件,灾难更像是一个连续的过程。② 一些看似紧急的事件,如 1915 年那场几乎被大众遗忘的飓风,对我们今天仍有影响——它给我们以教训,促使我们做出决定,迫使我们做出调整。这些事件的起因和结果的时间及空间跨度比我们通常想象的更为广阔深远。审视历史上所发生的灾难,我们便会知晓,我们的居住地以及将我们居住地置于危险境地的灾难是国家政策、文化想象、经济秩序以及环境因素综合作用的结果。

　　卡特里娜的起因和结果所涉及的时间范围有一个世纪之久。1915 年新奥尔良污水和供水委员会的报告影响了 2005 年被洪水所淹的社区的建设理念。20 世纪 20 年代圣伯纳德教区关于捕猎兽皮的权力之争影响了 20 世纪 40 年代对于近海石油的法律争议,进而影响了 20 世纪 50 年代路易斯安那州的经济、20 世纪 70 年代该州海岸线的范围以及 21 世纪 10 年代该州为了应对土地流失所颁布的《海岸总体规

① 卡特里娜飓风洪水线描绘了 19 世纪 90 年代的城市轮廓,当时密西西比河附近的后沼泽还没有被排干,无法在地势最高的地方开始大规模的住宅建设。但是,由于 20 世纪 10 年代之前建造的房屋大多建于桥墩之上,高于街道的地势,因此一般来说,这些房屋不会被 2005 年水位相对较低的洪水淹没。因此,我将 1915 年作为 2005 年遭遇严重洪灾的最古老房屋的平均建造日期,其部分依据是我与理查德·坎帕内拉(Richard Campanella)共同进行的分析,并参考了联邦紧急事务管理局(the Federal Emergency Management Agency)和市政检察员进行的飓风后损失调查(https://data. nola. gov/Archived /Post-Katrina-Damage-Assessment/aned-jbk9/data)、美国陆军工程兵团兼绩效评估工作组的"首层调查"(作者所掌握的 ArcMap GIS 数据)以及 1940 年人口普查关于房屋建造年代的数据。
② Kai T. Erikson, *Everything in Its Path*：*Destruction of Community in Buffalo Creek*(《一切尽在掌握：水牛溪社区的毁灭》)(1978；New York：Simon & Schuster, 2006).

划》(*Coastal Master Plan*)。1965 年贝琪飓风发生之时，曾因运输之用在 1918 年被疏浚的工业运河淹没了老兵们的家，关于佃农制的记忆影响了非裔美国人在接受小企业管理局提供的灾难援助贷款时对此项贷款的看法。2005 年，工业运河在卡特里娜风暴潮的重击下再次泛洪，关于贝琪飓风的记忆再次塑造了新奥尔良人这次所做出的举措。1937 年《联邦住房法》(*Federal Housing Act*)做出的承诺使得人们在 2007 年提出要再次享受公共住房政策。1927 年路易斯那安州的工程师在圣伯纳德教区爆破了一座堤坝，这在日后的 1965 年和 2005 年都使民众担忧决策者会再次有相同的举措。美国重建时期非裔美国人为提供丧葬保险而创立的互济协会影响了日后社会援助和娱乐俱乐部向路易斯安那人提供"爵士葬礼"的举措——这也象征着该州的复苏。杰西·杰克逊(Jesse Jackson)牧师在 2005 年称，卡特里娜使新奥尔良的会议中心充满了无依无靠的非裔美国难民，这里看起来像是"一艘大奴隶船"，他告诫他的听众，在灾难中我们无法摆脱过去的历史对我们的影响。[1]

然而，如果理解历史需要将看似毫无关联的单个事件串联起来，试图弄清楚 2005 年 8 月 29 号之后路易斯安那州所发生的事情却引出了一个相反的问题，因为一些通常被认为是卡特里娜所引发的影响其实并不是这场飓风所为。

这场风暴结束后，新奥尔良的警察射杀了手无寸铁的市民。联邦紧急事务管理局向洪水中受灾的民众提供了含有甲醛的拖车。新奥尔良市议会投票拆除了该市的公共住房公寓。路易斯安那州议会投票将该市的公立学校体系改为特许学校联盟。国会投票决定为美国历史上最大的住房复苏计划提供资金，该项目将钱款拨给了房屋所有

---

[1] "Katrina's Racial Storm"(《卡特里娜的种族风暴》)，*Chicago Tribune*(《芝加哥论坛报》)，September 8，2005. 同样，也努力将卡特里娜飓风与"三个多世纪以来一直是美国社会分裂和人类解放风暴中心"的南方腹地联系起来。参见 Clyde Woods，"Katrina's World：Blues，Bourbon，and the Return to the Source"(《卡特里娜的世界：蓝调音乐、波本酒与回归原点》)，*American Quarterly*(《美国季度》)61，no. 3 (September 2009)：427 – 453 (quotation on p. 429)。

者而非租户。新奥尔良的警察逮捕了一些音乐人，只因他们在没有许可的情况下举办爵士葬礼，整个城市都被暴力犯罪所困扰。路易斯安那州立大学关闭了新奥尔良的公立慈善医院，该市精神疾病的发病率却不断飙升。美国陆军工程兵团环城修建了一个新的堤防系统，而堤坝另一侧的湿地则继续被侵蚀，城市本身也不断下陷。卡特里娜发生后的 10 年，新奥尔良的人口从 48.467 4 万人下降到 39.711 万人。在减少的人口中，大部分（约有 9.2 万人）都是非裔美国人。① 我们将这一系列事件都称为"卡特里娜"，但飓风并不是这些事件的直接原因。

　　洪水中所发生的事情告诉我们一个重要的故事，但这并不是唯一重要的故事。美国总统乔治·布什（George Bush）在 2005 年 9 月称，"美国人从未将自己的命运交于大自然的心血来潮，我们现在也不会这样做"②。洪水退去后，决策者对洪水给社会造成的困难进行重新分配。立法者制定的复苏计划更倾向于白人而非非裔美国人，倾向于富人而非穷人，倾向于房屋拥有者而非租赁者。这些政策加重了早已存在的社会不公平问题。决策者常常破坏他们的反对者所称的生活中最重要的东西，如家庭纽带、社区团结、政治合法性的理念、文化归属感和道德秩序感。

　　"灾难"一词在词源上的意思是脱离原来位置的星星。但如果卡

---

① 根据 2000 年美国的人口普查情况，2000 年非裔美国人口为 323 392 人。2005 年该市的人口数量存在很大的不确定性。美国人口普查局根据 2000 年的情况预测得出的 2005 年普查后估计值为 453 726 人。人口普查局根据 2010 年人口普查向后推算出的 2005 年普查间估计值为 494 294 人。换句话说，人口普查最初认为在洪灾前的 5 年中，新奥尔良市的人口减少了约 3 万人，但随后对其统计数字进行了修订，认为新奥尔良市在同一时期实际上增加了 1 万人。由于这两个数字之间存在差距，因此我以相对确定的 2000 年统计数字为准；出于必要，我使用了 2015 年两次人口普查之间的估计值，其中计算出新奥尔良有 231 651 名非裔美国人。关于 2015 年的数据，请参见 "Annual Estimates of the Resident Population by Sex, Race, and Hispanic Origin for the United States, States, and Counties: April 1, 2010 to July1, 2017"（《美国州和县按性别、种族和西班牙裔分列的常住人口年度估计数：2010 年 4 月 1 日至 2017 年 7 月 1 日》）（June 2018），https://factfinder. census. gov/bkmk/table/1. 0/en/PEP/2017/PEPSR6H/0500000US22071? slice = Year ~ est720。

② George W. Bush, "Address to the Nation on Hurricane Katrina Recovery from New Orleans, Louisiana"（《在路易斯安那州新奥尔良市就卡特里娜飓风的恢复向全国发表讲话》）September 15, 2005, in *Weekly Compilation of Presidential Documents*（《总统文件汇编》）40, no. 37（US Government Printing Office, September 19, 2005），1409。

特里娜飓风发生之后路易斯安那州所发生的变化在一些人看来是命中注定的话，我们需要记住莎士比亚的那个名句，"人们可以支配自己的命运，若我们受制于人，错不在命运，而在我们自己"①。

卡特里娜将我们这个时代最关心的一些问题汇集到了一起。气候危机——既彰显了人类改变世界的力量，又显示了人类在控制这些变化时的无能为力；化石燃料的增长——使单户住宅变得可负担得起，也使其脆弱不堪；无法适应我们不断变暖的地球的基础设施；持续的紧急状态和相应的对可持续性和韧性的向往；撕裂我们社会的种族主义；具有毁坏性的不平等问题；时而草率、时而具有革命性的相信未来好于过去的愿望——这些都不是路易斯安那州所独有的。这些问题定义了 21 世纪的美国。纽约州和新泽西州的飓风桑迪、得克萨斯州的飓风哈维、波多黎各的飓风玛利亚，以及其他类似的可怕事件证明了很多路易斯安那人一直都懂的一个道理：新奥尔良的历史就是美国的历史，卡特里娜就是美国可能的未来。②

我们经常认为我们的问题是之前从未出现过的，我们所面临的危机挑战了国家行为的合法性、我们经济的道德基础以及赋予我们生命以意义的文化发展过程。这些其实都是最为持久的人类问题。历史可以帮助我们揭示各种可能的解决方案。因此，本书介绍了卡特里娜的历史，同时阐释了从一般意义上理解灾难的新的且更为宏观的方式。

我在努力面对一个令人不安的事实——灾难是有它的历史的。后面的章节挑战了急性灾难和持续性灾难的差别、自然和人为之间的差别、城市与城郊和乡村的差别、保守政治和自由政治的差别；同时也阐明了在复苏问题上国会和受灾社区所给出的不同的定义。为了厘

① William Shakespeare, *Julius Caesar*（《凯撒大帝》），Act I, Scene 2.
② Andy Horowitz, "Don't Repeat the Mistakes of the Katrina Recovery"（《切勿重蹈卡特里娜飓风灾后重建之覆辙》），*New York Times*（《纽约时报》），September 14, 2017. 关于"紧急状态"，参见 Giorgio Agamben, *State of Exception*（《期望状态》）（Chicago：University of Chicago Press, 2008）；关于韧性，参见 Lawrence J. Vale and Thomas J. Campanella, *Resilient City: How Modern Cities Recover from Disaster*（《现代城市如何灾后重建》）（New York：Oxford University Press, 2005）。

清卡特里娜的前因后果,我进行了广泛的研究——跨越不同领域如城市史、环境史、南方史和非裔美国史来追寻问题的答案,也结合了社会学、人类学、地理学和经济学的观点来探讨结构性不平等和物质基础设施之间的关系。我利用国会议员、共产党人、军队和石油公司的档案,也使用城市规划、地质调查、口述历史、人口普查记录以及爵士乐唱片作为研究资料,借助这些来理解灾难如何迫使人类考虑不平等问题的起因,让我们讨论政府的适当角色,并试图理解变化本身。

本书主要解决三大问题:人们为何住在如此危险的地方? 这些地方为何如此危险? 这种事怎么可能发生在美国? 2005 年夏末,当人们从电视上看到新奥尔良 80% 的区域以及圣伯纳德教区附近所有地方都被水所淹时,他们哭喊着问出上述问题。自此,学者和决策者一直致力于解决这些问题,因为这些问题不只关乎路易斯安那州,也关乎如何理解 20 世纪和 21 世纪的美国。这些问题仍然困扰着我们,特别是人们更加清醒地认识到卡特里娜并没有远去成为历史,而是作为未来的预兆显得越来越重要。

我可以迅速概括出本书为前两个问题所提供的答案。人们为何住在如此危险的地方? 人们住在这里是因为在一个多世纪里包括《沼泽地法案》(*Swamp Land Acts*)、《退伍军人权利法案》(*GI Bill*)、《灾害救济法》(*Disaster Relief Act*)、《国家洪水保险计划》(*National Flood Insurance Program*)和堤坝建设本身在内的各项联邦法案及计划都鼓励人们在洪水易发地区修建和重建房屋。这些地方为何如此危险? 它们并非一直如此。这一势头在 20 世纪里愈演愈烈,因为路易斯安那州最为盈利的行业——运输业和石油业所获得的利润并没有首先分配用以这些地方的公共开支,这造成了私人利益和公共责任之间巨大的不平衡。这种情况使得陆地令人震惊地塌陷并坠入水里。2005 年后建成的新堤防系统对路易斯安那州的这场生存危机并无明显助益。

第三个问题——这种事怎么可能发生在美国——则需要更多的

讨论。在 2005 年洪水之前，很多人认为作为美国的公民不会有如此可怕的遭遇。即使洪水发生之后，很多人还是声称卡特里娜永远不会发生在纽约这样的城市。他们如此说的意思是美国的国民身份可以许诺富裕白人免遭这样的劫难，只有新奥尔良的穷困黑人才会在灾难中受到如此严重的影响。提出这样观点的人意在对种族主义和经济不平等予以批判；他们或许没有意识到这样的观点其实植根于美国例外论。[①] 认为新奥尔良人、穷困人群抑或非裔美国人是特殊案例，不具普遍性会在不知不觉中遮掩了其他地方和其他人。这种天真是很危险的。断言卡特里娜洪水只影响社会边缘人群让我们对这场灾难吹响的警笛充耳不闻。

种族主义和贫困问题是理解卡特里娜这段历史的关键，因为它们构建了美国的不平等问题，这种不平等如此严重以至于对美国来说是致命的。但是有些时候，它们无法对这些记录在册的苦难提供足够的阐释，尤其是当谈论到洪水所触发的社会脆弱性时。很多新奥尔良的观察者提出这样的观点，一位学者总结下来是这样的，"阶级和种族的不同会加倍体现在他们居所的地形位置上"[②]，但是现实远比此复杂。当防洪堤决堤时，成千上万居住在城郊的中产阶级白人家庭的房屋被灾难性地淹没，而大部分住在公共住房的新奥尔良穷困黑人安然无恙。种族主义或贫困与遭遇洪水的严重程度之间并无直接联系。

相反，我想证明的是虽然种族主义为洪水中某些人家的房屋被冲毁提供了背景，事情实际发生的经过却是迂回曲折的。洪水的发生并非 2005 年堤防崩塌之前的几年中种族主义政策和实践的结果。相反，20 世纪 30 年代到 60 年代联邦住房政策中存在的种族主义——包

---

① 关于美国例外论和卡特里娜飓风，参见 Ron Eyerman, *Is This America?*: *Katrina as Cultural Trauma*（《这是美国吗？——作为文化创伤的卡特里娜》）(Austin: University of Texas Press, 2015)。虽然我不同意卡特里娜飓风代表着"对美国例外论'神话'的沉重打击"，因为许多非裔美国人从未相信过这样的神话，而许多美国白人认为，他们仍然受到保护。

② Neil Smith, "There's No Such Thing as a Natural Disaster"（《没有所谓的自然灾害》）, *Understanding Katrina*: *Perspectives from the Social Sciences*（《了解卡特里娜：社会科学的视角》）Social Science Research Center (June11, 2006), https://items. ssrc. org/understanding-katrina/theres-no-such-thing-as-a-natural-disaster/.

括对一些区域画红线以区别对待、种族隔离，以及将钱款不成比例地借给白人的退伍军人事务贷款——使得中产阶级白人能够搬入崭新的住房。由于唯一可用的土地在新社区和城郊较为低矮的区域，中产阶级白人于是在此安家，而很多非裔美国人仍然住在市中心。老城处于较高的地理位置。因此，具有讽刺意味的是，将非裔美国家庭安置于新奥尔良老城区使他们免遭了一部分洪灾，而同样的具有种族主义的住房政策将白人以及能够在新城区安身的黑人置于危险之中。

最后一点值得再加以讨论。种族主义的住房政策将白人为主的一大群人口搬移至新的社区，这里有崭新的街道、新建的学校、更值钱的房屋，还有大多数居民所看不到的更大的洪水威胁。非裔美国人被留在了老旧的社区，这里在很多方面都被人认为是不理想的，虽然这里有看不见的好处——海拔较高。下九区就是能够证明此规律的一个特殊的案例。该非裔美国人社区位于低洼之处，在 2005 年时遭受了毁灭性的洪水袭击。但是，它并不是该市最为边缘化的市民的家园。相反，它是由中产阶级非裔美国人建造给自己的社区，这些非裔美国人知晓如何获得地方、州和联邦政府在大都市区发展和住房所有权方面提供的福利。

从长远角度来看，曾经使美国取得进步的政策和实践造就了灾难性的脆弱。住在新奥尔良大都市区洪水易发区的人们一般不是因为处于社会弱势地位而居于此。相反，是因为他们有资格利用政府专为发展低洼地区住宅而提供的补贴。从更为广阔的角度讲，他们从创造了美国的中产阶级和定义了二战后美国梦的再分配政策中获益。扩展福利国家的自由主义欲望与将发展的成果私有化的保守主义欲望结合在了一起，这种不安分但膨胀式的"缓和"状态造就了 20 世纪的美国，却对其在 21 世纪的发展造成了威胁。没有什么比环绕新奥尔良大都市区的联邦堤防系统更能象征这一趋势了，该堤防系统修建于20 世纪 60 年代晚期，在 2005 年被洪水冲毁。它是美国历史上最大的公共工程之一，是国家对其领土内民众的安全、福祉以及国家发展所做出的承诺在物理上的体现。但是它的根基不甚牢固。当该体系崩坏时,有权有势者试图踩在那些弱势群体的背上将这一体系重新撑起来。

本书分为两部分,以堤防系统决裂的那一天为分界点。如此划分这两部分不但意在认清这次致命的决堤之重要性,还意在强调堤坝决裂前后所发生的事情使卡特里娜飓风对人类的影响如此严重。我还将目光投向堤坝之外,因为通常从环境史的视野来书写和理解城市史不能忽视地方层面的变化。新奥尔良及其郊区人们的生活长久以来都与他们在现代城墙之外所发生的事情密切相关。[1]

本书第一部分介绍了路易斯安那州的脆弱性是如何形成的,故事以一次爆炸开始。1927 年 4 月,在法国角下游约 24.1 千米处,路易斯安那州的工程师为了保护新奥尔良不受河流高水位的影响,炸毁了密西西比河大坝,此举导致圣伯纳德和普拉克明教区数以千计的农民、渔民以及毛皮猎人的家园被洪水冲毁。这次爆炸标志着人们为控制密西西比河在一个世纪中所做出的点滴努力以失败告终。这也预示着国家权力、政治意识形态和防洪政策会因这件事而交汇在一起,在这种社会制度中,政客和工程师能够重塑地球的样貌,一些群体能够通过危害和剥夺另一些群体来保护自己,谋求财富。

19 世纪 90 年代,普拉克明和圣伯纳德教区的湿地,从新奥尔良直到墨西哥湾长约 161 千米的密西西比河河段诸县,被授给当地的堤坝委员会来管理,用以服务于防洪工作。沼泽在那时看一文不值,但是在 1927 年的洪水之后,人们发现这里蕴藏着大量的石油和天然气。防洪任务和工业发展因此交织在一起,又时常发生矛盾和碰撞。这些小规模的争斗持续了几十年,争斗的一方是使用沿海沼泽公地的毛皮

---

[1] 虽然我认为有正当理由区分卡特里娜飓风的洪水并非风暴潮造成,而是陆军工程兵团的飓风防护系统失灵直接造成的结果,但我很遗憾,我一直忽略了密西西比、亚拉巴马州以及其他受到卡特里娜飓风影响的地方。关于将大都市增长的叙述置于更广泛的区域背景之下,参见 Andrew Needham, *Power Lines: Phoenix and the Making of the Modern Southwest*(《电力线:凤凰城与现代西南部的形成》)(Princeton: Princeton University Press, 2014), p.10。

捕猎者,另一方是意图开发石油资源如标准石油公司这样的跨国工业公司,还有一方就是充当前两者之间掮客的政客,如普拉克明和圣伯纳德教区的地方检察官利安德·佩雷斯(Leander Perez)之流。这一时期所做的决定使路易斯安那州开始迅速下沉,沉入墨西哥湾。自20世纪30年代开始,路易斯安那州约5 810平方千米的土地开始被水淹没,新奥尔良大都市区变得更易受到洪水的侵袭。

第二章将焦点带到河流上游,讲述了1965年贝琪飓风的故事。贝琪是卡特里娜具有重要意义的历史先例,也是影响路易斯安那人理解卡特里娜的决定性事件。在贝琪飓风中,一个风暴潮袭击了工业运河,淹没了该市的下九区——一个非裔美国人社区,这一社区证明了非裔美国人在二战后的几十年中通过自身努力跻身中产阶级行列的可能性和局限性。这场洪水过后,关于赈灾的讨论升级为对民权和城市发展的广泛斗争,非裔美国女性和南方白人政客都努力界定这次灾难,并制定赈灾计划。很多下九区的居民认为是本地官员炸毁了堤坝,就如他们1927年在圣伯纳德教区所做的那样,是政府的决策使他们遭遇如此不公平的苦难,因此,政府应该对他们进行补偿。当他们没有得到他们认为理应得到的帮助时,下九区的很多非裔美国人开始相信政府不但一开始导致了这场洪水,而且没有遵守承诺帮助他们从灾难中恢复。

与之相反,不论是路易斯安那州还是华盛顿国会中控制民主党政治的白人男性都认为贝琪飓风是上帝之举,政府并不是造成这场灾难的罪魁祸首,也没有特殊责任承担灾后复原工作。他们并没有将灾后援助当作对民众的一种补偿,而是将其视为慈善行动,作为修补民权问题上联邦政府以往过失的一剂良药。换句话说,贝琪引发了一场关于不平等问题的起源和政府对公民权的承诺的争论。

第三章记录了贝琪飓风之后新奥尔良大都市区的加速发展和海岸区域的加速消失,主要聚焦于圣伯纳德教区郊区的发展。贝琪过后,国会批准了庞恰特雷恩湖及周边地区飓风防护项目和《国家洪水保险计划》。这些联邦政府的重要投资意在预防下一次洪灾，却最终使下一次洪灾的影响更大。在新的洪水保险计划的加持下，新的联邦堤防系统的建造意在保护新奥尔良大都市区的进一步发展，这里的发展得益于其石油和天然气矿藏。贝琪发生之后的几十年里，联邦政策鼓励美国人搬入新的社区以跻身中产阶级行列。很多人认为新奥尔良因其多族裔的存在而别具风情，而卡特里娜洪水冲走了这道 20 世纪美国独特的风景线。

第三章着重讨论了针对由路易斯安那石油产业、土地流失以及将个人经济进步与社区安全相对立的价值观引发的威胁所产生的越来越多的社会批评和警戒，其中包括对卡特里娜飓风着陆后将产生的后果的预测。但是大都市区的发展为 20 世纪大部分时间里的社会问题提供了一个诱人的解决方案，让人在即使面对迫在眉睫的灾难时也很难摒弃。

本书的第二部分讲述了卡特里娜飓风及其发生 10 年后的历史。第四章聚焦于 2005 年 8 月和 9 月里堤坝系统的崩溃和对此的应急反应。一个愚蠢的救援行动提议放弃新奥尔良，并对非裔美国人进行了一系列种族攻击，这塑造了人们如何理解正在发生的事情，影响了人们对政策的回应。这场洪水重新引发了自贝琪飓风以来关于美国公民身份之意义的争论，也揭示了这个政体仍然深深地被关于种族、自然、政府、社区及变化本身的相互冲突的观点撕裂着。一些路易斯安那人深受反国家主义思想的影响，认为这场灾难产生的原因是政府过多的干预，因此认为自由市场是灾后修复最好的路径。其他人认为这场灾难是市场思维的产物，并号召通过国家行为重新为共和国的理想而奋斗奉献。卡特里娜为新奥尔良和全国的人们吹响了战斗的号令，却将他们引向了另一个阵营。

第五章追溯了洪水过后重塑新奥尔良大都市区的政策的发展和实施，特别集中于关于住房、医疗服务和教育的争论。虽然决策者经常强调他们的恢复计划是出于偶然的机会或是当地的需要，他们所提出的政策却往往是从关于社会改革长期而广泛接受的观点中得出的。最后,政治决策比洪水本身对这一区域的影响更大,决定了谁可以归家,归家后生活状态如何。9 万非裔美国人没有重返新奥尔良的原因在于整个深邃的种族历史,而非较为晚近的因素单独和偶然的作用。

尾声部分探讨了这场洪水在文化上的影响——种族主义、资本主义、气候变化所带来的广泛的挑战,卡特里娜正是挑战的体现。在新奥尔良,音乐家、狂欢节上的印第安人、社会援助和娱乐俱乐部成员以及邻里社区倡导者培养了一种对未来的憧憬,这种憧憬强调正义感和社区意识,与大多数政策制定者提出的恢复计划相冲突。在海岸上,尤其是 2010 年英国石油公司深海地平线号钻油平台爆炸后,油井工人、捕虾人、快速下沉的城镇中的其他居民都有这样一种感觉——那些有权有势之人所构想的未来中没有他们的位置。他们周围的陆地开始分崩离析,坠落于墨西哥湾。

在城市、郊区和海岸地区,有一些公告称海平面在上升,人是时候该撤离了,这样的公告听起来与劝人放弃财产如出一辙,发出公告的人自己永远也不会做出这样的牺牲。同时,当人们燃烧从被侵蚀的沼泽中开采并运输出来的石油时,地球变暖了,海平面上升了。对于那些被卷入分散的政府官僚机构和遥远的公司架构的复杂潮流中的人来说,权力的杠杆似乎越来越遥不可及。然而,回首一个世纪以来成功和奋斗的价值时,路易斯安那人越来越意识到自己的贡献——不管好与坏——都是他们对这个为他们自己和他人所创造的世界的贡献。

何为灾难?

历史学者需要对灾难给予更多的关注。1915 年飓风登陆的第二天,《新奥尔良简报》(*New Orleans Item*)宣称:"该市已经与世隔绝了。"[1]这

---

[1] "City Cut Off from Rest of World"(《与世隔绝的城市》), *New Orleans Item*(《新奥尔良简报》), September 29, 1915, p.1.

本来是指电报线的倒塌失灵,却让人琢磨出了另外一些寓意——很多人开始认为新奥尔良是一个与众不同的地方,灾难是一个不同寻常的时刻,脱离于其他时间和地点之外。2005 年,当布什总统称卡特里娜为一场"无理性且出人意料的悲剧"时,或当学者们提出"诸多因素共同作用最终导致了这场不可避免的灾难"时,他们都错误地将卡特里娜认作一个突然事件。① 卡特里娜既不是出人意料的,亦不是不可避免的,两种论调都将灾难看作没有历史的事件。

当人们面对灾难的时候,他们对一些根本性问题进行思索:他们应该试图拯救什么,应该放弃什么,这由谁来决定? 谁应当得到帮助,为什么? 应该得到哪种帮助? 从谁那里得到帮助? 最初引发灾难的因素是什么? 这场灾难对后面一场灾难有何意义? 这些足以吸引任何学生、学者或普通人的争论发生在历史语境之下。有时,这些争论会改变政治和文化承诺,这些承诺形塑着我们人类历史。然而,也许因为它们通常被理所当然地想象为突如其来的事件,在很长时间里,历史学家都在很大程度上忽略了灾难。②

而其他社会科学家则对灾难的研究颇有兴趣,这通常是因为他们似乎对历史不屑一顾。③ 例如,在 1961 年一篇意义重大的文章中,社

① 关于悲剧的言论,参见 Bush, "Address to the Nation on Hurricane Katrina Recovery"(《就卡特里娜飓风灾后恢复向全国发表讲话》),1405;关于诸多因素,参见 David Alexander, "Symbolic and Practical Interpretations of the Hurricane Katrina Disaster in New Orleans"(《新奥尔良卡特里娜飓风灾难的象征性和实用性解读》),Understanding Katrina: Perspectives from the Social Sciences(《了解卡特里娜飓风:社会科学的视角》)(June 11, 2006), https://items. ssrc. org/understanding-katrina/symbolic-and-practical-interpretations-of-the-hurricane-katrina-disaster-in-new-orleans/。这也很可能是许多学者在风暴后致力于出版"即时历史"的产物。Lawrence N. Powell, "What Does American History Tell Us about Katrina and Vice Versa?"(《美国历史对卡特里娜飓风有何启示? 反之又有何启示?》),Journal of American History(《美国历史杂志》) 94, no. 3 (December 2007): 863 - 876 (quotation on 876)。

② John C. Burnham, "A Neglected Field: The History of Natural Disasters"(《被忽视的领域:自然灾害史》),Perspectives on History(《历史视野》), April 1, 1988. 其中,最重要的例外是 Ted Steinberg, Acts of God: The Unnatural History of Natural Disaster in America(《天灾:美国自然灾害的非自然历史》)(Oxford: Oxford University Press, 2000)。

③ 关于社会学中的灾害研究综述,参见 Kathleen J. Tierney, "From the Margins to the Mainstream? Disaster Research at the Crossroads"(《从边缘到主流? ——处于十字路口的灾害研究》),Annual Review of Sociology(《社会学年刊》) 33 (2007): 503 - 525;截至 2008 年年初对卡特里娜飓风的大量研究的回顾,参见 Kai Erikson and Lori Peek, eds., Hurricane Katrina Research Bibliography(《卡特里娜飓风研究文献目录》)(Social Science Research Council, April 2008)。

会学家查尔斯·弗里茨(Charles Fritz)提出"灾难将人从与过去和未来相关的烦恼、拘束以及焦虑中短暂地解放出来,因为它迫使人们将全部精力放在眼前当下和日常的需求上"。他写道,灾难使得"过去和未来的参考框架被消隐了",并让我们"与过去完全断裂"。① 半个世纪后,作家丽贝卡·索尔尼(Rebecca Solnit)提到,因为灾难使"我们通常的社会秩序被搁置,很多体系失灵",它让我们"以一种新的方式自由地生活和行动"。② 但是,如诺亚洪水一样,卡特里娜的历史破坏了人们的希望——灾难并不能通过它的风暴潮给人们提供洗礼。

研究一场灾难如何在某一特定时间和地点发生,可以清楚地表明我们生活的地方和危害它们的灾难是由同样的历史塑造而成的。我们脚下的土地以及我们栖居在这片土地上的方式,如人们对石油的开采、河堤的修建、州权、郊区的开发、中产阶级、海岸侵蚀、水灾保险和爵士乐、密西西比河、标准石油公司、工业运河、白人预选、下九区、查尔梅特、《退伍军人权利法案》、法兹·多米诺(Fats Domino)、牡蛎穷孩儿三明治以及所有这些都可能被洪水冲走的可能性,这就是路易斯安那。试图将这些零星碎片分解开来会让历史更难理解,而非更容易。更好的做法是试着探究它们是如何以一个整体存在和运行的。

很多学者都渴望了解是什么将自然灾害与人为灾害区分开来。现有的对灾害的研究也经常对这一问题进行探讨,如一项调查所述,"如何划定自然和非自然灾害之间的界限呢"③。这一问题牵涉详细追查什么因素或是哪些人对他人造成伤害,因此具有重要意义。学者们越来越认为并不存在所谓的自然灾难,因为哪些人受到伤害是政治

① Charles Fritz, "Disaster"(《灾难》), in Robert K. Merton and Robert A. Nisbet, eds., *Contemporary Social Problems: An Introduction to the Sociology of Deviant Behavior and Social Disorganization*(《当代社会问题:异常行为和社会混乱社会学导论》) (New York: Harcourt, Brace & World, Inc., 1960), pp. 651 – 694("liberation" on p. 683; "clean break" on p. 692).

② Rebecca Solnit, *A Paradise Built in Hell: The Extraordinary Communities that Arise in Disaster*(《建在地狱中的天堂:灾难中诞生的非凡社区》) (New York: Viking, 2009), p. 7.

③ Sandi Zellmer and Christine Klein, *Mississippi River Tragedies: A Century of Unnatural Disaster*(《密西西比河悲剧:一个世纪的非自然灾害》) (New York: New York University Press, 2014), p. 5.

决策和社会制度的产物，并非事物发生的必然结果。[1] 这一重要观点是我所做的分析的基石。脆弱性是社会建构的。但是，发现任何事件在某种程度上都是人为因素导致的，这是对人类历史事实的认识，而非分析，这是起点而非终点。

因此，我们不应该询问一场灾难是否人为导致，而应当问它是怎样造成的。这一问题的答案会包括自然和人类两重因素：水与风，混凝土与黏土，政治与文化，有意识的抉择与非故意的事件。我们的时间尺度感也必须变化，因为人类历史与环境历史的时间线是相互交织的。化石燃料的燃烧使海洋变暖，加剧了热带风暴发生的频率和强度。[2] 飓风也是工业革命历史上的事件。

这里还有一点需要特别说明。一些人在灾难中遭受的苦难会比另外一些人更多。因此，灾难迫使它的观察者们面对不平等这一问题。对于试图理解不平等问题的人来说，认为一些苦难不可避免，一些人注定不幸的想法——换句话说，就是认为不平等的现象很自然，大自然变化莫测的想法——是一个持久以来具有吸引力的概念。有时，人们将这一概念当作盾牌来掩盖自己造成伤害的过失。[3]

另外一些时候，人们用灾害是自然所引发的这一观点来理解自己所遭遇的不幸。[4] 当然，如本书所探讨的那样，对于自然而然出现的不

---

[1] 虽然这种观点的历史要久远得多，但地理学家吉尔伯特·怀特（Gilbert White）的断言是这一论点的一个有用的原点："洪水是上帝的行为，但洪水损失是人类的行为。" White, "Human Adjustment to Floods: A Geographical Approach to the Flood Problem in the United States"（《人类对洪水的适应：从地理角度看美国的洪水问题》）(PhD dissertation, University of Chicago, 1942), p. 2. 最有力的当代表达是 Steinberg, Acts of God（《天灾》）。

[2] James Hansen et al., "Ice Melt, Sea Level Rise and Superstorms: Evidence from Paleoclimate Data, Climate Modeling, and Modern Observations that 2℃ Global Warming Could Be Dangerous"（《冰雪消融、海平面上升和超级风暴：来自古气候数据、气候建模和现代观测的证据表明 2 摄氏度的全球变暖可能是危险的》）, Atmospheric Chemistry and Physics 16（《大气化学与物理学》）(2016): 3761 - 3812.

[3] Steinberg, Acts of God（《天灾》）, p. 211.

[4] 例如，Harold Kushner, When Bad Things Happen to Good People（《当好人遭遇不幸》）(New York: Random House, 1981)。

平等与大自然反复多变的看法塑造了美国的法律和社会政策。^① 因此,我们有必要重申,所谓的"上帝之举"其实深深植根于人类行为,同时,我们也有必要认识到,人们对于自然灾害的信仰影响了很多人应对灾难的方式。

承认灾难有其历史并不等同于认定这些历史就仅仅是冷酷无情、具有目的论意味的衰败故事。很多环境主义者和环境史学家将灾难描绘为自然对人类改变自然景观行为的回应。他们将 1915 年飓风后的 90 年间新奥尔良在物理范围上的扩张视为对自然秩序的挑战,还将卡特里娜视为"大自然的报复",《纽约时报》头条中就是这样描述的。这种悲观的看法没有考虑到一个明显的事实——人们有时改变周围的世界使得他们的生活更加美好。将 20 世纪路易斯安那的历史认为是"狂妄、愚蠢和痴心妄想"的故事,可能因其道德上的批判在短时期让人满意,但是人们逐渐认识到,这样的做法就像将路易斯·阿姆斯特朗(Louis Armstrong)、鲁比·布里奇斯(Ruby Bridges)、田纳西·威廉姆斯(Tennessee Williams)、我的妻子莎拉以及上百万其他路易斯安那人召集起来,连同他们的希望、成就与堆得高高的糖粉面包圈一起扔进历史之误的垃圾桶中。^②

另一方面,将复苏视为灾难不可避免的第二个结果也是具有误导性的。很多人甚至声称新奥尔良在洪水过后变得比之前更好了,就算没有得到救赎,也给大家提供了关于韧性的英雄故事。然而,即便这些叙述没有赞颂那些深具争议的变化,那些知道在卡特里娜这场灾难中有数百人不必要地死去的人们仍然认为这些描述难以理解,声称这座城市灾后变得更好是对没能归来的人们的一种伤害。

① Michele Landis Dauber, *The Sympathetic State: Disaster Relief and the Origins of the American Welfare State*(《富有同情心的国家:救灾与美国福利国家的起源》)(Chicago: University of Chicago Press, 2013), p. 15.
② "Nature's Revenge"(《大自然的报复》), *New York Times*(《纽约时报》), August 30, 2005, p. A18. Michiko Kakutani, "Katrinaworld: Somewhere Between Nature's Fury and Man's Incompetence"(《卡特里娜世界:介于大自然的愤怒与人类的无能之间》), *New York Times*(《纽约时报》), May 16, 2006, p. E1 (for "hubris").

本书回顾了一段过去。在这段过去中，可怕的剥削有时会造就非凡的美丽，展望未来，我们知道我们最为慷慨的一些计划会产生极大的痛苦。灾难这一观点掩盖了关于历史变化的一个不可避免的事实：事情在变好的同时也常常在变坏。

随着我对卡特里娜和灾难研究思考得越多，就越发对"灾难"这一概念感到不安。灾难往好了说是一个具有解释性的小说，往坏了说就是一个意识形态所塑造的剧本。毕竟并没有一个客观的清单来区分灾难和其他时间段的不同。你无法如区分短吻鳄和尼罗鳄一样来区分灾难和其他坏消息（当两种鳄鱼的嘴巴都闭着时，你会看见尼罗鳄露出更多的牙齿）。学者们也试着提出一些分类法，但是他们一般都经不起仔细推敲。在一次事件中，需要倒塌多少栋楼才能将这一事件称为灾难？多少人需要死亡？在怎样的空间和时间段中？对一个问题盯得太紧会让人盲目而非看得更清楚。[1]

将某一事件称为灾难意味着这里的事物发展本来有一个正常的过程，而我们所谈论的这一时刻是一个例外。它意味着这一事件是由一个外力促成的，这个外力是超凡的（而不是平常的），是急性发作的（而不是慢性的），是基于地区的（而不是扩散弥漫的），是变化莫测的（而不是可以预期的），是革命性的（而不是逐步发展的）。因此，就如奴隶制勾勒出自由的界限，黑暗揭示了光明的范围，灾难这一概念也刻画和证实了它的对立面——秩序。

以住房为例。若将洪水视为特殊事件，灾难这一概念将由经济变化所引发的家园丧失正常化。可能有很好的理由来区分在洪水中丧失家园的人和因抵押贷款出现问题而失去房子的人，但是对其起到事

---

[1] 我试图避免将卡特里娜飓风纳入现有的灾害分类法——自然的、人为的、缓慢的、长期的、技术的、环境的或其他的；它具有所有这些灾害的特征。同样，我也避免使用诸如应对或恢复之类的术语，因为我的主要目标之一是发现这些概念对我笔下的人们意味着什么。关于这些术语的定义，参见 Enrico L. Quarantelli, ed., *What Is a Disaster?: Perspectives on the Question*（《什么是灾难？——对这一问题的看法》）（New York：Routledge, 1998），或见 Greg Bankoff, *Cultures of Disaster: Society and Natural Hazard in the Philippines*（《灾难文化：菲律宾的社会与自然灾害》）（New York：Routledge, 2003），esp. 3。

先决定作用的是各色不同的事件,这些事件强化了我们所应调查的政治、经济、文化、环境以及道德逻辑。同时,执着于对技术的定义并不能帮助我们理解失去的痛苦和流离失所的创伤,也无法知晓为何人们会出现无家可归的情况。

当事情恶化时便将这些特殊时刻圈画出来,称之为灾难,这样的观点使我们将道德宇宙的弧线看作一条通往正义的长而平滑的曲线。将一些事件称为灾难就是控诉它们的结果是不合理的,并且呼吁恢复到原来的状态,而非提出这些原本的状态从一开始就是不合理的。灾难这一概念使人们忍受的痛苦看上去像是个人的失败。当一些有权有势者在灾难中迅速恢复,灾难这一概念让他们因靠自己克服了困难而欢欣庆祝,却不承认历史所掷的骰子偏向于他们。[1]

社会学家凯·埃里克森(Kai Erikson)在 2015 年的一次访谈中对我说,"或许最开始我们所犯的错误就是将这场灾难称为'卡特里娜'"[2]。这里我引用他的话想说明的是,以飓风之名来解释在这个世纪路易斯安那州关于种族、阶级、社区、创伤、不平等、福利国家、大都市发展、采掘工业和环境变化等复杂多变的历史或许是错误的——之所以错误是因为它会误导观察者认为是天气造成了这些历史的发生,而非反过来的情形。

此外,在如此广阔的范围内应用这场风暴之名意味着关于卡特里娜故事的讲述应当如这场飓风本身一样——来势汹汹,地动山摇,然后迅速消散。我想说的是,实际上,这场灾难的前因和后果要延伸一个世纪之久。一个新奥尔良人在 2008 年说道:"当人们谈到'卡特里娜'时,他们不只谈论的是风暴。谈论的有保险危机、精神健康危机、

---

① 关于灾害往往被视为"进步工具"的相关观点,参见 Kevin Rozario, *The Culture of Calamity: Disaster and the Making of Modern America*(《灾难文化:灾难与现代美国的形成》)(Chicago: University of Chicago Press, 2007);关于作为"孤立的不幸"的灾难,另见 Kenneth Hewitt, "The Idea of Calamity in a Technocratic Age"(《技术官僚时代的灾难理念》), in *Interpretations of Calamity*(《对灾难的解读》), ed. Kenneth Hewitt (Boston: Allen & Unwin, 1983), pp. 3 - 32.

② "Kai Erikson in Conversation with Andy Horowitz"(《凯·埃里克森与安迪·霍格维茨的对话》), Tulane University, October 26, 2015, https://www.youtube.com/watch? v = 5Bsj-x205Q8.

犯罪、大桥下的无家可归，什么都有。"①继续将这场风暴视为一个特殊历史时刻，将其作为这些地方问题和存在已久的社会环境的近因而命名，等同于一种反对结构分析的政治论点。移除灾难这一观念强加给我们的框架能够将我们解放出来，让我们以更为广阔的视角来看待变化如何发生，为何发生。

所谓的灾难与历史上的其他时刻并无什么两样。若将其带入历史的平凡时刻而非将其视为高光的关键时刻，我们将获益更多。诺曼·麦克林恩（Norman Maclean）在《年轻人与火》（*Young Men and Fire*）中写道："除非我们愿意陷入多愁善感或是幻想中，我们面对灾难最应该做的就是找出到底发生了什么，并修复缺失的部分。"②这就是我在本书中尝试去做的事情。

① Jeremy Alford and Allen Johnson Jr. , "Re-Defining 'Katrina'"（《重新定义"卡特里娜"》）, *New Orleans Gambit*（《新奥尔良策略报》）, February 19, 2008。
② Norman Maclean, *Young Men and Fire*（《年轻人与火》）（Chicago：University of Chicago Press, 1992）, pp. 46 - 47.

第一部分

第一章 新奥尔良是如何下沉的：洪水、石油和国家权力的控制，1927—1965 年

埃米尔·里奇(Emile Riche)熟悉路易斯安那州伯兰德维尔他家马路对面的那条河，那条河就是密西西比河。但乔克托族人曾称其为"布班莎"(bulbansha)，意思就是"说外国话的地方"。① 在 1927 年，伯兰德维尔附近的很多人——不管是白人、黑人还是其他各色人种都讲法语，埃米尔的父母也都讲法语，这是因为他们来自阿尔萨斯，但是阿塔卡-巴艾沙克人在法国人到达北美洲之前——可能甚至在泥泞的河流形塑这片土地之前——就已经生活在大河口区域，1927 年的时候他们也讲法语。② 在帝国社区的下游位置，达尔马提亚人一边讲着克罗

① William A. Read, "Louisiana Place Names of Indian Origin"(《路易斯安那州印第安地名》) 1927, reprinted in George Riser, ed., *Louisiana Place Names of Indian Origin: A Collection of Words* (《路易斯安那州印第安地名：词语集》)(Tuscaloosa: University of Alabama Press, 2008), pp. 42 - 43. 我感谢肯·卡尔顿(Ken Carleton)在这方面提供的帮助。

② 关于里奇的父母，参见 "Popular Gardner Dies at Son's Home"(《受欢迎的加德纳在儿子家中去世》), *New Orleans Times-Picayune*(《新奥尔良皮卡尤恩时报》), February 26, 1917, p. 9; "Love in Court" (《爱在法庭》), *New Orleans Times-Picayune*(《新奥尔良皮卡尤恩时报》), July 15, 1905, p. 5. 关于阿塔卡-巴艾沙克人，参见 Fred B. Kniffen, "Preliminary Report on the Indian Mounds and Middens of Plaquemines and St. Bernard Parishes"(《关于普拉克明教区和圣伯纳德教区印第安人冢和沼泽地的初步报告》), in H. V. Howe, ed., *Louisiana Geological Survey Bulletin 8* (《路易斯安那州地质调查局第 8 号公报》)(New Orleans: Louisiana Department of Conservation, 1936): 407 - 422. 关于说法语的路易斯安那州，参见 Carl Brasseaux, *French, Cajun, Creole, Houma: A Primer on Francophone Louisiana* (《法语、卡津语、克里奥尔语、侯马语：路易斯安那州法语入门》)(Baton Rouge: Louisiana State University Press, 2005); 关于种族划分，参见 Virginia R. Dominguez, *White by Definition: Social Classification in Creole Louisiana*(《白人的定义：克里奥尔路易斯安那州的社会分类》)(New Brunswick: Rutgers University Press, 1994).

地亚语，一边耙牡蛎。[1] 他们将牡蛎卖给德国人、意大利人和爱尔兰人、说西班牙语的菲律宾人、中国人、马来人、葡萄牙人、英国人、丹麦人、希腊人和瑞典人。[2] 在尚德卢尔海峡的另一端，沿着奥克斯波夫海湾和在德拉克鲁瓦岛上居住的岛上毛皮猎人讲西班牙语，他们唱着他们从加那利群岛带来的歌曲。风暴来临时，岛上的老一辈居民会嘴里念叨着西班牙语来诅咒狂风，他们还会挥舞着刀来使风暴改变方向。[3] 目前我们尚不清楚在乔克托语中，"布班莎"是否有世界主义或类似巴别塔这样的蕴意。

而尽管这样，在 20 世纪 30 年代到 50 年代里，里奇在他家附近告示牌上所张贴的抗议使用的都是英语。毕竟英语才是路易斯安那州州长奥·辛普森（Oramel Simpson）在 1927 年密西西比河泛洪时宣布保护新奥尔良计划时所使用的语言。但是如何去保护新奥尔良呢？那就是通过炸毁里奇家对面的防洪堤，炸开一个裂缝来降低城市的水位。[4] 英语也是 50 位新奥尔良重要的金融家和商人所使用的语言，他们用英语在一份头版刊登的决议中向里奇、菜农、毛皮猎人以及普拉克明和圣伯纳德教区的渔民等人群保证，承诺会赔偿他们在灾害中所受到的损失。[5]

然而经过一段时间，埃米尔·里奇发现新奥尔良的商人对待自己

---

① 关于南斯拉夫社区，见 Milos M. Vujnovich, *Yugoslavs in Louisiana*（《路易斯安那州的南斯拉夫人》）（Gretna, LA：Pelican Publishing Company, 1974）；另见 Frank M. Lovrich, "The Dalmatian Yugoslavs in Louisiana"（《路易斯安那州的达尔马提亚南斯拉夫人》），*Louisiana History*（《路易斯安那历史》）8, no. 2（Spring 1967）：149 - 164。

② Harnett T. Kane, *Deep Delta Country*（《三角洲深处的国家》）（New York：Duell, Sloan & Pearce, 1944），xvi. 人口中还包括来自意大利、菲律宾和加拿大的人。

③ "Spanish Transcription of Videotaped Oral History Interviews and Ethnographic Documentation of Isleños Lifeways"（《伊斯拉诺斯人生活方式口述历史访谈录像和人种学文献的西班牙文转录》）JELAF 4518, Box 6, Jean Lafitte National Historical Park and Preserve Archival Collection, Addendum 3, Mss. 294, EKL. 关于伊斯拉诺斯人，另见 Gilbert C. Din, *The Canary Islanders of Louisiana*（《路易斯安那州的加纳利岛民》）（Baton Rouge：Louisiana State University Press, 1988）。

④ "Governor's Proclamation"（《州长公告》），*New Orleans Times-Picayune*（《新奥尔良皮卡尤恩时报》），April 27, 1927, p. 1. 另见 John M. Barry, *Rising Tide：The Great Mississippi Flood of 1927 and How It Changed America*（《潮涌：1927 年密西西比大洪水及其对美国的改变》）（New York：Simon & Schuster, 1997）。

⑤ "Fifty Join with City, State in Pledging Good Offices"（《50 家企业与市、州共同承诺斡旋》），*New Orleans Times-Picayune*（《新奥尔良皮卡尤恩时报》），April 27, 1927, p. 1.

的承诺就如他们对待堤坝一样——可以随意破坏。1955 年，距离上一次洪水结束已经有近 30 年了，里奇在自己的一块告示牌上这样写道："在此期间，一些鸡鸣狗盗之徒已经得到 2 200 美元了，那些本应该都是我的钱。"而他还是没有得到赔偿。他增加了一个简单的恳求："我想知道这些鸡鸣狗盗之徒是何人。"①

这样的恳求只是一种说辞，因为里奇已经知道是谁所为了。很多人都要对此负责——太多的人了——但是他的眼睛只盯住了一个人，那就是利安德·佩雷斯。佩雷斯是 1924 年到 1960 年间普拉克明和圣伯纳德教区的地方检察官，其他人或许觉得这一职位不甚重要，但在他担任此职的漫长时间里，他却因 20 世纪 40 年代宣扬"州权利"和 50 年代鼓吹种族隔离而为大众所知。里奇称佩雷斯为"掏空他人钱包之人"，因为佩雷斯私吞了普拉克明教区地下的油田，掏空了他的选民们的腰包。② 通过控制路易斯安那州沿岸的石油开采权，佩雷斯成了身家几百万的富翁。大型石油公司如标准石油公司、自由港硫黄公司都得在其面前卑躬屈膝。最为重要的是，他还是一个独断专行之人，他对本地事务的专制控制使他看起来像是个美国的独裁者。《纽约时报》称佩雷斯为"路易斯安那州现存最大的次帝国的沙皇"，他将"普拉克明当作个人领地来统治"。1958 年《财富》杂志将他称为"美国最后一个无宪法约束的君主政体"中的"沼泽地凯撒"。在他的种植园家中，他的客人们把他叫作"法官"。③

---

① Robert W. Kelley, untitled photograph, June 2, 1955, in the LIFE Photo Archive, hosted by Google, http://images. google. com/hosted/life/63f1d9c106ed8f6c. html.

② Robert W. Kelley, untitled photograph, June 2, 1955, in the LIFE Photo Archive, hosted by Google, http://images. google. com/hosted/life/63f1d9c106ed8f6c. html.

③ Harnett T. Kane, "Dilemma of the Crooner-Governor"(《吟游诗人—州长的困境》), *New York Times Magazine*(《纽约时报》), January 1, 1961, p. 31 ("czar"). Roy Reeds, "'Hard-Headed' Residents of Perez's Parish Tell How They Clung to Life in the Hurricane"(《佩雷斯教区的"硬骨头"居民讲述他们如何在飓风中坚持生活》), *New York Times*(《纽约时报》), September 15, 1965, p. 32 ("fiefdom"); Richard Austin Smith, "Oil, Brimstone, and Judge Perez"(《石油、硫黄石和佩雷斯法官》), *Fortune*(《财富》), March 1958, p. 145; 关于佩雷斯，参见 Glen Jeansonne, *Leander Perez: Boss of the Delta* (《利安德·佩雷斯：三角洲的老大》)(Jackson: University Press of Mississippi, 1977); 关于"法官"，另见 James Conaway, *Judge: The Life and Times of Leander Perez*(《法官利安德·佩雷斯的生平与时代》)(New York: Alfred A. Knopf, 1973)。 （转下页）

以历史的后发历程观之，具有讽刺意味的是佩雷斯所代表的政治、经济和环境秩序最后会导致其自身的崩坏——在这种秩序中，一个本地的政客能有权力对几千名全副武装的民众在他们自己的土地上颐指气使，他能够对世界上最大的实业公司发号施令，还胆敢为了个人私利去重塑宏伟壮阔的密西西比河。佩雷斯野心勃勃地通过领导南方民主党人的起义来改变国家民主党在路易斯安那州的形象；他将路易斯安那州对近海石油特许权使用费的法律诉求一直上告到最高法院；他推行了大胆的经济、政治甚至军事计划以将普拉克明教区变为一个类似独立的、自给自足的教区。

所有这些努力都适得其反。佩雷斯称自己为"南方民主党先生"以证明他对"州权利"的执着，而他作为"南方民主党先生"的毕生事业最终削弱了本地的权利。[①] 与之相似的是，以防洪之名所做的努力最终使路易斯安那州更容易受到洪水的侵袭。花在堤坝和运河建设上的上亿美元如今却使这片曾经因自然资源丰裕而得名"帝国"的社区分崩离析，并陷落墨西哥湾之中。[②] 2013 年，美国国家海洋及大气管理局（National Oceanic and Atmospheric Administration）将 31 个普拉

（接上页）我对佩雷斯举措的描述还参考了戴维·鲍德温（David Baldwin）于 1950 年 6 月在《诺亚教派》上发表的 20 篇系列文章；另外参考了 Tyler Priest, "Technology and Strategy of Petroleum Exploration in Coastal and Offshore Gulf of Mexico"（《墨西哥湾沿海和近海石油勘探技术与战略》），"Claiming the Coastal Sea: The Battles for the 'Tidelands', 1937 - 1953"（《声称拥有沿海海域：1937—1953 年的"滩涂"争夺战》）和"Auctioning the Ocean: The Creation of the Federal Offshore Leasing Program, 1954 - 1962"（《拍卖海洋：联邦近海租赁计划的创建，1954—1962 年》），in Diane Austin et al., *History of the Offshore Oil and Gas Industry in Southern Louisiana*, *Volume I*: *Papers on the Evolving Offshore Industry*（《路易斯安那州南部近海石油和天然气工业史，第一卷：关于近海工业发展的论文》）OCS Study MMS 2008-042（New Orleans: US Department of the Interior, Minerals Management Service, Gulf of Mexico OCS Region, 2008）, pp. 11 - 36（for "Technology"）, pp. 67 - 92（for "claiming"）, pp. 93 - 116（for "Auctioning"）。

① William F. Buckley Jr. and Leander Perez, "The Wallace Movement"（《华莱士运动》）, *Firing Line* (《战火前线》) no. 95, April 15, 1968（New Orleans, LA）, transcript, p. 6.

② Brady R. Couvillion et al., "Land Area Change in Coastal Louisiana from 1932 to 2010"（《1932 年至 2010 年路易斯安那州沿海地区的土地面积变化》）, US Geological Survey Scientific Investigations Map 3164（United States Geological Survey, 2011）; Clare D'Artois Leeper, "Louisiana Places: Empire"（《路易斯安那地方：帝国》）, Baton Rouge *Sunday Advocate*（《星期日倡导者》）, September 13, 1970, reprinted in *Louisiana Places: A Collection of Columns from the Baton Rouge Sunday Advocate*, *1960 - 1974*（《路易斯安那地方：巴顿鲁日星期日代言人专栏集，1960—1974 年》）(Baton Rouge: Legacy Publishing Company, 1976), p. 89.

克明教区的地名从政府官方的地图上移除,这些地方不复存在了。[1] 地质学家提醒,普拉克明的大多数地区在 2050 年都会陷入水下,融入墨西哥湾。新奥尔良离那一步也不会太远了。[2]

在路易斯安那州,洪水、石油和州权利是同一个故事的三个方面,因为石油区的所有权属于当地的堤坝委员会。对路易斯安那州石油财富的控制权之争代表了不同政治、经济和社会观点之间的斗争,但是这场斗争在地质学上找到了共同的落脚点:就在被政府指定的用于防洪的土地之下发现了大量的石油和天然气。本地政治权力、自然资源和环境管理的共同交集本应产生一个政府部门为了共同利益而管理公共土地的机制。恰恰相反,埃米尔·里奇的死对头利安德·佩雷斯却利用这种交集建立了一个为了私人利益而攫取公共资源的体制,在这种体制中发展的成本和利益的分配极为不平衡。[3]

这片土地景观看似是通过自然力量形成的,而实际上这里的强权和无能、财富和贫困,甚至土地与水源都显然是由人类的决定所形塑的。有时,这些原因如 1927 年 4 月人们小心翼翼地放置在卡那封大坝的炸药棒一样明显。而有时,这些原因又很难辨认。无论如何,只要我们仔细观察就会发现,政客、决策制定者、石油公司的行政领导和工程师、防洪专家、土地开发商以及这片土地上的居民直接塑造了这片土地和人们在这片土地上的生活方式。这种统御体制产生了两个惊人的结果,一边是无尽的财富,而另一边是威胁人类存在的风险。

美国历史上这一时期的大多数记载都描绘了新政秩序的崛起,这

---

[1] Amy Wold, "Washed Away"(《冲走》),*Baton Rouge Advocate*(《巴吞鲁日倡导者报》), April 29, 2013.

[2] *Louisiana's Comprehensive Master Plan for a Sustainable Coast*(《路易斯安那州可持续海岸综合总体规划》)(Baton Rouge: Louisiana Coastal Protection & Restoration Authority, 2012), pp. 82 - 83. 1884 年至 2002 年间,普拉克明海岸阻碍带的长期平均侵蚀率约为每年下降 7 米。Shea Penland et al., "Changes in Louisiana's Shoreline: 1855 - 2002"(《路易斯安那州海岸线的变化:1855—2002 年》), *Journal of Coastal Research*(《海岸研究杂志》)44 (Spring 2005): 7 - 39 (quotation on p. 33).

[3] 关于石油开采使路易斯安那州成为"牺牲区"的观点,见 Craig E. Colten, "An Incomplete Solution: Oil and Water in Louisiana"(《不完整的解决方案:路易斯安那州的石油与水》), *Journal of American History*(《美国历史期刊》)99, no. 1 (June 2012): 91 - 99。

以联邦管制的加强和人们经济差距的缩小为特点。但是在路易斯安那，里奇所见到的是密西西比河的渠化、石油勘探运河的疏浚、公共机构转变为私人盈利的工具，换句话说，里奇看到的是公共空间的私有化、对环境发展管制的放松、选举人权利的丧失以及民众经济状态的分层。在佩雷斯控制路易斯安那州石油所做的努力中，里奇看到了现代保守主义的苗头。[1]

州权利提供给佩雷斯和与他一样变节的南方白人民主党同僚一个灵活的平台来宣传他们对于现代南方的愿景。对白人至上主义和财富的追求塑造着他们的意识形态。[2] 当时一位记者这样说："在这场南方叛乱中原油的味道与木兰花的香气混杂在一起。"[3]当佩雷斯向最高法院起诉，反对联邦政府对路易斯安那的监管时，他的目的并不在于保留公立学校中的种族隔离政策——虽然他强烈支持这项事业，他的真正意图在于将该州的石油财富置于当地政府的控制之下。"州权利包括种族隔离，但也包括很多其他事宜，比如使联邦政府不要干预

[1] 关于新政秩序背景下南方现代保守主义的兴起，见 Ira Katznelson, *Fear Itself: The New Deal and the Origins of Our Time*（《恐惧本身：新政与我们时代的起源》）(New York: Liveright Publishing, 2013); Nancy Maclean, "Southern Dominance in Borrowed Language: The Regional Origins of American Neoliberalism"（《借用语言的南方统治：美国新自由主义的地区起源》）, in Jane L. Collins et al., eds., *New Landscapes of Inequality: Neoliberalism and the Erosion of Democracy in America*（《不平等的新格局：新自由主义与美国民主的侵蚀》）(Santa Fe: School for Advanced Research Press, 2008), pp. 21 – 38; Bruce Schulman, *From Cotton Belt to Sunbelt: Federal Policy, Economic Development, and the Transformation of the South, 1938 – 1980*（《从棉花带到阳光带：联邦政策、经济发展和南方的转型，1938—1980 年》）(Oxford: Oxford University Press, 1991); Matthew Lassiter, *The Silent Majority: Suburban Politics in the Sunbelt South*（《沉默的大多数：阳光地带南部的郊区政治》）(Princeton: Prince ton University Press, 2006); Bethany Moreton, *To Serve God and Wal-Mart: The Making of Christian Free Enterprise*（《为上帝和沃尔玛服务：基督教自由企业的形成》）(Cambridge: Harvard University Press, 2010); Elizabeth Tandy Shermer, *Sunbelt Capitalism: Phoenix and the Transformation of American Politics*（《阳光地带资本主义：凤凰城与美国政治变革》）(Philadelphia: University of Pennsylvania Press, 2013)。路易斯安那州可能有特殊的紧急情况，但并不代表全国趋势的普遍例外。参见 Matthew D. Lassiter and Joseph Crespino, eds., *The Myth of Southern Exceptionalism*（《南方例外论的神话》）(New York: Oxford University Press, 2009)。
[2] Joseph Crespino, *Strom Thurmond's America*（《斯特罗姆·瑟蒙德的美国》）(New York: Hill and Wang, 2012), pp. 8 – 9.
[3] William Leuchtenburg, *The White House Looks South: Franklin D. Roosevelt, Harry S. Truman, Lyndon B. Johnson*（《白宫南望：富兰克·D. 罗斯福、哈·S. 杜鲁门、林·B. 约翰逊》）(Baton Rouge: Louisiana State University Press, 2005), p. 198.

路易斯安那的石油和天然气产业。"①石油公司的律师塔尔博特
（W. H. Talbot）这样说道。他曾多次在路易斯安那民主党州长的竞选
中担任竞选经理。记者利布林（A. J. Liebling）写道："保护石油利益在
南方遗留了下来，这在其他地方都是没有的。"②宣扬"州权利"其实是
对种族等级制度的一种捍卫，它也宣扬了一种经济模式，这种模式具
有有限的监管和不受约束的工业发展。

佩雷斯这样的南方民主党人是法西斯式政府权力的标志，他们利
用政府权力为标准石油公司、自由港硫黄公司的所有者和股东服务，
也为其他跨国企业的利益服务。这些企业与当地政府合作，重新书写
了路易斯安那的宪法，也重新分配了这里的矿产财富。即使州长休
伊·朗（Huey Long）鼓吹一种能使"每个人都成为国王"的半社会主义
改革，即使佩雷斯吹嘘他的教区就业充分，是一个"乌托邦"，他们实际
上却将大量公共资源转移到私人市场。③ 一旦他们将权力移交给石油
公司，当地的政客就无法再将权力收回。④

里奇眼睁睁地看着这些决定叠加在一起导致了普拉克明和圣伯
纳德教区的下沉。在里奇生命的最后，这些决定也威胁着新奥尔良整
个城市的存在。⑤ 在他的一块抗议牌中，里奇称"又绝望又饥饿"是自
己状态的写照。直到他 1962 年去世时，里奇都在尽其所能为反抗利

---

① "Rainach Tells Stand on Pay"（《雷纳赫就薪酬问题表态》），*New Orleans Times-Picayune*（《新奥尔良皮卡尤恩时报》），November 21，1959，p. 14.
② A. J. Liebling, *The Earl of Louisiana*（《路易斯安那伯爵》）（Baton Rouge：Louisiana State University Press，1961），p.154.
③ T. Harry Williams, *Huey Long*（《休伊·朗》）（New York：Alfred A. Knopf，1970），p. 262；J. Ben Meyer, *The Land of Promise*（《理想国》）（Buras, LA：Plaquemines Parish Library，1975），no page numbers, typescript in the Louisiana Collection, Sate Library of Louisiana, Baton Rouge, LA.
④ 监管的捕获理论的开创性著作是 George J. Stigler, "The Theory of Economic Regulation"（《经济监管理论》），*The Bell Journal of Economics and Management Science*（《贝尔经济与管理科学期刊》）2，no. 1（Spring 1971）：3 - 21.
⑤ 关于海岸侵蚀原因的辩论，参见 Tyler Priest and Jason P. Theriot, "Who Destroyed the Marsh? Oil Field Canals, Coastal Ecology, and the Debate over Louisiana's Shrinking Wetlands"（《谁毁了沼泽？——油田运河、海岸生态以及关于路易斯安那州不断缩小的湿地的争论》），*Economic History Yearbook*（《经济史年鉴》）2（2009）：69 - 80。另见 Jason P. Theriot, "Building America's Energy Corridor：Oil & Gas Development and Louisiana's Wetlands"（《建设美国能源走廊：油气开发与路易斯安那湿地》）（PhD dissertation, University of Houston, 2011）。

安德·佩雷斯及佩雷斯所代表的体制而奋斗。[1] 这种反抗看起来如堂吉诃德式的抗议一样，为时甚久。但是，在国家工程师下令引密西西比河水冲毁他房子的 40 年之后，对里奇来说，这场灾难还没结束。他的抗议提醒我们，灾难可能发生于一瞬间，但是灾难的原因是在长时间里形成的，灾难的影响也历时持久。

里奇的警告也给我们提供了另外一个信息。这是历史能够给予我们的一个最重要的教训：不管是好还是坏，事情本来可能与现在的结果不同。

《沼泽地法案》

1927 年 4 月，"一位三角洲的官员对所有听众郑重地说，'你们见证了对一个教区公开的处决'"[2]。这场处决以一次炸药的爆炸，或者说是几次爆炸作为先导。新奥尔良的大坝是罪犯劳工们在 1915 年修建的，该大坝是为了保护像埃米尔·里奇这样的普拉克明和圣伯纳德教区的居民不受密西西比河的侵袭，而在 1927 年 4 月 29 日被炸毁则是路易斯安那州工程师坚定努力的结果。《新奥尔良皮卡尤恩时报》报道说："60 个黑人劳工，拿着锄头、铲子和钻头工作一整天，他们需要使用 1 500 磅的炸药给大坝炸出一个大裂缝。"[3]国民警卫队携武器前来，命令圣伯纳德教区的居民从自己的家园撤离，居民们只能听从号令。一万人次朝着新奥尔良的方向进发，一位记者观察到，"高速公路上人山人海，有的坐着卡车，有的乘游览车，有的驾着马车，还有人

---

① Lou Block，"Delta Road，near New Orleans，LA"（《洛杉矶新奥尔良附近的三角洲路》），photograph，1939. In the Farm Security Administration/Office of War Information Collection，Prints and Photographs Division，Library of Congress，Washington，DC，http://www. loc. gov/pictures /item/ 2011645340."Obituary of Emile Riche"（《埃米尔·里奇的讣告》），*New Orleans Time-Picayune* （《新奥尔良皮卡尤恩时报》），November 9，1962，p. 2.

② Kane，*Deep Delta Country*（《三角洲深处的国家》），p. 197.

③ "City to Feel Relief from Levee Breach in 48 Hours"（《城市将在 48 小时内感受到堤坝决口带来的缓解》），*New Orleans Times-Picayune*（《新奥尔良皮卡尤恩时报》），April 30，1927，pp. 1 - 2.

骑着马、驴或者牛，也有人徒步而行"。这位记者写道："这是一场大撤退，他们从自己的家园逃离出来。"①

经过一整天的猛烈攻击，大坝终于倒塌了。每秒钟约有 7 立方千米的水喷涌而出，倾泻在这片曾被称为西方中心的区域。② 就在这条河流的转弯处，让-巴普蒂斯特·勒莫恩·德·比恩维尔（Jean-Baptiste Le Moyne de Bienville）在 1700 年将路易斯安那置于国王路易十四的控制之下，此地也因此得名路易斯安那，这改变了帝国的进程。③ 从这里走一小段路便是查尔美特古战场，1815 年安迪·杰克逊（Andy Jackson，因其将士通晓多种语言，他的命令被翻译成法语、西班牙语和乔克托语）"在新奥尔良镇打败了残暴的英国人"④，约翰尼·霍顿（Johnny Horton）后来在他的歌中唱道。卡那封郡北面和南面的土地有数量巨大的木材和糖。再就是这条河本身。作为这片大陆的动脉，这条河在过去的 200 年里使新奥尔良这座自封的"南方女王之城"能够将大半个半球变为自己的腹地。⑤ 托马斯·杰斐逊（Thomas Jefferson）在 1804 年写道："新奥尔良的位置注定使这里成为世界上最伟大的城市。"⑥

然而，1927 年，密西西比河下游两岸不再是未来的希望所

---

① "Refugee Caravan Winds Way as St. Bernard Folk Carry Belongings to City"（《难民大篷车风驰电掣，圣伯纳人将物品运往城市》），*New Orleans Times-Picayune*（《新奥尔良皮卡尤恩时报》），April 28, 1927, p. 1. 关于 10 000 名疏散人员，见 Barry, *Rising Tide*（《潮涌》），p. 347。

② Barry, *Rising Tide*（《潮涌》），p. 257.

③ Lawrence Powell, *The Accidental City：Improvising New Orleans*（《意外之城：即兴发挥的新奥尔良》）（Cambridge：Harvard University Press, 2012），pp. 1 - 2。

④ Daniel Walker Howe, *What Hath God Wrought：The Transformation of America*, 1815 - 1848（《上帝创造了什么：美国的变革，1815—1848 年》）（New York：Oxford University Press, 2007），p. 9. 歌曲引自 Jimmy Driftwood, "The Battle of New Orleans"（《新奥尔良之战》），1959。

⑤ 关于"南方女王之城"，参见 *The Picayune's Guide to New Orleans*（《皮卡尤恩的新奥尔良指南》）（New Orleans：The Picayune, 1900），p. 194；关于城市及其农业腹地，参见[美]威廉·克罗农著，黄焰结、程香、王家银译：《自然的大都市：芝加哥与大西部》，江苏人民出版社 2020 年版。

⑥ Thomas Jefferson to Governor William C. C. Claiborne, July 7, 1804, in James P. McClure ed., *The Papers of Thomas Jefferson Volume* 44：*July to November* 1804（《托马斯·杰斐逊文集，第 44 卷：1804 年 7 月至 11 月》）（Princeton：Princeton University Press, 2019），p. 53.

在。① 在密西西比河从新奥尔良到墨西哥湾这最后约161千米流域两旁狭长的可耕地区域，曾经这里的真正财富是奴隶，而当奴隶贸易从人们的记忆中消逝，奴隶贸易者手中积累的大量财富也逐渐烟消云散。② 田野上种植园房屋都已倒塌，房屋后面的住所也空无一人。③ 离河更远一点的地方是一片长着沼泽草的地带，被称为"摇晃的草原"，这里看起来像是一片阴晦的湿地。从位于"新奥尔良美国区"的新运河银行大楼的19层远远地、模模糊糊地望去，下游的教区看起来可有可无，无关紧要。④

　　长期以来，新奥尔良下游的湿地看起来毫无价值。⑤ 19世纪30年代，一位联邦土地测量师认为这片土地没有什么用途，只有"一小部分土地适合种植庄稼，或是派做什么其他用途"⑥。1849年，国会通过了《沼泽地法案》，将近4.5万平方千米的联邦湿地被转让给路易斯安那。这本是美国在路易斯安那购地案中所获的财产，却一直没有将其

① 向弗雷格·西格尔(Fred Siegel)致歉，*The Future Once Happened Here：New York，D. C.，L. A.，and the Fate of America's Big Cities*(《未来曾在这里发生：纽约、华盛顿特区、洛杉矶和美国大城市的命运》)(New York：Free Press，1997)。
② 对奴隶贸易价值的介绍，参见 Walter Johnson，*River of Dark Dreams：Slavery and Empire in the Cotton Kingdom*(《黑暗梦之河：棉花王国的奴隶制与帝国》)(Cambridge：Harvard University Press，2013)。
③ 对南方农业和人口结构变化的描述，参见 Jack Temple Kirby，*Rural Worlds Lost：The American South，1920 - 1960*(《失落的乡村世界：美国南部地区，1920—1960年》)(Baton Rouge：Louisiana State University Press，1986)。对区域的介绍，参见 Jane Pharr，"The Administration of Federal Relief in Plaquemines Parish"(《普拉克明教区的联邦救济管理》)(MA thesis，Tulane University，1938)，p. 10。
④ "Bank Will Move in New Building"(《银行将迁入新大楼》)，*New Orleans Times-Picayune*(《新奥尔良皮卡尤恩时报》)，November 29，1927，p. 6。1927年洪水过后，奥尔良堤坝区专员考虑拆除卡那封下面整个普拉克明教区东岸的堤坝。参见 "Levee Removal in Plaquemines Opposed by Jury"(《陪审团反对拆除普拉克明的堤坝》)，*New Orleans Times-Picayune*(《新奥尔良皮卡尤恩时报》)，July 14，1927，p. 6。对湿地的介绍见 Ann Vileisis，*Discovering the Unknown Landscape：A History of America's Wetlands*(《发现未知景观：美国湿地史》)(Washington，DC：Island Press，1997)；David C. Miller，*Dark Eden：The Swamp in Nineteenth-Century American Culture*(《黑暗的伊甸园：19世纪中美国文化的沼泽》)(Cambridge：Cambridge University Press，1989)；另见 Anthony Wilson，*Shadow and Shelter：The Swamp in Southern Culture*(《阴影与庇护：南方文化中的沼泽》)(Jackson：University Press of Mississippi，2006)。
⑤ 沼泽地也被视为不健康的现象，参见 Craig E. Colten，*An Unnatural Metropolis：Wresting New Orleans from Nature*(《不自然的大都市：将新奥尔良从自然中解放出来》)(Baton Rouge：Louisiana State University Press，2005)，pp. 32 - 38。
⑥ *Report of the Register and Receiver of the Land Office at New Orleans*(《新奥尔良土地局登记员和接管人的报告》)，H. R. Doc. No. 55，24th Cong.，1st Sess. (1836)，77。

派上用场。这笔拨款本意在于鼓励州政府修建防洪堤，排干湿地，用该法案的话说是"收回"湿地——仿佛在一些人想象的过去中，沼泽地是被剥夺了其正当的、用于生产目的的用途。① 路易斯安那州可以卖掉沼泽中的木材，或者可以改良沼泽使其适用于农业生产。

《沼泽地法案》对路易斯安那州唯一的规定就是出售土地所得的任何收入都应首先用作防洪用途。根据该法案，"上述土地所得的收益应当尽可能地只用于防洪堤和排水沟的建设"。普拉克明和圣伯纳德教区后来的居民认为他们自己是抵抗联邦政府权力入侵的反抗者，值得一提的是，土地本身都是国家政府赠予他们的礼物。这些土地或是使用暴力从原住民那里夺取的，或是从法国人手里花大价钱买到的。这是美国历史上最大的一笔联邦经费拨款，专门用以帮助当地民众。②

从 19 世纪 50 年代起，"路易斯安那将大片的土地以每英亩 10 到 20 美分的价格卖给个人"。种植园主在普拉克明河流两岸的狭长高地上建立了蔗糖和水稻种植园。但是过了几十年，很多购买了大量沼泽地的投机者发现他们的土地并没有什么价值。过了一段时间，很多人都忘记了缴纳税款，所有权又回到了州政府的手中。③

19 世纪 90 年代，该州整合了这些被遗忘的沼泽地带，将其变为防洪堤区。1894 年，路易斯安那州第 18 号法案在普拉克明教区的西岸建立了布拉斯大堤区。1898 年，立法机关通过了第 24 号法案，该法案

---

① An Act to aid the State of Louisiana in draining the swamp lands therein, ch. 87, 9 Stat. 352 (March 2, 1849). 随后在 1850 年和 1860 年通过的类似法案将湿地分配到了其他州；并非所有土地都是一次性转让的，约 4.5 万平方千米是路易斯安那州的最终总面积。US Geological Survey, *National Water Summary on Wetland Resources*（《关于湿地资源的国家水资源摘要》）(Washington, DC: US Government Printing Office, 1996), p. 21.

② An Act to aid the State of Louisiana in draining the swamp lands therein ch. 87, 9 Stat. 353 (March 2, 1849). 与此同时，"联邦政府将这些土地转让给州政府这一事实反映出，联邦政府以及整个国家都意识到，密西西比河下游的土地开垦将使其受益"。Colten, *Unnatural Metropolis*（《不自然的大都市》）, p. 30.

③ Carolyn Ramsey, "Rats to Riches"（《老鼠变富翁》）, *Saturday Evening Post*（《星期六晚邮报》）May 8, 1943, p. 78. 关于这种植园家庭的简介，参见 David O. Whitten, "Rural Life along the Mississippi: Plaquemines Parish, Louisiana, 1830–1850"（《密西西比河沿岸的农村生活：路易斯安那州普拉克明教区，1830—1850 年》）, *Agricultural History*（《农业历史》）58 (July 1984): 477–487.

建立了相似的大草原大堤区，覆盖了河岸的东部。这些防洪堤区的委员会由州长任命，该委员会旨在监督国有土地的管理过程，利用出售土地所得的收益来建造防洪堤和排水系统，这与国会在 40 年前所规划的一样。① 但是除了发展这些法律机制，路易斯安那州还是继续忽视这些沼泽地。

　　然而，一些渔民和猎户开始在沼泽深处定居下来。他们养殖牡蛎，捕捉麝鼠，也捕捞鱼虾在新奥尔良的市场上出售。到 1900 年，大约有 1.3 万人住在普拉克明教区。大多数人住在贝尔沙斯（Belle Chasse）和韦厄利特（Violet）以及从新奥尔良顺着公路而下的其他城镇。一些人再往南挺进，沿着土路走到防洪堤旁的道路上，然后穿过沼泽中迷宫般的小河口。②

　　当进步主义者试图在美国各地建立社会秩序和规范社会生活时，沼泽似乎在抵制国家权力对其的掌控。这些沼泽地中的定居者让人想起了作家莱尔·萨克森（Lyle Saxon）笔下那个不服管教、爱耍小聪明的无赖海盗让·拉菲特（Jean Lafitte），他在 19 世纪初的巴拉塔里亚湾打劫抢夺。萨克森写道："船夫必须非常技术娴熟才能找到出去的路"，"数百人在这片芦苇丛生的沼泽地里永远地迷了路"。从历史角度来看，很多人是故意在这里迷路的。在内战之前，奴隶逃到沼泽地中，在这里建立起黑人社区，让捕捉奴隶者无处找寻。③ 消失在这些沼泽地中的不仅有人，还有钱财。一位沮丧的财产评估员在 1926 年指

① An act to create a new levee district, to be known and styled the Buras Levee District, Louisiana Act 18 (1894); An act to create the Grand Prairie Levee District and the Board of Commissioners therefor, Louisiana Act 24 (1898).

② Donald W. Davis, *Washed Away? The Invisible Peoples of Louisiana's Wetlands*（《被冲走？——路易斯安那湿地的隐形民族》）(Lafayette: University of Louisiana at Lafayette Press, 2010). 同时参考了美国 1900 年的人口普查情况。

③ Lyle Saxon, *Lafitte the Pirate*（《海盗拉菲特》）(1930; Gretna, LA: Pelican Publishing Company, 1999), p. 38；关于进步主义者，参见 Glenda E. Gilmore, ed., *Who Were the Progressives?*（《谁是进步主义者?》）(New York: Palgrave, 2002). 对黑人社区的描述参见 Herbert Aptheker, "Maroons Within The Present Limits of the United States"（《美国现有领土范围内的黑人》）, *The Journal of Negro History*（《黑人历史期刊》）24, no. 2 (April 1939): 167 - 184; Gwendolyn Midlo Hall, *Africans in Colonial Louisiana: The Development of Afro-Creole Culture in the Eighteenth Century*（《殖民时期路易斯安那的非洲人：18 世纪非洲克里奥尔文化的发展》）(Baton Rouge: Louisiana State University Press, 1995), pp. 203 - 207；另见 Powell, *Accidental City*（《意外之城》）, pp. 236 - 240。

出："大量的农产品没有缴税便从圣伯纳德教区运送出来，这一点无疑是真实的。"[1]但是在那个时候，没有负责任的人会为走私朗姆酒纳税，在禁酒令时期，这可能是最赚钱的输出物资。

在 20 世纪 20 年代早期，沼泽地因其看似毫无价值而得到新奥尔良官员们的重视——在泛洪时期这些地方可以为城市的利益做出牺牲。几十年来，美国陆军工程兵团一直奉行"只修堤坝"的政策来管理密西西比河，通过建造越来越高的土墙来试图保持河流的有序运行。但是该州的一位官员在 20 年代指出，"一直存在的水患"仍然是路易斯安那的"主要问题"。他和很多其他人一样并没有完全依赖于防洪堤，而是主张在战略要地切割墙体，修建溢洪道。其中的逻辑颇为简单：通过恢复堤坝所挡住的一些支流，更多的水可以更快地顺流而下，安全地降低洪水水位。在 1922 年的密西西比河洪水发生之后，新奥尔良堤坝委员会提议在普拉克明的东岸建造一条这样的泄洪道——他们有时将其直白地称为"废水堰"。他们意图通过切断波希米亚村及其伯利恒犹太非洲浸信会教堂下方的河堤来永久性地降低新奥尔良上游的河流水位。[2]

问题在于，有人居住在这片被建议用作溢洪道的区域。有人住在这里，有人在这里渔猎。逝者也安葬于此。1921 年，纳西斯·科斯（Narcise Cosse）将属于他家族财产的位于欢乐角东岸村庄的一片土地指定作为"埋葬白人"的一个墓地。[3] 但是在 1924 年，路易斯安那第 99 号法案授权新奥尔良堤坝委员会"通过征用获取必要的地产"，并

---

[1] Archie M. Smith, *Report of Levee Examining Committee*（《堤坝审查委员会报告》）（New Orleans：Orleans Levee District, 1926），p. 9, in the Louisiana State Archive, Baton Rouge, LA.

[2] Percy Viosca Jr., *Flood Control in the Mississippi Valley in its Relation to Louisiana Fisheries*（《密西西比河流域的防洪与路易斯安那州渔业的关系》）（New Orleans：Louisiana Department of Conservation, 1927），p. 16. Barry, *Rising Tide*（《潮涌》）pp. 159, 167 - 168. 这可能是密西西比河上修建的第一条泄洪道。参见 "New West Flank Oiler at Harang Area Completed"（《哈朗地区新的西翼掘进机完工》），*New Orleans Times-Picayune*（《新奥尔良皮卡尤恩时报》），September 18, 1938, p. 17.

[3] Act of Donation by Narcise Cosse, Sr. to Board of Trustees for the Point Pleasant Cemetery, July 23, 1921. Scan of document in author's possession. 另见 "Board to Move Entire Villages in River Project"（《董事会将在河流项目中搬迁整个村庄》），*New Orleans Times-Picayune*（《新奥尔良皮卡尤恩时报》），May 19, 1925, pp. 1, 3。

"移除该区域的堤坝"。①

通过取消欠债不还的纳税人的土地赎回权，从业主手中购买地产，在业主不愿出售时使用征用权等方式，新奥尔良堤坝委员会合并了普拉克明教区东岸超过 130 平方千米土地的所有权，创建了他们口中的"波西米亚溢洪道"。② 当该委员会的评估师完成了对拟建溢洪道的 256 个地块的评估工作时，他们如释重负，这并不仅仅因为他们受够了恼人的泥巴和蚊子。《新奥尔良皮卡尤恩时报》说："这份工作是具有悲剧性的。"一位评估师不止一次地说，当他不得不去一位住在这里 80 年的老夫妇家中，通知他们必须搬走时，他自己像极了一个杀人犯。在一些其他时候，评估师还会被带枪的暴怒农民追赶。③

对于新奥尔良堤坝委员会来说，一个不那么直接却同样令人烦恼的问题就是很多居住在溢洪道的居民——即使他们自己声称拥有合法所有权——缺乏对土地明确的所有权。新奥尔良大堤区总委员会的委员本杰明·沃尔多（Benjamin Waldo）发现，"这些土地交易中，75%都存在所有权问题的缺陷"。当一个家庭拥有一块土地，继承者觉得没有必要递交正式的继承文件来将所有权传到下一代。他们和他们的邻居都知道这片土地属于他们，至于波因塔哈拉什（Point-a-la-Hache，路易斯安那州普拉克明教区的一个普查规定居民点——译者注）教区法院的办事员是否知道，他们并不在乎。瓦尔多写道："总的

① An act to reduce the flood levels of the Mississippi River and to better protect the City of New Orleans from danger of overflow by the high waters of the Mississippi River, Louisiana Act 99 (1924).
② Smith, *Report of Levee Examining Committee*（《堤坝审查委员会报告》），Board of Commissioners of the Orleans Levee District, *Historical Perspective Bohemia Spillway, 1924–2000*（《历史视角看波西米亚溢洪道，1924—2000 年》）(2000), in the State Library of Louisiana, Baton Rouge, LA; "Spillways Plan in Plaquemines Is Recommended"（《建议在普拉克明实施泄洪道计划》），*New Orleans Times-Picayune*（《新奥尔良皮卡尤恩时报》），June 19, 1924, p. 3; "Spillway Step Taken"（《已采取的溢洪道措施》），*New Orleans Times-Picayune*（《新奥尔良皮卡尤恩时报》），June 13, 1925, p. 5; "New Pointe a la Hache Outlet Ready to Divert Mississippi Flood Water"（《新的哈什角排水口随时准备疏导密西西比洪水》），*New Orleans Times-Picayune*（《新奥尔良皮卡尤恩时报》），March 13, 1926, p. 3; 另见 "Keep Bohemia Open"（《保持波西米亚溢洪道敞开》），*New Orleans Times-Picayune*（《新奥尔良皮卡尤恩时报》），June 19, 1952, p. 12.
③ "Appraisers Glad Job Is Finished"（《评估员很高兴工作已经完成》），*New Orleans Times-Picayune*（《新奥尔良皮卡尤恩时报》），June 14, 1925, p. B-9.

来说,这些产权转让证书中存在各种各样的产权问题。"瓦尔多并没有对距河流较远的湿地进行调研。[①]

在某些情况下,投机者尝试借政府修建溢洪道之举为自己牟利。一些土地所有者因未付税款而使其土地被收归州政府所有。但是在付清了所有欠缴税款后,这些前土地所有者就在其土地要被新奥尔良堤坝委员会收购之前"赎回"了他们的地产。沃尔多对这样的行为很是气愤,他认为这些人"无耻"的牟取暴利的行为使新奥尔良堤坝委员会无法履行其合法的防洪举措。他认为,一旦溢洪道修建完成,它将是"一项服务于全体民众的伟大公众事业"。肩负如此光荣的使命,在过去的近两年时间里,沃尔多设法为堤坝委员会和新奥尔良的民众保住了波西米亚溢洪道。[②]

就在堤坝委员会努力将普拉克明南部的一长段河岸改造为废水堰时,时尚风潮的变化却让沼泽变得更具价值。在喧嚣的 20 年代,毛皮大衣成为人人渴求的时尚穿搭,城市中审美品位的变化使乡村里的捕猎行为在一夜之间成为有利可图的营生。在人们的记忆中,麝鼠的皮毛每张只值 2 美分,在 1922 年卖到了 50 美分,这一价格在 1926 年涨到 1.75 美元。[③] 岛上的皮毛猎人在为期 70 天的捕猎季能赚到8 000 到 10 000 美元。《星期六晚邮报》报道,"沼泽地迎来了它的黄金时代","在这些潮湿的废地上流淌着财富和欢乐"。[④]

这些利润激发了外界对这里的兴趣,也引发了后来所谓的"捕猎者战争"。一开始,20 世纪 20 年代初期毛皮价格上升之时,捕猎者还是能够继续用手杖划定捕猎区域,以此在利润增长中分得一杯羹。这样的规矩虽不成文,但是被人们严格地执行。一位人种志学者说:"这

① Benjamin T. Waldo to Guy L. Deano, March 31, 1926. For the backswamp, see BenjaminT. Waldo to Guy L. Deano, August 16, 1926. Both in Box 4, O'Keefe Papers,New Orleans Public Library.

② Benjamin T. Waldo to Fred J. Grace, April 6, 1926. In Box 4, O'Keefe Papers, New Orleans Public Library.

③ H. J. Chatterton, "The Muskrat Fur Industry of Louisiana"(《路易斯安那州的麝鼠皮毛业》), *Journal of Geography*(《地理学报》) 43, no. 5 (May 1944): 193 - 194.

④ Ramsey, "Rats to Riches"(《老鼠变富人》), p. 78. 另见 Carlton Beals and Abel Plenn, "Louisiana Skin Game"(《路易斯安那皮毛游戏》), *The Nation*(《国家报》), December 25, 1935, p. 738.

是民间法则，人们的捕猎区域是受到尊重的。"沼泽，这片长期以来被外界忽视的世界，对于猎手来说是可以根据他们的逻辑自由使用和分配的。但是，当土地所有者开始将正式的捕猎权租借给皮毛公司和投机者时，不成文的法则受到了威胁。当地猎手将这些新来的人称为"不法分子"，因为他们完全忽视了现有的规则模式。但是，当新的租赁者将"不得擅入"的标志牌放置在沼泽当中时，以往被认为合理合法的做法却变为了非法行为。[①]

最有争议的案子与佩雷斯家族有关。1924 年，约翰·佩雷斯（John Perez）租借了路易斯安那沿海地区近 405 平方千米最为盈利的捕猎区域。之后他便将捕猎权转借给了路易斯安那皮毛捕猎公司———一家在特拉华州注册成立的公司。这家公司转手要将这片土地的捕猎权以极高的价格租赁给多年来一直在这里生活的本地猎人。此举激怒了本地猎人。1924 年的秋天，约翰·佩雷斯的表弟利安德·佩雷斯———一位年轻的地方检察官自愿代表捕猎者的利益，组织成立了"圣伯纳德猎人协会和普拉克明教区保护协会"。利安德亲自出面为大家辩护。[②]

佩雷斯把自己塑造成为人民利益而战的形象，这是自他 10 年前从政以来一直就有的习惯。1915 年，24 岁的佩雷斯因其为普拉克明教区争取联邦援助的事迹而被《新奥尔良皮卡尤恩时报》所报道。1915 年的一场飓风摧毁了普拉克明教区的河堤，当地的堤坝委员会无法承受高额的修理费用。[③] 所以在当年 12 月份，住在普拉克明区的州代表西蒙·利奥波德（Simon Leopold）召集当地官员和堤坝委员会代表们开会，游说联邦拨款 70 万美元来修复堤坝。《新奥尔良皮卡尤恩时报》报道："除非联邦政府通过国会对这里提供救助，否则这里的居

① Donald W. Davis, "Trainasse"（《沼泽中的草类植物》）, *Annals of the Association of American Geographers*（《美国地理学家协会年鉴》）66（September 1976）：349 - 359（quotation on p. 35）.
② Jeansonne, *Leander Perez*（《利安德·佩雷斯》）, pp. 32 - 61.
③ "Government Asked to Rebuild Dykes for Lower Coast"（《要求政府为下海岸重建堤坝》）, *New Orleans Times-Picayune*（《新奥尔良皮卡尤恩时报》）, December 14, 1915, p. 5.

民将会遭受更多的灾难,因为负责堤坝事宜的官员无法在下次洪水到来前完成堤坝的修复。"佩雷斯当时刚从杜兰法学院毕业一年,他正在考虑参加 1916 年路易斯安那州的众议员竞选。报纸中所报道的该会议的 20 多个出席者就有他一个。[①] 他争取联邦援助之举对于一个日后以阻止联邦政府干涉该地事务而成名的人来说,是一个极具讽刺意味的开始。

很少有人认为佩雷斯是个有原则的政客。他在州议员的竞选中失利,但是在 1919 年,通过自己的运作,他当选为路易斯安那州第二十九司法区的地区法官,这一司法区覆盖圣伯纳德教区和普拉克明教区,这引起了为期数月的法律纠纷,最终还闹到了州最高法院。四年后的 1923 年,反对者指控佩雷斯偷带手枪来上班,试图将其革职。在路易斯安那州的其他地方,政客们就死灰复燃的 3K 党(Ku Klux Klan,缩写为 K.K.K.)问题阐明自己的立场,而在圣伯纳德教区,政治联盟的形成则围绕更加平淡的事务和政治利益。[②] 1922 年密西西比河的洪水冲垮了位于默特尔克里克的堤坝,在这期间,佩雷斯帮忙组织了救援行动。他宣扬自己在禁酒令期间追捕酒贩子,称在禁酒问题上其所在社区并不好搞定。然而,佩雷斯的反对者认为他与朗姆酒贩子沆瀣一气。1924 年,当佩雷斯召集捕猎者联合在一起时,他已经是一个

① Jeansonne, *Leander Perez*(《利安德·佩雷斯》),p. 11. "Even Break in Plaquemines"(《普拉克明连休》), *New Orleans Times-Picayune*(《新奥尔良皮卡恩时报》), March 24, 1916, p. 5.

② "Two Are Named Judges in Twenty-Ninth District"(《两人被任命为第二十九选区法官》), *New Orleans Times-Picayune*(《新奥尔良皮卡尤恩时报》), December 9, 1919, p. 20; "Judge Perez Not Afraid of Attempt to Oust Him"(《佩雷斯法官不惧推翻他的企图》), *New Orleans Times-Picayune* (《新奥尔良皮卡尤恩时报》), January 14, 1920, p. 10. 关于私藏武器的指控,参见 "Jurist Asserts Ouster Program Is Political Plot"(《法学家断言废黜计划是政治阴谋》), *New Orleans Times-Picayune* (《新奥尔良皮卡尤恩时报》), October 11, 1923, pp. 1,3;关于 3K 党的描述,参见 "'Klan Block' in Legislature Marshaling Great Strength"(《议会中的"3K 党街区"凝聚起巨大力量》), *New Orleans Times-Picayune*(《新奥尔良皮卡尤恩时报》), November 18, 1923, p. 1;另见 H. P. McCall, "Political War in St. Bernard Growing Hotter"(《圣伯纳德政治战争日趋白热化》), *New Orleans Times-Picayune*(《新奥尔良皮卡尤恩时报》), November 18, 1923, p. 1。

名声大噪、精明算计且道德感缺失的检察官了。①

捕猎者最终发现佩雷斯在他表弟的特拉华-路易斯安那皮毛公司拥有股份，但他表面上代表捕猎者反对皮毛公司。这样，情形就尴尬了：佩雷斯是个"叛徒"，是他表弟恶名远扬的公司的双面间谍。② 他在这场由自己谋划的交易中两边获利，却没有为捕猎者夺回他们认为理应属于自己的沼泽地所有权。1926 年 11 月，情况激化了。佩雷斯从路易斯安那州西部和得克萨斯州带回了一些工贼地痞，本地的捕猎者拒绝让出自己的土地。佩雷斯派一个叫作萨姆·高兰（Sam Gowland）的副警长来赶走本地捕猎者。在德拉克鲁瓦岛的一场僵持中，伊斯兰诺人射杀了高兰警长。③

"捕猎者战争"中只有一人死亡，这是一场小战争，但揭示了背后一个更大的冲突：权贵们想要整合并控制当地农民共同享有的土地。英国人称此举为"圈划公共土地"，美国人称此为"合并领地"。④ 就如波西米亚溢洪道事件一样，"捕猎者战争"将一大片未开发的、所有权

① "Break at Poydras Saves River Town"（《波伊德拉斯的休息拯救了河畔小镇》），*New Orleans Times-Picayune*（《新奥尔良皮卡尤恩时报》），May 13, 1922, p. 4. "Refugees Need Continued Care"（《难民需要持续关怀》），*New Orleans Times-Picayune*（《新奥尔良皮卡尤恩时报》），June 20, 1922, p. 7. "St. Bernard Judge Directs Action Against Liquor Runners and Speeders"（《圣伯纳德法官指示对跑酒者和超速者采取行动》），*New Orleans Times-Picayune*（《新奥尔良皮卡尤恩时报》），April 27, 1921, p. 7（"easy mark"）；"Dymond Gives Lie to Perez in Ouster Case"（《迪蒙德在下台案中向佩雷斯撒谎》），*New Orleans Times-Picayune*（《新奥尔良皮卡尤恩时报》），October 12, 1923, pp. 1, 17.
② "Michel Denies Perez, Meraux Figure in Deal"（《米歇尔否认佩雷斯和梅罗参与交易》），*New Orleans Times-Picayune*（《新奥尔良皮卡尤恩时报》），April 14, 1926, p. 3.
③ Jeansonne, *Leander Perez*（《利安德·佩雷斯》），pp. 32 - 61；"Trappers Muster 1 000 Men for War"（《捕猎者集结 1 000 人参战》），*New Orleans Times-Picayune*（《新奥尔良皮卡尤恩时报》），November 17, 1926, p. 1. Bryan M. Gowland, "The Delacroix Isleños and the Trappers' War in St. Bernard Parish"（《圣伯纳德教区的德拉克鲁瓦伊斯莱尼奥斯人和捕猎者战争》），*Louisiana History*（《路易斯安那州历史》）44, no. 4（Autumn 2003）：411 - 441；Beals and Plenn, "Louisiana Skin Game"（《路易斯安那毛皮游戏》），pp. 738 - 740；Ramsey, "Rats to Riches"（《老鼠变富人》），pp. 14 - 15, 78, 80；Carolyn Ramsey, "Louisiana's Fabulous Muskrat Marshland"（《路易斯安那州美丽的麝鼠沼泽地》），*The Progressive*（《进步主义者》），February 12, 1945, p. 8. 关于捕猎者为确保进入波西米亚溢洪道所做的努力，参见"Two Bidders Seek Trapping Rights"（《两家竞标者寻求捕猎权》），*New Orleans Times-Picayune*（《新奥尔良皮卡尤恩时报》），June 5, 1928, p. 27.
④ 关于附文，参见 E. P. Thompson, *The Making of the English Working Class*（《英国工人阶级的形成》）（New York：Pantheon Books, 1964），p. 218；另见 J. Crawford King, "The Closing of the Southern Range：An Exploratory Study"（《南部山脉的关闭：一项探索性研究》），*Journal of Southern History*（《南方历史杂志》）48, no. 1（February 1982）：53 - 70.

不明确的湿软沼泽转变为受法律约束的、用于专门用途的土地，并令农民们放弃对其的所有权。以前，路易斯安那沿海的沼泽不受法律管制，在地图上也找不到，所有权也不明晰，对他们的使用也是非正式的。居民们不纳税，也没有官员收税。但是在 1928 年，路易斯安那的保守主义者珀西·韦斯卡（Percy Viosca）意识到，"公共的打猎和诱捕地很快会成为明日黄花"[1]。皮毛公司勘测了这些地区，绘制了地图，也分配了所有权。他们买卖地皮，使这片喧嚣嘈杂的地区沉静下来。

"捕猎者战争"之后，一些人叹惋正在消失的是美国人的田园美梦。"捕猎不再是一个自由自在、来去如风的行当，而是一种工业化的存在。"《国家报》悲哀地讲述了一段现代资本主义和农业自由之间对立的历史，一大群美国人被迫成了苦力。沼泽中的非正式经济被资本主义化的力量所代替，这并不鲜见，在接下去的一个世纪中仍会继续。但是这个故事在当时听起来尤为心酸，因为美国小城镇的人都觉得他们的"孤岛社区"在日渐官僚化和集权化的国民文化中分崩离析了。[2]

大多数的历史记述都认为佩雷斯在"捕猎者战争"中失败了，不是因为他的伙计在战争中被杀死了，而是因为皮毛行业的繁荣转瞬即逝。1929 年 10 月，麝鼠皮市场与美国经济一起崩溃了。但是，这种经历向佩雷斯显示了一种他最需要的策略——控制机制。

液体财富

经过"捕猎者战争"，佩雷斯意识到他的策略应当是控制土地，这

---

[1] Viosca Jr., *Flood Control in the Mississippi Valley*（《密西西比河流域的洪水控制》），p. 16. 另见，*Deep Delta Country*（《三角洲深处的国家》），p. 178；Chatterton，"Muskrat Fur Industry"（《麝鼠皮毛业》），p. 191；Edward J. Kammer，"A Socio-Economic Survey of the Marshdwellers of Four Southeastern Louisiana Parishes"（《路易斯安那州东南部四个教区沼泽居民的社会经济调查》）（PhD dissertation, Catholic University, 1941），p. 92.

[2] Beals and Plenn，"Louisiana Skin Game"（《路易斯安那皮毛游戏》），p. 739. 关于社区衰落的叙述见 Thomas Bender, *Community and Social Change in America*（《美国的社区与社会变革》）（New Brunswick：Rutgers University Press, 1978）。关于"孤岛社区"见 Robert Wiebe, *The Search for Order, 1877 – 1920*（《寻找秩序，1877—1920 年》）（New York：Hill & Wang, 1966）。

时路易斯安那州发现了"牡蛎中的黑珍珠"，那就是黑色黄金——石油。[1] 路易斯安那州最早一次发现石油是在 1901 年的 9 月，发现的地点在路易斯安那西南部詹宁斯的盐丘中。很快，投机者在全州范围内挖掘油井。1929 年 4 月，《新奥尔良皮卡尤恩时报》赞叹称："一个个内含液体财富的盐丘环绕着城市。"它所指的是这里被认为富含石油和天然气的地质构造。"深埋于新奥尔良方圆约 161 千米的地壳中，为人所不知的液体财富正在等待钻井杆的神奇触碰，这将使这片水乡泽国变成全国最大的油田。"[2]

石油和石油市场的发现将一无是处的沼泽变为了流淌着液体财富的宝地。路易斯安那州立法机构让一些公共机构从石油的发现中获利，它在 1922 年授权学校委员会执行石油、天然气和金属矿产的土地租赁，1928 年把同样的权利授予堤坝委员会。[3] 1928 年 5 月，汉勃石油公司为了得到波西米亚泄洪道的开采权，向奥尔良堤坝委员会缴纳了 1.6 万美元。在圣伯纳德教区，莱里湖中发现了盐丘，也就是在这附近，州长在前一年刚刚炸毁了堤坝。[4] 1929 年的春天，《新奥尔良皮卡尤恩时报》报道，在普拉克明教区，"去年发现了 9 个盐丘，都位于

---

[1] "Since the Black Pearl Was Found in the Oyster"（《自从牡蛎中发现黑珍珠以来》），*New Orleans Times-Picayune*（《新奥尔良皮卡尤恩时报》），June 19, 1952, p. 12. 向杰德·克兰佩特（Jed Clampett）致歉，他的民谣由保罗·亨宁（Paul Henning）创作。

[2] Theriot，"Building America's Energy Corridor"（《建设美国能源走廊》），pp. 27 - 64. 对海湾石油公司在普拉克明大草原穹顶的研究见 "The Irrepressible Marsh Buggy"（《不可抵抗的沼泽越野车》），*Louisiana Conservation Review*（《保护路易斯安那评论》）7（Winter 1938 - 1939）：11；Bernard L. Krebs，"Magic Ring of Salt Domes Circles City with Liquid Wealth"（《内含液体财富的盐丘环绕着城市》），*New Orleans Times-Picayune*（《新奥尔良卡尔尤恩时报》），April 7, 1929, p.22。

[3] 路易斯安那那州第 20 号法案（1922 年），授权路易斯安那州教区教育局在全部或部分属于该教育局的任何土地上执行石油、天然气和矿产租约，并确定此类租约的条款和条件。另见 Brady Michael Banta，"The Regulation and Conservation of Petroleum Resources in Louisiana, 1901 - 1940"（《路易斯安那州石油资源的监管和保护，1901—1940 年》）（PhD dissertation, Louisiana State University, 1981），p. 469。（Banta cites "Acts of Louisiana, 1928, p. 62."）对人类消费如何从自然资本中创造价值的研究见[美]威廉·克罗农著，黄焰结、程香、王家银译：《自然的大都市》。

[4] 溢洪道参见 "Levee Board Gets Oil Lease Bids"（《堤坝委员会获得石油租赁竞标》），*New Orleans Times-Picayune*（《新奥尔良皮卡尤恩时报》），May 9, 1928, p.20；另见 "Texas Firm Soon to Begin Drilling on Spillway Land"（《得克萨斯州公司即将开始在溢洪道土地上钻井》），*New Orleans Times-Picayune*（《新奥尔良皮卡尤恩时报》），November 9, 1928, p. 15. 关于圣伯纳德教区，参见 "Great Oil Field for New Orleans Area Predicted"（《新奥尔良地区大油田预测》），*New Orleans Times-Picayune*（《新奥尔良皮卡尤恩时报》），April 7, 1929, p. 27。

该州拥有的土地上"。"石油的开采正在进行，在西班牙道口，在河口附近荒凉的沼泽村庄，在被汉勃石油公司和海湾石油冶炼公司租赁去的土地上。"[1]这些沼泽曾经被当作退水堰，在洪水来临时用来泄洪，而现在摇身一变，成了南方最令人垂涎的地产。

路易斯安那的石油热正在上演。1927 年，路易斯安那产出了大约500 万桶石油。1933 年，这一数量增加了两倍，为 1 500 万桶。[2] 1928年《普拉克明公报》报道，"四大石油公司每家都已经在购买采矿租赁权和寻找开采点上花费了数十万美元"，"它们得到的回报以及我们教区得到的回报就是已经发现了盐丘的地点，这预示着大量的石油喷井和油田会源源不断地出现，这在他处从未见过"。[3] 10 年后，普拉克明拥有了 100 多个油井。1959 年，普拉克明的年石油产量是该州其他教区的近两倍。[4] 一则广告这样说："石油、天然气和硫黄是该教区及其民众的神奇的财富组合。"[5]

佩雷斯汲取了皮毛业的教训，开始采取行动获取对普拉克明和圣伯纳德教区中新发现的矿产资源的控制。1932 年，作为地区检察官，他向路易斯安那州的立法机关提出了一项提案，要求修订州宪法。他的修订法案被称为第143 条法案，将路易斯安那州宪法第 14 条修改为教区"应承担完全在其管辖内的公路区、街道区、合并道路区、排水区、灌溉区、堤坝区和学区的债务"。另一条法律——第 164 条规定，只要债务还存在，该教区的商业就要受堂区管理委员会的管辖，并由其收

---

① "Magic Ring of Salt Domes"（《盐丘的神奇环绕》），*New Orleans Times-Picayune*（《新奥尔良皮卡尤恩时报》），April 7, 1929, p. 22.

② Paul S. Galtsoff et al., *Effects of Crude Oil Pollution on Oysters in Louisiana Waters*（《原油污染对路易斯安那水域牡蛎的影响》），US Department of Commerce, Bureau of Fisheries, Bulletin no. 18（Washington, DC: Government Printing Office, 1935），p. 144.

③ "Our Parish and Paper"（《我们的堂区与文章》），*Plaquemines Gazette*（《普拉克明公报》），September 28, 1928, p. 1.

④ 根据卡默（Kammer）的著作《沼泽居民社会经济调查》，到 1939 年共签发了 109 份许可证。关于普拉克明的石油开发见 Donald W. Davis, "Technology and Strategy"（《技术与战略》），pp. 11-36; Donald W. Davis, "Louisiana Canals and Their Influence on Wetland Development"（《路易斯安那运河及其对湿地开发的影响》）（PhD dissertation, Louisiana State University, 1973）.

⑤ "Louisiana's Most Richly Endowed Parish"（《路易斯安那州最富有的教区》），*New Orleans Times-Picayune*（《新奥尔良皮卡尤恩时报》），August 23, 1959, sec. 7, p. 13.

取税款。①

　　法案的修改是含糊晦涩且具有技术性的。对于旁观者而言，法律的修订案像是有悖常理的地方慈善之举：一个堂区管理委员会（即路易斯安那县政府）将承担起本地区的永久性债务。这也是为何该法案能在 1932 年 11 月选举时被悄然通过。1929 年的情况也和这次差不多，当州长休伊·朗提议每桶石油征收 5 美分的税款时，标准石油公司弹劾了他，佩雷斯帮助朗渡过了难关，使其保住了职位。朗这次帮助通过了佩雷斯的修正案可能是对其上次之恩的答谢。不管怎样，《新奥尔良皮卡尤恩时报》将这次修正案描述为"相对不那么重要"，并直接建议读者们投票支持它，因为"该法案在字面和精神上都与自治的原则相符，我们不反对它的实施"。②

　　然而，佩雷斯深知他的法案会将路易斯安那最为宝贵的自然资源控制权从州长那里转入自己手中。直到如今，路易斯安那州沿海地区富含石油和天然气储备的沼泽地的所有权竟然还在公共机构手中，佩雷斯的法案不允许这样的情况存在。他的修正案允许堂区管理委员会管理负债的堤坝区，而一个精明的会计总可以让堤坝区保持负债的状态。在普拉克明和圣伯纳德教区，大草原和比勒斯堤坝区拥有大多数的沼泽地。堤坝区委员会的委员是由州长任命的，而堂区管理委员会的委员是由本地人选出来的。根据其过往的经历，佩雷斯知道他可以操控本地的选举。通过背地里使用立法手段，利安德·佩雷斯掌握了对一笔巨大财富的控制权。

　　佩雷斯完善了他在皮毛繁荣时期就已构思好了的计划。作为地方检察官，他指挥堂区管理委员会拿到堤坝委员会的管理大权，然后

---

① A joint resolution proposing an amendment to paragraph （k） of Section 14 of Article XIV of the Constitution of the State of Louisiana ... Louisiana Act 143 （1932）. An act to authorize any parish to assume the outstanding bonded debt of road district ... Louisiana Act 164 （1932）.
② Jeansonne, *Leander Perez*（《利安德·佩雷斯》），pp. 62 – 73. Williams, *Huey Long*（《休伊·朗》），pp. 369, 400 – 402. "The Other Amendments"（《其他修正案》），*New Orleans Times-Picayune*（《新奥尔良皮卡尤恩时报》），November 6, 1932, p. 20 （for "complies"）.

开始出租堤坝区的采矿权。他（与别的控股公司一道）在特拉华州成立了"三角洲开发公司"，任命自己的朋友做高管，自己来做顾问。普拉克明教区很少有人知道三角洲开发公司是佩雷斯的。佩雷斯再次以地方检察官的身份令堂区管理委员会将它的矿区租赁权以低价卖给三角洲开发公司和他的其他控股公司。通过三角洲开发公司，佩雷斯将同样的采矿权转手以高价租赁给汉勃石油公司和海湾石油公司以及其他的石油公司。[①]

最重要的一次售卖发生于 20 世纪 30 年代中期。在 1936 年，大平原堤坝区将普拉克明教区东岸一大片土地的采矿权租赁给了三角洲开发公司。1938 年，布拉斯堤坝区将西岸的另外两大片土地同样租赁给了三角洲开发公司。将这些土地算在一起，便可以看出堤坝委员会的大多数土地被租赁出去了。教区只保留了收取石油收入中八分之一的土地使用费的权利。这是法律规定的最低的土地使用费了。[②] 佩雷斯得到了其余所有的钱。

他大肆敛财。从 1924 年到 1939 年，佩雷斯作为地方检察官的年薪为 6 000 美元。但是仅在 1939 年一年，佩雷斯的纳税申报单显示其收入超过了 20 万美元（将通货膨胀列入考量调整，在 2015 年这些相当于 300 多万美元）。他称收入的差额为从三角洲开发公司获取的律师费和股息。但这些钱实际上是掠夺而来的不义之财，是靠从公共信托中转移公共土地得来的。1939 年是美国大萧条发生的第十个年头，佩雷斯却告诉他的朋友们自己已经身家百万。[③] 那时，佩雷斯的财产

① David Baldwin, "Millionaire Perez Makes Hefty Fees"（《百万富翁佩雷斯赚得盆满钵满》），*New Orleans Item*（《新奥尔良简报》），June 26, 1950, pp. 1, 14. William A. Friedlander（of the Subcommittee on Administration of the Internal Revenue Laws, Committee on Ways and Means, House of Representatives）to John E. Tobin, March 5, 1953. In the folder labeled "Material on Perez", Box 1073, Hale and Lindy Boggs Papers, Manuscripts Collection 1000, LRC.

② 八分之一特许使用费是路易斯安那州政治分支机构根据 1928 年第 66 号法案在矿产租赁中必须保留的最低特许使用费。参见 *Plaquemines Parish Commission Council v. Delta Development Corporation, Inc. et al.*, （《普拉克明教区委员会诉三角洲开发公司等》）502 So. 2d 1042（Supreme Court of Louisiana no. 86-C-0950, 1987）。

③ Friedlander to Tobin, March 5, 1953; Baldwin, "Millionaire Perez Makes Hefty Fees"（《百万富翁佩雷斯赚得盆满钵满》），pp. 1, 14; Jeansonne, *Leander Perez*（《利安德·佩雷斯》），pp. 74–84.

已是公开的秘密,这遭到了其对手的指控。当詹姆斯·莫里森(James Morrison)1939 年在萨尔弗港竞选州长时,他对大家讲道:"你们要一下子彻底铲除这个嘴硬、奸诈的专业政客,他到处宣扬自己对普拉克明教区贡献巨大,他自己得到百万财产,而他的人民只得到了空头许诺。"普拉克明的政治是个危险的运动,佩雷斯在同年说:"我们的态度是,我们可以为朋友两肋插刀,对敌人则可以送他们入土。"[1]

石油改变了路易斯安那州。最引人注目的是,石油产业将新移民带到海岸地带。虽然普拉克明的人口从 1900 年的 1.3 万多人降到了 1930 年的仅仅 9 600 人,最严重的下降出现在 1915 年的风暴之后,但 20 世纪 30 年代时人口急剧增加,到第二次世界大战前夕增长了近 30%,超过 1.2 万人,到 1960 年这一数字已超过 2.2 万人。在 1930 年到 1960 年,人口增加了两倍多。[2] 作家哈尼特·凯恩(Harnett Kane)称他们为"一大批新来的,从南方其他州过来的瘦长的、浅色头发的人"。老居民称他们为"该死的得克萨斯人",即使他们当中的很多人并非来自得克萨斯州。[3] 石油公司开始在新奥尔良建立自己的总部。

盐水的入侵

除改变了路易斯安那州的人口构成外,石油公司还重新塑造了所在的湿地。猎人们曾在这片颤抖的草原上灵动起舞,石油工人却直接犁穿土地,在湿地上挖出无数条运河。[4] 新奥尔良已经有两条主要的

① "Morrison Cites Plans to Punish Guilty in State"(《莫里森引述州内惩罚罪犯的计划》),*New Orleans Times-Picayune*(《新奥尔良皮卡尤恩时报》), December 23, 1939, p. 7 (for "abolish"). "Perez Slashes Noe Candidates in Plaquemines"(《佩雷斯在普拉克明砍伤了诺伊候选人》), *New Orleans Times-Picayune*(《新奥尔良皮卡尤恩时报》), October 21, 1939, p. 1 (for "to hell").
② US Census Bureau, "Louisiana Population of Counties by Decennial Census: 1900 to 1990"(《路易斯安那州各县十年人口普查:1900 年至 1990 年》).
③ Kane, *Deep Delta Country*(《三角洲深处的国家》), p. 258. Kammer, "Socio-Economic Survey of the Marshdwellers"(《沼泽地居民社会经济调查》),p. 86.
④ Kammer, "Socio-Economic Survey of the Marshdwellers"(《沼泽地居民社会经济调查》), pp. 160 - 161.自 19 世纪以来,捕猎者在沼泽地中挖出了生长于其上的草类植物,为他们的划猎艇开拓出细小通道,但与机械疏浚相比,影响很小。此外,皮毛捕猎者倾向于遵守当地的实际和道德惯例,以限制运河的影响。参见"Trainasse"(《沼泽中的草类植物》),pp. 349 - 359, esp. 355。

航运运河,一条是工业运河,即 1923 年新奥尔良港疏浚出来穿越第九
区的运河;另一条是海湾内河航道,这是一个 1933 年由联邦资助修建
的、横跨墨西哥湾的项目,将一条约 274 米的航道与工业运河相连
接。① 随着公司为勘探、钻井、铺设管道、运输和炼油开发了大量的崭
新基础设施,很快,无数的小运河形成了一个密集的网络,在湿地上纵
横交错。1926 年,海湾石油公司在普拉克明教区南边的小威尼斯疏通
了可能是第一条与石油相关的运河。到 1955 年,小威尼斯疏浚了长
约 12.9 千米的运河,形成了一个直径约 4 千米的大圆环。自由港硫黄
公司疏浚了一条巨大的运河来向格兰德·埃卡伊煤矿运送工人和设
备。在巴拉塔里亚,一些公司在 1939 年到 1948 年之间疏浚了约 74 千
米的运河。到 1962 年,另外长约 251 千米的运河将被疏浚。② 运河网
络的完善也映射了新建的州际高速公路系统,高速公路在让·拉菲特
的沼泽迷宫中被开辟出来,就像新奥尔良特雷姆社区的 I - 10 高速公
路一样。

　　疏浚运河是有其后果的。路易斯安那沿岸湿地的水是淡水或微
咸水。而新疏通的运河使盐水从墨西哥湾流入沼泽内部。盐水杀死
了曾经在湿地中繁殖的植物,如香蒲、虹膜、浮萍、鞘糠草和牛鞭草和牛
舌草。同时,随着拖船拉着钻井驳船,快艇载着工人们在沼泽油田上
来回往返,他们掀起的波浪拍打着岸边的草类植物。③ 狭窄的运河变

---

① Lynn M. Alperin, *History of the Gulf Intracoastal Waterway*(《海湾内河航道的历史》)(National Waterways Study, US Army Engineer Water Resources Support Center, Institute for Water Resources; January 1983), p. 16.

② Davis, "Louisiana Canals"(《路易斯安那运河》), pp. 124, 156; "Field Operations in Louisiana's Marshes"(《路易斯安那州沼泽地的实地作业》), *The Oil and Gas Journal*(《石油和天然气期刊》), July 11, 1955, p. 122 (for "huge circle").

③ 关于盐水入侵,参见 Oliver A. Houk, "Land Loss in Coastal Louisiana: Causes, Consequences, and Remedies"(《路易斯安那州沿海地区的土地流失:原因、后果和补救措施》), *Tulane Law Review*(《杜兰法律评论》)58(October 1983): 1 - 167, esp. 39 - 40, and 35 for wave action. "Types of Wetlands"(《湿地的种类》), *America's Wetland Foundation*(《美国湿地基金会》), http://www. americaswetlandresources. com/wildlife_ecology/plants_animals_ecology/wetlands/TypesofWetlands. html (for "cattails"); 另见 Richard Joel Russell, "Flotant"(《沿岸沼泽》), *Geographical Review*(《地理评论》)32, no. 1 (January 1942): 74 - 98. 关于船只种类见 Theriot, "Building America's Energy Corridor"(《建设美国能源走廊》), p. 43;关于"波浪作用"见 Houk, "Land Loss in Coastal Louisiana"(《路易斯安那州沿海地区的土地流失》), p. 35。

得更宽，墨西哥湾悄悄地向北延伸。

早在 20 世纪 30 年代，路易斯安那沿岸的人们就开始感觉到他们脚下的土地在下沉。哈尼特·凯恩写道："人们发现他们种植园后面的地有点变低了，有的地点开始变湿了，而在上个春季他们还确定那里是干燥的；另一个地点水深有十几厘米，而在一到两年前这里的水还没有漫过土壤。"1936 年，地理学家理查德·罗素（Richard Russell）发表了可能是关于路易斯安那海岸侵蚀的第一份科学报告。他向路易斯安那地质调查局报告，"海水的推进侵蚀了沼泽地"[①]。后面的研究也表明在 1932 年到 1954 年，海岸线每年后退大约 5.8 米。[②]

石油公司沼泽运河旁的盐水入侵是海岸被侵蚀的一个原因，而且它的影响越来越大。海岸被侵蚀的另外一个原因则是海岸本身在下沉，在自身的重力作用下沉入墨西哥湾。海岸的下沉是一个自古就有的过程，也参与了密西西比河三角洲缓慢的、逐渐变化的形成过程。之前，下沉只能从地质时间的尺度被测量出来。而在 20 世纪 30 年代，人们从自己的窗外就能直接看到海面的下沉。比如，尚德卢尔群岛（Chandeleur Island）上灯塔的看守员就看到了该岛的北段自 1931 年起在 5 年内后退了约 804 米。有时，整个岛都消失在水下。[③]

从地质学上讲，洪水塑造了路易斯安那州。每年春天，落基山和

① Kane, *Deep Delta Country*（《三角洲深处的国家》），p. 148；Richard Joel Russell, "Physiography of Lower Mississippi River Delta"（《密西西比河下游三角洲地貌》），in State of Louisiana Department of Conservation, *Lower Mississippi River Delta: Reports on the Geology of Plaquemines and St. Bernard Parishes*（《密西西比河下游三角洲：普拉克明和圣伯纳德教区地质报告》）（New Orleans: Department of Conservation Louisiana Geological Survey, 1936），pp. 3–199, quatation on p. 164. 罗素发表了关于路易斯安那海岸侵蚀的第一份科学报告的说法，见 Houk, "Land Loss in Coastal Louisiana"（《路易斯安那州沿海地区的土地流失》），p. 10。
② Penland et al., "Changes in Louisiana's Shoreline"（《路易斯安那州海岸线的变化》），p. 10. 另见 James P. Morgan and Philip B. Larimore, "Changes in the Louisiana Shoreline"（《路易斯安那海岸线的变化》），*Gulf Coast Association of Geological Societies Transactions*（《墨西哥湾沿岸地质协会论文集》）7 (1957)：303–310.
③ Russell, "Physiography of the Lower Mississippi River Delta"（《密西西比河下游三角洲地貌》），p. 61. 海岸线下沉的部分原因还在于地层中碳氢化合物的流失，碳氢化合物形成的洼地使陆地在自身重量的作用下下沉，参见 US Department of the Interior, US Geological Survey, "Wetland Subsidence, Fault Reactivation, and Hydrocarbon Production in the U. S. Gulf Coast Region"（《美国海湾地区的湿地沉降、断层再活化和碳氢化合物生产》），Fact Sheet FS-091-01 (January 9, 2013), http://pubs.usgs.gov/fs/fs091-01/index.html.

阿巴拉契亚山以及两者之间山脉的冰雪都会融化，流入密西西比河之中。河水越涨越多，且泥泞不堪。这条河从明尼阿波利斯到纳奇兹的河段很窄，越向河口处越宽，占据了河漫滩。在那里，水流变缓了，水位变浅了，密西西比河用从一整个大陆汇入的泥沙堆积了自己的三角洲——密西西比河每年有上亿吨的沉积物。密西西比河对海岸的冲击很大，使得海岸每年以约 1.55 毫米的速度下沉。而路易斯安那的存在就说明了土壤的流失抵不过土壤的沉积。密西西比河将其从北美沿河各地冲刷汇入的表层土带到这里，形成了今天的路易斯安那州——这就是地质层面的重新分配。年复一年，沉积物堆积，泥沙叠了一层又一层。河流带来了营养物质，使路易斯安那州成为地球上最为肥沃的陆地和水域。在历史的大部分时间里，密西西比河的洪水并非灾难和异常状况。在几万年间，河水冲刷过三角洲。[①]

　　然后人来了，他们在泛洪区建造房屋和农场。当定居者们清除了密西西比河山谷的树木后，洪水的来势更猛烈了，成了人类灾难。在路易斯安那，1903 年、1912 年、1913 年、1922 年和 1927 年都发生过洪灾，一次比一次破坏性强。人们开始建造堤坝，一开始是依靠自己的力量，然后是借助联邦政府之力，尤其是在 1936 年意义重大的《防洪法案》(*Flood Control Act*)出台后，该法案将防洪与航运一并定为陆军工程兵团的中心任务。在 20 世纪 30 年代晚期，联邦堤坝系统基本控制住了该河流，路易斯安那南部的居民也认为自己无需再惧怕密西西比河。堤坝系统使河流水位稳定，也将密西西比河这条"大泥河"中的泥沙引向别处。一旦堤坝将密西西比河固定在既定的航道上，它的沉

[①] Houk, "Land Loss in Coastal Louisiana"(《路易斯安那州沿海地区的土地流失》), p. 13. 霍克写道："这是自然原因造成的估算。"参见 Dag Nummedal, "Future Sea Level Changes Along the Louisiana Coast"(《路易斯安那州沿岸未来的海平面变化》), in D. F. Boesch, ed., *Proceedings of the Conference on Coastal Erosion and Wetland Modification in Louisiana: Causes, Consequences, and Options*(《路易斯安那州海岸侵蚀和湿地改造会议记录：原因、后果和选择》)(Washington, DC: US Fish & Wildlife Service, 1982), pp. 164 - 176, esp. 165 and 171。关于沉积物负荷见 Robert H. Meade and John A. Moody, "Causes for the Decline of Suspended-Sediment Discharge in the Mississippi River System, 1940 - 2007"(《密西西比河水系悬浮物排放量下降的原因，1940—2007 年》), *Hydrological Processes*(《水文过程》) 24, no. 1 (January 2010): 3549。

积物就会通过詹姆斯·伊兹(James Eads)19 世纪 70 年代在南部隘口设计的码头，直入墨西哥湾，然后从大陆架上坠落到 1 524 米深的海底，如一位地理学家所说，"消失坠入了深渊"①。

是防洪措施使得路易斯安那州下沉。

在大多数情况下，了解这个过程的一些人将其看作有益的副作用，因为如果没有沉积，河流就会更适合船只通航。实际上，为船只创造适宜的航行条件正是密西西比河河流委员会一开始在普拉克明教区修建堤坝的原因。

20 世纪 20 年代是这一过程的一个转折点，从远古时代直至那时，洪水带来了沉积物，路易斯安那州成长发展起来。1400 年左右，在密西西比河的沉积作用下，后来被称为法国角的那片高地形成了，这发生在法国人于巴黎修建圣母院的半个多世纪之后。但是在美国陆军工程兵团接管了这里、控制了河流后，路易斯安那州开始缩小了。路易斯安那州东南部在 1913 年这一年度失去了近 18 平方千米的土地。到 1946 年，这一比率增加了一倍多，达到每年近 41.5 平方千米。到 1967 年，这一比率再次增加了近一倍，多达 72.5 平方千米。不过，这解决了河流泛洪的问题却引发了墨西哥湾的洪水问题。② 每年新奥尔良向大海方向后退约 5.8 米。

珀西·韦斯卡是路易斯安那州自然资源保护部门的生物学家，他早在 1928 年就为人们敲响了警钟。他斥责了建造堤坝、开凿运河以

---

① Barry, *Rising Tide*(《涨潮》),p. 166 (for river floods),pp. 19 - 92 (for Eads and jetties)。关于河堤的描述见 Colten, *Unnatural Metropolis*(《非自然大都市》),p. 32;1936 年《洪水控制法》见 Joseph L. Arnold, "The Evolution of the 1936 Flood Control Act"(《1936 年防洪法的演变》)(Fort Belvoir, VA: Office of History, US Army Corps of Engineers, 1988);另见 Karen O'Neill, *Rivers By Design: State Power and the Origins of U. S. Flood Control*(《河流的设计：国家权力与美国洪水控制的起源》)(Durham: Duke University Press, 2006)。关于深渊的介绍见 Sherwood M. Gagliano et al., "Deterioration and Restoration of Coastal Wetlands"(《沿海湿地的退化与恢复》),*Coastal Engineering Proceedings*(《沿海工程论文集》) 12 (1970): 1767 - 1781 (quotation on 1770)。

② Houk, "Land Loss in Coastal Louisiana"(《路易斯安那州沿海地区的土地流失》),p. 11, citing "Senate and House Commission on Natural Resources"(《参议院和众议院自然资源委员会》), Legislature of Louisiana, Report on Special Projects for Coastal Louisiana, 1981. 关于法国区见 Powell, *The Accidental City*(《意外之城》),p. 4;关于防洪难题见 William Darby, *A Geographical Description of the State of Louisiana*(《路易斯安那州地理描述》) (New York: James Olmstead, 1817), p. 63;另见 Colten, *Unnatural Metropolis*(《非自然大都市》), p. 17。

及开垦土地等计划所造成的影响。他在《生态学》上这样写道："虽然建造堤坝、开垦土地、发展农业、建设城市以及修建配套的排水工程因满足了人类需要而被证明是合理的。让我们继续追问一下，我们在这一文明的过程中是否做得太过了呢？我的回答是非常肯定的。"韦斯卡认为，过度发展自身文明不仅威胁了大自然的秩序，还会影响人类自身的命运。他罗列出沼泽在人类渔猎和娱乐等方面的用途，称堤坝的建设威胁了沼泽的所有这些用途。他毫不含糊地判断："路易斯安那州的土地开垦和防洪措施在某种程度上是失败的。"他指责那些主张开发湿地的人，称他们"杀死了能下金蛋的鹅"。[1]

乌托邦

正当少数一些人忧心忡忡地看着海水离自己越来越近时，大多数人却将堤坝和运河看作通往无尽石油财富的大门。1937 年，路易斯安那编辑协会——一个新奥尔良的推动者组织，出版了名为《南路易斯安那州和美丽的墨西哥海湾》的小册子，小册子封面上是一口冒着黑烟的油井，美元钞票如雨点般从云朵上飘落下来。[2]

运河还产生了其他的后果。将路易斯安那的石油转化成经济利益让休伊·朗想象着每个人都可能成为国王。利用从石油开采所收取的税款，该州为学生购买了教科书，为老人缴纳了养老金。用开发石油赚来的钱，路易斯安那州在巴吞鲁日建立了一个州立医学院，在新奥尔良建造了一个高耸的慈善医院，并在两者之间铺设了道路。从石油开采上获得的税款不仅能为铺设道路的工人支付薪水，石油本身也是铺设道路所用的沥青的原材料。汉勃石油公司和海湾石油公司

---

① Percy Viosca Jr. , "Louisiana Wet Lands and the Value of their Wild Life and Fishery Resources"（《路易斯安那湿地及其野生生物和渔业资源的价值》），*Ecology*（《生态学》）9（April 1928）：216 – 229（"civilization" on 227；"golden egg" on 229）.

② Louisiana Editors Association, *South Louisiana and the Beautiful Gulf Coast*（《南路易斯安那州和美丽的墨西哥海湾》）（New Orleans：Louisiana Editors Association, 1937）.

从运河中采掘的石油为汽车提供了燃料,让它们在新建的高速公路上驰骋,在之后的几十年里,这样崭新的道路遍布全国。当美国空军在德累斯顿投下炸弹,B-17 飞行堡垒重型轰炸机燃烧的石油就可能是从路易斯安那州沼泽运河的石油管道运送而来的。当移民们从曼哈顿的下东城搬到莱维敦,如果他们停下来在皇后区加油,这里的汽油很可能也是从路易斯安那沼泽的管道中运来的。石油点燃了美国梦,而大部分石油来自路易斯安那州。①

来自沼泽的石油重塑了路易斯安那州和全国的政治。朗呼吁要"共享财富",这样的提议使他成为全国性的人物以及有潜力的总统候选人。有人嘲笑他是"乡巴佬的救世主",其他人担心他有独裁的倾向,但正是由于朗的人气,富兰克林·罗斯福总统采取措施加强了社会保障网络的建设。休伊·朗的石油产业推动了福利制度的发展,而这样的福利制度帮助数百万的美国人摆脱了贫困,重新定义了美国公民身份所蕴含的意义。②

尽管佩雷斯有诸多不义之举,普拉克明教区还是拥有"巨大的金属财富",佩雷斯用这些财富资助了各种公共服务。记者莱斯特·韦利(Lester Velie)在《科利尔周刊》(Collier)上写道,普拉克明教区成了一个"小型的福利国家"。虽然韦利很快就发现"福利国家"这一字眼"在佩雷斯听来很是刺耳",但普拉克明的公共工程和基础设施项目的确体现出了社会福利。该教区建了新学校,修了道路,并雇用本地人来干这些活——当然,雇的都是佩雷斯的支持者。一位记者注意到,"几乎普拉克明的每一个家庭都至少有一位亲戚或者姻亲受雇于政府部门"。渔民们在教区免费的船坞里修理渔船,旅行者坐着免费的教

① Williams, *Huey Long*(《休伊·朗》). Robert D. Leighninger Jr., *Building Louisiana: The Legacy of the Public Works Administration* (《建设路易斯安那:公共工程管理局的遗产》)(Jackson: University Press of Mississippi, 2007). David S. Painter, "Oil and the American Century"(《石油与美国世纪》), *Journal of American History*(《美国历史期刊》)99, no. 1(June 2012): 24-39.
② William Leuchtenburg, *Franklin D. Roosevelt and the New Deal, 1932-1940*(《富兰克林·罗斯福与新政,1932—1940 年》)(New York: Harper and Row, 1963). 关于"救世主"见 Arthur M. Schlesinger Jr., *The Age of Roosevelt: The Politics of Upheaval, 1935-1936*(《罗斯福时代:1935—1936 年的动荡政治》)(New York: Houghton Mifflin, 1960), p.42。

区轮渡横渡密西西比河，学生们申请教区学院提供的每年 2 万美金的奖学金。为了支付这些费用，堂区管理委员会的预算从 1936 年的 3.359 1 万美元上涨到了 1950 年的 83.880 5 万美元。而在这些年中，堂区管理委员会却把税款削减了一半。[1] 税吏兼教区的历史学者本·迈耶（Ben Meyer）后来回忆道："硫黄、石油和天然气的出现使我们快速朝着我们的理想国奔去。"迈耶是佩雷斯的支持者，他提醒大家："理想国并不会凭空出现，我们若想要进入那个近乎完美的状态必须要有合适的环境和一个能够引领我们的人。"[2]

佩雷斯大肆使用权力，他操纵了当地和该州的选举。有传言说他手握堤坝委员会成员未写明日期的辞职信。二战期间，他与州长萨姆·琼斯（Sam Jones）之间展开了个把月长的"小战争"：为了让自己看中的人当上教区的治安官，佩雷斯设立了路障，并命令开火。州长赢得了这场战争，但前提是，他调动了国民警卫队。[3]

事实上，在每个关键事件上，反对者们都会站出来反抗佩雷斯的控制。在 1943 年的"小战争"中，佩雷斯的选民朝他和他的手下开枪，一如 1926 年他们在"捕猎者战争"中开火一样。佩雷斯每一次操控选举都会引发众怒，谴责之词不是见于普拉克明的报端，就是出现在该州其他地方的报纸之上。在佩雷斯未能成功起诉破坏罢工者涉嫌在 1940 年于维奥莱特的捕虾厂杀害安杰利娜·崔达威（Angelina Treadaway）之后，埃米尔·里奇和其他 100 多名普拉克明和圣伯纳德的市民一起在一份请愿书上签名，他们要求撤除佩雷斯地区检察官之

① David Baldwin, "The Enormous Power of Leander Perez"（《利安德·佩雷斯的巨大力量》），*New Orleans Item*（《新奥尔良皮卡尤恩时报》），June 14, 1950, pp. 1, 14（for "vast mineral wealth"）. Lester Velie, "Kingfish of the Dixiecrats"（《民主党员的鱼王》），*Collier*（《科利尔周刊》），December 17, 1949, p. 71（for "welfare state"）.

② Meyer, "The Land of Promise"（《理想国》）. 迈耶的更多信息见 "Plaquemines Figure J. Ben Meyer Dies"（《普拉克明人物本·迈耶逝世》），*New Orleans Times-Picayune*（《新奥尔良皮卡尤恩时报》），May 9, 1986.

③ Jeansonne, *Leander Perez*（《利安德·佩雷斯》），pp. 121 – 141. 关于传言见 "Perez Control of Grand Prairie Board is Denied"（《拒绝佩雷斯控制大草原董事会》），*New Orleans Times-Picayune*（《新奥尔良皮卡尤恩时报》），March 14, 1940, p. 4.

职。[①] 次年，里奇签署了另外一份弹劾请愿书，指控佩雷斯通过"诡计将公共的石油收入塞入个人腰包"[②]。然而，弹劾失败了，佩雷斯每次都能成功避开各种子弹。

佩雷斯霸占了其教区的采矿权。记者理查德·奥斯汀·史密斯（Richard Austin Smith）在《财富》杂志上为佩雷斯写的一篇文章中说，"大石油公司对佩雷斯畏惧忌惮"。这不是没有原因的。当 1936 年自由港硫黄公司从得克萨斯州引进工人的时候，佩雷斯命立法机构对硫黄征收惩罚性税收。而当自由港公司决定雇用普拉克明本地的居民时，佩雷斯迅速对其进行减税。[③]

佩雷斯的政敌多次试图将其拉下地方检察官的宝座，却都斗不过老奸巨猾的佩雷斯。20 世纪 40 年代早期，当州长萨姆·琼斯的"犯罪委员会"调查佩雷斯的石油交易时，佩雷斯拒绝交出其公司的账本。最后，他的支持者使该委员会称自己因技术细节问题违反了宪法。[④] 10 年后，黑尔·博格斯（Hale Boggs）议员也试图揭露佩雷斯的作奸犯科之举。佩雷斯在博格斯议员 1951 年竞选州长之时称其为共产主义者，这之后，博格斯让国税局对佩雷斯进行审计。[⑤] 审计显示佩雷斯上报过数十万美元的收入来自堤坝委员会。审计员将其称为"不正当的交易"，因为堤坝委员会本可以自己直接出租采矿权，然后将所得利润归为公有。但是最后，审计发现"没有证据显示存在与佩雷斯的公司或者其个人申报相关的欺诈行为"。他的行为都是合法的，因

① Petition, in Folder 107 - 2（"E. F. Lehmann file"），Series V, in the Herman Lazard Midlo Collection, MSS 107, EKL.
② "Perez"（《佩雷斯》），*New Orleans States-item*（《新奥尔良情况简报》），February 15, 1941, p. 2.
③ Smith, "Oil, Brimstone, and 'Judge' Perez"（《石油、硫黄和"法官"佩雷斯》），pp. 154 and 144（for "demijohn"）.
④ Robert Sherrill, *Gothic Politics in the Deep South: Stars of the New Confederacy*（《深南地区的哥特式政治：新邦联的明星》）（New York: Grossman Publishers, 1968），p. 15.
⑤ 有关争端的情况见 Garry Boulard, *The Big Lie: Hale Bogs, Lucille May Grace, and Leander Perez*（《弥天大谎：黑尔·博格斯、露西尔·梅·格雷斯和利安德·佩雷斯》）（Gretna, LA: Pelican Publishing, 2001）.

为法律是他参与制定的。① 佩雷斯在普拉克明当地建立了一个家长制的"福利国家"，他也能容忍朗和他的后继者在巴吞鲁日建立的州层面的"福利国家"，但他对联邦政府深恶痛绝。佩雷斯给博格斯扣上赤色分子的帽子，说明了他与日俱增的赤裸裸的保守主义倾向。很多南方白人一直都对"权力的集中嗤之以鼻"，但佩雷斯对华盛顿政府激烈的反对达到了极致。正如路易斯安那州州长厄尔·朗（Earl Long）打趣他时说到的："你现在想怎么做，利安德？联邦政府可是有原子弹的哦。"②

一些南方白人保守主义者对从自由主义选民、城市选民和非裔选民那里获得支持的民主党的不满与日俱增，佩雷斯反国家主义的立场使他与这些人找到了共同点。佩雷斯在普拉克明巩固了权力和财富，他开始将目光放到了更广阔的舞台，他荣升为路易斯安那州民主中央委员会的主席。然后，在1948年，佩雷斯帮南卡罗来纳州州长斯特罗姆·瑟蒙德（Strom Thurmond）在总统选举中争取州权民主党的选票。佩雷斯将自己看作净化民主党的大救星。记者罗伯特·谢里尔（Robert Sherrill）后来称佩雷斯为"最完美的南方民主党人"，因为他利用了南方各州在权力问题上的反叛立场。如瑟蒙德一样，佩雷斯是一个顽固的种族主义者，但是除了种族，他的政治议程中还有对经济和法律因素的考量。③ 对佩雷斯来说，州权利就意味着在没有联邦政府的监管下控制非裔美国人和本地的经济资源。

第二次世界大战结束后，石油开发速度加快，越来越多的石油公司开始从海上寻找石油。近海采矿权是一个法律上并无严格规范的领域。佩雷斯开始下手争夺采矿权。就像他曾经重新修订了路易斯

① Memorandum from William A. Friedlander to John E. Tobin, Counsel, February 20, 1953. In the folder entitled"Material on Perez", Box 1073, Hale and Lindy Boggs Papers.

② William Link, *Paradox of Southern Progressivism*, *1880 - 1930*（《南方进步主义的悖论，1880—1930年》）（Chapel Hill: University of North Carolina Press, 1997）, p. 3（for "despised"）. Liebling, *Earl of Louisiana*（《路易斯安那伯爵》）, p. 121（for "da feds"）.

③ Sherrill, *Gothic Politics in the Deep South*（《深南地区的哥特式政治》）, p. 13. Crespino, *Strom Thurmond's America*（《斯特罗姆·瑟蒙德的美国》）, pp. 78 - 80.

安那州的宪法以获取堤坝委员会所拥有的采矿权一样,他试图重修美国宪法来获取近海采矿权。他在采取行动时高举着州权利的大旗。

近海采矿权

20 世纪 30 年代,石油公司开始向联邦内政部申请海上钻井权,他们想在地质学家认为富含石油矿藏之处进行石油开采。内政部部长哈罗德·伊克斯(Harold Ickes)却将这些申请退回给各州,提醒水面之下的土地不在联邦管辖范围之内。1937 年,联邦开始考虑通过一项法案,"将水下的土地纳入联邦管辖之下"。伊克斯开始将这些近海开采权的申请留了下来,而不是将其退还给各州。[1] 在 3 月,为普尔石油公司和超级石油公司工作的布朗路特公司在墨西哥湾的克里奥尔油田钻出了第一口海上油井——墨西哥湾国家租约 1 号。这口油井距海岸约 2.5 千米,水深约 4.3 米。1938 年,北达科他州参议员杰拉尔德·P.奈(Gerald P. Nye)提出了一项决议,宣布所有沿海各州在陆缘海下的土地都是国家公共领域的一部分。[2] 虽然这项议案没有通过,但促使路易斯安那州行动起来。同年,州议会通过了第 55 号法案,"将该州的南部边界设置在距离海岸线约 50 千米的地方"[3]。有人说路易斯安那州雄心勃勃扩张边界的主张可以从法国殖民法中寻找到法理依据,这个说法极有可能是佩雷斯提出的。

1945 年 9 月 28 号,哈里·杜鲁门总统发布第 2667 号公告,主张联邦政府对大陆架的权力,并发布第 9633 号行政命令,将大陆架中的

---

[1] Gregory Blaine Miller, "Louisiana's Tidelands Controversy: *The United States of America v. State of Louisiana* Maritime Boundary Cases"(《路易斯安那州的滩涂争议:美利坚合众国诉路易斯安那州海洋边界案》), *Louisiana History*(《路易斯安那历史》)38, no. 2(Spring 1997): 203 – 221(quotation on 205).

[2] A bill declaring lands under territorial waters of the continental United States to be a part of the public domain, S. 2164, 75th Cong., 3rd Sess. (1938). Tyler Priest, "Claiming the Coastal Sea"(《拥有沿海海域的宣称》), esp. 68.

[3] Miller, "Louisiana's Tidelands Controversy"(《路易斯安那州的滩涂争议》),pp. 205 – 206.

资源置于内政部部长的管理之下。① 也就是说，杜鲁门宣布目前钻探技术可开采的整个墨西哥湾地区属于联邦政府，并将由联邦政府管理。尽管杜鲁门的行动可能更多的是为了争夺美国相对其他国家的海上权力，但他还是使联邦政府与路易斯安那州、得克萨斯州和加利福尼亚州发生了冲突，因为这三个州拥有最大的潜在海上石油储量。②

1945 年 10 月 19 号冲突正式出现了，当时联邦政府控告加利福尼亚州非法入侵联邦近海土地。随后的"美国诉加利福尼亚州案件"判定这一大笔财富将落入哪方手中。1947 年，随着案件移交到法院，克尔-麦吉公司在距路易斯安那州摩根市海岸约 16.9 千米的地方钻出了第一口"看不见陆地"的高产井。与此同时，国会关于所谓"涨潮海岸区"，也就是近海区域的问题考量了多项法案。矛盾愈发激化。1947 年 6 月，最高法院裁定加利福尼亚州败诉，并于 1947 年 10 月 27 日下令将采矿权上交给联邦政府。③

这一裁决震惊了路易斯安那州的官员。厄尔·朗的副州长比尔·多德(Bill Dodd)后来写道："委婉点说，我们当时的财政状况一团糟。因为我们州超过三分之一的运转经费来自涨潮海岸区的收入，一夜之间我们从腰缠万贯沦落至捉襟见肘。"④联邦政府开始对路易斯安那州提出类似的诉讼，事实的本质与加利福尼亚州案相似。

但是，杜鲁门想要一个更加友好的、不会进一步疏远南方民主党的解决方案，南方民主党已经因为杜鲁门支持民权（包括建立公平就

---

① Priest, "Claiming the Coastal Sea"（《拥有沿海海域的宣称》），p. 73.

② Miller, "Louisiana's Tidelands Controversy"（《路易斯安那州的滩涂争议》），p. 206 (for "Policy") and 207. 杜鲁门的行动可被视为"海洋圈地运动"的一部分。Lewis Alexander, "The Ocean Enclosure Movement: Inventory and Prospect"（《海洋圈地运动：盘点与展望》），*San Diego Law Review*（《圣地亚哥法律评论》）20, no. 3 (1983): 561 – 594.

③ Priest, "Claiming the Coastal Sea"（《拥有沿海海域的宣称》），pp. 74 – 75. 关于克尔-麦吉公司见 Tyler Priest, "Extraction Not Creation: The History of Offshore Petroleum in the Gulf of Mexico"（《开采而非创造：墨西哥湾近海石油的历史》），*Enterprise & Society*（《企业与社会》）8, no. 2 (June 2007): 227 – 267, quatation on 237。

④ William J. Dodd, *Peapatch Politics: The Earl Long Era in Louisiana Politics*（《皮帕奇政治：路易斯安那州政治的厄尔·朗时代》）(Baton Rouge: Claitor's Publishing Division, 1991), p. 81.

业实践委员会、反对人头税、支持反私刑立法）而威胁要停止支持民主党。[1] 杜鲁门经常让得克萨斯州位高权重的国会议员萨姆·雷伯恩（Sam Rayburn）召集南方民主党人。利用雷伯恩作为中间人，杜鲁门想要与厄尔·朗在涨潮海岸区问题上达成协议。

在 1948 年秋天的一场会议上，雷伯恩代表杜鲁门，多德和路易斯安那州总检察长玻利瓦尔·肯普（Bolivar Kemp）代表厄尔·朗，双方进行谈判，总统提出将"近海岸约 4.8 千米内三分之二的收入……此外还有 37.5% 的收入"分给路易斯安那州。杜鲁门政府还允许路易斯安那州保留本就属于该州的近海税收权，管理未来的近海租约，并对在此开采的石油征收州税。联邦政府还将撤销对路易斯安那州的诉讼。[2]

这项提议让该州代表团大吃一惊。多德后来回忆说："（我们）像在极乐天堂，这听起来太美好，太不真实了。""总统给我们的远比我们想要的还多，因为我们从来没有奢望过超过 14.5 千米的滩涂区。"加利福尼亚州司法部部长对多德说，他希望加州能得到"路易斯安那州一半的优待"。[3]

利安得·佩雷斯是在场唯一一个犹豫的人。他已经说服州长任命他为特别助理检察长这一无薪职位，以帮助领导该州做出应对。佩雷斯告诉雷伯恩他会要求厄尔·朗拒绝"妥协"。多德回忆道："听到这时，雷伯恩大发雷霆。"会议没有达成决议就结束了。[4]

路易斯安那州代表团离开了华盛顿，回到巴吞鲁日去见州长。据多德所说，除了佩雷斯，厄尔·朗的顾问都敦促他接受杜鲁门的提议。毕竟，这比路易斯安那州原本预期的更慷慨，并且加利福尼亚州的前

① Glenda E. Gilmore, *Defying Dixie: The Radical Roots of Civil Rights, 1919 - 1950*（《1919—1950 年民权的激进根源》）（New York：W. W. Norton, 2008），p.419.

② Priest, "Claiming the Coastal Sea"（《拥有沿海海域的宣称》），p.80. Dodd, *Peapatch Politics*（《皮帕奇政治》），p.87.

③ Dodd, *Peapatch Politics*（《皮帕奇政治》），p.87.

④ Dodd, *Peapatch Politics*（《皮帕奇政治》），pp.87 - 88. Jeansonne, *Leander Perez*（《利安德·佩雷斯》），pp.166 - 167.

车之鉴也证明州会在法庭上输掉所有的权力。多德离会时确信，厄尔·朗会签署协议。

佩雷斯用他在民主党和南方民主党的权力来威胁厄尔·朗。在1948 年选举前夕，作为路易斯安那州民主党中央委员会主席，佩雷斯早已把民主党的名字及其标志（一只雄鸡）从选票上哈里·杜鲁门的名字旁划掉，给了斯特罗姆·瑟蒙德。佩雷斯也对厄尔·朗做出了诸如此类的威胁。厄尔·朗的侄子拉塞尔·朗（Russell Long）当时正在竞选参议员。厄尔想让拉塞尔的名字同时出现在民主党和州权党的名单上。佩雷斯威胁要把拉塞尔从瑟蒙德/雄鸡名单上除名，只把他列为"民主党人"，并把共和党候选人克莱姆·克拉克（Clem Clarke）作为参议员的州权党候选人。如果拉塞尔·朗的名字只被放在杜鲁门的旁边，而没有在瑟蒙德的旁边，而且他的名字旁没有雄鸡标志，那他肯定会输掉选举。厄尔·朗妥协了，他拒绝了杜鲁门的提议。[①]

尽管石油产业没有在州和联邦政府的争斗中公开表态，但他们私下支持地方，因为他们更容易对地方施加影响；反过来，佩雷斯的政治策略与针对南方民主党人讨好大企业的指责产生了共鸣。观察者指出涨潮海岸区问题似乎对民主党人有奇怪的影响。例如，1948 年 2月，自称是"真正的白人杰斐逊主义民主党"的 500 个人聚集在密西西比州杰克逊市市政礼堂里举行的一次会议上，他们否认非南方民主党人在华盛顿特区所做的努力。会议通过了一项十条决议。第一条批评了杜鲁门的民权举措，包括公平就业实践委员会，以及他的"反私刑、反人头税、反种族隔离和其他类似的法案"；第二条鼓励"维护美国理想"；第三条要求民主党"谴责联邦政府没收涨潮海岸地的行为，认为这有很强的破坏州权利的倾向"。[②]

① Dodd, *Peapatch Politics*（《皮帕奇政治》）, pp. 87 – 91; Jeansonne, *Leander Perez*（《利安德·佩雷斯》）, pp. 178 – 180.

② Clinton C. Blackwell, "State Dems Plan to Fight"（《州民主党计划抗争》）, *Biloxi Daily Herald*（《比洛克西先驱日报》）, February 13, 1948, p. 1. 关于石油公司对国家控制的"秘密"支持见 Priest, "Auctioning the Ocean"（《海洋拍卖》）, pp. 100 – 101。

对于南方民主党的批评者来说,佩雷斯对石油的控制为该党的财政议程提供了一个令人深思的例子。报纸专栏作家托马斯·斯托克斯(Thomas Stokes)在 1948 年秋天写道:"佩雷斯的'商业股份'解释了南方民主党竞选背后的经济影响。"斯托克斯谴责这次选举是一场阴谋。他说:"它是以利用所谓的'州权'和种族问题为私人利益服务的,利用包括石油业、公共事业、纺织业和金融业等,来彻底结束哈里·杜鲁门从富兰克林·罗斯福那里继承来的新政主义的威胁。"①新奥尔良的一位自由主义记者托马斯·桑克顿(Thomas Sancton)给出了相似的评论。他在《国家报》中写道:"联邦政府控制下的经济利益岌岌可危。"与斯托克斯一样,桑克顿认为民主党利用种族主义来保护他们的经济利益,使地方不受联邦政府的监察。南方民主党对政治自治的要求与自由关系不大,而与一个结成一体的经济精英阶层密切相关。②

在路易斯安那州拒绝了杜鲁门获取的提议后,1948 年 12 月,联邦政府通过美国诉路易斯安那州的法案来获取其法律权力。佩雷斯在最高法院为路易斯安那州案件辩护,但是他的推理在法官们听来没有什么说服力。在 1950 年 6 月,法院判定联邦政府胜诉,路易斯安那州败诉。法官威廉·道格拉斯(William Douglas)说:"保护和控制领土确实是国家对外主权职能,近海地区由国家负责,而不是由州负责。"同一天,得克萨斯州在关于其近海采矿权的案子中也败诉了。得克萨斯州司法部部长普赖斯·丹尼尔(Price Daniel)曾在涨潮海岸区案和斯韦特诉佩因特案中为得克萨斯州立大学法学院辩护,称其立场"独立但平等"。丹尼尔既反对联邦政府控制涨潮海岸区,又反对联邦民权立法,他把他的这次经历称为"向华盛顿政府双管齐下的进军"③。

---

① Thomas L. Stokes, "Democratic Politics in Louisiana Explained by Character of 'Boss'"(《从"老大"的性格看路易斯安那州的民主政治》), *St. Petersburg Times*(《圣彼得堡时报》), October 25, 1948, p. 4. Thomas L. Stokes, "The Dixiecrats and Special Interests"(《民主党人和特殊利益集团》), *St. Petersburg Times*(《圣彼得堡时报》), August 25, 1949, p. 8.

② Thomas Sancton, "White Supremacy-Crisis or Plot?"(《白人至上论——危机还是阴谋?》), *The Nation*(《国家报》), July 24, 1948, pp. 95 - 97.

③ United States v. Louisiana, 339 U. S. 699 (1950), "marginal sea" at 704; Priest, "Claiming the Coastal Sea", esp. 76 - 79 (Daniel on p. 79).

　　这个决定对路易斯安那州来说是一个毁灭性的打击。接下来的数十年来，该州一直尝试寻找更好的处理方案。1953 年，国会通过了《水下土地法》(Submerged Lands Act) 和《外大陆架土地法》(Outer Continental Shelf Lands Act)，这两部法律一起将州界固定在离海岸约 5.5 千米的地方。对此，路易斯安那州司法部部长杰克·格雷米林 (Jack Gremillion) 立刻提出新的诉讼，要求更广阔的州界，但是他在边界问题上耍花样。该州失去了价值数十亿美元的采矿权和控制海岸的权力。比尔·多德写道："路易斯安那州的涨潮海岸区应该是灾难的代名词。"[1]

　　法院判决路易斯安那州的州界在离海岸约 5.5 千米的范围，但是，即使是这不甚广阔的边界也有可能随着海岸线的侵蚀而缩小。1957 年，由于涨潮海岸区的争议悬而未决，格雷米林要求首次"对路易斯安那州的海岸侵蚀进行全面研究"。研究目的是确定 1812 年路易斯安那州的海岸线位于何处。路易斯安那州深切盼望至少确定一个固定的水上边界，因为到 1957 年，很明显的是，墨西哥湾正在迅速侵蚀这个州。[2]

　　因为失去了涨潮海岸区的采矿权，路易斯安那州失去了其主要的收入来源。养老金和公共工程项目越来越难以维持。控制海岸的私人利益很少考虑公共利益。石油业疏通的运河和联邦政府修建的防洪堤使路易斯安那逐渐下沉。人们在 20 世纪 30 年代看到的即将出现的乌托邦现在消匿不见了。

---

[1] Miller, "Louisiana's Tidelands Controversy"《路易斯安那州的滩涂争议》), pp. 209 - 220; Priest, "Claiming the Coastal Sea"(《拥有沿海海域的宣称》), pp. 88 - 89; Priest, "Auctioning the Ocean" (《拍卖海洋》), pp. 93 - 105; Dodd, *Peapatch Politics*(《皮帕奇政治》), pp. 77 (for "disaster").

[2] Penland, "Changes in Louisiana's Shoreline"(《路易斯安那州海岸线的变化》), pp. 9 - 10. Morgan and Larimore, "Changes in the Louisiana Shoreline"(《路易斯安那州海岸线的变化》), pp. 303 - 310.

第二章 救命!贝琪飓风和下九区的政治灾难,1965—1967年

露西尔·迪米尼(Lucille Duminy)终于到了红十字会办公室。当队伍终于排到她时,服务台的女士问她是否需要帮助。迪米尼挺直了腰杆并死死盯着那女人的眼睛,面露难以置信的神情:"请您重述一下问题,好吗?"于是办事员再次问道:"您需要帮助吗?"迪米尼认为政府就因为他们一家人都是黑人而不顾及他们的安危。她已数日未眠。她的丈夫正在住院,她和她的两个孩子险些被淹死。她的需求十分迫切。若非如此,她说:"你认为我会浪费时间来到这里,只是为了接受你们能提供给我的任何东西吗?"迪米尼经历了地狱般的生活,正变得如他们所说"怒不可遏"。她继续说道:"你知道墨西哥湾吧⋯⋯你看到那儿的水了吗?"办事员说:"是的,我们那里就像墨西哥湾一样!"迪米尼叫道:"我现在只能看到我的屋顶,我只能看到这么多。你却问我需要什么?我什么都需要!我需要房子和房子里所能容纳的一切!我失去了永远无法代替的东西。"[1]

露西尔·迪米尼很绝望,但这样的情况不止她一个。当1965年9月,贝琪飓风如一把大锤子般在路易斯安那州落下时,工业运河沿线的防洪墙倒塌了,而迪米尼怀疑它是被炸毁了,这样一来海水便灌入

---

[1] Lucille Duminy, interview by Nilima Mwendo, November 19, 2003, interview 4700.1685, transcript, p. 36, Louisiana and Lower Mississippi Valley Collections, Louisiana StateUniversity Libraries.

了新奥尔良的下九区。① 洪水从让蒂伊（Gentilly）蔓延到圣伯纳德教区，但影响最严重的是下九区，那里有 6 000 多所房屋被淹。这些房屋的所有者大多是非裔美国人。② 洪水持续了一个多星期，冲走了照片上的笑容，毁坏了家具、地板和墙壁。这场洪水至少淹死了 50 人，其中的一些人被淹死在了自家的阁楼上。对他们来说，房子代表着他们历经千辛万苦而实现的美国梦的一部分。③

露西尔·迪米尼和成千上万像她一样的人都需要帮助。这一章所讲的是在当时被称为"我们国家最可怕的自然灾害"中，露西尔·迪米尼所得到的和没有得到的帮助。④

虽然迪米尼和她在下九区的邻居经历了贝琪飓风这场灾难，但他们从未觉得它是"自然发生的"。他们认为他们所遭受的苦难是人为决定所造成的，因此，他们应该得到补偿。他们游说，要求得到直接的现金形式的援助，这能给予他们自主重建家园的权力，他们认为这样对他们最有利。由于《民权法案》《投票权法案》和关于"伟大社会"的

---

① John E. Rousseau, "25 000 Homeless Being Cared For In Many Evacuation Centers"（《25 000 名无家可归者在许多疏散中心得到照顾》）, *Louisianna Weekly*（《路易斯安那周报》）, September 18, 1965, p. 1.

② 在下九区，有 6 285 户住宅和 175 个商业设施遭受了严重的洪水损害。另外，由于工业运河的破裂，上九区也有 6 350 户住宅被洪水淹没。参见 US Army Engineer District New Orleans, *Report on Hurricane Betsy*, *8 - 11 September 1965 in the U. S. Army Engineer District*, *New Orleans*（《关于 1965 年 9 月 8 日至 11 日在新奥尔良美国陆军工程兵团区域发生的贝琪飓风的报告》）(1965), pp. 27 - 28。对于其他基础设施损坏的描述见 De Laureal Engineers, Inc., *Survey and Evaluation of Hurricane Betsy Damage*（《贝琪飓风损失调查与评估》）(New Orleans: City of New Orleans, Department of Streets, 1965); Sewerage and Water Board of *New Orleans*, *Report on Hurricane Betsy*, *September 9 - 10*, *1965*（《贝琪飓风报告，1965 年 9 月 9 日至 10 日，新奥尔良，1965 年》）(New Orleans, 1965), both in the City Archives, Louisiana Division, New Orleans Public Library。

③ "State's Death Toll Mounting"（《州的死亡人数正在增加》）, *New Orleans Times-Picayune*（《新奥尔良皮卡尤恩时报》）, September 13, 1965, p. 1. 关于人们在阁楼里溺水的报道见 John E. Rousseau, "Postman Describes Harrowing Ordeal"（《邮递员描述了惊心动魄的经历》）, *Louisiana Weekly*（《路易斯安那周报》）, September 18, 1965, p. 1。

④ "Statement of Hale Boggs ... Before the House Committee on Public Works"（《黑尔·博格斯在众议院公共工程委员会的发言》）, October 13, 1965, p. 3, Folder 34, Box 998, Hale and Lindy Boggs Papers, Mss. 1000, LRC. 贝琪飓风创下了可投保财产损失最多的飓风记录，尽管下九区的大部分损失是洪水造成的，但是洪水不在保险范围内。参见 "Insurance Industry Sees Record Hurricane Lost"（《保险业见证创纪录的飓风损失》）, *New York Times*（《纽约时报》）, September 15, 1965, p. 32。红十字会称其为"有史以来袭击美国大陆的最具破坏性的热带风暴"。"American Red Cross Disaster Action"（《美国红十字会灾难行动》）, p. 1, Folder 6, Box 306, Edwin Willis Papers, Collection 46, AMC.

承诺的出现,下九区的人尝试并越来越将自己看作联邦政府的合作伙伴。在贝琪飓风发生之后,他们试图要求实现这种伙伴关系。

当下九区的非裔美国人未能得到他们认为应得的帮助时,他们开始认为,政府不仅一开始导致了这场洪水,还违背了帮助他们灾后修复的承诺。他们开始觉察,所谓的福利国家就像一个河堤:政治家们可以削减一些人的福利,来给另一些人以安全和保护。

相比之下,在路易斯安那州和华盛顿的民主党认为这场灾难——借用林登·约翰逊总统的话说——是自然造成的伤害,是政府没有责任也没有义务解决的天灾。[1] 尽管一些立法者最初主张拨款,暂时与遭受灾难的选民们拥有了共同的目标,但他们的灾难政治逻辑起源于一个不同的前提。他们并不认为救济是对人为造成的损失的补偿,而是在他们并无过失的事故发生后对少数不幸者的慈善之举。因此,当保守派们提出向个人提供资金是联邦政府的非法行为时,立法者们退缩了。

贝琪飓风之后所创建的救济计划依赖的是联邦小企业管理局的贷款,而非拨款。援助的金额是前所未有的,但在下九区,这一政策似乎有悖常理。这些贷款使人们负债累累,债主却是他们认为应对其损失负责的政府。在受灾严重的下九区,电线杆上处处都张贴着海报,上面写道:"四十年的债务不是自由!"[2] 一些居民穷到一开始就没有资格获得贷款,而对于那些有资格贷款的人来说,贷款通常相当于以一套已经不存在的房子作为抵押进行二次贷款。债务将他们束缚限制在一个已经被证明不安全的社区里。

---

[1] Lyndon Johnson, "Remarks Upon Arrival at New Orleans Municipal Airport"(《1965 年 9 月 10 日到达新奥尔良市立机场时的发言》), September 10, 1965, transcript, in the Lyndon Baines Johnson Library and Museum at the University of Texas-Austin, a division of the National Archives and Records Administration (LBJ), published online at http://www. lbjlibrary. net/collections/quick-facts/lyndon-baines-johnson-hurricane-betsy/lbj-new-orleans-hurricane-betsy. html. 另请参见 "Johnson Visits City, Promises Swift Help"(《约翰逊访问城市,承诺迅速提供帮助》), New Orleans Times-Picayune(《新奥尔良皮卡尤恩时报》), September 11, 1965, p. 1。

[2] "Forty years of debt . . .", Handbill announcing Betsy Flood Victims meeting, June 6,1966, Folder 2, Box 1, Elizabeth Rogers Collection, Mss. 176, EKL.

　　然而,在华盛顿,政客们对流入路易斯安那州的救援资金表示庆祝,称其为国家的一剂良药。经过几十年对联邦干预的抨击后,州权的支持者突然欢迎联邦政府的介入。路易斯安那州州长约翰·麦基森(John McKeithen)告诉国会:"在本州,美国主义也许已经被重新唤醒和复兴,因为当我们遇到麻烦时,没有人指出错误或提出建议。你们这些人一直谈论州的权利:你们可以解决好自己的问题。"①这些政治家认为他们不仅开创了一个富有同情心的灾害援助计划,还帮助修复了一个因民权斗争而撕裂的国家。

　　在贝琪飓风之后,一些路易斯安那人意识到,在联邦福利项目不断发展的时代,灾难带来了一个复杂的问题,而且这个问题在未来还会再次出现。《路易斯安那周报》发表了一篇社论,主张对洪水进行仔细调查。编辑们在 1965 年写道:"我们充分意识到,(一项)调查不可能使一场飓风中的遇难者生还,或挽回数亿美元财产损失中的一分钱。但是我们也知道,贝琪飓风不会是最后和最严重的一次。因此,除非我们从中吸取一些重要的教训,否则我们可能会招致迄今为止最大的灾难。"②半个多世纪过去了,贝琪飓风仍然可以提供几个重要的教训。

　　第一个教训是,人类的决策会造成脆弱性。人们往往不认为他们是因为坏运气而生活在危险的地方。权力结构将他们推到那里。所谓的自然灾害,从来不像这个词所暗示的那样紧急和无法避免。

　　其次,贝琪飓风展示了对自然、种族和联邦制的不同理解是如何影响灾难政策的。人们对这场灾难的理解影响了他们对救济工作的诉求。贝琪在路易斯安那州登陆时,《投票权法案》刚刚通过,加州瓦茨的城市叛乱也刚发生,当时全国正处在对贫困、民权和州权的激烈

---

① US House of Representatives, Committee on Public Works, 89th Cong. , 1st Sess. , *Hurricane Betsy Disaster of September 1965: Hearings before the Special Subcommittee to Investigate the Areas of Destruction of Hurricane, September 25 - 26, 1965* (《1965 年 9 月 25—26 日贝琪飓风灾难:特别小组委员会调查飓风破坏区域的听证会》) (Washington, DC:US Government Printing Office, 1965), p. 26.

② "Hurricane Inquiry Imperative" (《飓风调查必要性》), *Louisiana Weekly* (《路易斯安那周报》), October 23, 1965 .

争论之中。贝琪引发的具体问题包括：是什么导致了这场灾难，谁应负责恢复工作，这与政府在解决种族和经济不平等问题上应该扮演什么样的角色这一更大的争论产生了共鸣。[1] 许多人认为，关于贝琪发生的前因后果的争论是一场关于美国公民身份价值是什么或应该有什么价值的斗争。

贝琪给我们的第三个教训是，其彰显出人们自己讲述历史的力量。在下九区居民间流传的说法中，人们更愿意说自己是国家的受害者，而不是风暴的受害者。正如一位城市规划者所说，当他们的社区向来自世界各地的观察者提供"展示这座城市悲剧的各个方面的模型"时，这种理解帮助了他们在 40 年后理解卡特里娜。[2] 然而，许多强调该社区重要性的人对其了解并不多。[3] 对贝琪的研究使下九区成了焦点。这里的居民坚持声称，它的历史不仅包含洪水冲过街区的绝望时刻，还包括将该地区从边缘沼泽转变为万事皆有可能之地的政策，有将人们置于危险境遇的安排，也有事后加重灾难的灾后措施。

在城市的繁华地段之外：工业运河

在贝琪飓风中倒塌的防洪墙环绕着新奥尔良的工业运河，而这条运河的建设耗费了一个世纪。从 19 世纪 20 年代开始，城市推动者们渴望修建一条捷径，使船只能够绕过密西西比河在新奥尔良和墨西哥

---

[1] 灾难对新政期间福利政策的影响见 Michele Landis Dauber, *The Sympathetic State*：*Disaster Relief and the Origins of the American Welfare State*（《同情心国家：灾难救济与美国福利国家的起源》）（Chicago：University of Chicago Press, 2013）。

[2] Kristina Ford, *The Trouble with City Planning*：*What New Orleans Can Teach Us*（《城市规划的问题：新奥尔良能教给我们什么》）（New Haven：Yale University Press, 2010），p. 2.

[3] 除了本章后面引述的重要例子，还可以参见 Craig E. Colten, *Perilous Place*, *Powerful Storms*：*Hurricane Protection in Coastal Louisiana*（《危险地带, 强大风暴：路易斯安那州沿海的飓风防护》）（Jackson：University of Mississippi Press, 2009）；以及 Todd Shallat, "In the Wake of Betsy"（《在贝琪醒来之后》），in Craig E. Colten, ed., *Transforming New Orleans and Its Environs*：*Centuries of Change*（《改造新奥尔良及其周边地区：百年变迁》）（Pittsburgh：University of Pittsburgh Press, 2000），pp. 121–137。

湾之间的最后一段迂回的河道。① 1896 年，路易斯安那州立法机关授权新奥尔良港口委员会在密西西比河和庞恰特雷恩湖之间修建一条水路。这条运河将穿过新奥尔良东南部的沼泽区，19 世纪上半叶，那些无力承担城镇干燥地区房价的人逐渐在这里定居下来。当 1918 年终于开始施工时，委员会宣布工业运河是"人类力量战胜自然力量的纪念碑，是永不消失的社区之进步的丰碑"②。这条运河将纽约市的第九区一分为二，从运河下游到圣伯纳德教区沿线的 300 个街区被划定为下九区。

下九区由于容易发生洪水，一直是一个很难开发的地方。当法国殖民者在 1718 年建立新奥尔良时，该镇地处密西西比河一处大拐弯处的高地——新月形的地形使它拥有了"新月城"的别称。在接下来的两个世纪中，河上游（"上城区"）的老城区或更远的地方（"后城区"）的种植园发展成为郊区，这些郊区随即又被纳入城市，到 1820 年新奥尔良成为美国南方人口最多的地方，这一地位一直保持到 1950 年。但是，新奥尔良北部被庞恰特雷恩湖包围，东部被博涅湖环抱，南部和西部被密西西比河围绕。新奥尔良实际上是一个岛屿，这就是为何它的早期欧洲居民称它为奥尔良岛。长期以来，水和沼泽限制了城市的地理范围。③

20 世纪初，新奥尔良开启了一个雄心勃勃的项目——用市政泵水系统来排干沼泽。作为该项目的一部分，为了鼓励工业发展，新奥尔

---

① 例如，请参见"A bill granting to the State of Louisiana a quantity of the public lands within the same, for the construction of a canal between the Mississippi River and Lake Pontchartrain"（《一项法案授予路易斯安那州一部分公共土地，用于在密西西比河和庞恰特雷恩湖之间建设一条运河》），H. R. 455, 20th Cong. (February 24, 1829)。

② Thomas Ewing Dabney, *The Industrial Canal and Inner Harbor of New Orleans*（《新奥尔良的工业运河和内港》）(New Orleans: Board of Commissioners of the Port of New Orleans, 1921), p. 40.

③ Lawrence Powell, *The Accidental City: Improvising New Orleans*（《偶然的城市：即兴创造新奥尔良》）(Cambridge: Harvard University Press, 2012), p. 67. 新奥尔良的物理扩张和发展，请参阅 Craig E. Colten, *An Unnatural Metropolis: Wresting New Orleans from Nature*（《非自然大都市：从大自然中夺取新奥尔良》）(Baton Rouge: Louisiana State University Press, 2005); Ari Kelman, *A River and Its City: The Nature of Landscape in New Orleans*（《一条河及其城市：新奥尔良的景观性质》）(Berkeley: University of California Press, 2003); Peirce F. Lewis, *New Orleans: The Making of an Urban Landscape*（《新奥尔良：一个城市景观的形成》）(1976; Charlottesville: University of Virginia Press, 2018); Richard Campanella, *Bienville's Dilemma: A Historical Geography of New Orleans*（《比安维尔的困境：新奥尔良的历史地理》）(Lafayette: Center for Louisiana Studies, 2008)。

良沿工业运河安装了水泵。[1] 这些水泵鼓励发展,但并没有完全解决排水问题。例如,在 1947 年的一场飓风中,风暴潮淹没了工业运河和其他排水渠的堤坝,淹没了这座城市的大部分新社区。下九区的水位达到了 3 米。[2] 然而,发展仍在继续。

第二次世界大战后,下九区出现了建筑热潮,资金主要来自联邦《退伍军人权利法案》提供给退伍军人的补贴贷款。从 1940 年到 1960 年,该社区的人口增加了两倍,非裔美国人越来越多。1940 年,该市人口为 11 556 人,其中约 69% 是白人。一般来说,大多数房子都在密西西比河附近的高地上,尽管大多数非裔美国人住在相对较低、离河更远的地方,那里的土地向比安科恩河周围的湿地下沉。到 1960 年,该市人口为 33 002 人,其中 68% 是非裔美国人。在过去 20 年里,白人人口增加了 2 722 人;非裔美国人增加了 18 699 人。绝大多数白人继续住在战前建造的房子里,这些房子位于下九区被称为圣十字的河滨区域。新来的非裔美国人住在地势较低、排水较晚、发展较好区域的新房子里。[3]

---

① Colten, *Unnatural Metropolis*(《非自然大都市》), pp. 77 - 106. 在进步时代卫生改革的背景下,水泵还有助于防治黄热病。

② 1947 年 9 月 19 日的暴风雨和洪水造成新奥尔良 51 人死亡以及 1 亿美元损失。Raymond B. Seed et al. [i. e., the Independent Levee Investigation Team (ILIT)], *Investigation of the Performance of the New Orleans Flood Protection Systemsin Hurricane Katrina on August 29, 2005*(《对 2005 年 8 月 29 日卡特里娜飓风中新奥尔良防洪系统性能的调查》)Vol. 1 (Berkeley: National Science Foundation, 2006), pp. 11, 22, 26.

③ 美国 1940 年和 1960 年人口普查。我用 8 号人口普查区代表圣十字区,尽管我认为 1940 年人口普查中 9 号人口普查区(在被划分为更小的人口普查区之前)白人的存在揭示了一种统计测量方法,与居民认为的邻里边界并不完全一致。贝琪飓风过后,城市联盟的下九区统计概况只包括 9A、9B、9C 和 9D 普查区,而不包括 7 或 8 普查区,这些普查区构成了下九区。*A Report on the Hurricane Betsy Disaster and the Urban League's Involvement*(《关于贝琪飓风灾难和城市联盟参与情况的报告》)(New Orleans: Urban League of Greater New Orleans, September 30, 1965), p. 1, Box 117, Community Services Collection, EKL. 在 1960 年人口普查中计数的 7、8、9A、9B、9C 和 10 地块中有 8 637 个住房单位,61.9% 是自 1940 年以来建造的,36.1% 是自 1950 年以来建造的。另请参阅 Juliette Landphair, "Sewerage, Sidewalks, and Schools: The New Orleans Ninth Ward and Public School Desegregation"(《污水处理设施、人行道和学校:新奥尔良第九街区与公立学校脱种族隔离》), *Louisiana History*(《路易斯安那历史》)40, no. 1 (Winter 1999): 35 - 62, esp. 35 - 40; Juliette Landphair, "'The Forgotten People of New Orleans': Community, Vulnerability, and the Lower Ninth Ward"(《"被遗忘的新奥尔良人":社群、脆弱性与下九区》), *Journal of American History*(《美国历史杂志》)94, no. 3 (December 2007): 837 - 845; Alexandra L. Giancarlo, "The Lower Ninth Ward: Resistance, Recovery, and Renewal"(《下九区:抵抗力、恢复力与更新力》)(MA thesis, Louisiana State University, 2011).

非裔美国人搬到了下九区,白人则定居在郊区。在圣伯纳德教区界线以东,这里和下九区一样地势低洼,这里的人口在 1940 年至 1960 年间增长了四倍多,从 7 280 人增加到 32 186 人。这里的新居民几乎都是白人:1960 年,白人占圣伯纳德教区人口的 93%。杰斐逊教区的人口也增加了四倍多,到 1960 年,白人占 85%。[①] 在 19 世纪,新奥尔良的社区往往是相对融合的,黑人工人居住在白人居住的林荫大道之间的小街道上。[②] 但到了 1960 年,种族隔离对新奥尔良大都市的居住模式影响越来越深。

圣伯纳德教区的新住宅区使更多的白人家庭进入中产阶级社区,下九区则是一个由社会地位上升的非裔美国家庭组成的社区。下九区非裔美国人的平均收入高于该市其他地方的非裔美国人。下九区的非裔美国居民人数高到不成比例。在整个城市,44% 的白人家庭住在属于自己的房子里,而在非裔美国家庭中,这一比例仅为 25%。然而,在下九区,54% 的非裔美国家庭拥有自己的住房。[③] 露西尔·迪米尼和她的丈夫沃尔特(Walter)是公共卫生服务医院的护士助理。1949 年,他们非常兴奋地以不到 1 万美元的价格买下了夏邦尼街的房子。他们在下九区的朋友圈子里有一个传教士、一个快递员、一个银行职员、一个秘书和两个在邮局工作的人。有些女性如多洛雷丝·帕克(Dolores Parker)在当地实行种族隔离的公立学校任教,她曾梦想进入霍华德大学,但最终在新奥尔良的迪拉德大学获得了教育学学位。[④]

① 美国 1940 年和 1960 年人口普查。

② Lewis, *New Orleans*(《新奥尔良》), pp. 50 - 51.

③ 根据 1960 年的美国人口普查,77% 的非白种人家庭在 1959 年的收入超过了 2 000 美元,这一比例在奥尔良郡整体中为 70%;60% 的非白种人家庭在下九区的收入超过了 3 000 美元,相比之下,在奥尔良郡整体中这一比例为 50%;大约 41% 的非白种人家庭在下九区的收入超过了 4 000 美元,而在奥尔良郡整体中这一比例为 36%。以上数据来自美国统计局 1960 年关于非白种人家庭收入的报告,并由社会探索者进行整理。

④ Duminy, November 19, 2003, pp. 2 - 3, 9 - 10. Dolores and Raymond Parker, interview byNimila Mwendo, December 2, 2003, interview 4700. 1688, transcript, p. 10, LLMVC.

大多数新居民来自城市的老城区。[①] 例如,约书亚(Joshuas)一家离开了中城社区,因为房屋委员会宣布,计划将一个公共住房开发项目——白玉兰项目扩展到他们租房的街区。自分成制时代以来,债务一直是非裔美国家庭的负担,艾达·贝尔(Ida Belle)害怕债务,所以当她和艾克终于攒够了购买所有建筑材料的钱时,她很兴奋地来到她口中繁荣发展的第九区。"有一群人带着梦想来到这里,希望改善自己和孩子的生活。"她谈到邻居时说:"我们的目标是成为房产所有者。"事实上,对许多非裔美国人来说,他们在下九区买房子可能代表着他们是家族中第一个在美国拥有了属于自己房子的人。[②]

所有人都是通过广播中播放的一系列热门歌曲而认识下九区的居民小安托万·多米尼克(Antoine Dominque, Jr.)的。他是卡利切·多米尼克(Calice Dominique)和多纳蒂尔·多米尼克(Donatile Dominique)的第八个孩子。这对讲克里奥尔语的种甘蔗的农民夫妇在 1927 年洪水后从路易斯安那州的瓦切里(Vacherie)搬到了新奥尔良。第二年小安托万出生了。他在工业运河对面的卓丹大道长大,那里的房子和社区洋溢着音乐:周六晚上有班科或拉拉派对,周日做完弥撒后大家会跳舞。1938 年,他家客厅里开始摆放一架立式钢琴,安托万非常喜欢这架钢琴,他经常放弃下午和朋友玩耍的机会,而在破旧的象牙键上弹奏。1950 年,安托万开始制作唱片,他用的名字是法

---

① 在 1960 年,下九区 38%的非裔美国人在 1955 年就已经居住在同一所房子里,而 3%的人从奥尔良郡以外的地方搬到了他们现在的房子,这意味着近 62%的非裔美国居民在过去 5 年里从新奥尔良其他地方搬到了下九区。以上数据来自美国统计局 1960 年关于非白种人口 1955 年居住地和入住时间(非白种有房单位)的报告,并由社会探索者进行整理。

② Ida Belle Joshua, interview by Nilima Mwendo, November 20, 2003, interview 4700.1684, transcript, p. 3 ("afraid of debt"), 13 ("thriving"), 14 ("with a dream" and "with a hope"), 9 ("property owners."), LLMVC. 玛格诺利亚区的扩建是在 1949 年联邦住房法案下获得批准的,这是哈里·杜鲁门总统"公平交易"议程的一个标志,参见 Martha Mahoney, "Law and Racial Geography: Public Housing and the Economy in New Orleans"(《法律与种族地理:新奥尔良公共住房和经济》), *Stanford Law Review*(《斯坦福法律评论》) 42, no. 5 (May 1990): 1251－1290, esp. 1276。二战后人们对新房子的渴望见 Kenneth Jackson, *Crabgrass Frontier: The Suburbanization of the United States*(《蟹草前沿:美国郊区化》) (New York: Oxford University Press, 1985)。关于政府政策如何鼓励新建设,并在新社区中导致阶级和种族分层,请参阅 Lizabeth Cohen, *A Consumer's Republic: The Politics of Mass Consumption in Postwar America*(《消费者共和国:战后美国大众消费政治》) (New York: Knopf, 2003), pp. 195－256。

兹·多米诺。10 年后,当安托万成为美国最富有的非裔美国人之一时,根据《乌木》杂志的报道,他"不愿意离开他在工业运河对岸繁华地段的老社区"。法兹·多米诺花 20 万美元在卡芬大道建了一栋房子。[1]

虽然多米诺的巨大成功是个例外,但只要肯努力工作,他下九区的邻居们也能赢得一定的经济保障。地方、州和联邦政府的一系列政策影响了人们如何以及在何处取得向上流社会攀升的机会。污水和供水委员会已经排干了沼泽,使下九区适宜居住。房屋管理局迫使像约书亚这样的家庭搬离了原来的社区。私人开发商起草的具有种族主义的住房契约使非裔美国家庭无法在很多新社区安家。联邦《退伍军人权利法案》帮助退伍军人获得了抵押贷款,并激励了新住房的修建。公立学校、公立医院和邮局的工作岗位使人们有了生活来源。自从黑奴解放以来,联邦政府的帮助对非裔美国人的进步至关重要。可以肯定的是,很多时候,下九区未铺设的街道将税收带出而不是带回到社区。[2] 但是,即使是在一个法律通常对非裔美国人不利的南方城市,一些公共政策也惠及了他们,并为他们提供了重要帮助。

对普雷沃斯特家族来说,谁能获得公共资源的利害关系尤为巨大。1960 年,一项联邦法院的命令迫使新奥尔良最终遵从最高法院

---

[1] Jason Berry, *Up From the Cradle of Jazz: New Orleans Music Since World War II*(《爵士摇篮的升起:二战后的新奥尔良音乐》)(New York: Da Capo Press, 1992), pp. 29 - 39; Rick Coleman, *Blue Monday: Fats Domino and the Lost Dawn of Rock n' Roll*(《蓝色星期一:法兹·多米诺和失落的摇滚黎明》)(New York: Da Capo Press, 2006), pp. 16 - 20, 34. "Fats Domino's \$200 000 Home"(《法兹·多米诺价值 20 万美元的家》),*Ebony*(《乌木》), July 1960, pp. 115 - 122(quotation on p. 119).

[2] 可以肯定的是,大兵法案的政策和应用往往带有种族主义色彩,大多数非裔美国退伍军人都无法享受该法案的福利。参见 David H. Onkst, "'First a Negro ... Incidentally a Veteran': Black World War Two Veterans and the G. I. Bill of Rights in the Deep South, 1944 - 1948"(《二战黑人退伍军人和美国军人权利法案在南方腹地,1944—1948 年》),*Journal of Social History*(《社会历史杂志》)31, no. 3(Spring 1998): 517 - 543。几十年来,第九区一直在抗议市政服务不足,见 Landphair, "Sewerage, Sidewalks, and Schools"(《下水道、人行道和学校》),pp. 35 - 62。从 1955 年开始,列昂蒂内斯库·卢克(Leontine Luke)领导第九区公民与改进联盟倡导"街道、灯光、警察保护和更好的学校"。Kim Lacy Rogers, *Righteous Lives: Narratives of the New Orleans Civil Rights Movement*(《正义的生活:新奥尔良民权运动的叙事》)(New York: New York University Press, 1993), pp. 18 - 19(quotation on p. 19).

1954 年在布朗诉教育局案中所做出的废除学校种族隔离的裁决。多萝西(Dorothy)的女儿泰西(Tessie)是进入麦克唐纳 19 号——这一位于第九区内的白人小学学习的三位非裔美国女孩之一。[①] 这场斗争使普雷沃斯特一家和其他非裔美国家庭与利安德·佩雷斯领导的顽固的种族主义者联盟发生了直接冲突。几十年来，佩雷斯一直是州权利运动的领袖，他利用这个契机起草了一项法案，成立了一个拥有传唤权的州主权委员会，以对抗他的宿敌联邦政府，以此限制联邦政府对路易斯安那州石油的管控。同时，他帮助白人学生逃避取消种族隔离的法令，安排一些学生转到圣伯纳德教区的学校，让另一些学生进入新的仍实行隔离的第九区的私立学校。"不要等着你的女儿被这些刚果人强奸。"泰西开始在麦克唐纳 19 号学习后，佩雷斯在新奥尔良市政礼堂举行的公民委员会会议上对 5 000 名听众说："不要等到那些黑人强行进入你们的学校。现在就做点什么吧。"[②]

佩雷斯比别人在公开场合更敢说，但许多白人选民和他们选出的政客都同意他的观点。自 1948 年南方民主党起义以来，路易斯安那州的民主党人就一直高举"州权利"之大业的旗号。1956 年，该州的整个国会代表团签署了反对种族融合的《南方宣言》。[③] 长期以来，路

① The case was Bush v. Orleans Parish School Board, US Supreme Court, 364 U. S. 500 (1960).
② 关于学校脱种族隔离见 Glen Jeansonne, *Leander Perez*：*Boss of the Delta*（《利安德·佩雷斯：Delta 的老板》）(Jackson：University Press of Mississippi, 1977), pp. 253 - 270；"A Hero Among Us：The Civil Rights Movement Through the Eyes of a Child"（《我们中间的英雄：通过一个孩子的眼睛看民权运动》), E-Newsletter of the LSU School of Dentistry (February 2, 2011)；Adam Fairclough, *Race & Democracy*：*The Civil Rights Struggle in Louisiana, 1915 - 1972*（《种族与民主：路易斯安那州 1915—1972 年的民权斗争》）(Athens：University of Georgia Press, 1999)；Liva Baker, *The Second Battle of New Orleans*：*The Hundred-Year Struggle to Integrate the Schools*（《新奥尔良的第二次战役：一百年来整合学校的斗争》)(New York：Harper Collins Publishers, 1996)。
③ Kari Frederickson, *the Dixiecrat Revolt and the End of the Solid South, 1932 - 1968*（《狄克西党的反抗和南方坚固阵营的终结,1932—1968 年》）(Chapel Hill：University of North Carolina Press, 2001), pp. 158 - 162. 大规模抵抗见 Jason Ward, *Defending White Democracy*：*The Making of a Segregationist Movement and the Remaking of Racial Politics, 1936 - 1965*（《捍卫白人民主：隔离主义运动的形成和种族政治的重塑,1936—1965 年》）(Chapel Hill：University of North Carolina Press, 2011)；以及 Numan Bartley, *The Rise of Massive Resistance*：*Race and Politics in the South During the 1950s*（《大规模抵抗崛起：1950 年代南方种族与政治》）(Baton Rouge：Louisiana State University Press, 1999)。路易斯安那州白人民主党政客之间存在重要区别，而且他们其中一些人的立场会随着时间改变。例如，黑尔·博格斯在 1956 年签署了《南方宣言》，在 1965 年支持《投票权法案》。

易斯安那州的白人一直认为非裔美国人比白人低贱,不应获得公民身份的全部权益。

为公众利益而战

围绕公立学校的斗争是新奥尔良阶层严重分化的缩影。例如,从维克托·斯基罗(Victor Schiro)所在的市政厅中市长办公室放眼望去,是所有的道路都已铺就了几十年的一片中央商务区,新奥尔良看起来不错。当这位民主党人在 1965 年宣布他的连任纲领时,他宣称在他的管理下,新奥尔良已经"进入了富足美满的时代,每一项经济指标都指向更惊人的增长"[1]。但从大多数非裔美国人的角度来看,斯基罗的吹嘘只是单纯的自我宣传。新奥尔良 75% 的黑人生活在贫困边缘。[2] 20% 的人口收入占比超过了城市收入的 44%,这一比例比大多数其他南方城市更不平衡;最贫穷的 20% 的人口的收入只占城市收入的4%。[3] 1969 年的一项研究显示,超过 38% 的新奥尔良黑人家庭生活在贫困中,而非黑人家庭的这一比例仅为 8%。[4]

这个城市的白人精英们炫耀性地展示他们所拥有的权力。在狂欢节期间,克鲁俱乐部狂欢节之王的花车在街上巡游,花车上印有"为公众利益而战"的口号。这个口号可能暗示着对社会福利的广泛理解,但该俱乐部的愿景就像其会员资格一样,只允许白人加入,而且

---

[1] "Schiro Announces Platform"(《斯基罗的宣言》),*New Orleans Times-Picayune*(《新奥尔良皮卡尤恩时报》),September 3, 1965, p. 1. 斯基罗的相关情况可参考 Edward F. Haas, *Mayor Victor H. Schiro: New Orleans in Transition, 1961 - 1970*(《市长斯基罗:新奥尔良的转型,1961—1970 年》)(Jackson: University Press of Mississippi, 2014)。

[2] Kent Germany, "The Politics of Poverty and History: Racial Inequality and the Long Prelude to Katrina"(《贫困与历史的政治:种族不平等和卡特里娜飓风的长期前奏》),*Journal of American History*(《美国历史杂志》)94(December 2007): 743 - 751(statistic on p. 744)。

[3] Kent Germany, *New Orleans After the Promises: Poverty, Citizenship, and the Search for the Great Society*(《承诺后的新奥尔良:贫困、公民身份和对伟大社会的寻求》)(Athens: University of Georgia Press, 2007), p. 24。

[4] Arnold Hirsch, "New Orleans: Sunbelt in the Swamp"(《新奥尔良:沼泽中的阳光带》), in Richard M. Bernard and Bradley R. Rice, eds., *Sunbelt Cities: Politics and Growth Since World War II*(《阳光带城市:二战以来的政治与增长》)(Austin: University of Texas Press, 1983), pp. 100 - 137, esp. 109 - 111。

是家长式作风的。他们陶醉于向聚集过来问他们讨要礼物的人群投掷小饰品："先生，给我扔点东西吧！"在 1927 年密西西比河洪水期间，该俱乐部和其他一些类似的俱乐部一起说服州长炸毁新奥尔良下面的河堤，使圣伯纳德和普拉克明教区的人们遭受重创，他们向投资者保证会不惜一切代价保护投资者的城市财产。在 20 世纪 30 年代，他们是休伊·朗州长提出的"分享我们的财富"和援助该州穷人的举措最强烈的反对者。① 在 20 世纪 60 年代，他们仍然是一个享有特权的小集团，顽固地囤积着财富和权力。当新奥尔良市长在狂欢节那天充满仪式感地把城市的钥匙交给狂欢节之王时，这成了一个极为滑稽的噱头，因为这些人原本就一直拥有这些街道。

非裔美国人只能靠自己来修补社会保障制度中的漏洞。他们组织了社会援助和娱乐俱乐部以及一些其他互助社团，这些团体每年都会举办游行，追求更平等的公共义务理念。这些团体和他们的游行传统源于非裔群体在刚果广场的集会，源于逃亡奴隶的栗色社区，以及奴隶解放运动前的自由有色人种协会。就像他们更为民主的经济福利精神一样，社会援助和娱乐俱乐部的游行表现出一种与白人狂欢节形成鲜明对比的社区建设愿景。当狂欢节之王将旁观者隔离在拥挤的人行道上，让他们乞求自己从上面下抛掷小饰品时，黑人克里奥尔第二线则邀请每个人参与进来，一起跳舞，分享街道。当这一组织的一位会员去世时，他的俱乐部会帮助支付他的葬礼费用，并为他提供一个送葬队伍来纪念他：这就是新奥尔良著名的"爵士葬礼"。②

---

① 这些人中的一部分也属于一个名为 Comus 的类似 Mardi Gras krewe。John M. Barry, *Rising Tide: The Great Mississippi Flood of 1927 and How It Changed America*（《潮涌：1927 年密西西比河大洪水及其对美国的改变》）（New York: Simon & Schuster, 1997），pp. 211 - 258。"分享财富"运动见 T. Harry Williams, *Huey Long*（《休伊·朗》）（New York: Alfred A. Knopf, 1970），pp. 676 - 706。

② Michael P. Smith, "Behind the Lines: The Black Mardi Gras Indians the New Orleans Second Line"（《线后：新奥尔良第二线的黑色马迪格拉印第安人》），*Black Music Research Journal*（《黑人音乐研究期刊》）14, no. 1（Spring 1994）: 43 - 73. 关于克里奥尔第二线可参考 Helen A. Regis, "Second Lines, Minstrelsy, and the Contested Landscapes of New Orleans Afro-Creole Festivals"（《第二线、吟游诗人以及新奥尔良非裔克里奥尔节中有争议的景观》），*Cultural Anthropology*（《文化人类学》）14, no. 4（November 1999）: 472 - 504. 关于互助社团历史概述参阅 David T. Beito, *From Mutual Aid to the Welfare State: Fraternal Societies and Social Services, 1890 - 1967*（《从互助到福利国家：联谊会与社会服务，1890—1967 年》）（Chapel Hill: University of North Carolina Press, 2000）。

　　直到 1965 年，一些新奥尔良人才开始考虑如何使他们之间相互照顾的非正式做法更靠近国家社会福利制度，这是林登·约翰逊总统称为伟大社会的国家计划的一部分。约翰逊雄心勃勃地重新构想了联邦政府帮助公民的计划。1964 年 10 月，约翰逊在新奥尔良宣布："我希望我们能把贫穷从南方的脸上抹去，从这个国家的良心上抹去。"①联邦政府将在当地社区，特别是贫困社区采取更加积极的行动。1964 年和 1965 年，联邦民权法案和联邦法院的命令迫使新奥尔良在学区、公共住房开发和公立慈善医院的病人病房等领域废除种族隔离。② 1965 年的《投票权法案》开启了为非裔美国人在南方选举政治中获取影响力的进程。《选举权法案》通过后，新奥尔良的非裔美国选民人数几乎翻了一倍。③《路易斯安那周刊》宣称："美国正处于一个光明的新时代的开端。"长期以来，种族主义结构使非裔美国人无法获得公民应有的全部权利，在 1965 年，他们有充分的理由认为未来充满了可能性。④

　　联邦项目赋予了非裔美国人那些路易斯安那州白人精英从未给予过他们的权力，使黑人们能够躲避当地的种族主义者。例如，多萝西·普雷沃斯特（Dorothy Prevost）成为下九区进步行动委员会的秘

---

① 见林登·约翰逊于 1964 年 10 月 9 日在新奥尔良的演讲，链接为 https://millercenter. org/the-presidency/presidential-speeches/october-9-1964-speech-jung-hotel-new-orleans。另请参阅林登·约翰逊在 1964 年 5 月 22 日于密歇根大学的讲话，链接为 https://millercenter. org/the-presidency/presidential-speeches/may-22-1964-remarks-university-michigan；以及 Germany, *New Orleans After the Promises*（《新奥尔良之后的承诺》）。

② Christian Roselund and Brian Marks, "Louisiana Petro-Populism and Public Services in the City of New Orleans"（《路易斯安那石油民粹主义与新奥尔良市的公共服务》）, paper presented at the Workshop on the Political Economy of New Orleans, Tulane University（September 2010）, pp. 21 - 22. 关于学校，也可以参考 Baker, *Second Battle of New Orleans*（《新奥尔良第二场战役》）; Donald E. DeVore and Joseph Logsdon, *Crescent City Schools*: *Public Education in New Orleans*, *1841 - 1991*（《弯月城市学校：新奥尔良公共教育，1841—1991 年》）（1991; Lafayette: University of Louisiana at Lafayette Press, 2012）。关于慈善医院可以参考 John E. Salvaggio, *New Orleans' Charity Hospital*: *A Story of Physicians*, *Politics*, *and Poverty*（《新奥尔良慈善医院：医生、政治和贫穷的故事》）（Baton Rouge: Louisiana State University Press, 1992）。

③ Germany, "The Politics of Poverty and History"（《贫困与历史的政治》）, p. 748.

④ "Life Beings at Forty"（《生命始于四十岁》）, *Louisiana Weekly*（《路易斯安那周刊》）, September 18, 1965, p. 6. 20 世纪 60 年代路易斯安那的民权运动参见 Rogers, *Righteous Lives*（《正义之生活》）; Fairclough, *Race & Democracy*（《种族与民主》）。

书,这是一个由联邦反贫困战争基金支持的组织。她的丈夫查尔斯也在该委员会任职。[1] 艾达·贝尔·约书亚参与了第九区的全面社区行动计划,这是"向贫困宣战"的另一项早期组织工作。她担任第九区区域美化委员会的主席,她和她的丈夫帮助建立了一个社区委员会。艾达很快就成了该组织的主席。[2] 非裔美国人越来越觉得,当他们倡导地方变革时,他们得到了联邦政府的认可。[3]

白人民主党政客明白,新的联邦项目要求基层领导人"最大限度地参与",这样做的目的就是剥夺他们作为权力掮客的地位。[4] 他们知道,联邦援助将转化为联邦权力。经过几十年为争取民权而反对联邦政府的斗争,他们完善了一种将联邦政府描绘成一个遥远的敌人的政治,他们是在保护自己的选民免受联邦政府的伤害。但洪水挑战了这种政治。

洪　水

9 月 3 日星期五,《新奥尔良皮卡尤恩时报》刊登了一篇关于在大西洋形成的一场"强烈而危险的风暴"的短文。[5] 该报报道,三天后,"大"贝琪飓风"没有对任何陆地地区构成直接威胁"[6]。接下来的星期三,在巴吞鲁日市的国会大厦举行新闻发布会。会上州长麦基森

[1] "List of Officers and Initial Committee" (《官员和初始委员会名单》), Committee for Progressive Action for the Lower Ninth Ward (undated, probably fall, 1965), Folder 995, Box 95, Community Services Council of New Orleans Collection, Mss. 34, EKL.

[2] Joshua, November 20, 2003, pp. 7 and 54.

[3] Bruce Schulman, *From Cotton Belt to Sunbelt: Federal Policy, Economic Development, and the Transformation of the South, 1938 - 1980*(《从棉带到阳光带:联邦政策、经济发展与南方的转型, 1938—1980 年》) (Oxford: Oxford University Press, 1991), p.34.

[4] "最大限度地参与"以及 1964 年的《经济机会法案》,请参阅 Lillian B. Rubin, "Maximum Feasible Participation: The Origins, Implications, and Present Status"(《最大程度的参与:起源、含义和现状》), *The ANNALS of the American Academy of Political and Social Science*(《》) 385, no. 1 (September 1969): 14 - 29.

[5] "Betsy Turns Northwest"(《贝琪飓风向西北转移》), *New Orleans Times-Picayune*(《新奥尔良皮卡尤恩时报》), September 3, 1965, p.1.

[6] "Big Hurricane Stalls in Atlantic"(《大飓风在大西洋停滞》), *New Orleans Times-Picayune*(《新奥尔良皮卡尤恩时报》), September 6, 1965, p.1.

说,州民防部负责人向他介绍了"完整的行动图和计划",但他得出的结论是风暴似乎"完全不可预测","一段时间后任何威胁都可能存在"。① 周四早上,该报纸报道,贝琪飓风正在到来,但断言风暴对新奥尔良不会构成直接威胁。② 这些报道是错误的。第二天,《新奥尔良皮卡尤恩时报》的头条标题就是"飓风猛击新奥尔良"③。

在下九区,露西尔·迪米尼从收音机中得知一场暴风雨可能会来临。她贮存了一些食物和水,以备不时之需。她看着电视上的预报员,但他们从未提到要疏散人群。"这只是一场风暴。"她想:"为什么要担心?"尽管如此,露西尔的父母还是从普拉克明教区下游的家中驱车赶来,他们认为待在城市里会更安全。④ 在离工业运河四个街区的艾达·贝尔·约书亚的家里,即使没有天气的困扰,事情已经够让人糟心的了。她罹患乳腺癌,计划在周五进行乳房切除手术。她年幼的儿子也发烧了。但是,像整个路易斯安那南部的家庭一样,迪米尼一家和约书亚一家"为一场猛烈的风暴做好了充足的准备"。⑤ 周四下起了雨,刮起了狂风。

星期四深夜,在疾风劲雨中,艾达·贝尔听到一声巨大的轰隆声,一声雷鸣似乎就从房子下面传来。在外面,她看到所有的水都从堤坝向他们奔涌而来。几乎在一瞬间,水淹没了门廊,并涌进了房子。幸运的是,艾克(Ike)的渔船就停泊在门廊旁边。他们没有时间穿衣服。"快出去,上船!"艾克喊道。艾达·贝尔在睡衣外套了一件雨衣,抓着孩子们跳到了那条船上,小船在河中摇曳,而这条河曾经是福斯托

① James McLean, "Gov. McKeithen Briefed on Hurricane Betsy Move"(《麦基森州长关于贝琪飓风行动的简报》), *New Oreleans Times-Picayune*(《新奥尔良卡尤恩时报》), September 9, 1965, p.7.

② 到那时,风暴已在加勒比地区造成了广泛的破坏。"Wide Hurricane Watch as Betsy Moves in Gulf"(《随着贝琪飓风在海湾移动进行广泛的观察》), *New Oreleans Times-Picayune*(《新奥尔良皮卡尤恩时报》), September 9, 1965, p.1.

③ "Thousands Flee Flood Threat as Hurricane Slams into N. O."(《飓风猛击新奥尔良,成千上万人逃离洪水威胁》), *New Oreleans Times-Picayune*(《新奥尔良皮卡尤恩时报》), September 10,1965, p.1.

④ Duminy, November 19, 2003, pp. 14–15 ("just a storm" on 14). 另请参阅 "9th Warders All Agree /No Evacuation Warning Given for Area"(《第九区居民都认为:该地区未发出疏散警告》), *Louisiana Weekly*(《路易斯安那周报》), September 25, 1965, pp. 1, 9.

⑤ Joshua, November 20, 2003, pp. 14–15 (quotation on 15).

尔街。[1]

在晚上 10 点到 10 点 30 分之间，工业运河上的防洪堤至少有四处倒塌了。一位紧急救援人员试图用沙袋填住缺口，但在午夜时分，由于风速超过每小时 201 千米，他们不得不停工，寻找避难所。环流风将墨西哥湾的海水推至海岸。在以前，数千英亩的沼泽地可能有助于抑制潮水的上涨，但现在，工业运河被改造成一条从海湾至新奥尔良的水上捷径，将高于正常水位约 4.8 米的潮水直接带入新奥尔良。洪水淹没了基础设施。附近的主要泵站停电了，第九区被一片海水淹没。[2]

约书亚家所在的街区上下，人们纷纷逃到自家的门廊和屋顶上，大声呼救。艾克的船上载满了他们能装载的所有邻居，船只几乎无法逆流而行。由于物体碎片一直撞击着马达，整个晚上一家人都用临时的桨划着船。他们飘飘摇摇，时而向前，时而向后，只为到达拐角处艾克的阿姨那两层楼的房屋。[3]

当约书亚一家终于到达那里时，水已经非常高了，他们从船上跳到二楼。那座高大的房子就像汹涌的河流中的一座岛屿。四个房间里挤满了游泳过来或坐在沙发上漂浮过来的人。星期五上午 10 点左右，约书亚一家和其他几个人乘着艾克的船出发，前往工业运河上的克莱本大街大桥，这是离开下九区的最近路线了。[4]

露西尔家比约书亚家离工业运河远，所以这里的洪水来得没有约书亚家那么凶猛，但露西尔最近花钱修的那辆车很快就被淹得不能开

---

[1] Joshua, November 20, 2003, pp. 16 (first quotation) and 17 (subsequent quotations).

[2] US Army Engineer District, *Report on Hurricane Betsy*（《关于贝琪飓风的报告》）, 8. Thomas R. Forrest, *Hurricane Betsy 1965: A Selective Analysis of Organizational Response in the New Orleans Area*（《1965 年贝琪飓风：新奥尔良地区组织应对的选择性分析》）, Historical and Comparative Disaster Series #5 (Newark: University of Delaware Disaster Research Center, 1979), pp. 8 - 16. 关于此次风暴的官方气象记录，请参见 US Weather Bureau, *Hurricane Betsy, August 27-September 12, 1965: Preliminary Report with Advisories and Bulletins Issued*（《1965 年 8 月 27 日至 9 月 12 日贝琪飓风：初步报告及发布的咨询和公告》）(Washington, DC: US Weather Bureau, 1965)。

[3] Joshua, November 20, 2003, p. 20.

[4] Joshua, November 20, 2003, pp. 20 - 22.

了。他们必须步行至安全之所。露西尔用毯子裹住祖母，一家人涉水而行。他们依靠一步步抓着栅栏，向卡芬大街上的麦卡蒂学校走去，希望能在那里找到避难所。露西尔的大儿子史蒂夫一只手扶着祖母，另一只手扶着母亲。他把他的小侄子挂在脖子上。①

他们终于一起到达了学校。他们趟水上楼，加入了已经挤在二楼的一群人中。露西尔和她的母亲坐下来，开始念诵玫瑰经。史蒂夫看着这两个女人祈祷，问她们是否大限将至。午夜时分，两名红十字会人员来到了学校。这是露西尔一家看到的第一波官方救援人员。这些人询问他们是否有人不舒服或年老体衰抑或需要药物。人们回答说他们需要食物。红十字人员离开了，却再也没有回来。②

没有国民警卫队或红十字会的帮助，灾民们只能自救。一支由市民组成的"杂牌舰队"划着渔船来到麦卡蒂学校。③ 一个白人男子提出可以把露西尔一家带到圣克劳德桥。他的船不够大，无法容纳露西尔一家人，所以露西尔让她生病的丈夫、母亲和祖母先去。她恳求那人尽快回来接她和她的孩子。一个半小时后，那人回来了。与红十字会不同的是，他遵守了对露西尔的承诺。④

周五清晨，露西尔一家在圣克劳德桥上与一群幸存者汇合，但从很多方面来看，他们的麻烦才刚刚开始。沃尔特因为肾结石而呕吐。露西尔的祖母几乎不能走路。他们都全身湿透，精疲力竭。过了一会儿，一辆城市公交车驶过来，但司机拒绝让露西尔一家上车。他最开始说这是因为整个城市的电线都断了，开车太危险。然后他又说没有地方可以带他们去。露西尔认为真正的原因是他们一家是黑人。但当她对司机大喊："我们不是牲畜！！……这里就像奴隶制还未消亡一

---

① Duminy, November 19, 2003, pp. 19 - 20.
② Duminy, November 19, 2003, pp. 19 - 21.《新奥尔良皮卡尤恩时报》报道称，红十字会的一辆公交车为第九区的一些避难所提供食物，但直到凌晨 3 点半才开始，这是在露西尔家族逃离避难所之后。Jules Fogel, "Storm Coverage Harrowing"（《风暴报道令人毛骨悚然》）, *New Oreleans Times-Picayune*（《新奥尔良皮卡尤恩时报》）, September 11, 1965, p. 6.
③ "Hurricane Flood Raises Toll to 50"（《因飓风洪水死亡的人数上升到 50 人》）, *New York Times*（《纽约时报》）, September 12, 1965, p. 1.
④ Duminy, November 19, 2003, pp. 21 - 22.

样!"露西尔的叔叔让她闭嘴,警告她说:"无论他们把我们带到哪里,他们都会知道你说了什么。"①

非裔美国人看到带着种族主义的决定塑造了发生在他们身上的一切。露西尔在一去不复返的红十字会人员身上看到了种族主义,在最终来接她的脏兮兮的运畜汽车上看到了种族主义,在那位公共汽车司机的眼神中看到了种族主义。最糟糕的是,露西尔和其他人在洪水本身中看到了种族主义。

下九区的许多人认为,是市政官员们炸毁了工业运河防洪堤,为了新奥尔良其他居民的利益牺牲了下九区的非裔美国人。多萝西·普雷沃斯特说她从广播里听到是斯基罗市长炸毁了堤坝。② 艾达·贝尔·约书亚后来意识到,就在洪水开始上涨之前,她听到的那声巨响一定是冲垮堤坝的爆炸声。③ 一位第九区的妇女说,她相信斯基罗"把运河炸了,这样水就可以流到(下九区)一侧"。当一位采访者问她是怎么知道的,她直截了当地说:"每个人都知道。"④ 于是这种说法越传越广。一位全美有色人种协进会(National Association for the Advancement of Colored People, U. S, 缩写为 NAACP)的律师从华盛顿写信给新奥尔良分会,询问谣言是否属实,如果属实,他们是否需要法律援助。⑤

尽管历史学家将这一指控称为"毫无根据的都市迷思",但有证

---

① Duminy, November 19, 2003, pp. 7, 24 - 25.

② Dorothy Prevost, interview by Nilima Mwendo, December 2, 2003, interview 4700. 1686, transcript, pp. 17, 50, Louisiana and Lower Mississippi Valley Collections, Louisiana State University Libraries.

③ Joshua, November 20, 2003, pp. 32 - 33. 关于爆炸的其他描述参见 Parker, December 2, 2003, pp. 51 - 52; Marguerite Guette to Mayor Schiro, "Inter-Office Memorandum"(《内部备忘录》), September 21, 1965, Folder 6, Box S65-13, Victor H. Schiro Papers, New Orleans Public Library; hereinafter "Schiro Papers"; Edward F. Haas, "'Don't Believe Any False Rumors': Mayor Victor H. Schiro, Hurricane Betsy, and Urban Myths"(《不要相信任何谣言:市长维克托·斯基罗、贝琪飓风和城市神话》), *Louisiana History*(《路易斯安那历史》)45, no. 4(Autumn 2004): 463 - 468, esp. 465 - 466. 除了这些个人描述,并没有证据表明有人故意破坏了工业运河防洪墙。

④ Lucy Thomas, interview by Nilima Mwendo, December 10, 2003, interview 4700. 1687, transcript, p. 25, Louisiana and Lower Mississippi Valley Collections, Louisiana State University Libraries.

⑤ J. Francis Pohlhaus to Horace C. Bynum, September 21, 1965. Quoted in Haas, "Don't Believe Any False Rumors"(《不要相信任何谣言》), p. 466.

据表明，官方的行动可能加剧了下九区的洪灾。[1] 1965 年 10 月，污水和供水委员会发布了一份关于其在飓风期间和之后活动的报告。该报告并没有提出任何类似于堤坝轰炸的事情；恰恰相反，报告描述了市政府公务员为应对可怕的局面所做的无畏尝试。不过，如果与一位社会学家 1970 年所写的那篇尚未发表的《对贝琪飓风组织回应的选择性分析》（这是根据对美国陆军工程兵团人员的访谈进行的逐小时记录）一并阅读，就会发现关于洪水去向决策过程中的一些充满暗示性的原委。

这两份报告都描述了 9 月 10 日星期五凌晨 4 点的一次会议，工程师们在会上重点讨论了工业运河下面的虹吸管，并制定了一项计划，将洪水尽可能多地拦截在下九区。这条虹吸管通常将雨水从工业运河以西的居民区输送到下九区的水泵站，然后由水泵站将水抽入比安弗尼湾。但在清晨的会议上，官员们担心虹吸管会反向引水，将水从下九区引向城市的其他地方。上午 9 点左右，市政工程师乘坐一辆陆军"鸭子"车穿过洪水，到达克莱伯恩大道桥上的有利位置，11 点的时候，到达污水处理站。[2]

换句话说，在洪水高峰期的时候，官员们将洪水引向下九区，使这里的洪水水位更高。两份报告都没有对这一隐蔽的决定所避免或造成的损失进行分析，但政策正如下九区内的许多人所猜测的那样：在官方的应对措施中，有牺牲他们的利益来保护城市其他部

---

[1] Haas, "Don't Believe Any False Rumors"（《不要相信任何谣言》），p. 466.

[2] *Sewerage and Water Board*, *Report on Hurricane Betsy*（《贝琪飓风报告》），pp. 21 - 25. Thomas R. Forrest, "Hurricane Betsy: A Selective Analysis of Organizational Response"（《贝琪飓风：组织反应的选择性分析》）（Working Paper #7, Disaster Research Center, Ohio State University, December 1970），p. 10. 所有的引用都来自福里斯特（Forrest）的报告，尽管更广泛的叙述是从两者中汲取的。福里斯特的报告暗示陆军工程兵团人员协助了污水和供水委员会；污水和供水委员会的账户描述了使用陆军工程兵团车辆但没有提到陆军工程兵团官员的特殊干预。否则这些记载基本相同。科尔滕在 2007 年引用了有关陆军工程兵团"在沿着工业运河的防洪墙上打开闸门，造成洪水淹没他们家"的说法，但是福里斯特 1970 年的报告有更明确的证据表明关闭闸门反而加剧了洪灾。Craig E. Colten, "Environmental Justice in a Landscape of Tragedy"（《悲剧景观下的环境正义》），*Technology in Society*（《社会科技》）29, no. 2（April 2007）：173 - 179（quotation on 175）.

分的行为。

在该市历史上,新奥尔良的权贵曾经也决定过谁会被洪水淹没。尽管后来的一位学者称政府官员炸毁堤坝的想法是疯狂的,但这正是38 年前发生的事情。下九区的非裔美国人知道,在 1927 年的洪水中,一些富有的新奥尔良人向州长施压,使其下令炸毁了密西西比河的堤坝,摧毁了数千人的家园。[①] 认为新奥尔良人会重蹈覆辙的这种想法并不疯狂。

还有更多的先例让这个故事听起来更可信。一名男子在洪水期间打电话给市长办公室,他报告说,非裔美国人认为斯基罗轰炸了工业运河以阻止第九区的公民投票;路易斯安那州参议员阿伦·埃伦德(Allen Ellender)曾发誓,只要一息尚存,就会对《投票权法案》进行阻挠,而此时距离他立下誓言只过去了 6 个月。[②] 非裔美国人有理由相信有关政府压制其选举权的说法。

对于那些试图向世人解释在 9 月 9 日那个令人心碎的夜晚他们亲身经历的受害者来说,下九区本身的情形就是证据。使工业运河穿过居民区的举措似乎证明,掌权者会为了自己的经济利益,不惜让下九区处于危险之中。就在贝琪飓风展示了疏浚运河穿越城市的危险时,陆军工程兵团仍继续将工业运河与一条新的更大的运河连接起来,这条运河被称为密西西比河-墨西哥湾出口——许多人认为这条复杂的运河会加剧新奥尔良东部和圣伯纳德教区的洪水风险。事实上,在贝琪飓风期间遭受洪灾的圣伯纳德居民很快就起诉了联邦政

---

① Haas, "Don't Believe Any False Rumors"(《不要相信任何谣言》),p. 464 (for "crazy"). 1927 年的洪水见 "Governor's Proclamation"(《州长的宣告》), New Orleans Times-Picayune(《新奥尔良皮卡尤恩时报》),April 27, 1927, p. 1; 以及 Barry, Rising Tide(《潮涌》),pp. 213 – 258。
② 这次演讲是在 1965 年 3 月 16 日。Keith M. Finley, Delaying the Dream: Southern Senators and the Fight against Civil Rights, 1938 – 1965(《推迟梦想:南方参议员与民权斗争,1938—1965 年》)(Baton Rouge: Louisiana State University Press, 2008), p. 293.

府,声称密西西比河-墨西哥湾出口会使他们的情形更加脆弱。[1] 非裔美国人知道,他们生活在更大的危险中,因为决策的制定不受他们的控制。[2] 他们明白,结构性不平等可能体现在基础设施上。[3]

总而言之,依据非裔美国人对这个世界的了解,他们相信他们的政府会让他们在危机时刻自生自灭,甚至会把他们置于更大的危险之中。[4] 他们知道掌权者会这样做,他们也曾这样做过。在下九区,居民们在努力恢复的过程中一直抱着这样的认知:这使得贝琪成为一场人为因素难辞其咎的灾难。"他们想让我们死在下九区。"这是露西尔·迪米尼的想法。事实上确实有31人死于洪水,其中大部分是非裔美国人。[5]

谢谢您,总统先生

工业运河防洪堤的倒塌使住在下九区的非裔美国人处境异常危险,但贝琪飓风的破坏还波及了整个州,影响跨越种族界限。国会很

---

[1] "Engineers See Flood Factors"(《工程师看到洪水因素》),*New Oreleans Times-Picayune*(《新奥尔良皮卡尤恩时报》),September 14, 1965, p. 1. 在贝琪飓风后,公民委员会防洪控制警告陆军工程兵团,密西西比河-墨西哥湾出口"将形成一个漏斗,引导所有的飓风潮和风驱动的水进入内海航道和工业运河"。Kenneth LeSieur to Thomas Bowen, "Re: 1962 Master Plan for Hurricane Flood Control"(《关于:1962年防洪控制总体计划》),November 24, 1965, in the US Army Corps of Engineers Digital Library, https://usace. contentdm. oclc. org/digital/collection/p16021coll2/id/915. William R. Reudenburg, Robert B. Gramling, Shirley Laska, and Kai Erikson, *Catastrophe in the Making: The Engineering of Katrina and the Disasters of Tomorrow*(《灾难的酝酿:卡特里娜的工程设计和明日的灾难》)(Washington, DC: Island Press, 2009), esp. 91. 关于圣伯纳德诉讼案,请参见 Graci v. United States,5th Circuit, 456 F. 2d 20 (1971)。

[2] 对于一个可比较的论点,可以参考 Ari Kelman, "Even Paranoids Have Enemies: Rumors of Levee Sabotage in New Orleans's Lower Ninth Ward"(《即使是偏执狂也有敌人:关于新奥尔良下九区堤坝被破坏的谣言》),*Journal of Urban History*(《城市历史》)35, no. 5(July 2009):627 - 639。

[3] Neil Smith, *Uneven Development: Nature, Capital, and the Production of Space*(《不平衡发展:自然、资本与空间的生产》)(New York: Blackwell, 1984)。

[4] Carl Lindahl, "Legends of Hurricane Katrina: The Right to Be Wrong, Survivor-to Survivor Storytelling, and Healing"(《卡特里娜飓风的传说:错误的权利,幸存者之间的讲述,以及治愈》),*Journal of American Folklore*(《美国民俗学杂志》)125, no. 496 (Spring2012):139 - 176。

[5] Duminy, November 19, 2003, p.15. 一项早期估计报告称,风暴中有52人死亡,其中新奥尔良有31人,死者中75%至80%是黑人。John E. Rousseau, "25 000 Homeless Being Care for in Many Evacuation Centers"(《25 000名无家可归者在许多疏散中心得到照顾》),*Louisiana Weekly*(《路易斯安那周报》),September 18, 1965, p. 1。

快就会计算这场风暴的惨痛损失，"无论是在受影响的人数还是在经济损失方面"，贝琪都"比以往任何一次自然灾害都要严重"。① 斯基罗称贝琪飓风是发生在我们身上最严重的事情。② 红十字会估计，新奥尔良有1.3万多所房屋遭受重大破坏，近8万所房屋遭受了一定程度的破坏。③ 全州共有1 568所房屋被毁，21 188所房屋遭受严重破坏。这场风暴导致26万人逃离家园。周五晚上，该市的避难所收容了超过9.6万名"难民"（有人这样称呼他们），其中许多人是从路易斯安那州沿海被洪水淹没的农村地区来到该市的。在多个州的受灾地区，已有76人死亡，21 000人受伤，损失的财产有10亿美元。④

路易斯安那州的政治家们被灾难中巨大的损失所震惊，纷纷致电白宫。参议员拉塞尔·朗和众议员埃德温·威利斯（Edwin Willis）周五下午致电约翰逊总统，告诉他路易斯安那州人民需要他们的帮助。"除了五大湖，美国最大的湖泊就是庞恰特雷恩湖。"朗说："它现在已经干涸了。贝琪飓风将湖泊中的水灌入新奥尔良区、杰斐逊区和第三区内。"一棵树倒在了朗自己的房子上。他坚持说："我不需要联邦政府的援助。但是，总统先生，我的人民，他们的处境很艰难。"⑤

国会议员们强调了约翰逊访问这个州可以获得的政治好处。约翰逊在1964年的总统选举中输给了保守派共和党人巴里·戈德华特

① US House of Representatives, 89 Cong. , 1 Sess. , *Southeast Hurricane Disaster Relief Act of 1965*（《1965年东南飓风灾害救援法案》）, Rep. No. 1164 to accompany H. R. 11539, October 20, 1965, Folder 1, Box 55, Boggs Papers.
② "Flood Death Toll Mounts"（《因洪水死亡人数增加》）, *New Orleans Times-Picayune*（《新奥尔良皮卡尤恩时报》）, September 13, 1965, p.3.
③ "Parish by Parish Damage List"（《按教区划分的损失清单》）, *New Orleans Times-Picayune*（《新奥尔良皮卡尤恩时报》）, September 15, 1965, p.17.
④ 关于"难民"，请参阅 Forrest, *Hurricane Betsy, 1965*（《1965年的贝琪飓风》）(1979), p.9。26万名疏散人员以及全州和全国统计数据，请参阅 Office of Emergency Planning, *Hurricane Betsy: Federal Action in Disaster*（《贝琪飓风：联邦在灾难中的行动》）(Washington, DC: US Government Printing Office, 1966), p.2。
⑤ 所有的引述都来自拉塞尔·朗和埃德温·威利斯于1965年9月10日对林登·约翰逊总统的电话录音，the Presidential Recordings Program, Miller Center of Public Affairs, University of Virginia, Charlottesville, VA, https://millercenter. org/the-presidency/educational-resources/lbj-and-senator-russell-long-on-hurricane-betsy。另请参阅"Tree Damages Sen. Long Home"（《树木损坏了参议员朗的家》）, *New Orleans Times-Picayune*（《新奥尔良皮卡尤恩时报》）, September 11, 1965, p.2。

（Barry Goldwater）。拉塞尔·朗告诉约翰逊："您只需以总统的身份到那里去看看，就能重获该州的支持。"威利斯补充说："您可以选出（新奥尔良国会议员）黑尔·博格斯，以及受飓风影响区域的您想选的每一个人，只要您处理得当。"朗、威利斯和博格斯都曾支持过约翰逊；他们的对手将他们与不受欢迎的民权计划联系起来，而正是这些民权计划让约翰逊失去路易斯安那州的支持。飓风为这些民主党人提供了一个机会，让他们可以做一些路易斯安那州白人欢迎的事情。朗建议总统说："您现在就去路易斯安那州。"总统也同意了。①

"空军一号"在贝琪飓风离开的几个小时后抵达新奥尔良。飞机上载着总统、2 位州参议员、3 位国会议员、农业部部长、卫生局局长、联邦公路管理局局长和应急计划办公室主任。约翰逊在机场宣布，他来这里是为了向人们保证，联邦政府将把全部资源投入路易斯安那州。②

约翰逊、斯基罗和麦基森巡视了整个城市以示关心。他们的车队一直向东行驶到圣克劳德桥被洪水淹没的那一头，露西尔一家几个小时前还在那里。约翰逊到达时，其他撤离者仍聚集在那里。麦基森第一次见识到第九区的洪水，称这次灾难是他一生中见过的最严重的一次。③ 然后他们沿着圣克劳德大道行驶了几个街区，来到乔治·华盛顿学校的一个紧急避难所。这里没有电力供应，约翰逊提着灯笼穿过黑暗的大楼。"我是你们的总统。"他向那里疲惫不堪的人们喊道："我

---

① 引述来自朗、威利斯和约翰逊的电话录音。另请参阅 David Remnick, "High Water"（《高水位》），*New Yorker*（《纽约客》）, October 3, 2005, pp. 48-57。

② Johnson, "Remarks Upon Arrival at New Orleans Municipal Airport"（《在新奥尔良市立机场抵达时的讲话》）. 另请参见 "Johnson Visits City, Promises Swift Help"（《约翰逊访问城市，承诺迅速援助》）, *New Oreleans Times-Picayune*（《新奥尔良皮卡尤恩时报》）, September 11, 1965, p. 1。

③ McKeithen as quoted by Schiro, minutes of mayoral meeting with department heads, September 11, 1965, Folder 1, Box S65-12, Schiro Papers.

是来帮助你们的。"从学校出来后，总统下令尽快给人们送水。[①]

整个城市的疏散人员绝望地挤在一起。多萝西·普雷沃斯特和艾达·贝尔·约书亚在工业运河以西的新奥尔良陆军码头的一个临时避难所里住了三个晚上。这座建筑已经关闭多年，又脏又拥挤。人们一去，厕所立刻就堵塞了。这里几乎没有医疗援助。多萝西尝试帮助一位带着两个小孩的妇女，帮她照顾其中的一个婴儿，但婴儿差点因为脱水死在她的怀里。多萝西的丈夫在避难所待的第三天对她说："如果我们继续待在这个地方，我会疯掉的。"能离开避难所的人都尽快离开了，和他们的家人住在了一起。[②]

并不是所有人都有家人收留，有些人就没有那么幸运，这些人就去往了阿尔及尔的第八海军军区驻地。暴风雨过后的一周，那里就有8 000 多人；当月晚些时候，估计人数高达 14 000 人。一位记者描述说："他们是无家可归的难民。"据他估计，那里 98% 的人是黑人。[③]

在总统离开新奥尔良之前，他宣布了联邦政府将采取的援助措施。根据州长的要求，总统援引 1950 年颁布的《联邦救灾法》，正式宣布路易斯安那州为"灾区"。该法赋予了联邦在紧急情况下的行政权力。灾难声明允许联邦资金流入该市，用于紧急修复街道和学校等公

---

① Edward F. Haas, "Victor H. Schiro, Hurricane Betsy, and the 'Forgiveness Bill'"(《维克托·斯基罗、贝琪飓风和"宽恕法案"》), *Gulf Coast Historical Review*(《海湾沿岸历史评论》)6(1990)：66 - 90, esp. 72 - 73 ("here to help" on 73); "President Johnson Requests Water After Visiting Shelter"(《约翰逊总统在灾难后访问了避难所，并请求水源》), transcript, September 10, 1965, LBJ (for "water"); "Johnson Visits City, Promises Swift Help"(《约翰逊访问城市，承诺迅速提供帮助》), *New Oreleans Times-Picayune*(《新奥尔良皮卡尤恩时报》), September 11, 1965, p. 1; "President Johnson Speaks to Hurricane Victim William Marshall"(《总统约翰逊对飓风受害者威廉·马歇尔发表讲话》), transcript, September 10, 1965, LBJ; President's Daily Diary for September 10, 1965, http://www.lbjlibrary.net/collections/daily-diary.html, LBJ.
② 普雷沃斯特提到，周日，收容所里有近 4 000 人。用一个早期的名字称呼它，叫作"登船港口"。参见 "Shelters Open as of 11:30 p.m. Sunday"(《周日晚上开放的收容所》), memo, September 13, 1965, p.2, Folder 1, BoxS65-12, Schiro Papers。
③ Don Hughes, "Storm Refugees Formed into Bustling Community"(《风暴难民形成了繁忙的社区》), *New Oreleans Times-Picayune*(《新奥尔良皮卡尤恩时报》), September 16, 1965, p. 4. 关于 14 000 人的说法见 Walter Rogers and Elizabeth Rogers, "Riding the Nightmare Express"(《乘坐噩梦快车》),1965, p.14, Box 1, Elizabeth Rogers Collection, Mss. 176, EKL。

共设施。① 陆军部队已经开始清除废墟,并试图排干城市中被淹没的部分,农业部也已经开始向红十字会避难所提供紧急食品;几天之内,来自 30 个州的红十字会志愿者将为 20 多万人提供食物。红十字会也收到联邦灾难援助。总统已从波克堡派出 600 名陆军人员,以协助国民警卫队为避难所配备人员并在城市中巡逻,因为官员们担心会发生抢劫。② 小企业管理局将于周六开始处理重建贷款:30 年期贷款,利率为 3%。③ 约翰逊在给维克托·斯基罗的一份长达 14 页的电报中总结道:"联邦政府将继续尽一切可能帮助受灾地区在最短的时间内恢复到正常状态。"④

　　两天后,《新奥尔良皮卡尤恩时报》在一篇题为"谢谢您,总统先生"的社论中称赞了约翰逊的造访。埃德温·威利斯称约翰逊总统在

---

① The Disaster Relief Act of 1950, Pub. L. 81 - 875, 64 Stat. 1109 (1950). 另见 Congressional Research Service, *After Disaster Strikes*: *Federal Programs and Organizations*(《灾后行动:联邦项目和组织》), report to the Committee on Government Operations (Washington, DC: US Government Printing Office, 1974); 以及 David A. Moss, "Courting Disaster?: The Transformation of Federal Disaster Policy since 1803"(《迎接灾难?——自 1803 年以来联邦灾难政策的转变》), in Kenneth A. Froot, ed., *The Financing of Catastrophic Risk*(《巨大风险的融资》) (Chicago: University of Chicago Press, 1999), 307 - 362, esp. 315。

② 在 1950 年的灾难法案中,红十字会被赋予了特殊地位,该法案指示各机构尽可能全面地与美国国家红十字会合作, 见 "President Promises Help"(《总统承诺提供帮助》), *New Orleans Times-Picayune*(《新奥尔良皮卡尤恩时报》), September 11, 1965, p. 3; "Relief Assured, Mayor Reports"(《救援得到保证,市长报告》), *New Orleans Times-Picayune*(《新奥尔良皮卡尤恩时报》), September 11, 1965, p. 2; "LA. Guard Role in Storm Cited"(《保证救援,市长报告》), *New Orleans Times-Picayune*(《新奥尔良皮卡尤恩时报》), September 13, 1965, p. 6; "Guard Working in Storm Area"(《警卫队正在风暴区域工作》), *New Orleans Times-Picayune*(《新奥尔良皮卡尤恩时报》), September 14,1965, pp. 2 - 7; Joseph A. Lucia, "Relief Funds Available to Ravaged Areas Today"(《今天救济资金可用于被摧毁的区域》), *New Orleans Times-Picayune*(《新奥尔良皮卡尤恩时报》), September 13, 1965, pp. 2 - 6。

③ "Loan Program Official in N. O."(《贷款计划官员在新奥尔良》), *New Orleans Times-Picayune*(《新奥尔良皮卡尤恩时报》), September 13, 1965, p. 11; Carolyn Kolb, "Financial Aid for Stricken Is Available"(《为受灾者提供的财政援助已经可用》), *New Orleans Times-Picayune*(《新奥尔良皮卡尤恩时报》), September 14, 1965, p. 1; "Union Urges Federal Help Be Outlined"(《联盟敦促联邦援助应明确》), *New Orleans Times-Picayune*(《新奥尔良皮卡尤恩时报》), September 14, 1965, p. 3; "List of Aid Steps Growing"(《援助措施清单正在增加》), *New Orleans Times-Picayune*(《新奥尔良皮卡尤恩时报》), September 15, 1965, pp. 3 - 18; James McLean, "Briefing on U. S. Aid Held for Officials"(《为官员举行了关于美国援助的简报会》), *New Orleans Times-Picayune*(《新奥尔良皮卡尤恩时报》), September 15, 1965, p. 1。

④ Lyndon Johnson to Victor Schiro, telegram, September 12, 1965, Folder 4, Box S65 - 13, Schiro Papers.

新奥尔良的行动"堪称领导力的典范"。① 正如议员们所言,总统此行产生了政治影响力。

城市的促进者们急切地播报了城市快速恢复的好消息。飓风过后两天,《新奥尔良皮卡尤恩时报》宣布"贝琪是个大灾难,但伤口不深"。报纸宣称,一旦街道上的残骸被清理干净,"人们将看不到贝琪曾在这里肆虐过的痕迹"。贝琪事件三天后,商会宣布市内所有大型百货商店都已重新开张。暴风雨过后不到一周,旅游和会议委员会宣称所有主要旅游设施基本正常。② 斯基罗指示他的属下开展公关活动,宣布该市的商业开始运转。③

只有在将第九区及其成千上万的无家可归者(其中许多人仍住在紧急避难所)排除在外时,灾后复原的美好愿景才像是真实的。就在百货商店都重新开张之际,警察在第九区救出了一名年迈的黑人妇女,她站在炉子顶上的椅子上,脖子以下都浸在水里。她告诉救援人员,她从周二晚上就一直处于这种状态。④ 在该市宣布对游客开放的10 天后,陆军工程兵团向斯基罗报告说,工业运河以东仍有相当多的积水。⑤

居民们很难回到自己的家中,去看看家里可能遭受的破坏。斯基罗已经宣布下九区进入"紧急状态",并在下九区的边界部署了国民警

---

① "Thank You, Mr. President"(《谢谢您,总统先生》),*New Oreleans Times-Picayune*(《新奥尔良皮卡尤恩时报》), September 13, 1965, p. 12. Edwin E. Willis, "Extension of Remarks"(《言论延伸》),September 13, 1965, Folder 3, Box 306, Willis Papers.

② "Betsy a Big One But Wound Not Deep"(《贝琪是个大家伙,但伤口不深》),*New Oreleans Times-Picayune*(《新奥尔良皮卡尤恩时报》), September 11, 1965, p. 8. "All Big Stores to Open Today" (《所有大商店将在今天开业》), *New Oreleans Times-Picayune*(《新奥尔良皮卡尤恩时报》), September 11, 1965, p. 1. "Major Tourist Facilities Reported Nearly Normal"(《报告称主要旅游设施几乎恢复正常》),*New Oreleans Times-Picayune*(《新奥尔良皮卡尤恩时报》), September 15, 1965, p. 2.

③ Minutes from mayoral meeting with city department heads, September 27, 1965, pp. 4 - 5, Folder 1, Box S65 - 12, Schiro Papers.

④ "Flood Death Toll Mounts"(《因洪水死亡人数上升》),*New Oreleans Times-Picayune*(《新奥尔良皮卡尤恩时报》), September 13, 1965, p.3.

⑤ Minutes from mayoral meeting with city department heads, September 24, 1965, p. 4, Folder 1, Box S65 - 12, Schiro Papers. 我无法找到关于何时完全排除第九区洪水的明确声明;这样的通知的缺失本身就很说明问题。

卫队。① 如果不按手印和出示房契或类似的身份证明文件,任何人都
无法进入,而大多数人都将这些文件留在了家里,在洪水中被损坏了。
一名市议会成员建议抢劫者"被当场击毙"。露西尔·迪米尼称这种
做法是法西斯式的——"就像他们说'希特勒万岁'一样"。② 灾民受
害者被当作罪犯对待。③

　　许多幸存者在获得援助方面举步维艰。第九区的一名社会服务
工作者发现,红十字会能提供什么,小企业管理局能提供什么,保险理
算员能提供什么,这些都存在很大的不确定性。另外,还有很多关于
消费者欺诈的故事。所有这些背后都隐藏着一种被遗弃的感觉。"为
什么不告诉我们?""为什么我们要等两天才能获救?"④当迪米尼发现
自己在市政厅排长队等待与红十字会工作人员交谈时,她对任何形式
的帮助都不抱太大的期望。当她向红十字会的工作人员要食物时,那
个人告诉她第二天再来拿配给券。迪米尼向另一名工作人员解释说,
她是带着她年迈的祖母来的,而她的丈夫正在吐血。"我没有办法处
理这个问题。"办事员回答。通过他在公共卫生服务医院的工作关系,
迪米尼的丈夫沃克终于住进了慈善医院。迪米尼、她的孩子、母亲和
祖母接连在许多亲戚家里避难。⑤

---

① New Orleans Police Department Press Release, September 15, 1965, p. 1, Folder 1, BoxS65 - 12,
Schiro Papers.

② Duminy, November 19, 2003, p. 39.

③ Jack McGuire to Victor Schiro, September 10, 1965, Box 9, Victor H. and Margaret G. Schiro Papers,
Manuscripts Collection 1001, Louisiana Research Collection, Howard-Tilton Memorial Library, Tulane
University. New Orleans Police Department press release, September 15, 1965, Folder 1, Box S65 -
12, Schiro Papers. Rebecca Solnit, A *Paradise Built in Hell*: *The Extraordinary Communities that Arise
in Disaster*(《地狱中建造的天堂:灾难中崛起的非凡社区》)(New York: Viking, 2009), pp. 21,
237 - 238; Carl Lindhal, "Legends of Hurricane Katrina: The Right to Be Wrong, Survivor-to-Survivor
Storytelling, and Healing"(《飓风卡特里娜的传说:有错误的权利、从生存者到生存者的讲述和治
愈》),*Journal of American Folklore*(《美国民俗杂志》)125, no. 496 (Spring 2012): 139 - 176,
esp. 151. 在市议会成员菲利普·恰乔(Philip Ciaccio)写信辩称"修理工人在通往第九区的检查
点被拦回,导致了几乎不可能解决的情况"之后不久,斯基罗解除了进入第九区的限制。参见
Ciaccio to Schiro, September 21, 1965, in Folder 6, Box S65 - 13, Schiro Papers。

④ Dick Aronson to Albert G. Rosenberg, October 12, 1965, Folder 995, Box 95, Community Services
Collection, EKL.

⑤ Duminy, November 19, 2003, pp. 27 - 30, 34 - 35 ("taking care" on 26).

贝琪对我们来说还没结束！

人们越来越沮丧，关于灾难起因和后果的争论也越来越激烈。飓风发生两周后，著名的核物理学家爱德华·泰勒（Edward Teller）在新奥尔良向中大陆石油和天然气协会发表演讲，他认为贝琪飓风表明，路易斯安那州的民防"连飓风都应对不了，更不用说它本应计划应对的核灾难了"。"你的城市有几个小时的预警时间？"泰勒说："为什么没有预料到工业运河的堤坝会决堤？"当地和全国主要的非裔美国人报纸《路易斯安那周刊》及《芝加哥卫报》都在头版刊登了泰勒的讲话。① 他的评论重申了非裔美国人的普遍认知，即贝琪飓风不是一场自然灾害，而是人类要承担责任的一场灾难。

泰勒的批评迅速招致了路易斯安那州民选官员的起诉。麦基森州长称泰勒的言论"近乎犯罪"。② 市长斯基罗指责泰勒"发表未经授权和不负责任的言论"。"泰勒的观察毫无根据。"新奥尔良国会议员爱德华·赫伯特（Edward Hébert）称。他说，像新奥尔良那样的风暴潮是完全不可预测的。③

声称洪水不可预测是一种否认人类对其造成的破坏负有责任的方式。《新奥尔良州情况简报》将这场灾难归咎于"水催生的天气恶灵"。④ 麦基森则更为直接，他强调"没有任何当权者应该为这场灾难

---

① "Nightmare of Betsy Clings to New Orleans"（《贝琪的噩梦依然困扰新奥尔良》），*Chicago Defender*（《芝加哥卫报》），September 18, 1965, pp. 1 - 2（quotations on 2）. "9th Warders All Agree: No Evacuation Warning Given for Area"（《第九区的所有人都认为：该地区未发出疏散警告》），*Louisiana Weekly*（《路易斯安那周报》），September 25, 1965, p. 1. 福里斯特描述了在尝试将"人为"灾难的民防条款应用于这种"自然灾害"情境时的一些混乱。Forrest, *Hurricane Betsy*（《贝琪飓风》），1965（1979），p.44.

② James H. Gillis, "Flood Barrier, McKeithen Aim"（《洪水阻隔，麦基森的目标》），*New Oreleans Times-Picayune*（《新奥尔良皮卡尤恩时报》），September 15, 1965, p. 1.

③ Stanley Taylor, "Hebert Strongly Disagrees with Dr. Teller's Charges"（《赫伯特强烈反对泰勒的指控》），*Louisiana Weekly*（《路易斯安那周报》），September 25,1965, p. 7.

④ "Eyes Intent on Hurricane Betsy"（《紧盯贝琪飓风》），*New Orleans States-Item*（《新奥尔良州情况简报》），September 9, 1965, p. 10. Forrest, *Hurricane Betsy*（《贝琪飓风》），1965（1979），p. 7.

负责"①。在下九区,人们对贝琪飓风的讨论都会提及被炸毁的堤坝,而在华盛顿,约翰逊总统则把贝琪称为"大自然造成的伤害"。② 几个月后,总统应急计划办公室发布了关于联邦政府对这场灾难之反应的官方报告,报告的第一句话就是坚定的无罪声明:"贝琪飓风是一种自然现象。"③

赫伯特尤其明白,如果对人类罪责的指控成立的话,那么要求政府救济的呼声也会随之而来。他同时对两者进行了谴责。据《路易斯安那周报》报道,在那次断言风暴潮无法预测的会议上,赫伯特还几乎只对在场的黑人讲话,并宣称现在不是提出任何指控的时候。这位国会议员知道,非裔美国人认为白人政客应为其所处的危险负责,他试图阻挠黑人们向政府寻求帮助。"现在不是依赖别人的时候,而是展示我们个人责任的时候。"赫伯特对他们说。他把团结贬低为依赖,这是保守派经久不衰的话术。④

赫伯特的告诫并没有平息人们对政府应对策略的不满,在阿尔及尔海军基地,伊丽莎白·罗杰斯(Elizabeth Rogers)开始组织抗议活动。陆军和红十字会管理收容所过程中发生的各种事情都让这位 77 岁的第九区白人共产党人感到困扰——从白人得到更好的待遇,到一个"好管闲事"的天主教牧师称其在"寻找毒品"便没收了她丈夫沃尔特的一些洋葱的事情。不过,最让罗杰斯感到不安的是,她认为帮助灾民的组织结构是扭曲的。⑤

① Gillis,"Flood Barrier"(《洪水阻隔》),New Oreleans Times-Picayune(《新奥尔良皮卡尤恩时报》),September 15,1965,p.1. 关于责怪自然的内容见 Ted Steinberg,Acts of God:The Unnatural History of Natural Disaster in America(《神的行为:美国自然灾害的非自然历史》)(Oxford:Oxford University Press,2000)。

② Johnson,"Remarks Upon Arrival at New Orleans Municipal Airport"(《抵达新奥尔良市政机场时的发言》);"Johnson Visits City,Promises Swift Help"(《约翰逊访问城市,承诺迅速提供帮助》),New Oreleans Times-Picayune(《新奥尔良卡尤恩时报》),September 11,1965,p.1.

③ Office of Emergency Planning,Hurricane Betsy(《贝琪飓风》),p.1.

④ Taylor,"Hebert Strongly Disagrees"(《赫伯特的强烈反对》),Louisiana Weekly(《路易斯安那周报》),September 25,1965,p.7.

⑤ Rogers and Rogers,"Riding the Nightmare Express"(《乘坐噩梦快车》),p.14. 关于罗杰斯见 Joseph Mamone,"Labor's Loves Lost:The Lives and Activism of Walter and Elizabeth Rogers"(《劳动者失去的爱:沃尔特和伊丽莎白·罗杰斯的生机与活力》)(MS thesis,University of New Orleans,1998)。

罗杰斯夫妇有过救灾经验。1957 年,沃尔特因作为建筑工人协助路易斯安那州西南部卡梅伦教区在奥黛丽飓风后的重建工作,获得了红十字会的表彰。当时,小企业管理局提供的救灾贷款与现在向新奥尔良人提供的贷款类似。沃尔特和伊丽莎白都知道,尽管利率很低,但小企业管理局的贷款还是让卡梅伦的人们在债台高筑中挣扎。[1]

9 月 20 日,罗杰斯夫妇在阿尔及尔避难所成立了贝琪洪灾受害者组织(Betsy Flood Victims,缩写为 BFV)。该组织有两个主要诉求。首先,它呼吁"暂停对已毁的分期付款购买的催收"——换句话说,永久冻结抵押贷款和其他债务。"让房地产……公司(和政府)为他们因没有采取任何阻止措施而发生的损害赔偿。"伊丽莎白·罗杰斯在一份传单上这样说。贝琪洪灾受害者组织的第二个要求是为下九区的每个家庭提供 1 万美元的补助金,而不是贷款,以便下九区的人们重建家园。"我们是这个地区的建设者,克服了重重困难(沼泽地、学校教育落后、失业与偏见)。无论我们身在何处,我们都将是建设者。"传单上补充:"与我们所遭受的所有苦难相比,1 万美元是微不足道的。"[2]不久之后,罗杰斯又提出了四项要求:"向贫困人口发放免费食品券""控制租金(就像二战时那样)""结束越南战争——把浪费的钱用于家庭需求"和"为整个新奥尔良建立安全堤坝"。[3]

伊丽莎白·罗杰斯并不知道,当她在想象灾后恢复可能意味着什么的时候,一些政客也在考虑同样的问题。[4]"悲伤和同情是不够的。"麦基森告诫人们。他呼吁路易斯安那人向受害者敞开家门。州

① Mamone, "Labor's Loves Lost"(《劳动者失去的爱》), p. 30. Geneva Griffith, "Lagniappe"(《附赠》), Cameron Parish Pilot(《卡梅伦教区领航员》), May 2, 1958.
② "Fellow Flood Sufferers"(《洪水受害者们》), September 20, 1965, Folder 2, Box 1, Elizabeth Rogers Collection. 在 9 月 20 日之前,罗杰斯已经开始记录据称是防洪堤炸弹目击者的账户。参见她的笔记, Box 1, Folder 1, Elizabeth Rogers Collection。
③ Rogers and Rogers, "Riding the Nightmare Express"(《乘坐噩梦快车》), p. 17.
④ 虽然报纸提前提到了听证会,但罗杰斯当时仍在紧急避难所。她断言,第九区的居民几乎没有提前听说过这些听证会,多年来,她称它们为"秘密听证会"。"Hear about the secret hearings on 'Betsy' problems held in New Orleans last September without inviting us"《听一听去年 9 月在新奥尔良举行的并未邀请我们的"贝琪"问题秘密听证会》, June 5, 1966, Folder 2, Box 1, Elizabeth Rogers Collection.

长说:"我们所看见的灾难和人类的苦难,必须使我们回答该隐问亚伯的问题:'我是照料我兄弟的吗?'而答案必须是'是的',现在就是时候了。"①

从圣经中获得了启发,麦基森预见到南方对联邦政府的一定程度的抵抗即将结束。9 月 25 日,公共工程内务委员会的一个特别小组委员会在新奥尔良召开会议,调查贝琪飓风和政府的应对措施。路易斯安那州代表团的大多数人都表达了他们新近对联邦政府萌生的感激之情。麦基森形容路易斯安那州"非常感谢联邦政府自发而热情地来到这里帮助我们"。考虑到路易斯安那州的损失范围,麦基森认识到,"我们唯一能指望的就是华盛顿特区的联邦政府","他们为我们提供了灾后重建的巨额资金",帮助我们从这场风暴中重建家园,并建立了飓风防护系统,以防飓风的再次来袭。麦基森承认,不久之前,他和其他路易斯安那州的白人曾在联邦民权立法面前大声疾呼要求脱离联邦。但是现在,他说:"我们为我们伟大的国家感到骄傲,它在这个危难关头向我们伸出援手。"②

对联邦政府的赞扬不绝于耳。斯基罗补充说,作为新奥尔良市市长,他"没有被拒绝过任何一个请求,无论是增加 100 辆卡车,还是联邦政府可以为我们履行的任何职能"。路易斯安那州公共工程部主任宣称,总统的命令是"减少繁文缛节"。他说,如果你有适当的立法以及州和联邦熟练的业务能力,你所能做的事情是令人难以置信的。③

10 月 1 日,参议员拉塞尔·朗向参议院提出了一项雄心勃勃的提案。他提出了一项可以有效地向个人提供救灾补助金的法案。该计划将取消 5 000 美元的小企业管理局贷款债务,这些债务是由不可投

---

① "Profiteering Reported in New Orleans; Storm Refugees Growing Restive"(《报告称新奥尔良存在牟利行为;风暴难民日益不安》),*New York Times*(《纽约时报》), September 13, 1965, p. 19.

② Committee on Public Works, *Hurricane Betsy Disaster of September 1965*(《1965 年 9 月贝琪飓风灾难》),pp. 8–11 (first quotation on p. 8; second and third quotation on p. 9; fourth quotation on p. 11).

③ Committee on Public Works, *Hurricane Betsy Disaster of September 1965*(《1965 年 9 月贝琪飓风灾难》), p. 80 (Schiro quotation) and p. 132 (Director of Public Works quotation).

保的洪水损失造成的。① 在国会听证会上，麦基森宣称有必要实施这项前所未有的政策："失去一切"的房主已经背负了抵押贷款债务。他们的房主保险不包括洪水造成的损失。② 现在，他们面临的不仅是要付清完全毁坏的个人物品的分期付款，而且——由于小企业管理局贷款是他们唯一的选择——还面临着再买一些东西的局面。③ 在这些问题上，麦基森的言论与伊丽莎白·罗杰斯如出一辙。

与之相反，爱德华·赫伯特继续告诫不要直接援助个人。他认为，美国人倾向于认为，当政府机构开始运作时，他们就会开始帮助个人。他说这种想法不合理。他反对再分配。他说，联邦政府不应该帮助减轻一个男人对自己空空的肚子、他赤身裸体的孩子们或其家庭的未来的担忧。这位国会议员说，他担心在贫困人群中引起错误的期望。④ 后来，赫伯特向记者解释说："即使在灾难发生时……主要的努力和责任也在于个人，而不是联邦政府。"⑤赫伯特的立场反映了南方民主党人对政府角色问题的保守看法，也代表了一位冥顽不化的《南方宣言》签署者试图限制联邦政府对其选区的干预之努力。

没有赫伯特的支持，其他国会议员也不支持朗烧钱的援助计划。尽管有斯基罗的倡导和新奥尔良人的请愿，该法案还是被参议院否决了。⑥

博格斯在众议院提出了《东南部飓风救灾法案》(*Southeast*

① S. 2591, 89th Cong. , 1st Sess. (1965). 哈斯(Haas)认为斯基罗和约翰逊向不情愿的朗施压，要求他提出这个法案。Haas, "Victor H. Schiro, Hurricane Betsy, and the 'Forgiveness Bill'"(《维克托·斯基罗、贝琪飓风和"宽恕法案"》), p. 82.
② 尽管国会在 1956 年通过了《全国洪水保险法》，但它从未被实施。当贝琪飓风来袭时，美国人并不能获得洪水保险。在公共工程委员会的听证会上，洪水保险曾经被讨论过，但实际上直到 1968 年之后才开始执行。
③ Committee on Public Works, *Hurricane Betsy Disaster of September 1965*(《1965 年 9 月贝琪飓风灾难》), p. 23.
④ Committee on Public Works, *Hurricane Betsy Disaster of September 1965*(《1965 年 9 月贝琪飓风灾难》), p. 76.
⑤ "Hebert Lashes At Exploiters"(《赫伯特猛烈抨击剥削者》), *New Oreleans Times-Picayune*(《新奥尔良皮卡尤恩时报》), September 27, 1965, p. 9.
⑥ Haas, "Victor H. Schiro, Hurricane Betsy, and the 'Forgiveness Bill'"(《维克托·斯基罗、贝琪飓风和"宽恕法案"》), pp. 83–84.

Hurricane Disaster Relief Act），以取代参议院的法案。该法案规定，在借款人偿还了首笔 500 美元的贷款后，取消了至多 1 800 美元的小企业管理局贷款。法案没有为租客提供任何保障方案，即便是租客失去了所有的财产。这种贷款豁免仍然代表着联邦灾害援助对个人投入的空前扩展，但与最初的提案相比，它的雄心要小得多。国会很快通过了博格斯的法案，约翰逊于 11 月 8 日签署了该法案。① 国会中似乎无人考虑这项法律是如何鼓励人们在洪水易发地区重建家园的。项目开始后，也没有任何代表反对小企业管理局从以前指定用于支持非裔美国人拥有的企业的资金中提取钱款用于灾难贷款的做法。②

　　所谓的贝琪飓风"豁免法案"激怒了贝琪洪灾受害者组织。1966 年 6 月，伊丽莎白·罗杰斯向参议员朗发送了一份由 3 000 多名第九区居民签名的请愿书，其中写道："当你和众议员博格斯让国会立法通过部分可豁免的小企业管理局贷款用以修复贝琪洪水中难民的房屋（所有房屋都不可投保于洪水灾难）时，大多数第九区房主没有获得贷款；我们太穷了。"飓风过去将近一年了，信中说："贝琪对我们来说还没结束！"③而朗对请愿书置之不理。④

　　在下九区，当人们得知自己与邻近教区的人待遇不同后，感到十分沮丧。当露西尔·迪米尼帮助母亲回到位于路易斯安那州下游帝国社区的家中时，她惊讶地发现普拉克明教区"比新奥尔良区做得更好"。迪米尼说，利安德·佩雷斯让他所在教区的居民——无论白人还是黑人——都能很容易地得到移动房屋。他们至少可以坐在自己

① Unsigned to Victor Schiro, telegram, October 22, 1965, Folder 1, Box S65‑12, Schiro Papers; US House of Representatives, 89 Cong., *Calendars of the United States House of Representatives and History of Legislation: Final Edition*（《美国众议院日程表和立法史：最终版》）（Washington, DC, 1967），p. 162; Southeast Hurricane Disaster Relief Act of 1965, Pub. L. No. 89‑339, 79 Stat. 1301（November 8, 1965）. 博格斯在 10 月 12 日以 H. R. 11539 的名义提出了这个法案。
② "Funds Dry Up Expected to Hit Negro Businesses Hard"（《预计资金枯竭将严重打击黑人企业》），*Chicago Daily Defender*（《芝加哥每日卫报》），November 4, 1965, p. 19.
③ "Betsy Flood Victims Demand Spillway Pay and World Peace"（《贝琪洪水受害者要求溢洪道补偿和世界和平》），petition submitted to Russell Long, June 1966, Folder 2, Box 1, Elizabeth Rogers Collection.
④ BFV Press Release, June 23, 1966, Folder 2, Box 1, Elizabeth Rogers Collection.

的屋檐下吃感恩节晚餐。普拉克明的人们还直接从教区获得了 5 000
美元的赠款。"佩雷斯法官,尽管他人品欠佳,但他还是给了人们应有
的东西。"迪米尼说。这是最残酷的讽刺:路易斯安那州最臭名昭著的
民选种族主义者似乎在为他的选民做正确的事。① 佩雷斯抓住时机重
提他的想法,即路易斯安那州应该获得更大份额的海上石油收入。佩
雷斯在国会听证会上声明说:"这将最大限度地减少联邦财政部的支
出,并使州政府能够公平地分担这种保护工作,以在未来拯救数百人
的生命,并避免几乎每年都会出现的飓风和海啸中造成的数十亿美元
的损失。"②

当艾达·贝尔·约书亚开始怀疑城市外的白人可能得到更好的
待遇时,她开始参加圣伯纳德教区的会议,"看看他们的术语是否相
同"。就像迪米尼在普拉克明一样,约书亚发现,在圣伯纳德,教区政
府以赠款而不是贷款的方式发放援助。约书亚解释说:"这样做的逻
辑是他们已经达到了债务上限。他们借不到更多的钱,所以政府给了
他们全额拨款来进行重建。"下九区的人们也处于同样的困境,但由于
他们依赖的是联邦资金而不是当地的石油收入,这意味着"对于第九
区受苦受难的人来说,根本不存在补助金这回事。人们需要去借钱,
买地毯铺在旧地板上"③。佩雷斯可以在不威胁其权力的情况下分配
地方收入,因为提供赈灾救济肯定了他的家长式角色。而赫伯特认为
联邦救灾有可能动摇他的地位。从逻辑上讲,正如赫伯特和贝琪洪灾
受害者组织的成员们所熟知的那样,联邦政府承诺因结构性不平等而
对群众进行补偿之举将是革命性的。

这场名为"贝琪"的灾难在飓风过去后很长一段时间内仍在继续
造成损失。在接下来的两年里,贝琪洪灾受害者组织继续向他们能找

① Duminy, November 19, 2003, pp. 44 (for trailers) and 45 (for grants).
② Leander H. Perez to Robert E. Jones, September 22, 1965, in *Hurricane Betsy Disaster of September 1965*(《1965 年 9 月贝琪飓风灾难》), p. 84.
③ Joshua, November 20, 2003, pp. 27 – 33.

到地址的任何官员表达他们的抗议。① 但是，斗争经验丰富的伊丽莎白·罗杰斯从未得到过令她满意的回应。该组织于 1967 年 3 月 30 日正式解散，罗杰斯和其他人认为对城市政策进行更广泛的改革比解决贝琪问题更为重要，工作重心要让位于前者。罗杰斯在她的传单和抗议信件的文件夹外面写道："贝琪洪灾受害者组织结束了，之后，斗争转向了城市更新，如本文件里所示。"②

事实证明，第九区的城市更新确实是一场斗争。一些新奥尔良人认为，联邦政府的这项计划为他们提供了可以从华盛顿获得资金的机会，所获资金用于修复长期以来洪水造成的破坏，并对其他早就需要的城市进行修葺。但由于眼前的危机已经过去，路易斯安那州议会急于阻止联邦干涉该州事务，多年来一直拒绝通过该州申请城市更新拨款所需的授权法案。在第九区，立法机关的反对推迟了重建，使更雄心勃勃的基础设施改善难以实现。1967 年 1 月，《芝加哥卫报》称第九区"被城市所忽视"，"照明不足，警察保护不足，学校不足，种族隔离的公共住房质量差，以及缺乏足够的供水和煤气管道"。许多房屋仍然空置。《芝加哥卫报》报道："如果没有城市更新，该社区的中产阶级成员就会计划搬到城市的全白人区，在那里他们可以得到他们认为自己有权得到的设施。"③

由第九区的活动家列昂蒂内斯库·卢克领导的一个团体散发请愿书支持城市更新，他们的努力揭示了在民权运动、选举权运动和扶贫战争之后正在形成的一个脆弱的新联盟。艾达·贝尔·约书亚回忆，贝琪事件后，"社区在经济上没有恢复，但社区的活动者激增。就

---

① BFV to George Fallon, July 6, 1966; BFV to Victor Schiro, September 17,1966; BFV to New Orleans City Council, August 18, 1966, all in Folder 2, Box 1,Elizabeth Rogers Collection.

② Rogers note, undated, Folder 2, Box 1, Elizabeth Rogers Collection.

③ O. C. W. Taylor, "La. Hurricane Victims Seek Urban Renewal Aid from U. S"（《路易斯安那州飓风受害者寻求美国的城市更新援助》），*Chicago Defender*（《芝加哥卫报》），January 14, 1967, p. 34 (for "neglected" and "insufficient"); "Hurricane Victims Vow to Integrate Housing"（《飓风受害者誓言整合住房》），*Chicago Defender*（《芝加哥卫报》），January 28, 1967, p. 30 (for "middle-class members").

在那时,我们开始尝试组织社区"①。1967 年 2 月,麦基森、斯基罗与卢克以及其他来自第九区的非裔美国人一起前往华盛顿,游说住房和城市发展部(Department of Housing and Urban Devel opment,缩写为 HUD)寻求联邦援助。② 但是,州立法机构的顽固不化使得这些请求变得毫无意义。路易斯安那州仍然是全国最后一个坚持反对城市更新的州。③ 联邦资金本可以帮助路易斯安那州的黑人和白人,但就如佩雷斯考虑关闭公立学校而不是取消种族隔离,赫伯特反对一项本可以将数百万美元送到他受苦受难的选民手中的法案一样,一大批白人认为,与其与非裔美国人分享公共资金和公共服务,不如完全放弃这些资金和服务。种族主义会削弱白人对政府不分种族援助任何美国人的支持。

洪灾过后,第九区的一名男子写信给黑尔·博格斯,信上说他的小型商业银行贷款出现了问题。他写道:"我现在的账单比我赚的钱还多,我现在是一名选民了。"这可能指《投票权法案》。他说:"我想做所有应该做的事情。所以,如果你能帮助我们,请一定要帮。"博格斯代表此人给小企业管理局写了几封信,但记录并未显示此案得到了解决。他新获得的权力似乎没有多大意义。④ 另一位来自下九区的非裔美国人写信给林登·约翰逊、拉塞尔·朗和维克托·斯基罗说,尽管失去了一切,他的父亲只从红十字会得到了 15 美元。因为他已经65 岁了,他的父亲只能从小企业管理局借到 2 500 美元,这只有修理房子所需费用的四分之一。对于所有政客谈论的"美国主义",他告诉他的当选官员:"我正在对我们这个美好的国家失去信心——迅速失

① Joshua, November 20, 2003, 34.
② "Mixed Group from La. Goes to D. C. For Housing Aid"(《来自路易斯安那州的混合团体前往华盛顿特区寻求住房援助》),Chicago Defender(《芝加哥卫报》),February 11, 1967, p. 3. 新奥尔良市议会的成员也出席了,包括艾伯特·W. 登特(Albert W. Dent)、A. P. 图雷奥(A. P. Tureaud)以及城市联盟的代表。
③ "Hurricane Victims Vow to Integrate Housing"(《飓风受害者誓言整合住房》),Chicago Defender(《芝加哥卫报》),January 28, 1967, p. 30. 第九区最终确实获得了城市更新资金,但直到 1967年之后才实现。Germany, New Orleans After the Promises(《诺言之后的新奥尔良》).
④ Edward George Sr. To Hale Boggs, December 17, 1966, Folder 9, Box 732, Boggs Papers.

去信心。"①约书亚一家花了一年的时间才在福斯托尔街重建起了他们的家；与此同时，他们搬到了艾达·贝尔的母亲所在的玛格诺利亚住房区，20 年前他们就是从这个公共住宅区逃到下九区的。露西尔·迪米尼花了 10 年的时间来还小型商业银行的贷款。她说，这种压力导致了溃疡和精神紧张。② 在贝琪事件之后，白人政客们为自己在这场在他们看来是彻底而迅速的灾后恢复中所扮演的角色而感到高兴。博格斯说，"联邦、州和地方政府的合作努力展现了人性的温暖"③。麦基森联邦政府充满信心。约翰逊为"伟大社会"和他的"扶贫战争"巩固了盟友关系，并在某种程度上开创了可能性。斯基罗再次当选。在下九区，如伊丽莎白·罗杰斯在 1967 年观察到的那样，所有的洪水、贫民窟、债务、健康问题仍然存在，人们依靠表亲和街对面的邻居所提供的帮助。④ 迪米尼在洪灾后回家时回忆："当我看到所有人时，我说'如果他们能活下来，我也能'。"⑤

　　1965 年 9 月 9 日，一场大风暴袭击了路易斯安那州。不过，淹没迪米尼和下九区成千上万人的，是一条为远方利益考量而坍塌掉的运河旁的防洪堤。在堤坝倒塌后的几个小时里，惊恐万分的人们除了靠设法自救，在茫茫洪水中几乎找不到任何帮助。在贝琪事件发生后的数月和数年里，尽管这些新奥尔良人对美国公民身份的含义怀有大胆的愿景，这种愿景在很多方面与国会和白宫正在追求的愿景相吻合，他们也为这一愿景奔走呼号，派出最优秀的人员参与地方和国家的活动，但他们的信件基本上都没有得到回复。是当时出现的制度体系让他们欠下了联邦政府的债务，这种债务是政府未能提供有用的工具帮

---

① Henry Glapion to Lyndon Johnson, Victor Schiro, et al., October 20, 1965, Folder 1, BoxS65 - 12, Schiro Papers.

② Joshua, November 20, 2003, pp. 24 - 26; Duminy, November 20, 2003, p. 32.

③ "Statement of Hale Boggs ... Before the House Committee on Public Works"（《黑尔·博格斯的声明……在众议院公共工程委员会前》），October 13, 1965, p. 7, Folder 34, Box 998, Boggs Papers.

④ Walter and Elizabeth Rogers, "Betsy Flood"（《贝琪洪水》），*The Movement*（《运动》），April 1967, p. 2.

⑤ Duminy, November 20, 2003, p. 32.

助人们自助而形成的。① 艾达·贝尔·约书亚在 2003 年回忆:"如果你坐下来想一想,一个由怀揣梦想的人们组成的繁荣社区中发生这样的衰退和伤害,是多么令人沮丧。"②

对于新奥尔良下九区的非裔美国人来说,美国自由主义的高潮是以洪水的形式到来的。

① 提供一个类似的案例,参见 Pete Daniel, *Lost Revolutions: The South in the 1950s*(《失落的革命:20 世纪 50 年代的南方》)(Chapel Hill: University of North Carolina Press, 2000), pp. 7 - 90。

② Joshua, November 20, 2003, p. 50.

第三章 崭新的新奥尔良:路易斯安那州的增长与萎缩,1967—2005年

　　1942年4月8日,当日本士兵在巴丹半岛(Bataan)击溃美菲盟军时,新奥尔良商业协会的成员聚集在该市法国区的安托万餐厅举行宴会。[1] 该协会当晚招待的贵宾是众议院一个特别小组委员会的成员,他们在新奥尔良调查国防工人住房问题。国会议员们认为,想要赢得战争就得增加军事生产,为了使路易斯安那州的工厂高效地助力于这项事业,官员们估计该地区需要尽快容纳10万名新工人及其家属,也许还要更多。在安托万餐厅,商人和政客们讨论了这个看似困难的问题:所有这些人将住在哪里?

　　对于游说来访议员的私人开发商和地方官员来说,其中一个答案是显而易见的:新住宅的建设费用将要由联邦政府承担。他们断言,如果没有联邦的帮助,新奥尔良就不会发展。[2]

　　到了20世纪40年代,新奥尔良唯一可以扩张的地方不宜建造房屋,这使私人开发商不愿意在这些地方投资,所以该市需要联邦资金。在安托万餐厅的宴会上,当地官员特别提到希望在第九区以北的工业运河沿岸,即今天的根蒂利区和新奥尔良东部,靠近庞恰特雷恩湖的岸边建造26 000个新的住房。这些地区地势低洼,易受洪水侵袭,现有的湿地需要排干;只有这样,市政府才能铺设下水道和供水管道,而

---

[1] "Bataan Defenders Forced Back Again"(《巴丹守军再次被迫后撤》), *New York Times*(《纽约时报》), April 8, 1942, p. 1.

[2] "Housing Needs Outlined to Congressmen"(《向国会议员概述住房需求》), *New Orleans States*(《新奥尔良情况报》), April 9, 1942, pp. 1, 4.

当地官员也恳求联邦政府对这一工程提供资金支持。一位来访的国会议员指出，由于环境问题，这里是新奥尔良多年来都不会开发的地区。[①] 邻近的圣伯纳德教区的支持者对新奥尔良的提案嗤之以鼻，他们也在争取联邦政府的住房补贴。埃德温·罗伊（Edwin Roy）在《圣伯纳德之声》的一篇社论中写道："如果我们不宣称自己在建房地点上的优势，那我们就太不负责任了。"他认为，这座城市处在沼泽类型的地带。[②] 罗伊的观点，更直白地说就是，新奥尔良正在请求联邦政府拨款在沼泽地建房。但那时，圣伯纳德或多或少亦是如此。这不是联邦政府第一次考虑补贴新奥尔良的大都市区向低洼地带扩张，也不会是最后一次。

从 20 世纪 30 年代开始一直到世纪末，在联邦政策的引导和数百万美元的联邦资金支持下，路易斯安那人离开密西西比河附近的高地，进入庞恰特雷恩湖附近被排干的沼泽区域。尽管联邦住房政策的目标在过去几十年里发生了变化，但它们对新奥尔良大都市区的地理空间上的影响没有变化。美国房主贷款公司（Home Owners' Loan Corporation，缩写为 HOLC）在 20 世纪 30 年代大萧条时期曾为房主们纾困，联邦政府降低了河边老社区的等级，转而青睐湖边的新社区。20 世纪 40 年代和 50 年代，当《退伍军人权利法案》为二战老兵提供抵押贷款补贴时，联邦政府不鼓励修复城市中心区的旧建筑，而是鼓励在大都市区边缘的低洼地区盖起新建筑。20 世纪 60 年代末开始，当《国家洪水保险计划》开始为房主提供关于洪水损害的经济保障时，联邦政府制定的规则实际上有效地补贴了洪水易发地区的发展。20 世

---

① "Housing Needs Outlined to Congressmen"（《向国会议员概述住房需求》），*New Orleans States*（《新奥尔良情况报》），April 9, 1942, p. 4. 弗兰克·博伊金（Frank Boykin）议员在当天早些时候的国会听证会上发表了上述评论。据私营的全国住房紧急情况委员会进行的一项"战时住房需求抽查调查"估计，新奥尔良需要 2 万至 3 万套住房。参见 US House of Representatives, Committee on Public Works, 77 Cong., 2 Sess. *Hearings on H. R. 7312 A Bill to Increase by ＄600 000 000 The Amount Authorized to Be Appropriated for Defense Housing Under The Act of October 14, 1940, As Amended*（《该法案旨在将根据 1940 年 10 月 14 日法案修订的国防住房拨款增加 6 亿美元》）（Washington, DC, 1942), p. 133。

② "Sites for Housing Projects"（《住房项目选址》），*St. Bernard Voice*（《圣伯纳德之声》），April 25, 1942, p. 1.

纪 70 年代和 80 年代，当陆军工程兵团建造庞恰特雷恩湖及周边地区飓风防护项目时，联邦政府解释堤坝系统的成本如此巨大是合理的，因为成千上万的人可能会迁往该地区以前不宜居住的地块。

为什么在 20 世纪越来越多人搬到路易斯安那州的泛洪区？原因就是联邦政府付钱给他们。

20 世纪新奥尔良的历史映射了全美大都市区的历史。该市的发展是由相同的联邦计划推动的，并且有类似的地理上的结果。这段历史所反映的对人口增长的执着代表了政府扩大中产阶级的努力，并将住房所有权的好处惠及更多的美国人。它也代表了自由派扩大福利国家的愿望和保守派将随之而来的财富私有化的要求之间的巨大缓和。它似乎承诺为所有人带来富足，而不需要对任何人进行再分配。但是，私人利益与公共债务的不平衡使得社会和环境秩序越来越不稳定。

创建这些新社区的政策同时也加剧了其脆弱性。强大的水泵降低了地下水位，使得地面足够干燥到可以建造房屋，但这同时也导致了地面下沉。在开发后的半个世纪里，根蒂利的部分地区下沉了近 0.3 米，这对这个地区来说意义重大，因为这里的早期开发商曾吹嘘他们的住宅场地高出街道地面约 0.4 米。[1] 而湖景城的一些地段下沉了 1.2 米多。20 世纪初，很少有新奥尔良人住在海平面以下的房子里；到世纪末，大多数人都住到海平面以下。[2] 水泵从城市内部抽走淡水，密西西比河海湾出口——一条由陆军工程兵团疏浚的航运运河以及

---

[1] Gentilly Terrace Company, "Gentilly Terrace, Where Homes Are Built on Hills"(《天然阶地，依山而建的家园》)(no date, ca. 1910), p. 5.

[2] Richard Campanella, *Geographies of New Orleans: Urban Fabrics Before the Storm* (《新奥尔良的地理：风暴前的城市结构》)(Lafayette: Center for Louisiana Studies, 2006), p. 46. 另见 Soil Conservation Service, "Soil Survey of Orleans Parish, Louisiana"(《路易斯安那州奥尔良教区土壤调查》)(US Department of Agriculture, 1989), pp. 42 – 45; Virginia R. Burkett, David B. Zilkoski, and David A. Hart, "Sea-Level Rise and Subsidence: Implications for Flooding in New Orleans, Louisiana"(《海平面上升和下沉：对路易斯安那州新奥尔良洪水的影响》), in *U. S. Geological Survey Subsidence Interest Group Conference: Proceedings of the Technical Meeting, Geological, Texas, November 27 – 29, 2001* (《美国地质调查局下沉兴趣小组会议：技术会议论文集，加州维斯顿，得克萨斯州，2001 年 11 月 27—29 日》)(Austin, TX: US Geological Survey, 2003): 63 – 70; Richard Campanella, *Delta Urbanism: New Orleans* (《三角洲都市生活：新奥尔良》)(Chicago: American Planning Association, 2010), p. 130.

由石油和天然气公司疏浚的数百千米的小型运河将咸水引向了城市，侵蚀了沿海湿地。新奥尔良和整个美国的人们用石油为房屋供暖，用天然气为汽车提供燃料，燃烧化石燃料以穿过使大都市区扩张成为可能的新道路和高速公路，碳由此在大气中聚集；结果就是全球变暖，海平面上升。到 2005 年，新奥尔良实际已经在海岸上了，那里的居民在水文孔里陷得越来越深，与墨西哥湾越来越强的飓风只隔着陆军工程兵团修建的一座防洪堤系统，而这个防洪堤还是未完工的，其本身也在下沉。

了解联邦政府补贴如何塑造了新奥尔良的大都市区并导致其脆弱性的历史，对于理解卡特里娜飓风影响的根本问题至关重要，那就是：谁被洪水所淹？关于这些事实已经有很多错误报道和误解了。2005 年，许多观察者认为，流经路易斯安那州破损堤坝的洪水只淹没了住在城市里的贫穷非裔美国人的房屋，而没有淹没住在郊区的中产阶级白人的家。[1] 他们的这一猜测不仅基于对非裔美国人之苦难大书特书的新闻报道，还基于对所谓的环境种族主义的固有理解。[2] 在新

---

[1] 例如，《纽约时报》的一篇社论断言，"许多受灾严重、地势低洼的地区都有贫穷的、以非洲裔美国人为主的居民，这并非巧合"。"Hard Decisions for New Orleans"（《新奥尔良的艰难抉择》），*New York Times*（《纽约时报》），January 14, 2006, p. A14. "他们所处的环境最明显的特征表明，卡特里娜飓风的幸存者生活在集中的贫困之中——他们住在贫困的社区，就读于贫困的学校，做着收入微薄的工作，这反映并强化了一种令人痛苦的严格隔离模式。"Michael Eric Dyson, *Come Hell or High Water: Hurricane Katrina and the Color of Disaster*（《来地狱或高水位：卡特里娜飓风和灾难的颜色》）（New York: Basic Civitas, 2006）, p. 6.

[2] 关于环境种族主义，见 Commission for Racial Justice, *Toxic Wastes and Race in the United States: A National Report on the Racial and Socio-Economic Characteristics of Communities with Hazardous Waste Sites*（《美国的有毒废物与种族：关于危险废物场址社区的种族和社会经济特征的全国报告》）（New York: United Church of Christ, 1987）; Robert D. Bullard, *Dumping in Dixie: Race, Class, and Environmental Quality*（《南方的倾倒：种族、阶级和环境质量》）（Boulder: Westview, 1990）; Bullard, Paul Mohai, Robin Saha, and Beverly Wright, *Toxic Wastes and Race at Twenty, 1987 - 2007: A Report Prepared for the United Church of Christ Justice & Witness Ministries*（《有毒废物和 20 岁的种族，1987—2007 年：为基督教联合教会正义与见证事工准备的报告》）（Cleveland: The United Church of Christ, 2007）; Laura Pulido, "A Critical Review of the Methodology of Environmental Racism Research"（《对环境种族主义研究方法论的批判性回顾》），*Antipode*（《对拓》）28, no. 2（1996）: 142 - 159; Pulido, "Geographies of Race and Ethnicity II: Environmental Racism, Racial Capitalism and State-Sanctioned Violence"（《种族和民族地理学 II：环境种族主义、种族资本主义和国家认可的暴力》），*Progress in Human Geography*（《人文地理进展》）41, no. 4（August 2017）: 524 - 533; 以及 Dorceta E. Taylor, *The Environment and the People in American Cities, 1600s - 1900s: Disorder, Inequality, and Social Change*（《1600 —1900 年代美国城市的环境与人：无序、不平等与社会变革》）（Durham: Duke University Press, 2009）。

奥尔良和整个 20 世纪的美国,不平等问题往往在地理空间分布上体现出来,正如马丁·路德·金在 1967 年所说的,有"悲剧性的墙……将富裕舒适的外城与贫穷绝望的内城分开"①。大多数非裔美国人居住在历史悠久的市中心(和农村城镇),饱受基础设施不足、恼人的污染和其他有毒有害问题的困扰。而他们的困境并非偶然。保守派商人和白人种族主义者组成的联盟有效地利用美国的福利国家这一特质来创造和维持种族、经济和空间上的不平等,使郊区白人的财富和城市非裔美国人的贫困成为同一个围栏线的两边。郊区化通常就是掠夺城市及其非裔美国居民的资源,并将战利品转移到大都市边缘地区的过程。② 因此,对于在电视上观看卡特里娜飓风的美国人来说,新奥尔良的黑人比郊区的白人面临的洪水风险要大得多似乎是合乎逻辑的。许多人有充分的理由认为,这就是美国不平等的运作方式。然而,这种对卡特里娜飓风影响的传统看法是错误的。③ 当堤坝在 2005 年决堤时,几乎每个圣伯纳德教区里的家庭都经历了不同程度的洪水

---

① 1967 年 8 月 16 日,小马丁·路德·金在佐治亚州亚特兰大南方基督教领袖会议上的演讲《我们何去何从》,参见 Clayborne Carson and Kris Shepard, eds., *A Call to Conscience: The Landmark Speeches of Dr. Martin Luther King, Jr.*(《良心的呼唤:马丁·路德·金博士里程碑式的演讲》)(New York: Warner Books, 2001), p. 196。

② 关于 20 世纪大都市种族不平等的形成见 Kenneth Jackson, *Crabgrass Frontier: The Suburbanization of the United States*(《杂草前沿:美国的郊区化》)(Oxford: Oxford University Press, 1985); Thomas Sugrue, *The Origins of the Urban Crisis: Race and Inequality in Postwar Detroit*(《城市危机的起源:战后底特律的种族和不平等》)(Princeton: Princeton University Press, 1996); Lizabeth Cohen, *A Consumers' Republic: The Politics of Mass Consumption in Postwar America*(《消费者的共和国:战后美国大众消费的政治》)(New York: Knopf, 2003); Kevin M. Kruse and Thomas J. Sugrue,eds., *The New Suburban History*(《新郊区历史》)(Chicago: University of Chicago Press, 2006); Robert O. Self, *American Babylon: Race and the Struggle for Postwar Oakland*(《美国的巴比伦:种族与战后奥克兰的斗争》)(Princeton: Princeton University Press, 2003); Matthew D. Lassiter and Kevin M. Kruse, eds., "Bulldozer Revolution: Suburbs and Southern History since World War II"(《推土机革命:二战以来的郊区和南方历史》), *Journal of Southern History*(《南方历史杂志》)75, no. 3 (August 2009): 691 – 706。

③ 关于洪水脆弱性的复杂性见第四章,以及 Christina Finch, Christopher T. Emrich and Susan L. Cutter, "Disaster Disparities and Differential Recovery in New Orleans"(《新奥尔良的灾害差异与恢复差别》), *Population and Environment*(《人口与环境》)31, no. 3 (March 2010): 179 – 202。虽然我对这些学者提出的"社会脆弱性指数"有异议,但我同意较低的社会经济地位并不能解释洪灾的严重程度。

困扰。①

根据环境种族主义的直线理论,圣伯纳德教区应该是安全的。在很多方面,它都是一个典型种族隔离的中产阶级郊区。20 世纪 60 年代,利安德·佩雷斯在这里开设种族隔离学校时,这个教区的白人人口超过 90%,半个世纪后卡特里娜飓风登陆时,该教区仍有近 90% 的白人。2000 年,在路易斯安那州的 64 个县中,圣伯纳德教区白人人口密度位居第三。该教区的平均家庭收入比新奥尔良高出 30% 以上。② 该教区干净整洁,到处都是整齐的平房住宅,有点像路易斯安那州的莱维敦。然而,在此生活的人口被洪水淹没的比例高于新奥尔良的平均水平。何以如此呢?

种族主义使新奥尔良人在洪水面前暴露出了其脆弱性,但是其方式令人费解。到 20 世纪 30 年代,唯一可用于新住宅开发的区域是新奥尔良及其郊区的低洼地带。使人们能够搬到这些更优质的新社区的联邦福利主要提供给了白人。相比之下,贫穷的非裔美国人往往无法享受这些福利,所以他们主要留在城市的老城区,即地势较高的地方。③ "人往高处走"在这里是一个错误的说法:在 20 世纪的大部分时间里,搬到更贵的房子往往意味着搬到低洼地带。圣伯纳德教区的居民之所以容易受到洪水的侵袭,正是因为他们曾享受过 20 世纪其美

---

① 根据联邦紧急事务管理局的洪水和损失评估,在总人口 67 229 人中,圣伯纳德教区的 64 955 名居民——近 97%——在卡特里娜飓风期间遭受了洪水的破坏。Thomas Gabe, Gene Falk, and Maggie McCarty, *Hurricane Katrina: Social-Demographic Characteristics of Impacted Areas*(《卡特里娜飓风:受影响地区的社会人口特征》),CRS Report no. RL33141 (Washington, DC: Congressional Research Service, November 4, 2005), p.9. 其他的估计要低一些:联邦应急管理局后来的一份不同表格的估计显示,圣伯纳德 80.6% 的居住房屋遭受了洪水的破坏。尽管如此,这一比例仍然高于奥尔良教区,据估计,奥尔良教区有 71.5% 的居住房屋遭到破坏。Office of Policy Development and Research, *Current Housing Unit Damage Estimates, Hurricanes Katrina, Rita, and Wilma*(《当前住房单位损失估计,卡特里娜、丽塔和威尔玛飓风》),Data from FEMA Individual Assistance Registrants and Small Business Administration Disaster Loan Applications (Washington, DC: US Department of Housing and Urban Development, February 12,2006), p.16.
② 根据 1960 年美国的人口普查,圣伯纳德教区的白人比例为 92.5%,黑人比例为 7.3%;根据 2000 年美国的人口普查,白人比例为 88.3%,黑人比例为 7.6%。根据 2000 年美国人口普查,以 1999 年美元计算,奥尔良教区的住房收入中位数为 27 133 美元,圣伯纳德教区的住房收入中位数为 35 939 美元。
③ 例外证明了规律:遭受最严重洪灾的非裔美国人社区,如新奥尔良东部的社区,主要是中产阶级房主居住。

国公民身份所带来的许多最慷慨的福利。[1]

如果说后来发生的事件证实了美国最弱势的公民在很大程度上无法依赖于政府,那么卡特里娜飓风的洪水线首先反映了美国中产阶级白人对政府有多依赖。种族主义也导致了更为系统性的脆弱。许多白人希望限制非裔美国人获得社会保障,这往往导致他们在意识形态上反对政府采取任何行动。反对政府行动,特别是反对联邦政府的行动,不仅导致了财富和福利方面的种族不平等,还导致国家总体上更软弱,最终缺乏足够的能力来保护任何依赖于它的人,无论其是何种族。

所有灾难性的基础设施故障都是无心而为,这就是其被定义为故障的原因。但通常情况下,它们都是一种特殊的意外事件,社会学家罗伯特·默顿(Robert Merton)曾将其称为"意料之外的后果"。他指出,关注眼前而非长远后果的决策,会卷入一个反应强烈以至于改变生成它的价值体系的过程。[2] 换句话说,这些灾难也是它们所颠覆的历史的产物。

2005 年席卷新奥尔良大都市区的洪水,是人们试图建立一个既能接纳种族平等又能包容种族隔离,既能为公民提供社会保障同时也会不停扩张的世界的意外后果。

新奥尔良的房主贷款公司

至少从 20 世纪 30 年代开始,联邦政府就一直在努力建设和补贴

---

[1] 一项对洪水受灾人口的统计分析表明,"黑人、租房者和穷人生活在受灾地区的概率要大得多",还表明,在整个地区,生活在受灾地区的非西班牙裔白人和黑人的数量大致相同(29.4 万人和29.5 万人),"生活在受灾地区的贫困线以上人口的数量远远大于穷人的数量"。John R. Logan, *The Impact of Katrina: Race and Class in Storm-Damaged Neighborhoods*(《卡特里娜飓风的影响:受风暴破坏社区的种族和阶级》)(Providence: Brown University Spatial Structures in the Social Sciences Institute, 2005), p. 7. Ira Katznelson, *Fear Itself: The New Deal and the Origins of Our Time*(《恐惧本身:新政和我们时代的起源》)(New York: W. W. Norton, 2013), p. 16.

[2] Robert K. Merton, "The Unanticipated Consequences of Purposive Social Action"(《有目的的社会行动的意外后果》), *American Sociological Review*(《美国社会学评论》)1, no. 6 (December 1936): 894 - 904, quotation on 903.

不断壮大的中产阶级,加上其更关注种族而非地形,这体现在联邦住房政策上。联邦政府对住房政策的第一次重大尝试是成立房主贷款公司,这是罗斯福新政的一部分,旨在为大萧条期间面临抵押贷款违约和即将无家可归的数百万美国人提供抵押贷款债务方面的紧急救济。① 房主贷款公司的意义是巨大的:它宣布了联邦对支持住房所有权的承诺,并促进了长期的、自我分期偿还的住房抵押贷款的兴起,而这种贷款形式现在已十分常见。1933 年至 1936 年,房主贷款公司使超过 100 万违约的公民能够利用这些可负担得起的、更可靠的贷款为他们的抵押贷款筹钱。在此过程中,由于联邦代理人需要指标来评估全国各地住房抵押贷款的金融风险,房主贷款公司还颁布了一套全国房地产评估标准。②

1939 年,房主贷款公司的评估师开始对新奥尔良大都市区的房地产市场进行重要评估,他们认为非裔美国人的存在对该市的房地产价值构成的威胁比洪水的威胁更大。房主贷款公司指示其评估师根据房屋的年龄、质量、同重工业的距离远近以及社区居民的种族和阶层等标准来评估新奥尔良的社区。根据其标准,评估人员将一个地区定为 ABCD 四个等级中的一个。A 级社区,用联邦评估人员的话来说,是"热门地区……城市规划良好的新区域",对抵押贷款机构来说是最安全的区域。A 级社区是"同质性的"。B 级社区是被"完全开发的"。一位评估师在 1939 年写道:"它们就像一辆 1937 年的汽车,仍然很好,但不是当前买得起新车的人会买的那种。"C 级社区是有衰败倾向的区域,"其特征是老化、陈旧和风格改变;限制即将到期或缺乏限制;较低等级的人口渗入以及偷工减料的豆腐渣工程"。C 级意味着该地区包括"缺乏同质性的社区",在那里"好的抵押贷款机构更加保守谨慎"。D 级社区是指有危险的社区,在这里 C 级社区预测的衰退已经

---

① Home Owners' Loan Act of 1933, Pub. L. No. 73－43, 48 Stat. 128 (June 13,1933).
② Amy Hillier, "Redlining and the Home Owners' Loan Corporation"(《红线与业主贷款公司》)(PhD dissertation, University of Pennsylvania,2001),pp. 1－2. Jackson, *Crabgrass Frontier*(《杂草前沿》), pp. 196－197.

发生了。它们被定义为"会受到有害的影响……这里有不受欢迎的人口或有其渗入。房屋拥有率很低，维修保养很差……有故意破坏的现象发生……（以及）收入不稳定"①。如果一个社区有非裔美国人居住，评估师就会降低它的评级。评估师指出，惯例就是，新奥尔良的"黑人"集中在 D 级社区。② 但是非裔美国人（1930 年占新奥尔良人口的近 30%）居住在城市的各个社区，这可能就是为什么房主贷款公司的调查将新奥尔良的大部分社区评为 C 级或 D 级的原因。③

房主贷款公司的评估师似乎已经心知肚明，种族隔离既是房地产市场价值变动的原因，亦是不可避免的结果。根据房主贷款公司的分类原则，非裔美国人若是被赶出了大家眼中理想的社区，这些社区就会变得更加理想；反过来，非裔美国人被赶进大家眼中衰败的社区，他们的存在会使评估师认为这些社区更加不理想。例如，房主贷款公司的评估师注意到有一些非裔美国人住在上城区的卡尔霍恩街，"就在一个漂亮的白人上层阶级住宅区的中心"。评估师给了该地区一个 B级，但这只是因为他们相信，"在未来 12 个月内，将有措施赶走这几个不受欢迎的非裔人口"④。

评估师知道新奥尔良易发洪水，并将该市相对较高的住房成本归因于排水所需的巨额支出。他们估计，使新奥尔良约 0.4 公顷土地变

---

① Division of Research and Statistics, "Summary of Economic, Real Estate, and Mortgage Survey and Security Area Descriptions of New Orleans, LA"（《路易斯安那州新奥尔良经济、房地产和抵押调查及安全区描述摘要》）, April 28, 1939, pp. 1A - 2A. In the City Survey File, 1935 - 1940, Box 88, folder "New Orleans #2"（450/68/5/01）, Records of the Federal Home Loan Bank Board, Record Group 195, National Archives at College Park, College Park, MD.

② Samuel R. Cook and Alec C. Morgan, "Report of Re-Survey New Orleans, Louisiana for the Division of Research and Statistics, Home Owners' Loan Corporation, Washington, D. C. "（《为研究和统计部门、房主贷款公司、华盛顿特区、路易斯安那州新奥尔良的重新调查报告》）, April 28, 1939, p. 42. In the City Survey File, 1935 - 1940, Box 67, folder "New Orleans, LA Re-survey Report"（450/68/4/5）, Records of the Federal Home Loan Bank Board, Record Group 195, National Archives.

③ "Residential Security Map for the City of New Orleans"（《新奥尔良市住宅安全地图》）, ca. 1935. In the City Survey File, 1935 - 1940, Box 127, Records of the Federal Home Loan Bank Board, 1933 - 1940, Record Group 195; National Archives at College Park, College Park, MD. 关于一体化街区见 Peirce F. Lewis, New Orleans: The Making of an Urban Landscape（《新奥尔良：城市景观的形成》）(1976; Charlottesville: University of Virginia Press, 2018), p. 50. 1930 年美国的人口普查报告显示, 28.3%（129 632 人）的奥尔良教区居民为黑人; 71.6%（328 446 人）的居民为白人。

④ Cook and Morgan, "Report of Re-Survey New Orleans"（《新奥尔良再调查报告》）, p. 42.

得适合居住需要花费 3 275 美元,其中仅排水就需花费 1 475 美元。① 评估师观察到,由于土壤条件差,新社区"许多房屋的地基不是滑落就是下沉,因此有必要打下新地基"。他们还注意到,公共事业振兴署(Works Progress Administration)正在为该市部分地区新建街道而提供资金,这些地区的地面沉降已经压垮了路面。②

即使这样,联邦评估师还是认为,"洪水的危险已经消除了"③。1895 年,该市排水咨询委员会制定了一项计划,该计划推动了接下去数十年的协同公共工程,建立了一个能够清除雨水和地下水的市政排水系统。工程师鲍德温·伍德(Baldwin Wood)设计的一个由运河、管道以及一系列强力泵组成的系统,似乎已经取得了成功。由于这些市政方面的改进,在 1900 年至 1914 年间,新奥尔良的财产评估应税价值增加了近 80%。清除城市中滋生蚊子的死水,以及相应地扩展下水道系统和饮用水系统,也降低了从 19 世纪起就困扰着新奥尔良的疾病发病率。黄热病死亡人数 1899 年为十万分之七十,而 1913 年几乎为零。在同一时期,总死亡率下降了 25%,在 1900 年至 1925 年期间下降了 75%。截至那时,排水系统覆盖了城市中约 121.5 平方千米的土

---

① 关于巨额支出和成本估算,见 Cook and Morgan, "Report of Re-Survey New Orleans"(《新奥尔良再调查报告》),pp. 4 - 5;另见 Division of Research and Statistics, "Survey of Economic, Real Estate, and Mortgage Finance Conditions in New Orleans, Louisiana"(《路易斯安那州新奥尔良市经济、房地产和抵押贷款融资状况调查》)(Washington, DC: Federal Home Loan Bank Board, 1939), p. 6。In the City Survey File, 1935 - 1940, Box 67, folder "New Orleans, LA Re-survey Report"(450/68/4/5), Records of the Federal Home Loan Bank Board, Record Group 195, National Archives.

② "Summary of Economic, Real Estate, and Mortgage Survey and Security Area Descriptions of New Orleans, LA"(《路易斯安那州新奥尔良市经济、房地产和抵押贷款调查及安全区域描述摘要》), April 28, 1939, n. p. ,(described as "Part of Lakeview, New Orleans, La."). In the City Survey File, 1935 - 1940, Box 88, folder "New Orleans #2"(450/68/5/01).

③ Division of Research and Statistics, "Survey of Economic, Real Estate, and Mortgage Finance Conditions in New Orleans, Louisiana"(《路易斯安那州新奥尔良市经济、房地产和抵押融资状况调查》), p. 1.

地,包括约 901 千米的运河和管道。[1]

1939 年,排水系统的完善使联邦住房贷款银行委员会的评估师在一份机密的实地报告中宣称,该市的"巨大的排水问题……已经通过安装世界上最大的水泵解决了,虽然代价非常高昂"[2]。评估师认为新奥尔良的洪水是该城市过去的残余,而不是其未来的一部分。一位地理学家在 1944 年断言:"随着排水系统的发展……沼泽消失了,这片土地变得和山脊一样排水良好。"他写道:"实际上,作为一个生态因素,地形的影响已经消失了。"[3]而另一方面,排水系统降低了地下水位,到 1935 年,该市有 30%的地方已经沉在海平面以下。[4]

自 20 世纪 20 年代以来,种族主义的住房契约以及地方和州的种族隔离法规试图将非裔美国人限制在城市中较旧、较高的地方,而不允许他们搬到新排干的开发区居住。[5] 到 1939 年,房主贷款公司为新奥尔良大都市发布其住宅安全地图,将所有与密西西比河临近的社区,即该市的最高地面,评为 D 级。[6] 该市海平面以上地区没有任何

① Benjamin D. Maygarden et al. , *National Register Evaluation of New Orleans Drainage System* , *Orleans Parish* , *Louisiana*(《路易斯安那州奥尔良教区新奥尔良排水系统国家登记评估》) prepared for the US Army Corps of Engineers, report number COEMVN / PD - 98/09 (November 1999), esp. 17 - 30. 统计数据来自 Martin Behrman, *New Orleans: A History of Three Great Public Utilities - Sewerage* , *Water* , *and Drainage: and Their Influence Upon the Health and Progress of a Big City*(《新奥尔良:三大公共设施——污水、水和排水系统的历史,及其对大城市健康和发展的影响》)(Brandao Print, 1914), p. 5. 另见 Craig E. Colten, *An Unnatural Metropolis: Wresting New Orleans from Nature*(《非自然大都市:从大自然中夺取新奥尔良》)(Baton Rouge: Louisiana State University Press, 2005), pp. 77 - 107, 尤其是第 105 页论证了在分配新的市政公共工程时,合理的工程原则(战胜)了吉姆·克罗(Jim Crow)的种族主义倾向。

② Division of Research and Statistics, "Survey of Economic, Real Estate, and Mortgage Finance Conditions in New Orleans, Louisiana"(《路易斯安那州新奥尔良市经济、房地产和抵押融资状况调查》), p. 1.

③ H. W. Gilmore, "The Old New Orleans and the New: A Case for Ecology"(《新旧新奥尔良:生态学案例》), *American Sociological Review*(《美国社会学评论》) 9, no. 4: 385 - 394 (quatation on 394).

④ "How Much of City Is Below Sea Level?"(《城市有多少面积低于海平面?》), *New Orleans Item*(《新奥尔良简报》), April 13, 1948, p. 12.

⑤ Colten, *Unnatural Metropolis*(《非自然大都市》), p. 99. Forrest E. Laviolette, "The Negro in New Orleans"(《新奥尔良的黑人》), Nathan Glazer and Davis McEntire eds. , *Studies in Housing & Minority Groups: Special Research Report to the Commission on Race and Housing*(《住房与少数群体研究:提交给种族与住房委员会的特别研究报告》)(Berkeley: University of California Press, 1960), pp. 110 - 134.

⑥ "Residential Security Map for the City of New Orleans"(《新奥尔良市住宅安全地图》)。法国区和中央商务区未评级。

一个被评为 A 级或 B 级。相比之下,评估师给予 A 级的城市少数几个小区域都与海平面齐平或位于海平面下。"富人……必须在空地上建造新的房屋。"一位颇有影响力的联邦住房管理局的经济学家在 1939年说:"高租金或高等级的住宅区几乎必须向城市的外围移动。"①在联邦政府及其房地产专家看来,新奥尔良的大部分高地有经济和财政上的风险,而比较安全的投资区域是城市新排干的地方,即以前的漫滩沼泽。随着白人从该市相对融合的历史核心区搬到了周边新的白人专属区,新奥尔良的种族隔离变得愈发严重。

蔓延至圣伯纳德教区

20 世纪 40 年代初,正值第二次世界大战,城市和联邦官员都认为,新奥尔良的湿地排水和新建住房补贴是国家优先考虑的事项。例如,在 1942 年的国会听证会上,博伊金议员鼓励委员会成员全额拨款给新奥尔良市的住房补贴申请,他的理由是扩大新奥尔良希金斯造船厂的规模至关重要。新奥尔良东部工业运河上希金斯船厂里的工人和城市其他地方的工人建造了所谓的"希金斯船",同盟军在 1944 年诺曼底登陆时依靠的就是这种两栖登陆艇。1942 年,新奥尔良的造船厂与政府之间有超过 10 亿美元的合同。一位历史学家后来写道,造船厂的创始人安德鲁·希金斯(Andrew Higgins)"似乎是美国民间传说中白手起家、自信满满、传奇历险的实业家的化身"。而很明显的是,他的成功几乎完全得益于联邦政府的造船订单。他体现了大多数

① Homer Hoyt, *The Structure and Growth of Residential Neighborhoods in American Cities*(《美国城市住宅区的结构与发展》)(Washington, DC: US Government Printing Office, 1939), p. 116. 可以肯定的是,目前尚不清楚这些评级最终会对经济产生何种直接影响。在新奥尔良,房主贷款公司向 A 级地区提供的贷款不到 2%,向 B 级地区提供的贷款为 9%,而向 C 级地区提供的贷款接近 45%,向 D 级地区提供的贷款为 38%,这表明评级较低的地区或许更有可能获得房主贷款公司的贷款。尽管如此,房主贷款公司调查还是揭示了政府对城市的理解:就房产价值而言,联邦房地产专家认为非裔美国人邻居的风险比洪水风险更严重。关于房主贷款公司调查的重要性,见 Jackson, *Crabgrass Frontier*(《杂草前沿》), pp. 195–203;关于房主贷款公司的地图没有广泛传播的说法,见 Hillier, "Redlining and the Home Owners' Loan Corporation"(《红线和业主贷款公司》),特别是该文第 51 页关于新奥尔良贷款的统计数据。

国会议员当晚在安托万餐厅所拥护的做法：联邦政府将为私人企业的发展提供补贴，这样地方企业就可以贡献于国家的发展，使民主制长存。商会组织下的地方商人将长期获利。这样大家都是赢家。[1]

战争和战争所推动的工业生产提高了人们对大规模发展的期待，不但在新奥尔良，而且在圣伯纳德教区也是如此。1942 年 4 月，《圣伯纳德之声》援引传闻中希金斯工厂和其他新工厂将在奥尔良-圣伯纳德教区边界附近建厂的事例报道："圣伯纳德教区将出现破纪录的建筑热潮，并将出现相当规模的新增人口。"该报预测："发展浪潮将使圣伯纳德长期存在的房屋短缺问题更加严重，并为新旧住宅小区的发展创造更多机会。"[2]

像在阿拉比的"绿亩"这样的新小区——这一小区就在下九区与奥尔良教区的边界线上，他们承诺要打造一个宜人的、田园式的现代化郊区。战争期间，这些小区的设计以附近国防工厂的工人为目标住户。联邦政府通过免除战时物资限制来鼓励开发商，并通过联邦住房管理局的补贴来鼓励潜在买家；地方资金则用于支付排水和堤坝所需的费用。广告中夸耀绿亩住宅区拥有"现代化的单间或两间卧室、客厅、餐厅、厨房、硬木地板、地板炉、绝缘天花板、瓷砖浴室、厨房瓷砖排水板、厨房橱柜、大衣柜、洗衣房和板条遮阳篷"。1944 年《退伍军人权利法案》通过后，广告还指出："如果您是退伍军人，并且有工作，您

---

① "Housing Needs Outlined to Congressmen"（《向国会议员概述住房需求》），*New Orleans States*（《新奥尔良情况报》），April 9, 1942, p. 4. 关于"传奇历险"见 John Morton Blum, *V Was for Victory: Politics and American Culture During World War II*（《V 代表胜利：第二次世界大战期间的政治与美国文化》）（New York: Harcourt Brace & Company, 1976），p. 110. 关于希金斯见 Paul Neushul, "Andrew Jackson Higgins and the Mass Production of World War II Landing Craft"（《安德鲁·希金斯和二战登陆艇的大规模生产》），*Louisiana History*（《路易斯安那州的历史》）39, no. 2（Spring 1998）：136 - 166；Jerry E. Stahan, *Andrew Jackson Higgins and the Boats that Won World War II*（《安德鲁·希金斯和赢得第二次世界大战的船只》）（Baton Rouge: Louisiana University Press, 1994）. 20 世纪 20 年代，在庞恰特雷恩湖沿岸修建的新土地上也出现了类似的过程，表面上看是为了防洪。"也许湖滨开发最令人吃惊的地方在于，昂贵的公共土地就这样被轻而易举地转为私人所有"，Lewis, *New Orleans*（《新奥尔良》），p. 69.

② "Demand for Home Greatly Increasing"（《住宅需求大增》），*St. Bernard Voice*（《圣伯纳德之声》），April 4, 1942, p. 1.

就可以无需支付任何首付款购买……这里的房屋。"①

政府支出是圣伯纳德教区经济繁荣的关键，因为要让教区的人口增长，就需要警察陪审团秘书在 1941 年的一份公告中所言的"广泛公民计划"。这不仅仅是因为联邦政府的战时采购需求推动了人们大规模地在工厂中就业。在地方层面上，教区通过发行债券筹资来资助下水道和排水系统、建造污水处理厂、铺设柏油路、安装路灯、资助消防部门、新建学校、资助新教区内的学区，并提供其他基本的民用必需品和种类更多的市政设施。② 州政府铺设了州际公路并修建了桥梁。联邦政府也以各种方式参与其中，包括美国公共卫生署（US Public Health Service）针对教区蚊虫开展的"灭蚊运动"，以及联邦住房管理局于 1941 年在圣伯纳德推出的为农户提供长期抵押贷款的创新项目，此举是联邦住房管理局为使更多人拥有住房而做出的持续努力的开端。③

公共投资旨在吸引和支持而非取代私营企业。在圣伯纳德，这种模式在 20 世纪 40 年代非常有效。④ 例如，一旦州政府和教区铺设了道路，圣伯纳德公交公司（一个私人公司）就开始从阿拉比和维奥莱特运送乘客到新奥尔良。同样，在整个战争年代，圣伯纳德商会、教区报纸和当地的支持者都在游说陆军工程兵团疏浚洛特河和伊斯罗斯河，使其可以通航，以助力海鲜产业的发展。在华盛顿特区，主要由国会

① 关于联邦住房补贴，见 "Green Aces"（《绿亩》），advertisement, *St. Bernard Voice*（《圣伯纳德之声》），March 6, 1943, p. 3；关于排水系统，见 "Large Tract Is Purchased for New Subdivision in Arabi"（《在阿拉比购买大片土地用于新分区》），*St. Bernard Voice*（《圣伯纳德之声》），November 18, 1944, p. 1；关于首付，见 "Green Aces"（《绿亩》），advertisement, *St. Bernard Voice*（《圣伯纳德之声》），March 1, 1947, p. 3。

② "Plan Parish Improvements"（《教区改善计划》），*St. Bernard Voice*（《圣伯纳德之声》），October 25, 1941, p. 1。"Route 61 Extension to U. S. 90 Will Be Paved"（《61 号公路延伸至美国 90 号公路将铺设路面》），*St. Bernard Voice*（《圣伯纳德之声》），March 13, 1943, p. 1。

③ "Campaign of Extermination to Be Waged on Mosquitoes. U. S. Public Health Department at Head"（《美国公共卫生署领导灭蚊运动》），*St. Bernard Voice*（《圣伯纳德之声》），May 1, 1943, p. 1. "Long-Term Leases for at Least 10 Parish Farm Families Sought"（《为至少 10 个教区农场家庭寻求长期租约》），*St. Bernard Voice*（《圣伯纳德之声》），October 25, 1941, p. 1.

④ "Bus Line in Parish Is Development Factor"（《教区公交线路是发展因素》），*St. Bernard Voice*（《圣伯纳德之声》），January 17, 1942, p. 1.

议员爱德华·赫伯特大力协调的这些努力似乎取得了成功。到 1947 年，《圣伯纳德之声》称："圣伯纳德的海鲜产业正在崛起。"简而言之，这些政府补贴斥巨资改造了土地和水域，目的是创造可能增加国民整体实力的公共空间。这就是自然优势的构建。①

　　随着战争的结束，人们对新住房的需求增加，这些投资吸引了更多的人来到圣伯纳德。② 20 世纪 40 年代，圣伯纳德的人口增长了 50% 以上，从 1940 年的 7 280 人增加到 1950 年的 11 087 人。20 世纪 40 年代末，游客若驾车沿国道经过阿拉比、查尔梅特、梅洛、维奥莱特和德拉克鲁瓦时，会看到村庄正在崛起，俨然成为城镇。20 世纪 50 年代，人口几乎增加了两倍。这些新来的人几乎都是白人，其中的许多人可能是为了逃避新奥尔良学校族裔融合的威胁。到 1960 年，教区人口超过了 3.2 万人。③

　　工厂工人、渔民和其他劳动人民成为新的郊区房主，旧贵族的大农场被简朴而体面的住宅和庭院所代替，这代表了美国的一种新的风景线——中产阶级。这一群体得到了公司企业联盟和日益壮大的联邦政府的支持。这是罗斯福新政期间达成的伟大妥协。④ 资本在公共

---

① "Appropriation Asked for Dredging Bayou LaLoutre"（《要求拨款疏浚洛特河口》），*St. Bernard Voice*（《圣伯纳德之声》），May 8, 1943, p. 1; "Improve of St. Bernard Bayous Is Wanted"（《希望改善圣伯纳德河口》），*St. Bernard Voice*（《圣伯纳德之声》），October 26, 1946, p. 1. "Movement on Foot to Boost Seafood Industry"（《促进海产品产业的步行运动》），*St. Bernard Voice*（《圣伯纳德之声》），May 24, 1947, p. 1. 关于第二自然和自然优势的构建，见［美］威廉·克罗农著，黄焰结、程香、王家银译：《自然的大都市》。

② 参考美国 1940 年和 1950 年人口普查。"St. Bernard Villages Fast Developing into Towns"（《圣伯纳德村庄快速发展为城镇》），*St. Bernard Voice*（《圣伯纳德之声》），April 26, 1947, p. 1.

③ 参考 1960 年美国人口普查。1975 年，一位新奥尔良的税务评估师在回顾过去 25 年的历史时感叹道："我们在老城区少了一代人，因为当退伍军人返回家乡时，他们无法在中心城、爱尔兰海峡、下花园区获得抵押贷款。所以他们去了根蒂利，去了郊区。"引自 Ralph E. Thayer, *The Evolution of Housing Policy in New Orleans*（1920 - 1978）（《新奥尔良住房政策的演变，1920—1978 年》）（New Orleans: Institute for Government Studies, Loyola University, 1979），p. 69。

④ "Many Homes Now Dot Territory Along Bayou Terreaux-Boeufs in St. Bernard"（《许多房屋现在散布在圣伯纳德的 Terreaux-Boeufs 河沿岸》），*St. Bernard Voice*（《圣伯纳德之声》），May 18, 1946, p. 1. 关于新政秩序，可参阅 Steve Fraser and Gary Gerstle, eds., *The Rise and Fall of the New Deal Order, 1930 - 1980*（《新政秩序的兴衰，1930—1980 年》）（Princeton: Princeton University Press, 1989）；William E. Leuchtenburg, *Franklin D. Roosevelt and the New Deal: 1932 - 1940*（《富兰克林·罗斯福与新政：1932—1940 年》）（New York: Harper & Row, 1963）；以及 Alan Brinkley, *The End of Reform: New Deal Liberalism in Recession and War*（《改革的终结：经济衰退和战争中的新政自由主义》）（New York: Alfred A. Knopf, 1995）。

利益和私人利益之间来回流动。例如,在 1944 年至 1954 年期间,美国退伍军人事务部为新奥尔良大都市的 27 925 笔住房贷款提供了担保,相当于超过 1. 87 亿美元的房地产投资。① 这些贷款担保帮助和鼓励退伍军人从私人开发商手中购买新房,如 1950 年开盘的查尔梅特维斯塔的郊区住房。1952 年,查尔梅特维斯塔公司将其所拥有的土地捐献给圣伯纳德教区用于新建一所高中,但条件是教区必须从该公司购买附近的另一片土地用于新建一个体育场。② 无独有偶,1951 年,凯撒铝业公司斥资 1. 45 亿美元在查尔梅特建立了一家占地约 113 公顷的工厂,一个约 152 米高的烟囱高耸在教区上空。该厂提供了数百个工作岗位,并自诩为圣伯纳德最大的纳税人之一。1959 年,凯撒铝业公司甚至举行了一个小型的纳税仪式;当地报纸的头版刊登了一张该工厂经理将一张 314 909. 66 美元的支票交给副收税员的照片。③ 然而,一年后,公私联盟出现了破裂的迹象:凯撒公司以其在其他州的工厂能源成本较低为由,宣布将裁员 900 人。该报发表社论回应,呼吁圣伯纳德教区通过减税努力营造良好的商业环境。④ 这块馅饼似乎一出炉就缩小了。

与新政一样,郊区化既可以表现为消除种族和经济不平等的激进实验,也可以成为扩大这些不平等的机制。⑤ 虽然支持郊区白人中产

① "Local VA Office Reports on Loans"(《地方退伍军人办公室关于贷款的报告》),*New Orleans Times-Picayune*(《新奥尔良皮卡尤恩时报》),December 26, 1954, sec. 5, p. 1.

② "Street Lights Ceremony"(《路灯仪式》),*St. Bernard Voice*(《圣伯纳德之声》),December 9, 1950, p. 6. "Chalmette Vista, Inc., Offers to Donate Land For High School"(《查尔梅特维斯塔公司愿意为高中捐赠土地》),*St. Bernard Voice*(《圣伯纳德之声》),July 18, 1952, p. 1.

③ "Enlarge Kaiser Plant"(《扩大凯撒工厂》),*St. Bernard Voice*(《圣伯纳德之声》),May 26, 1951, p. 1; "Facilities of Kaiser Aluminum & Chemical Plant at Chalmette"(《位于查拉梅特的凯撒铝业公司的设施》),*St. Bernard Voice*(《圣伯纳德之声》),December 14, 1951, p. 5. "Kaiser Pays $ 314 909. 66 in Taxes"(《凯撒缴纳 314 909. 66 美元的税款》),*St. Bernard Voice*(《圣伯纳德之声》),January 15, 1960, p. 1.

④ "Anent the Kaiser Plant"(《关于凯撒工厂》),*St. Bernard Voice*(《圣伯纳德之声》),February 10, 1961, p. 1.

⑤ 关于新政这把双刃剑,可参见 Katznelson, *Fear Itself*(《恐惧本身》);Patricia Sullivan, *Days of Hope: Race and Democracy in the New Deal Era*(《希望的日子:新政时代的种族与民主》)(Chapel Hill: University of North Carolina Press, 1996); 以及 Glenda Elizabeth Gilmore, *Defying Dixie: The Radical Roots of Civil Rights, 1919 - 1950*(《反抗南方:民权的激进根源,1919—1950 年》)(New York: W. W. Norton, 2008)。

阶级发展的政策和实践有时会惠及非裔美国人——例如居住在下九区的退伍军人曾在相应政策中获利——但这些政策和实践也很容易使非裔美国人无法享受发展带来的好处。例如,1954 年 6 月,《路易斯安那周报》的共同创办人泰勒帮助非裔美国人新月城乡村俱乐部撮合了一笔 25 万美元的交易,购买了维奥莱特河畔的一处约 0.5 平方千米的地产,并计划再投资 15 万美元建造一个新的高尔夫球场、网球场、主日学校教室以及其他新设施。《尊翔》杂志在全国范围内对这一计划进行了报道。然而,尽管堂区管理委员会通常会为这种开发项目提供便利,但在这种情况下,官员们很快就通过了一项法令来阻止该项目。该法令禁止在距离学校约 2.6 千米的范围内经营俱乐部,表面上看是不针对任何种族的。但这一法令的出台紧随新月城乡村俱乐部的消息发布之后,对其他组织也没有影响,那么该法令很可能是专门为将俱乐部的非裔美国人成员拒之于教区之外而制定的。①

五年后的 1960 年,路易斯安那州的白人仍在为布朗案的判决恼羞成怒时,利安德·佩雷斯将圣伯纳德教区作为他抵制学校合并的集结地。佩雷斯安排校车将奥尔良教区第九区的白人学生接送到阿拉比,并出资在那里的公立小学盖了一栋辅楼以容纳这些学生。② 圣伯纳德的选民拥护这样的政治手段。在 1960 年的总统选举中,种族隔离主义者州权候选人奥瓦尔·福伯斯(Orval Faubus)在圣伯纳德击败了约翰·肯尼迪和理查德·尼克松,在该教区赢得了 44% 的选票,但他在全州的得票率仅为 21%。③

---

① "River Bend Estate Sold to Negro Club"(《河湾庄园卖给黑人俱乐部》),*St. Bernard Voice*(《圣伯纳德之声》),June 25, 1954, p. 1. "New Orleans Club Buys $250 000 Estate"(《新奥尔良俱乐部购买 25 万美元房产》),*Jet*(《尊翔》),July 1, 1954, p. 21. "Abandon Plans for Negro Club at Poydras"(《放弃波伊德拉斯黑人俱乐部计划》),*St. Bernard Voice*(《圣伯纳德之声》),August 13, 1954, p. 1. "Report to the People by Gov. Robert Kennon"(《罗伯特·肯农州长给人民的报告》),*St. Bernard Voice*(《圣伯纳德之声》),July 16, 1954, p. 2.
② Adam Fairclough, *Race & Democracy: The Civil Rights Struggle in Louisiana, 1915–1972*(《种族与民主:路易斯安那州的民权斗争》)(Athens: University of Georgia Press, 1999), p. 251.
③ "Presidential General Election, Louisiana, 1960 All Counties"(《路易斯安那州总统大选,1960 年所有县》),*CQ Voting and Elections Collection*(《CQ 投票和选举文集》)(Washington, DC: CQ Press, 2018), http://library.cqpress.com/elections/avg1960-1LA2.

在政府政策和种族主义传统的共同作用下,圣伯纳德变成了一个种族隔离的白人郊区。从 1940 年到 1960 年,圣伯纳德教区经历了 20 年的飞速发展,白人人口增加了近 24 000 人,而非裔美国人口只增加了不到 1 000 人。这种有差异的增长意味着,从 1940 年到 1960 年,圣伯纳德的非裔美国人口从大约 20% 下降到只有 7%。到 1960 年,圣伯纳德的白人人口比例在路易斯安那州所有教区中位居第二。[①]与此同时,非裔美国人经常搬入白人所搬离的该市老城区的住宅。非裔美国人在新奥尔良人口中所占比例从 1940 年的 30% 上升到 1960 年的 37%,增加了近 85 000 人。一位观察者在 1957 年指出:"黑人的私人住房……基本上不是新房。黑人们搬进了新月城白人留下的住房里。"[②]

与此同时,正如将圣伯纳德教区与下九区隔开的教区边界并没有真正形成一个完全隔离的世界一样,宜人的、田园式的、现代化的新住宅小区也无法真正与使其成为可能的重工业区分隔开来。[③] 凯撒工厂排出的有毒烟雾在查尔梅特维斯塔上空飘荡。工厂支付的工资甚至不足以支付补贴支持下的抵押贷款,这导致圣伯纳德的美国制糖厂工人在 1953 年春夏之季进行了三个月之久的罢工。停滞不流动的维奥莱特运河臭气熏天,饮用水散发着油味。[④]

① 参考美国 1940 年、1950 年和 1960 年人口普查。

② Forrest E. LaViolette and Joseph T. Taylor, "Negro Housing in New Orleans"(《新奥尔良的黑人住房》)draft, *Special Research Report to the Commission on Race and Housing*(《提交给种族与住房委员会的特别研究报告》)(Berkeley, September 1957), 46, Louisiana Research Collection, Howard-Tilton Memorial Library, Tulane University.

③ 关于二战后郊区新兴的环保主义, 见 Adam Rome, *The Bulldozer in the Countryside: Suburban Sprawl and the Rise of American Environmentalism*(《农村的推土机:郊区扩张与美国环保主义的兴起》)(Cambridge: Cambridge University Press, 2001)。

④ "Kaiser Aluminum Will Spend ＄6 000 000 to Put an End to Smoke Problem in Chalmette"(《凯撒铝业公司将斥资 600 万美元解决查尔梅特镇的烟雾问题》), *St. Bernard Voice*(《圣伯纳德之声》), January 14, 1955, p. 1. "Refinery Resumes Normal Operations as Strike Is Settle Last Sunday Evening"(《上周日晚罢工平息,炼油厂恢复正常运营》), *St. Bernard Voice*(《圣伯纳德之声》), July 3, 1953, p. 2. "To Pump Fresh Water in Violet Canal Decided at Meeting of Parish Officials"(《在教区官员会议上决定在维奥莱特运河抽取淡水》), *St. Bernard Voice*(《圣伯纳德之声》), November 13, 1953, p. 1. "Says Taste of Water Due to Oil in River"(《据说水的味道是河中的石油造成的》), July 8, 1955, p. 1.

毛皮捕猎者继续在教区东部靠近海岸的地区活动，他们是第一批因郊区和工业发展的危害而寻求赔偿的人。在 1953 年的一次堂区管理委员会的会议上，30 名捕猎者携带一份由 400 多人签名的请愿书，描述了堤坝和运河如何使沼泽的淡水枯竭，使其不适合麝鼠居住。捕猎者们了解自己的听众，他们强调如果堂区管理委员会投资将密西西比河的淡水引到沼泽地中来，将会带来更多的经济效益。捕猎者们还表示，他们在这片土地上的工作是可持续的，这与那些先繁荣后萧条的行业形成了鲜明对比。有人断言："总有一天，一些事情的发生会放慢工业发展的步伐，而且教区的居民将不得不再次依靠麝鼠谋生。"[1]堂区管理委员会提议对这一问题进行研究，这激怒了那些认为情况紧急的捕猎者们。[2]

使人们联合起来共同面对的环境问题是防洪。1956 年 9 月，飓风弗洛西给圣伯纳德造成了超过 100 美元的损失。位于博恩湖沿岸的渔村贝壳滩在这场风暴中从地图上消失了。尽管贝壳滩和教区东部其他地区受灾最为严重，但当风暴潮冲垮比安弗尼湾沿岸的防洪堤时，圣伯纳德格罗夫分区以及维奥莱特和查尔梅特附近的其他新开发区也被洪水淹没。[3]飓风弗洛西造成的洪水范围之广令许多该教区的新家庭感到恐慌，他们在来到郊区的新家时都认为自己是安全的。[4]有人提议陆军工程兵团在教区内开挖一条航道，这加剧了住户们的担忧。

① "Trappers Say Fresh Water in Marshes Will Bring Back Rats"(《捕鼠者称沼泽中的淡水将使老鼠回归》)，*St. Bernard Voice*(《圣伯纳德之声》)，February 6, 1953, p. 1.

② "Engineer Says It Would Cost $ 4 632 for Poydras Syphon"(《工程师称波伊德拉斯虹吸器将耗资 4 632 美元》)，*St. Bernard Voice*(《圣伯纳德之声》)，February 27, 1953, p. 1.

③ "Shell Beach Totally Destroyed by Hurricane Sunday Night"(《贝壳海滩周日晚被飓风彻底摧毁》)，*St. Bernard Voice*(《圣伯纳德之声》)，September 28, 1956, p. 1.

④ "Schindler Writes Congressman Hebert Asking Aid in 'Securing Advantages'"(《申德勒致信国会议员赫伯特，请求协助"确保优势"》)，*St. Bernard Voice*(《圣伯纳德之声》)，May 24, 1957, p. 1.

密西西比河-墨西哥湾出口

　　自 20 世纪 20 年代修建工业运河以来，新奥尔良港口委员会一直希望扩大内部航运运河网络。他们雄心勃勃的核心计划名为密西西比河-墨西哥湾出口。这是一条长约 122 千米的深水渠道，连接工业运河与墨西哥湾内河航道，它使船只进入新奥尔良时，完全无需冒险进入密西西比河或庞恰特雷恩湖，而是穿过博尔涅湖西南侧的湿地，进入墨西哥湾内河航道，并从那里直入工业运河。①

　　1930 年，在港口的游说下，陆军工程兵团对这一想法进行了调研，但决定"无论是为了应对紧急情况，还是为了满足日益增长的商业需求，都没有必要再建一个深水出口"②。然而，在第二次世界大战期间和战后不久，面对来自当地更多的游说，包括路易斯安那州议会的支持决议，以及 1944 年副总统候选人哈里·杜鲁门对新奥尔良的竞选访问，美国陆军工程兵团开始改变立场。杜鲁门在来访时称赞密西西比河-墨西哥湾出口与罗斯福政府的信念不谋而合，即"电力—航运—灌溉应为共同利益而开发利用"③。美国陆军工程兵团进行了成本效益计算，该计算预测联邦投资将获得适度的经济回报，因为运输商可以节省成本——尽管只有在美国陆军工程兵团将年度维护费用评估

---

① 关于密西西比河-墨西哥湾出口的历史，参见 William R. Feudenburg, Robert B. Gramling, Shirley Laska, and Kai Eriksen, *Catastrophe in the Making*：*The Engineering of Katrina and the Disasters of Tomorrow*（《制造中的灾难：卡特里娜飓风的工程和未来的灾难》）（Washington, DC：Island Press, 2009），pp. 70 – 89。

② Lytle Brown, Major General, Chief of Engineers, "Letter from the Chief of Engineers, United States Army, transmitting Report of the Board of Engineers for Rivers and Harbors on Review of Reports Heretofore Submitted on Mississippi River – Gulf Outlet and New Orleans Industrial Canal"（《美国陆军工程兵团总监的信，转递河流和港口工程兵委员会关于密西西比河-墨西哥湾出口和新奥尔良工业运河此前提交的报告的审查报告》），H. R. Doc. No. 46, 71 Cong., 2d Sess.（June 11, 1930），3（p. 8 for port lobbying）. R. F. Fowler, *Reexamination of the Outlets of the Mississippi River Including Advisability of Reimbursing Owners for Cost of the Industrial Canal, Louisiana*（《密西西比河出口的重新审查，包括偿还路易斯安那州工业运河所有者成本的可行性》）（New Orleans：US Engineer Office, New Orleans, LA, September 14, 1929），p. 8.

③ "Flood Control Given Priority"（《防洪优先》），*New Orleans Times-Picayune*（《新奥尔良皮卡尤恩时报》），October 13, 1944, pp. 1, 5.

降低 25% 以上后,这些数字才对项目有利。1948 年,美国陆军工程兵团正式批准了修建该航道的计划,1956 年 3 月 29 日,美国国会批准修建密西西比河-墨西哥湾出口。[①]

密西西比河-墨西哥湾出口项目在圣伯纳德教区立即遭到抵制。首先,人们担心自己被排除在规划之外。他们抱怨运河将侵占可开发土地,用以满足整个新奥尔良而非圣伯纳德教区的利益。他们还担心,密西西比河-墨西哥湾出口会加剧交通问题:圣伯纳德的居民已经对工业运河深恶痛绝,因为工业运河经常开放让船只通过,而过桥需要漫长的等待。新的航道将会使交通堵塞更加糟糕。[②]

但最重要的是,圣伯纳德的人们担心密西西比河-墨西哥湾出口会使教区更易受到洪水的侵袭。1956 年 12 月,《圣伯纳德之声》报道称:"每个人心中最关心的问题就是如何保护本教区的业主和居民不受潮水泛滥的影响? 当下一次飓风来袭时,是否会有堤坝来阻挡约 183 米的运河洪水漫过整个教区?"[③]

圣伯纳德游说联邦政府进行防洪。1957 年 5 月,堂区管理委员会主席亨利·申德勒(Henry Schindler)写信给国会议员赫伯特说,飓风弗洛西"证明了我们仍然很容易受到大自然的反复无常的威胁与影响"。申德勒要求将修建密西西比河-墨西哥湾出口所挖出的填料用于在教区周围修建新的、更坚固、更高的堤坝。他说:"如果没有适当的保护,我们的自然优势将化为乌有。"[④]

---

① 关于成本效益分析,见 *Mississippi River - Gulf Outlet*(《密西西比河-墨西哥湾出口》), H. R. Doc. No. 245, 82d Cong. , 1st Sess. (October 1, 1951), esp. pp. 14 - 15 and 26;以及 Freudenberg et al. , *Catastrophe in the Making*(《灾难正在形成》),p. 82。关于国会授权,见 *An Act to Authorize Construction of the Mississippi River - Gulf outlet*(《授权建设密西西比河-墨西哥湾出口的法案》), Pub. L. No. 84-455, 70 Stat. 65 (March 29, 1956)。

② "What a Blessing It Would Be!"(《这将是多么大的福气!》), *St. Bernard Voice*(《圣伯纳德之声》), July 20, 1946, p. 1. "Industrial Canal Tunnel"(《工业运河隧道》),*St. Bernard Voice*(《圣伯纳德之声》),May 2, 1952, p. 1.

③ "Tidewater Channel Committee"(《潮水航道委员会》), *St. Bernard Voice*(《圣伯纳德之声》), December 28, 1956, p. 1.

④ "Schindler Writes Congressman Hebert Asking Aid in 'Securing Advantages'"(《申德勒致信国会议员赫伯特,请求协助"确保优势"》),*St. Bernard Voice*(《圣伯纳德之声》),May 24, 1957, p. 1. 这封信表明,联邦住房管理局拒绝向其认为易受洪水侵袭的教区提供贷款。

1957 年 9 月，随着人们担忧的加剧，堂区管理委员会任命了一个潮汐水道咨询委员会，由约瑟夫·梅罗（Joseph Meraux）担任主席，来正式调查这项提议。35 岁的约瑟夫是路易斯·梅罗（Louis Meraux）的儿子，路易斯是利安德尔·佩雷斯的导师和党羽，也是前任教区警长，曾在"诱捕者战争"中帮助领导了在德拉克洛瓦对伊斯拉诺人的进攻。1938 年，父亲路易斯去世，约瑟夫继承了父亲的财产，其中包括大片秘密持有的土地。1957 年，约瑟夫在圣伯纳德拥有的土地可能比任何人都多。① 与约瑟夫一起加入该委员会的还有近 20 位有权势的公民，其中包括他的叔叔克劳德·梅罗（Claude Meraux）———一位地区法官，路易斯·福尔斯（Louis Folse）———一位州参议员，奥古斯特·坎帕尼亚（August Campagna）———一位州众议员，以及《圣伯纳德之声》的编辑埃德温·罗伊。② 这些人通常都是支持发展的，而他们能被任命当选为一个宣称指责密西西比河-墨西哥湾出口的委员会委员，这表明该项目在圣伯纳德的支持度有多低。

报纸编辑罗伊没有等到潮汐委员会发表报告就开始行动了。从1957 年 11 月开始，他发表了 8 篇刊于头版的系列社论，抨击修建深水渠的想法，其标题都是"圣伯纳德教区注定要灭亡吗"，字里行间满是忧患之情。没有问号意味着答案显而易见。他提出了一系列令人担忧的问题，从交通到土地贬值，再到商业牡蛎养殖场的潜在危害。但罗伊认为最可怕的还是来自洪水的威胁。他认为，该航道将"导致沼泽地因沉降而消失"。他指责市政府"牺牲了整个圣伯纳德教区，就像 1927 年为了使城市免遭密西西比河的破坏而摧毁卡纳冯堤坝一样"。在路易斯安那州沿海地区，人们从未忘记 1927 年的洪灾：它是一个关于政府帮助富人、伤害弱者的典型事例，将原本可能是公平的

---

① Peter Delevett, "Shy Landowner Has Keys to St. Bernard"（《害羞的地主拥有圣伯纳德的钥匙》），*New Orleans Times-Picayune*（《新奥尔良皮卡尤恩时报》），August 27, 1990, p. A1. Lynne Jensen, "Joseph Meraux, Landowner in St. Bernard, Is Dead at 69"（《圣伯纳德的地主约瑟夫·梅罗去世，享年 69 岁》），*New Orleans Times-Picayune*（《新奥尔良皮卡尤恩时报》），March 22, 1992, p. B4.
② "Tide Water Channel Committee Appointed"（《潮汐水道委员会任命》），*St. Bernard Voice*（《圣伯纳德之声》），September 20, 1957, p. 1.

保护机制转变为致命的歧视武器。[1]

面对支持修建航道的强大力量,当地人的反对意见被置若罔闻。修建工程于 1957 年 12 月 10 日开工。在工业运河与墨西哥湾内运河交汇处附近的一个工地上,包括众议员赫伯特和黑尔·博格斯、参议员拉塞尔·朗和阿伦·埃伦德在内的演讲者们列队称赞了这一项目,并誓言要为之争取 9 600 万美元的联邦拨款,以完成疏浚约 198 米宽、122 千米长的穿越教区东部湿地的大工程,这片湿地原本为东部提供了保护。[2] 政客们颇有仪式感地按下按键,以巨大的炸药爆炸声宣布开工。《新奥尔良皮卡尤恩时报》称这是一次对世界贸易有益的爆炸。[3]

4 个月后,1958 年 4 月 1 日,堂区管理委员会下面的潮汐水道委员会发布了报告。这是一份令人痛心的文件,证实了罗伊在前一年的社论中所预言的可怕后果。委员会预测,一旦这条巨大的航道穿过目前将圣伯纳德与墨西哥湾隔绝保护开来的沼泽地,"整个教区都将感受到潮汐的涨落"。潮汐会破坏湿地,使"高盐分的水侵入通常为淡水或微咸水的区域"。据推测,这些影响可能需要一段时间才能出现,但该报告也警示了一些迫在眉睫的危险。委员会警告说,在飓风来袭时,"由于上升的水流会迅速通过这条拟建航道,以全力冲向被保护地区,因此该航道的存在将对教区人口密集区域形成巨大威胁"。

———————————

① 关于"原因"和"牺牲",见 "Is St. Bernard Parish Doomed"(《圣伯纳德教区注定要灭亡吗》), *St. Bernard Voice*(《圣伯纳德之声》), November 15, 1957, p. 1;关于"1927 年"见 "Is St. Bernard Parish Doomed"(《圣伯纳德教区注定要灭亡吗》), *St. Bernard Voice*(《圣伯纳德之声》), November 22, 1957, p. 1; "Is St. Bernard Parish Doomed"(《圣伯纳德教区注定要灭亡吗》, *St. Bernard Voice*(《圣伯纳德之声》), November 29, 1957, p. 1; "Is St. Bernard Parish Doomed"(《圣伯纳德教区注定要灭亡吗》), *St. Bernard Voice*(《圣伯纳德之声》), December 6, 1957, p. 1; "Is St. Bernard Parish Doomed"(《圣伯纳德教区注定要灭亡吗》), *St. Bernard Voice*(《圣伯纳德之声》), December 13, 1957, p. 1; "Is St. Bernard Parish Doomed"(《圣伯纳德教区注定要灭亡吗》), December 13, 1957, December 20, 1957, p. 1。

② "Offer Channel Builders Free Rights-of-Way"(《向海湾建设者提供免费通行权》), *New Orleans States*(《新奥尔良情况报》), December 11, 1957, p. 5。

③ "Ground Is Broken for Gulf Channel"(《海湾通道破土动工》), *New Orleans States*(《新奥尔良情况报》), December 10, 1957, pp. 1, 4; "Helpful Explosion for World Trade"(《世界贸易的有益爆炸》), *New Orleans Times-Picayune*(《新奥尔良皮卡尤恩时报》), December 10, 1957, p. 12. Freudenberg et al., *Catastrophe in the Making*(《灾难正在形成》), p. 84.

潮水委员会对密西西比河-墨西哥湾出口的评估是毁灭性的。补偿性防洪的成本将是个"天文数字"。航道远侧的社区"将成为幽灵的住所"，现有居民"被迫背井离乡，却得不到损失补偿"。委员会得出结论，最糟糕的是"在可预见的将来，在这片广阔而宝贵的沼泽地后方，拟建的航道很有可能将导致这片沼泽地因沉降而消失"。委员会断言，圣伯纳德教区不会从密西西比河-墨西哥湾出口项目中获得任何好处，而且"将不可避免地再次被置于为新奥尔良市的利益而牺牲的境地，就像破坏卡纳冯的堤坝和挖掘工业运河时那样"①。

密西西比河-墨西哥湾出口的推动者所承诺的经济繁荣从未出现，但反对者所预言的环境崩溃已显露。在 1968 年航道通船之前，人们就开始注意到这片土地的变化。"我们能看得见。"小罗德里格斯（Junior Rodriguez）回忆道："这显而易见，也很猛烈。"②密西西比河-墨西哥湾出口允许墨西哥湾的海水流入圣伯纳德的湿地，一些地方的含盐量迅速从千分之二上涨到千分之三再到千分之二十——这种变化会毁灭沼泽。③ 住在附近的热心渔民皮特·萨瓦（Pete Savoye）注意到，突然之间，再也没有小龙虾了。航道两边的草都枯死了。随着时间的推移，这些变化更加令人担忧。萨瓦会开船到小岛附近钓鱼，一两周后，他回来时，小岛就不见了，消失了。柏树死了，潮汐也变了。萨瓦说，以前比恩韦恩河湾的潮水一两天才能涨大概 0.6 米；而在工程队疏浚了河道之后，潮水一天之内就能涨 1.8 米到 2.4 米。水流就这么冲进来了。没有什么能阻止它。④ 贝琪飓风期间，圣伯纳德部分地区被淹，许多人指责是密西西比河-墨西哥湾出口将风暴潮引入了

① "Tidewater Channel Committee of St. Bernard Police Jury Reports"（《圣伯纳德警察局潮水海湾委员会陪审团报告》），*St. Bernard Voice*（《圣伯纳德之声》），April 4, 1958, pp. 1,8.
② Henry 'Junior' Rodriguez, deposition transcript, April 30, 2008, p. 95, In Re Katrina Canal Breaches Consolidated Litigation, US District Court, Eastern District of Louisiana, Civil Action No. 05-4182.
③ Sherwood Gagliano, deposition transcript, May 1, 2008, pp. 57 – 59, In Re Katrina Canal Breaches Consolidated Litigation, US District Court, Eastern District of Louisiana, Civil Action No. 05-4182.
④ Charles George "Pete" Savoye, deposition transcript, March 5, 2008, pp. 39 – 40 (for "crawfish"), 61 (for "disappeared"), 40 (for cypress trees), 51 (for "would raise"), In Re Katrina Canal Breaches Consolidated Litigation, US District Court, Eastern District of Louisiana, Civil Action No. 06-2268.

该教区。① 这条航道平均每年会加宽约 14 米。②

　　沼泽的破坏促使人们采取行动。萨瓦说:"当看到一切都在消亡时,我知道必须要做点什么了。"在 1973 年 8 月 30 日的一次会议上,最早研究盐度上升问题的环境科学家舍伍德·加利亚诺(Sherwood Gagliano)向美国陆军工程兵团递交了一份由 1 200 人签名的请愿书,要求关闭密西西比河-墨西哥湾出口。他坚称:"沿海地区不能再被视为国家的荒野。"③一位该教区的官员称密西西比河-墨西哥湾出口是"最欠考虑的公共工程项目之一",是一场"彻头彻尾的灾难"。④ 1976 年,小罗德里格斯赢得了堂区管理委员会的一个席位。在 20 世纪 80 年代初,他和萨瓦都加入了新成立的圣伯纳德教区海岸带咨询委员会。他们去参加了一个又一个的会议,要求陆军工程兵团关闭航道。"他们又来对密西西比河-墨西哥湾出口发牢骚了。"美国陆军工程兵团的官员抱怨道。萨瓦说,但"这是我能想到的最重要的事情","他们本应该是帮助我们的人"。⑤

　　在 20 世纪 50 年代初,圣伯纳德的居民就曾热心游说联邦政府为该地发展提供补贴。但随着时间的推移,许多人震惊地意识到,正如萨瓦所说,"陆军工程兵团其实是我们的敌人"⑥。

---

① 一些圣伯纳德居民起诉联邦政府,声称密西西比河-墨西哥湾出口应对贝琪飓风引发的洪水负责,但他们败诉了。见 Graci v. United States 456 F. 2d 20 (5th Circuit, 1971)。

② US Army Corps of Engineers, "Fact Sheet: Mississippi River Gulf Outlet"(《概况介绍:密西西比河海湾出口》),May 12, 2004, p. 5; 引自 G. Paul Kemp, *Mississippi River Gulf Outlet Effects on Storm Surge, Waves and Flooding During Hurricane Katrina*(《密西西比河海湾出口对卡特里娜飓风期间风暴潮、海浪和洪水的影响》), July 11, 2008, p. 29, expert report submitted for Norman Robinson et al v. United States of America, US District Court, Eastern District of Louisiana, Civil Action No. 06-2268。

③ Gagliano, deposition transcript, May 1, 2008, pp. 114 – 115.

④ Cornelia Carrier, "Enlarged River Channel Is Urged"(《敦促扩大河道》),*New Orleans Times-Picayune*(《新奥尔良皮卡尤恩时报》),August 31, 1973, p. 21.

⑤ Savoye, deposition, March 5, 2008, pp. 52 (for "dying" and committee), 54 – 56 (for "bitch")。

⑥ Savoye, deposition, March 5, 2008, p. 71.

庞恰特雷恩湖及周边地区飓风防护项目

　　1955 年,美国国会指示陆军工程兵团考虑新奥尔良大都市区的飓风防护问题。1962 年,陆军工程兵团完成了一项名为"庞恰特雷恩湖及周边地区飓风防护项目"的研究。三年后,经过各种官僚机构的审查和批准,兵团将该计划送交国会。[①] 1965 年 7 月,该计划被递交至公共工程委员会,不到两个月后贝琪飓风登陆。贝琪飓风过后,公共工程委员会报告的撰写者在回顾过去时说道,陆军工程兵团提议的堤坝系统将消除新奥尔良和圣伯纳德的查尔梅特地区较发达地区的洪涝灾害,减少 8 500 万美元的损失,并大大减少死亡人数。[②] 国会很快批准了这一建设项目。林登・约翰逊总统于 1965 年 10 月 27 日签署了法案,授权建造"庞恰特雷恩湖及周边地区飓风防护项目"。[③] 此项工程的巨大波及范围跨越了种族、阶级和社区的界限,将美国人的命运联系在一起。该工程旨在保护新奥尔良大都市区 388 平方千米以上的区域,其规模之大使其成为美国历史上最具雄心的公共工程项目

[①] 该项目是由特别法案授权的,见"An Act to authorize an examination and survey of the coastal and tidal areas of the eastern and southern United States, with particular reference to areas where severe damages have occurred from hurricane winds and tides"(《对美国东部和南部沿海以及潮汐地区进行检查和勘测,特别是对飓风和潮汐造成严重破坏的地区进行检查和勘测的法案》), Pub. L. No. 84 - 71, 69 Stat. 140 (1955)。该报告对计划进行了描述,见 US Army Engineer District, *New Orleans*, *Interim Survey Report*, *Lake Pontchartrain*, *Louisiana and Vicinity*(《路易斯安那州庞恰特雷恩湖及周边地区临时勘测报告》) (New Orleans, November 21, 1962), 见 US Army Corps of Engineers Digital Library, https://usace. contentdm. oclc. org/digital/collection/p16021coll2/id/904。另见 Lake Pontchartrain and Vicinity, *Louisiana*: *Letter from the Secretary of the Army*(《路易斯安那州庞恰特雷恩湖及周边地区:陆军部长的信》), H. R. Doc. No. 231, 89th Cong. , 1st Sess. (1965)。

[②] US House of Representatives, Committee on Public Works, *The Hurricane Betsy Disaster of September 1965*: *Report of the Special Subcommittee to Investigate Areas of Destruction of Hurricane Betsy*(《1965 年 9 月贝琪飓风灾难:调查贝琪飓风破坏地区特别小组委员会的报告》), House Committee Print No. 24, 89th Cong. , 1st Sess. (Washington, DC: US Government Printing Office, 1965), p.8.

[③] *An Act Authorizing the Construction*, *Repair*, *and Preservation of Certain Public Works on Rivers and Harbors for Navigation*, *Flood Control*, *and For Other Purposes*(《授权为航行,防洪和其他目的在河流和港口建造,维修和保护某些公共工程的法案》), Pub. L. No. 89 - 298, 79 Stat. 1073 (October 27, 1965).

之一。[①]

　　庞恰特雷恩湖及周边地区飓风防护项目旨在保护大新奥尔良地区免受陆军工程兵团所称的"标准项目飓风"的侵袭,即"被认为具有该地区合理特征的、最严重气象条件组合下可能发生的飓风"。美国陆军工程兵团与美国气象局合作,确定新奥尔良在任何特定年份发生"标准项目飓风"的概率为二百分之一。兵团将这种风暴描述为"强度类似于 1915 年 9 月的飓风"。公共工程委员会明白,庞恰特雷恩湖及周边地区飓风防护项目的设计并不能抵御所有的风暴潮——"标准项目飓风"是气象局制定的两个标准中较低的一个;另一个被称为"可能的最大强度飓风"。尽管如此,陆军工程兵团对庞恰特雷恩湖及周边地区飓风防护项目的设计仍充满信心。它声称,对于在工业运河和杰斐逊教区边界之间的新奥尔良区来说,兵团提议的项目结构组合基本上可以完全抵御所有飓风。[②]

　　庞恰特雷恩湖及周边地区飓风防护项目就像在这个大都市周围筑起一道混凝土墙。陆军工程兵团先是拒绝了所谓的"高水平计划",该计划涉及加高新奥尔良周围现有的堤坝,包括沿流入该市的三条排水渠所修的堤坝。在否决了"高水平计划"之后,工程兵团采用了所谓的"屏障计划",该计划的基础是一个高约 2.7 米、宽近 9.6 千米的巨型屏障,它将横跨在庞恰特雷恩湖的东侧,从新奥尔良东部一直延伸到斯莱德尔市,以从根本上防止风暴潮进入湖泊(实际上是一个咸水湾)。在门图赫巴和里戈莱特,航道上将安装闸门。新建和扩建的堤坝将"面向……圣查尔斯、杰斐逊、奥尔良和圣伯纳德等教区的已开发或潜在的可开发区域"。兵团将沿工业运河修建更高的防洪墙,并

---

① 科尔滕报告的面积约 411.5 平方千米。Craig. E. Colten, *Perilous Place, Powerful Storms: Hurricane Protection in Coastal Louisiana*(《危险之地,强大风暴:路易斯安那州沿海的飓风防护》) (Jackson: University Press of Mississippi, 2009), p. 56.

② US Army Engineer District, New Orleans, *Interim Survey Report*(《临时调查报告》), 24 (for first quotations), C-2 (for "essentially complete")。关于公共工程委员会, 见 *The Hurricane Betsy Disaster of September* 1965(《1965 年 9 月贝琪飓风灾难》),p. 10.

沿密西西比河-墨西哥湾出口修建新的堤坝。在新奥尔良的湖滨，兵团将把堤坝加高到约3.5米。据工程兵团估计，庞恰特雷恩湖及周边地区飓风防护项目将耗资约7 980万美元。联邦政府将支付70%，州政府和地方政府将承担其余部分。该兵团还提到了其他可以保护路易斯安那人的方法，包括制定建筑规范和区划法规，提供足够的避难所，组织飓风防范委员会来制定有效的预防措施、疏散和救援工作计划等。兵团指出，这些措施可以在不损害美国利益的情况下实现。①

尽管陆军工程兵团指出，该项目无形的好处是保护人类生命，但它还是通过对经济成本和收益的分析来证明该系统的合理性。兵团评估的前提是，新奥尔良大都市（包括奥尔良、杰斐逊和圣伯纳德教区）的人口在未来半个世纪内将翻一番，从1960年的868 480人增加到2010年的200多万人。兵团认为，大部分人口增长将在城市历史核心区以外，即杰斐逊教区以西，工业运河以东。考虑到这一预期的人口增长，陆军工程兵团预测，在未来15年内，如果采取新的防洪措施，查尔梅特地区（从工业运河到巴黎路，包括下九区）的土地价值将翻三倍多，从370万美元增加到超过1 300万美元。根据1961年该地区的发展状况，兵团估计新的堤坝系统平均每年可避免120万美元的洪水损失。但是，根据兵团对未来发展的预测（部分是基于密西西比河-墨西哥湾出口的完工），该防护工程的经济效益将翻两番，据其估计，平均每年可防止480万美元的洪水损失。美国陆军工程兵团对锡特勒斯县和新奥尔良东部地区的预测更加雄心勃勃，这些地区包括新奥尔良工业运河以东和密西西比河-墨西哥湾出口以北的部分。据其估计，按照目前的开发情况，新的堤坝系统将使该地区的洪水损失平均

---

① US Army Engineer District, New Orleans, *Interim Survey Report*（《临时调查报告》），40（for "high level"），38（for "front"），41 - 42（for 11.5 feet），54（for $79.8 million），ii（for "the establishment"）. 美国陆军工程兵团认为，高水平计划将耗资1亿美元，大大高于屏障计划，而且建造时间更长。1967年3月，美国陆军工程兵团结合贝其飓风的新数据，将工业运河沿岸防洪墙的设计标准从约4米提高到约4.2米；另见Colten, *Perilous Place*（《危险之地》），p.53。约7 980万美元的数字包括用于庞恰特雷恩湖防洪堤计划的6 470.3万美元和用于查拉梅特地区的1 514.3万美元，陆军工程兵团将其单独列出。

每年减少 720 万美元。但考虑到该堤坝系统在未来 20 年内对发展所能提供的支持,平均每年将减少 3 670 万美元的洪水损失。[1] 该项目会促进增长和发展,因此会得到更多支持。

尽管国会在贝琪飓风后匆忙批准了庞恰特雷恩湖及周边地区飓风防护项目,拨款却是零敲碎打的——陆军工程兵团还开展了一系列新的研究,以更新其设计,因此几年来,兵团在新系统修建方面并没有取得有意义的进展。到 1973 年,兵团在工业运河沿岸修建成了新的混凝土防洪墙。1974 年,兵团报告,他们已经在新奥尔良东区修建了超过 27 千米的新堤坝,在查尔梅特区修建了超过 43 千米的新堤坝,完成了该项目修建的第一阶段。但到 1975 年,也就是贝琪飓风过后的 10 年,兵团仍未开始在庞恰特雷恩湖上修建堤坝,而该堤坝是整个系统的关键所在。1971 年,兵团预计该系统将于 1978 年完工;1976 年,预计时间被推迟到 1991 年,预估费用增加到 3.5 亿美元以上。与此同时,庞恰特雷恩湖及周边地区飓风防护项目开始受到 1969 年《国家环境政策法》和 1972 年《清洁水法案》的约束。[2]

《清洁水法案》促使陆军工程兵团就庞恰特雷恩湖及周边地区飓风防护项目举行公开听证会。1975 年 2 月 22 日,路易斯安那人聚集在离庞恰特雷恩湖不远的新奥尔良大学的中心宴会厅,对该计划进行审议。会议反映出当地人对此的极大担忧。包括斯莱德尔市市长和该市商会会长在内的许多与会者都阐述了他们的担忧,即这个屏障计划将增加庞恰特雷恩湖北岸社区的洪水风险。其他人则反对陆军工程兵团成本效益分析中的基本假设。兵团声称庞恰特雷恩湖及周边地区飓风防护项目的成本效益比为 1∶12.6,但这是在去除湿地损失

---

① US Army Engineer District, New Orleans, *Interim Survey Report*(《临时调查报告》), 50 (for "intangible benefits"), 15 (for population growth estimates), 49 (for economic growth).

② Douglas Woolley and Leonard Shabman, *Decision-Making Chronology for the Lake Pontchartrain and Vicinity Hurricane Protection Project*, *Final Report for the Headquarters*, *U. S. Army Corps of Engineers* (《庞恰特雷恩湖及周边地区飓风防护项目决策年表,美国陆军工程兵团总部最终报告》) (Alexandria, VA: US Army Corps of Engineers, Institute for Water Resources, 2008), pp. 2 - 37 (for projections). Colten, *Perilous Place*(《危险之地》), pp. 51 - 65 (for progress), 67 (for the new regulatory regime).

的潜在成本之后。奥尔良奥杜邦协会的一位代表指出,"即使认为沼泽有非常微小的经济价值",也会使成本效益比"几乎无利"。他指责陆军工程兵团"以我们纳税人的利益为代价,让少数土地所有者中饱私囊",并指出湿地在驱散风暴潮方面发挥重要作用。同样,来自塞拉俱乐部的代表威廉·方特诺特(William Fontenot)批评兵团"将项目的许多收益建立在土地开垦和湿地地区未来开发上",而湿地"一旦干涸……洪水泛滥在新奥尔良大都市区的任何地方发生的可能性都是最大的"。①

听证会上最具戏剧性的证词来自一位科学家,他不仅反对庞恰特雷恩湖及周边地区飓风防护项目,还呼吁放弃整个保护新奥尔良的想法。迈克尔·特里蒂科(Michael Tritico)称:"正如我们所知,从长远来看,我们不得不放弃新奥尔良。这种事情听起来可能无法接受,但无论是否有人愿意承认,它都会发生。这并不是因为兵团没有尽全力,而是因为常识和自然力量终将施加其影响。"他最后说,新奥尔良人需要"搬到地势更高的地方"。"就我个人而言,我宁愿经历搬家的麻烦,也不愿意在堤坝无法正常运作时经历城市被淹的噩梦。"②

尽管人们在公众听证会上提出了诸多担忧,陆军工程兵团还是于1975 年 8 月宣布将按原设计方案继续实施该项目。12 月,一群名为"拯救我们的湿地"的活动者提出诉讼,要求阻止建造庞恰特雷恩湖屏

---

① Colten, *Perilous Place*(《危险之地》), pp. 69 - 71. US Army Corps of Engineers, "The Lake Pontchartrain, Louisiana, and Vicinity Hurricane Protection Project"(《路易斯安那州庞恰特雷恩湖及周边地区飓风防护项目》), public hearing, Saturday, February 22, 1975, New Orleans, LA, transcript, pp. 172 - 178 (for the Audubon Society representative), 250 - 253 (for Fontenot), 见 US Army Corps of Engineers Digital Library, https://usace. contentdm. oclc. org/digital/collection/p16021coll2/id/958. 关于军团的成本效益比,参见 US Army Engineer District, New Orleans, *Final Environmental Statement, Lake Pontchartrain, Louisiana, and Vicinity Hurricane Protection Project*(《最终环境报告,路易斯安那庞恰特雷恩湖及周边地区飓风防护项目》)(New Orleans: US Army Engineer District, New Orleans, 1974), no page number (cover page); 以及 Colten, *Perilous Place*(《危险之地》), p. 66。
② "The Lake Pontchartrain, Louisiana, and Vicinity Hurricane Protection Project"(《路易斯安那州庞恰特雷恩湖及周边地区飓风防护项目》), public hearing transcript, pp. 238 - 243.

障。1977 年 12 月,一名法官对屏障计划下达了禁令。[1] 对此,陆军工程兵团开始重新评估庞恰特雷恩湖及周边地区飓风防护项目的设计,包括再次研究所谓的高水平计划的可行性。新的研究花了六年多时间才完成,但在 1984 年 7 月,兵团宣布,现在它认为高水平计划是"提供飓风防护的最可行计划"。飓风防护系统将不再试图阻止风暴潮进入庞恰特雷恩湖,而是依靠环绕该地区的更高更坚固的堤坝和防洪堤。在一定程度上,由于这些变化,到 1990 年,兵团估计,该系统仍有 23%的工程尚未完工。[2]

　　大都市区是不断扩张的中产阶级的家园,这些人住在负担得起的独户住宅中:这就是庞恰特雷恩湖及周边地区飓风防护项目所承诺的愿景,这一愿景充满吸引力。该项目似乎解决了 20 世纪美国政治的核心难题。一方面,它体现了自由派的愿望——这种愿望在新政时期形成,并在"伟大社会"时期得到强化——即利用联邦政府作为全体公民的堡垒。很少有项目能比保护公民的堤坝系统更能体现福利国家的本质,它不分种族、阶级或居住社区,将美国人统统保护在其中。另一方面,该项目也迎合了保守派的要求,即政府行为应刺激私人增长。只有当陆军工程兵团考虑到堤坝系统将如何促进整个地区的新发展时,验证庞恰特雷恩湖及周边地区飓风防护项目合理性的成本效益分析才会支持该项目。

　　庞恰特雷恩湖及周边地区飓风防护项目所勾勒出的蔓延的大都

[1] US District Court, Eastern District of Louisiana, "Order," Save Our Wetlands, Inc. v. Early Rush et al. , Civil Action No. 75 - 3710, 424 F. Suppl. 354 (December 7, 1976),p. 375. US District Court, Eastern District of Louisiana, "Order"(《命令》), Save Our Wetlands v. Rush(《拯救我们的湿地诉拉什案》),December 30, 1977. 另见 Thomas O. McGarity and Douglas A. Kysar, "Did NEPA Drown New Orleans? The Levees, the Blame Game, and the Hazards of Hindsight"(《国家环境政策法淹没了新奥尔良? ——堤坝、指责游戏和事后诸葛亮的危害》), Cornell Law Faculty Publications, Paper 51, 2006, pp. 16 - 18; 以及 Colten, Perilous Place(《危险之地》), p. 72。

[2] US Army Corps of Engineers, New Orleans District, Lake Pontchartrain, Louisiana, and Vicinity Hurricane Protection Project, Reevaluation Study, Volume I, Main Report and Final Supplement I to the Environmental Impact Statement(《路易斯安那州庞恰特雷恩湖及周边地区飓风防护项目,重新评估研究,第一卷,主要报告和环境影响声明最终补充 I》)(New Orleans: US Army Corps of Engineers, New Orleans District, July 1984), 2 (for "feasible") and132 - 135. 关于 23%, 见 Colten, Perilous Place(《危险之地》), p. 84。

市也体现了石油地理学和政治经济学。1972 年,壳牌石油公司在新奥尔良建造了最高的建筑——一座比 20 世纪 30 年代休伊·朗在巴吞鲁日建造的国会大厦还要高 76 米的办公大楼,这象征着该州石油工业重要性的飙升。石油使个人能够负担得起开车通勤,使州政府能够负担得起修路的费用,使联邦政府能够负担得起在道路周围修建堤坝的费用。但是,石油及其对经济增长的刺激也破坏了发展可能性,因为密西西比河–墨西哥湾出口以及其他航道和油渠的修建增加了城市面临风暴潮时的脆弱性,而堤坝系统正是为了抵御风暴潮而建的。[1]

2005 年 1 月 1 日,陆军工程兵团报告,该项目只完成了 80%。在目前预计的超过 7.16 亿美元的成本中,兵团已经花费了约 4.52 亿美元。在 2005 年 2 月的一份报告中,兵团指出:"项目区持续的土地流失和人类定居可能影响了该项目抵御相应等级风暴的能力。我们将继续改进现有的计算机模型,以协助确定这些环境变化对项目的影响。"[2]

《国家洪水保险计划》

庞恰特雷恩湖及周边地区飓风防护项目本应防止新奥尔良再次遭遇水患,但它无法对居住于墙外的人们提供任何保护。国会代表在看到贝琪飓风引发的争论后,明白了洪水仍将是一个持久的全国性问题。向灾民提供联邦资金的做法越来越多,救灾开支变得越来越多。洪水保险,这一由潜在受益者支付保费的方式,提供了一个极具吸引力的解决方案。

私营保险公司从 19 世纪末开始提供洪水保险,直到 1927 年密西

---

[1] 关于第一壳牌广场,见 Richard Campanella, *Time and Place in New Orleans: Past Geographies in the Present Day*(《新奥尔良的时间和地点:过去的地理在今天》)(Gretna, LA: Pelican Publishing Company, 2002), p. 171。

[2] US Army Corps of Engineers, "FY 2006 Appropriation: Construction, General—Local Protection (Flood Control), Lake Pontchartrain and Vicinity"(《2006 财年拨款:建设、一般地方保护(防洪)、庞恰特雷恩湖及周边地区》), pp. 69 (for costs) and 74 (for refinement)。

西比河水患造成的损失迫使私营公司退出市场。1956 年,国会通过了一项联邦洪水保险法案,但从未资助或实施过该计划。[1] 贝琪飓风之后,促使国会授权建立堤坝系统的同一份报告呼吁国会审查并重新考虑整个灾害保险计划。[2] 作为回应,国会在《东南部飓风救灾法案》中指示住房和城市发展部研究联邦政府提供洪水保险的可能性。[3]

住房和城市发展部的官员们在努力解决两个问题,这两个问题长期以来一直困扰着国家洪水保护计划的支持者。第一个问题是对保险公司的挑战。与火灾风险不同,房主们所承受的洪水风险各不相同。由于居住在洪泛区以外的人不太可能购买洪水保险,保险公司很难建立一个风险池,使洪水保险可行,更不用说盈利了。第二个问题是对政策制定者的挑战。与更广泛的防洪工程一样,洪水保险可能使人们迁移到风险更大的地区。地理学家吉尔伯特·怀特在 1966 年提交给公共工程委员会的一份报告中警告说:"如果应用不当,保险计划可能会加剧而不是改善洪水问题。"[4]正如堤坝的修建鼓励人们迁入洪泛区一样,提供洪水保险也鼓励人们接受生活在洪水易发区的经济风险。

住房和城市发展部的官员解决这些难题的方式是将洪水保险作为其更广泛的努力的一部分,他们希望从一开始就减少美国人遭受水患的风险,而不是将洪水保险作为事后支付救灾费用的一种方式。该计划的设计者认为有机会预防灾害。怀特断言,"洪水是天灾",但"洪水造成的损失是人祸"。怀特认为,合理的洪水计划的核心应该是由

① *Federal Flood Insurance Act of 1956*(《1956 年联邦洪水保险法》), Pub. L. No. 84 - 1016, 70 Stat. 1078 (August 7, 1956). 关于《国家洪水保险计划》的历史,见 Scott Gabriel Knowles and Howard C. Kunreuther, "Troubled Waters: The National Flood Insurance Program in Historical Perspective"(《动乱水域:历史视角下的〈国家洪水保险计划〉》), *Journal of Policy History*(《政策历史杂志》)26, no. 3 (2014): 327 - 353, esp. 332。

② Committee on Public Works, *The Hurricane Betsy Disaster of September* 1965(《1965 年 9 月贝琪飓风灾难》), p. 18.

③ *An Act to Provide Assistance to the States of Florida, Louisiana, and Mississippi for the Reconstruction of Areas Damaged by the Recent Hurricane*(《向佛罗里达州、路易斯安那州和密西西比州提供援助以重建近期飓风破坏地区的法案》), Pub. L. No. 89 - 339, 79 Stat. 1301 (November 8, 1965).

④ US Task Force on Federal Flood Control Policy, *A Unified National Program for Managing Flood Losses*(《管理洪水损失的统一国家计划》), H. R. Doc. No. 465, 89th Cong., 2nd Sess. (1966) 34. 关于怀特,见 Robert E. Hinshaw, *Living with Nature's Extremes: The Life of Gilbert Fowler White*(《生活在大自然的极端:吉尔伯特·福勒·怀特的生活》) (Boulder: Johnson Books, 2006), p. 99。

国家出面绘制洪水危害地图,引导地方在土地使用方面制定相关的法律法规。① 住房和城市发展部部长罗伯特·韦弗在该机构提交给国会的研究报告的序言中同样主张,洪水保险应成为"土地使用调整计划的一部分",作为"阻止对洪水易发区不理智占用的一种手段"。②

1968 年 8 月,国会通过了《国家洪水保险法》,制定了《国家洪水保险计划》,并在住房和城市发展部设立了联邦保险管理局来负责实施该计划。③ 该法案将住房和城市发展部的许多建议写入其条例中,旨在阻止在洪水易发地区建造住房。首先,国会要求《国家洪水保险计划》在五年内绘制全国洪水危害地图。由此绘制的风险地图,即后来的洪水保险费率地图,是一个社区是否有资格参与该计划的先决条件。其次,法律要求地方辖区制定土地使用法规,以防止在洪水保险费率地图认定有危险的地方进行开发(1969 年,住房和城市发展部将这些"特别洪水风险区"定义为每年洪水发生的概率为 1% 的地方;住房和城市发展部要求新建筑的第一层必须建在所谓的百年一遇洪水的预期水位之上)。第三,尽管联邦政府将会为已经居住在洪水易发区的房主提供补贴,但它不会为新建房屋提供任何补贴。相反,洪水易发区的房主将被收取更昂贵的精算费率,这样做目的是阻止对洪泛区的开发,并最终使《国家洪水保险计划》实现经济上的自给自

① US Task Force on Federal Flood Control Policy, *Unified National Program*(《统一国家计划》), pp. 14 (for "acts of God", which in the original is written "acts of Good"), and 21 – 32.
② US Department of Housing and Urban Development, *Insurance and Other Programs for Financial Assistance to Flood Victims: A Report from the Secretary of the Department of Housing And Urban Development to the President, As Required by the Southeast Hurricane Disaster Relief Act of 1965*(《向洪水灾民提供保险和其他财政援助的计划:根据 1965 年〈东南飓风救灾法〉的要求,住房和城市发展部部长向总统提交的报告》)(Washington, DC: US Government Printing Office, 1966), ix.
③ *The National Flood Insurance Act became Title XIII of the Housing and Urban Development Act of 1968*(《〈国家洪水保险法〉成为 1968 年〈住房与城市发展法〉的第 XIII 篇》), Pub. L. No. 90 – 448, 82 Stat. 476 (August 1, 1968). 另见 Knowles and Kunreuther, "Troubled Waters"(《浑水》), p. 336。

足。① 最后,国会授权住房和城市发展部购买由《国家洪水保险计划》承保,但随后损坏到无法修复的房屋,最终目标是将现有居民完全迁出洪水易发地区。(直到 1979 年,国会才为住房和城市发展部提供资金用于购买或以其他方式征用易受洪水影响的房产,而且数额不大。)②私人保险公司将出售保险单,但《国家洪水保险计划》将决定洪水风险和精算费率,并在不承担任何风险的情况下向私人公司提供补贴。③

1969 年 6 月,路易斯安那州梅泰里成为首批正式加入《国家洪水保险计划》的社区之一。梅泰里是位于第 17 街运河的西侧的郊区,它将新奥尔良与杰斐逊教区分隔开来。1970 年,圣伯纳德教区的部分地区也获得了准入资格。④ 然而,在新奥尔良区,《国家洪水保险计划》一开始引起了房屋建筑商的恐慌,他们认为严格的洪泛区法规将阻碍新的开发,并动摇人们对现有社区的信心。1970 年 8 月,新奥尔良住宅建筑商协会主席对一位记者说:"该法案的明确意图是……阻止在被指定为洪水路径的地区或过去曾多次遭受水患的地区进行任何进

---

① Title 24 - Housing and Housing Credit, Chapter VII-Federal Insurance Administration, Department of Housing and Urban Development, Subchapter B-National Flood Insurance Program, Miscellaneous Amendments to Subchapter, section 1911. 52, *Federal Register*(《联邦登记册》) 34, no. 116 (June 18, 1969): 9558. 关于费率本身,见 Joe Massa, "Flood Insurance Solution Is Brought Closer by Act"(《洪水保险解决方案更接近法案》),*New Orleans Times-Picayune*(《新奥尔良皮卡尤恩时报》),June 27, 1969, p. 5。

② *Housing and Urban Development Act of 1968*, section 1362(《〈1968 年住房和城市发展法〉第 1362 条》), Pub. L. No. 90 - 448, 82 Stat. 558. 在 1979 年至 1994 年期间,《国家洪水保险计划》以大约 5 200 万美元的价格购买了大约 1 400 处被洪水淹没的房产。American Institutes for Research,*A Chronology of Major Events Affecting the National Flood Insurance Program*(《影响〈国家洪水保险计划〉的重大事件年表》), report to FEMA (December 2005), p. 28, https://www.fema.gov/media-library-data/20130726-1602-20490-7283/nfip_eval_chronology.pdf.

③ 关于《国家洪水保险计划》最初的减灾尝试分类,另见 Rutherford H. Platt, *Disasters and Democracy: The Politics of Extreme Natural Events*(《灾难与民主:极端自然事件的政治学》) (Washington, DC: Island Press, 1999), p. 77。

④ "Metairie Chosen for U. S. Flood Insurance Program"(《为美国的洪水保险计划选择梅泰里》),*New Orleans Times-Picayune*(《新奥尔良皮卡尤恩时报》), June 21, 1968, p. 1. "Violet Area Will Get HUD Flood Policies"(《维奥莱特地区将获得住房和城市发展部的洪水保险》), *New Orleans Times-Picayune*(《新奥尔良皮卡尤恩时报》), April 12, 1970, p. 3 - 12.

一步的开发。这几乎涵盖了整个新奥尔良区。"①因此，与全国许多社区一样，新奥尔良区对《国家洪水保险计划》的接受也很缓慢。到 1972 年，当飓风艾格尼丝在东海岸造成大面积破坏时，4 亿美元的损失中只有 500 万美元得到了《国家洪水保险计划》的赔偿，全国生效的保险单不到 10 万份。②

为了鼓励更多的房主购买保险，国会增加了保费补贴，并于 1973 年 12 月通过了《洪水灾害保护法》，要求"特别洪水风险区"的购房者只有购买洪水保险才能从联邦监管的贷款机构获得抵押贷款。该法案还废除了早先的一项条款，即在符合条件后的一年内未购买洪水保险的人将无法获得联邦救灾救济。③ 到 1980 年，即在《国家洪水保险计划》从住房和城市发展部被移交给新成立的联邦紧急事务管理局一年后，约有 200 万房主通过《国家洪水保险计划》投保。1994 年，依照《国家洪水保险改革法案》，贷款人不得不遵照强制购买的要求参保；到 90 年代末时，全国共有 400 万份有效保单。④

随着时间的推移，《国家洪水保险计划》变成了一个授权开发而不是阻止开发的项目。对洪水风险的疏于关注以及建筑法规执行不力使得易受洪水影响的房产有资格获得保费补贴。⑤ 1989 年，由吉尔伯

① Emile Lafourcade Jr. , "Flood Insurance Program Termed Injurious to Area"（《洪水保险计划对地区造成了损害》），New Orleans Times-Picayune（《新奥尔良皮卡尤恩时报》），August 14, 1970, pp. 1, 3.
② American Institutes for Research, A Chronology of Major Events Affecting the National Flood Insurance Program（《影响〈国家洪水保险计划〉的重大事件年表》），p. 16.
③ Flood Disaster Protection Act（《洪水灾害保护法》），Pub. L. No. 93-234, 87 Stat. 975 (December 31,1973). 在 1973 年法案的听证会上，立法者质疑百年一遇的洪泛区作为强制购买的标准是否过于宽松，因为根据一项研究，在过去 15 年中，超过 60% 的洪水损失是不太可能发生的洪水造成的。1979 年，美国审计总署（GAO）再次建议重新评估"百年一遇洪泛区作为国家标准的适当性"。但这一标准依然存在。Henry Eschwege, director, US GAO, to Patricia Roberts Harris, Secretary of Housing and Urban Development, CED-79-58, March 22,1979, pp. 11 – 12, https://www. gao. gov/assets/130/125962. pdf.
④ Erwann O. Michel-Kerjan, "Catastrophe Economics: The National Flood Insurance Program"（《灾难经济学：〈国家洪水保险计划〉》），Journal of Economic Perspectives（《经济展望杂志》）24, no. 4 (Fall 2010): 399 – 422, esp. 402 – 403.
⑤ 例如，Comptroller General of the United States, National Flood Insurance: Marginal Impact on Flood Plain Development, Administrative Improvements Needed（《国家洪水保险：对洪泛平原发展的边际影响;需要改善的行政管理》），CED-82-105 (Gaithersburg, MD: US General Accounting Office, August 16, 1982), p. 7。

特·怀特担任主席的委员会指出,人们继续迁往洪水易发地区,使"更多的房产处于危险之中","因占用易发水患地区而给国家造成的损失不断增加"。[①] 五年后的 1994 年,众议院的一个灾害问题特别工作组称,联邦的灾害政策"鼓励人们去承担他们以为不会为之付出代价的风险"[②]。《国家洪水保险计划》本应将危险地区的建筑成本计入保险费用,但实际上,通过在全国范围内分配该计划的补贴费用,它成了怀特在 1966 年警告过大家的陷阱:洪水保险非但没有阻止洪水易发地区的发展,反而助长了这种发展。[③]

当诺曼·鲁宾逊(Norman Robinson)于 1992 年在新奥尔良东区买下自己的房子时,他是有权选择自己在哪里定居的。鲁宾逊是密西西比州图姆斯巴人,也是一名海军陆战队退伍军人,他曾担任哥伦比亚广播公司新闻部驻白宫的记者,并在哈佛大学读书期间获得了一项著名的新闻学奖学金。他之后搬到新奥尔良,在当地的全国广播公司分部担任电视新闻主播。[④] 刚到新奥尔良时,鲁宾逊搬到了阿尔及尔,住在一个被《国家洪水保险计划》评为 B 级洪水区的社区,这意味着该社区在百年一遇的洪泛区之外。但在西岸住了一年后,鲁宾逊加入了正在崛起的南部非裔美国中产阶级的行列,他们聚集在新奥尔良东部。[⑤] 他以 15.4 万美元的价格买下了自己的新家——这是一栋占地约 306 平方米的两层砖房,位于一条宽阔的橡树林荫道上,所在的小区名为"春湖"。鲁宾逊认为这是一个典型的美国中产阶级社区。他几乎每个周六都会在自己的花园里干活,或者坐在游泳池边。他把后

① 引自 Platt, *Disasters and Democracy*(《灾难与民主》),p. 82。

② US House of Representatives, *Report of the Bipartisan Task Force on Disasters*(《两党灾难特别工作组报告》),December 14,1994, p. 1。

③ 国家住房保险计划致力于将风险与空间割裂开来, Steinberg, *Acts of God*(《不可抗力》),xxiv。

④ "WDSU Salutes Anchor Norman Robinson, Announces Date of Final Newscast"(《WDSU 向主播诺曼·鲁宾逊致敬,宣布最后一次新闻播报的日期》),*WDSU*, May 16, 2014, https://www.wdsu.com/article/wdsu-salutes-anchor-norman-robinson-announces-date-of-final-newscast/3370776。

⑤ "缺乏经济机会,而不是白人外逃,极大地改变了新奥尔良东部许多社区的种族构成。" 见 Mickey Lauria, "A New Model of Neighborhood Change: Reconsidering the Role of White Flight"(《社区变化的新模式:重新考虑白人外逃的作用》),*Housing Policy Debate*(《住房政策辩论》)9, no. 2 (1998): 395 – 424,quotation on 395。另见 Souther, "Suburban Swamp"(《郊区沼泽》),p. 216。

院称作自己的"周末避难所"，并在那里迎娶了妻子莫妮卡。莫妮卡说，多年来，她认识了附近的每一个人。[1] 他们的房子位于海平面以下2米多的地方，所在的社区被划分为 A 类洪水区，即"特别洪水风险区"，联邦要求这一带的居民必须购买洪水保险，但这并没有让鲁宾逊一家感到不安。[2] 他们的大多数邻居似乎也是如此。尽管新奥尔良东区平均低于海平面 1.8 米，而且 20 世纪 70 年代制定的洪水保险费率地图将该地区的大部分区域划为"特别洪水风险区"，但在《国家洪水保险计划》通过之后的 30 年里，该地区的人口翻了一番多。[3] 到 2000年，大约每四个非裔新奥尔良人中就有一个居住在新奥尔良东部。[4]

在圣伯纳德教区沿海运河的另一侧，人口增长并没有那么剧烈，但趋势是一样的：从 1970 年到 2000 年，尽管《国家洪水保险计划》已将许多新开发的地方列为特别洪水风险区，人口还是增长了 30% 以上。[5] 例如，塔尼娅·弗朗兹（Tanya Franz）于 1997 年在查尔梅特买下一栋房子，她搬进了一个在被《国家洪水保险计划》划为易受百年一遇

① Norman Robinson et al v. United States of America, et al., US District Court, Eastern District of Louisiana, Docket No. 06-CV- 2268, trial transcript, April 22, 2009, morning session, p. 643.
② 有关新奥尔良东区的地形估计（街区平均低于海平面 1.7 米,鲁宾逊一家低于海平面 2 米多），请参见 US District Court, Eastern District of Louisiana, "Findings of Fact and Conclusions of Law"（《事实认定和法律结论》），Document 19415, In Re Katrina Canal Breaches（《卡特里娜飓风运河决口》），November 18, 2009, pp. 56 - 57。鲁宾逊之前的家位于 Westbend Parkway。参见 Robinson v. United States, trial transcript, April 22, 2009, morning session, p. 617. For the flood zone there, see National Flood Insurance Program, Flood Insurance Rate Map, Orleans Parish, Louisiana, Community Panel number 2252030036B, revised January 6, 1978, p. 36; National Flood Insurance Program, Flood Insurance Rate Map, Orleans Parish, Louisiana, Community Panel number 2252030021B, January 6, 1978, p. 21; Robinson v. United States, trial transcript, April 22, 2009, morning session, p. 643。
③ 1970 Census Bureau data for tracts 17.7 through 17.13; and 2000 Census Bureau data for tracts 17.20 through 17.42. National Flood Insurance Program, "Flood Insurance Rate Maps, Orleans Parish, Louisiana," map revised January 6, 1978, community panel numbers 225203 0001 - 0040. 从 1970 年到 2000 年,新奥尔良东部的人口从 44 526 人增长到 96 363 人。
④ 根据 2000 年美国人口普查,23.96%的新奥尔良非裔美国人居住在沿海运河以北的新奥尔良东部。居住在包括下九区在内的整个新奥尔良东部的非裔美国人比例更高。关于非裔美国人的郊区化,参见 Andrew Wiese, Places of Their Own: African American Suburbanization in the Twentieth Century（《他们自己的地方:20 世纪非裔美国人的郊区化》）(Chicago: University of Chicago Press, 2004)。
⑤ Department of Housing and Urban Development, Federal Insurance Administration, "FIA Flood Insurance Rate Maps," 220870000 08 - 16, effective August 31, 1973. 根据美国人口普查,1970 年圣伯纳德的人口为 51 185 人,2000 年为 67 229 人。

洪水影响的区域之后才修建的社区。① 弗朗兹 20 世纪 80 年代在阿拉比长大,她希望留在教区里,这个愿望在她的中产阶级白人邻居中很普遍。弗朗兹从新奥尔良的路易斯安那州立大学健康科学中心获得学位后,开始了注册护士的职业生涯,然后她决定买房。她的父母帮她支付了 11.5 万美元的购房款,她与一位开发商合作,在德斯帕克斯大道上盖了一栋新房。这块地就在圣马克天主教学校的旁边,她希望把儿子送到那里上幼儿园。弗朗兹选择自己装修房子,包括砖块的颜色粉红色也是她自己选的。1999 年,她的第二个儿子出生后,弗朗兹又添置了一个游泳池和一个热水浴缸。"相信我,这不是一座豪宅。"她后来回忆道:"但对我来说,这就是我的小娃娃屋。"她的住所与阿邦运河 40 号仅一房之隔,这是一条将她的社区与密西西比河-墨西哥湾出口南侧快速侵蚀的湿地隔开的排水沟,但她从不担心水灾的发生。②

《国家洪水保险计划》为脆弱地区的经济和居民的人身安全提供了保障。卡特里娜飓风登陆时,62%的新奥尔良人居住在海平面以下,67%的新奥尔良人购买了洪水保险——在全国所有社区中,这一比例高居第十位,而全国的这一比例仅为 5.4%。在圣伯纳德教区,超过 68%的独户住宅都购买了洪水保险;在杰斐逊教区,洪水保险的投保率为 84%,居全国之首。在整个路易斯安那州,在卡特里娜飓风期间遭受洪水破坏的 113 053 户独户住宅中,有近 73 000 户,即超过 64%的独户住宅都有洪水保险,几乎是全国平均水平的 13 倍。③

在许多方面,查尔梅特和新奥尔良东部都代表了里根时代的新政

① National Flood Insurance Program, "Flood Insurance Rate Map, St. Bernard Parish, Louisiana", map revised May 1, 1985, community panel number 225204 0290 B.

② Robinson v. United States, trial transcript, April 21, 2009, volume 2, afternoon session, pp. 450 - 498, esp. 454 for "dollhouse" and 493 for $ 115 000.

③ 参考唐纳德·鲍威尔(Donald Powell)为白宫所做的研究。Jeffrey Meitrodt and Rebecca Mowbray, "After Katrina, Pundits Criticized New Orleans, Claiming Too Many Residents Had No Flood Insurance. In Fact, Few Communities Were Better Covered"(《卡特里娜飓风之后,学者们批评新奥尔良,声称太多居民没有洪水保险。事实上,很少有社区能得到更好的保障》),New Orleans Times-Picayune(《新奥尔良皮卡尤恩时报》), March 19, 2006, p. 1. 关于 2000 年的海平面,参见 Campanella, Delta Urbanism(《三角洲城市化》), p. 170。

治经济。它们不断扩张的地理范围依赖于价格低廉的汽油。它们的种族隔离人口既满足了非裔美国人日益增长的富裕需求,也满足了白人持久的权力需求。使这些地区得以发展的联邦计划也表明,新政秩序的雄心壮志取决于人们在意识形态上对增长的痴迷。庞恰特雷恩湖及周边地区飓风防护项目等大型公共工程旨在保护新奥尔良人,不分种族或阶级;为了达到国会所期望的成本与收益的比例,该项目必须实现新的增长。通过《国家洪水保险计划》,联邦政府试图在私营企业已经退出的领域提供经济保障,但政府仍然要求该计划符合资本主义市场的盈亏标准。为了使该计划"自负盈亏",立法者削弱了其覆盖范围,放松了监管。随着时间的推移,支持《庞恰特雷恩湖及周边地区飓风防护项目》和《国家洪水保险计划》的决策思想一再妥协,被证明是不稳定的,就像它们所补贴的新房屋下面的土地一样。

风暴警报

1990 年,美国国会通过了《沿海湿地规划、保护和恢复法案》,该法案通常被称为《布鲁法案》,以其作者和发起人路易斯安那州参议员约翰·布鲁(John Breaux)命名。这是联邦为解决日益严重的土地流失危机所做的首次重大尝试。《布鲁法案》要求联邦政府承担 85% 的海岸恢复工程费用,这些费用将由一个新的特别工作组确定。国会指示该工作组追求"不因开发活动而造成湿地净损失的目标"。该法案还试图超越传统的经济衡量标准来确定湿地的效益,宣称只要联邦法律要求进行成本效益分析,就应将净生态、美学和文化效益以及经济效益都考虑在内。[1] 与此同时,美国陆军工程兵团继续以狭隘的价值观行事。例如,1991 年,工程兵团拒绝了路易斯安那州提出的使用从

---

[1] *Coastal Wetlands Planning*, *Protection and Restoration Act*(《沿海湿地规划、保护和恢复法》), Pub. L. No. 101 - 646, 104 Stat. 4778(November 29, 1990), 4784 (for "no net loss") and 4782 (for "net ecological").

密西西比河-墨西哥湾出口疏浚的沉积物来填补被侵蚀的湿地的要求,声称这一过程过于昂贵。相反,他们将这些沉积物倒入开阔水域。① 后来,兵团称,圣伯纳德教区长期游说的、沿密西西比河-墨西哥湾出口建造的防洪措施会使成本效益计算失效,而成本效益计算是该项目获得授权的重要基础。②

1998 年,经过八年的研究,根据《布鲁法案》成立的特别工作组——正式名称为联邦路易斯安那州沿海湿地保护和恢复特别工作组,由陆军工程兵团、美国环保署和其他几个联邦机构的代表组成,他们与州长办公室和路易斯安那州湿地保护和恢复管理局合作,出版了《海岸 2050:迈向可持续发展的路易斯安那州沿海地区》(Coast 2050: Toward a Sustainable Coastal Louisiana)。舍伍德·加利亚诺是起草该报告的规划管理团队的成员之一。报告开头写道:"路易斯安那州沿海土地流失的速度,已经达到了灾难性的程度。"报告称,在过去的一个世纪里,路易斯安那州有超过 3 885 平方千米的湿地沉入墨西哥湾;该州每年持续损失 64.7 平方千米到 90.6 平方千米的土地。为此,该计划力求维持一个支持和保护路易斯安那州南部环境、经济和文化的沿海生态系统,并为国家的经济和福祉做出巨大贡献。③

可持续性问题唤起了人们对稳定的自然秩序的思考,但该计划的前提是大规模的工程建设,包括密西西比河的改道。《海岸 2050》计划还要求在 6 到 15 年内停止在密西西比河-墨西哥湾出口的深水航行,并指出该航道每天只能为 2 到 3 艘大型船只提供服务。④ 圣伯纳德教区理事会也于 1998 年通过了一项决议,呼吁陆军工程兵团关

① "Doing the Right Thing"(《做正确的事》),New Orleans Times-Picayune(《新奥尔良皮卡尤恩时报》),April 1, 1991, p. B6.
② Quoted in US District Court, Eastern District of Louisiana, "Orders and Reasons," Document 18212, In Re Katrina Canal Breaches, 627 F. Supp. 2d 656 (March 20, 2009), at 663.
③ Louisiana Coastal Wetlands Conservation and Restoration Task Force and the Wetlands Conservation and Restoration Authority, Coast 2050: Toward a Sustainable Coastal Louisiana(《海岸 2050:走向可持续发展的路易斯安邦那州沿海地区》)(Baton Rouge: Louisiana Department of National Resources, 1998), pp. 1 - 2, 31 (for one million acres).
④ Louisiana Coastal Wetlands Conservation, Coast 2050(《海岸 2050》),pp. 88 - 90.

闭密西西比河-墨西哥湾出口。① 兵团承认，圣伯纳德教区"长期以来一直要求关闭该航道，因为他们认为除了破坏环境，该航道还像一个漏斗一样加剧了飓风的侵袭"②。

密西西比河-墨西哥湾出口造成的威胁日益为人所知。2002 年，《新奥尔良皮卡尤恩时报》报道，那些主张关闭密西西比河-墨西哥湾出口的人认为如果有大飓风从这个角度靠近的话，它就像一把直指新奥尔良的猎枪。③ 皮特·萨瓦与圣伯纳德运动者联盟的其他成员一起制作了一个一米见方的圣伯纳德教区模型，以此来说明这个问题。他们用胶合板制作了凯撒工厂、炼糖厂、小房子和其他景点的微型复制品，这些都是他们家乡的标志性建筑。密西西比河-墨西哥湾出口从模型中心穿过。萨瓦把模型带到学校、老年活动中心和其他任何他能进入的地方。萨瓦回忆道："我会把蓝色的水倒入墨西哥湾。我把堤坝弄破时，整个圣伯纳德教区和奥尔良教区都会被淹没。"④密西西比河-墨西哥湾出口最初的宽度约 200 米，到 20 世纪初，它被侵蚀的堤岸平均宽度已达到近 610 米。它是圣伯纳德教区至少约 78 平方千米（甚至可能超过 181 平方千米）的沼泽地被破坏的罪魁祸首。⑤

2004 年 9 月，路易斯安那州立大学海岸研究所所长格雷戈里·斯通（Gregory Stone）说："我无意危言耸听，但末日景象终将发生。"当时

---

① St. Bernard Parish Council Resolution 12－98.

② US Army Corps of Engineers, "Habitat Impacts of the Construction of the MRGO, prepared by the USACE for the Environmental Sub-committee to the MRGO Technical Committee"（《美国陆军工程兵团为密西西比河-墨西哥湾出口技术委员会环境小组委员会编写的〈密西西比河-墨西哥湾出口施工对栖息地的影响〉》），December 1999, 引自 John Day, Mark Ford, Paul Kemp, and John Lopez, *Mister Go Must Go*: *A Guide for the Army Corps' Congressionally-Directed Closure of the Mississippi River Gulf Outlet*（《先生必须离开：美国陆军工程兵团根据国会指示关闭密西西比河-墨西哥湾出口指南》）（December 4, 2006), p. 7, https://saveourlake . org/wp-content/uploads/PDF-Documents/our-coast/MRGOwashpresfinalreport12-5-06. pdf.

③ John McQuaid and Mark Schleifstein, "Evolving Danger"（《不断演变的危险》），*New Orleans Times-Picayune*（《新奥尔良皮卡尤恩时报》），June 23, 2002, p. J12.

④ Savoye, deposition, March 5, 2008, 66－67, 76－77.

⑤ 关于 181 平方千米，见加利亚诺的证词，2008 年 5 月 1 日。联邦法院估计，MRGO 直接导致 78 平方千米的土地丧失。US District Court, Eastern District of Louisiana, "Findings of Fact and Conclusion at Law"（《事实认定与法律结论》），Document 19415, *In Re Katrina Canal Breaches*（《卡特里娜运河决口》），November 18, 2009, pp. 41（for 2,000 feet），38（for thirty square miles）.

伊万飓风逼近墨西哥湾，尽管风暴在登陆前减弱，使新奥尔良幸免于难，人们还是进行了大规模的自愿撤离。同年早些时候，联邦紧急事务管理局进行了一次名为帕姆飓风的演习，它预计一场缓慢的三级飓风将导致圣伯纳德 9 000 多人死亡、新奥尔良区 24 000 多人死亡。恢复路易斯安那海岸联盟的执行主任马克·戴维斯曾为《布鲁法案》进行游说，他对记者说："我们已经没有明天了。"①

2005 年 8 月 27 日，卡特里娜飓风的强度在墨西哥湾增加，时任圣伯纳德教区主席的小罗德里格斯正从心脏病发作中恢复过来，他坐在副驾驶座上，妻子杰西将他们的车开到路的尽头。他们来到堤坝边，向堤坝望去。越来越大的风已经把水几乎吹到了堤坝的顶端。夫妇俩在那里坐了一会儿，然后转身向圣伯纳德政府大楼驶去，他们将在那里挺过这场风暴。小罗德里格斯让杰西走老路回去，不要走高速公路。"为什么？"她问。他回答说："因为我想让你好好看看这里。""如果这场风暴一直持续，你将对这里只剩下回忆。你再也看不到这个地方了，再也看不到它原来的样子了。"②

洪水过后的第三年，科学家舍伍德·加利亚诺坐在新奥尔良的法庭上，在诺曼·鲁宾逊、塔尼娅·弗朗兹及其父母以及圣伯纳德和奥尔良教区东部的其他洪水受害者对陆军工程兵团提起的诉讼中作证。在过去 40 年里，他一直与罗德里格斯和萨瓦等人一起警示密西西比河-墨西哥湾出口的危险性。一位律师问他："根据你自己的研究、观察、报告，以及与工程兵团的会面来看，你会如何描述密西西比河-墨

① Michael Grunwald and Manuel Roig-Franzia,"Awaiting Ivan in the Big Uneasy"(《在大不安中等待伊万》),*Washington Post*(《华盛顿邮报》),September 15,2004,p. A1. 关于帕姆飓风见 Innovative Emergency Management,"Southeast Louisiana Catastrophic Hurricane Functional Plan,Draft"(《路易斯安那州东南部灾难性飓风功能计划草案》),August 6,2004,FEMA BPA HSFEHQ-04-A-0288,Task Order 001,p. 105. 关于飓风袭击新奥尔良的著名描述见 Mark Fischetti,"Drowning New Orleans"(《淹没的新奥尔良》),*Scientific American*(《科学美国人》),October 2001,pp. 77 - 85;Joel K. Bourne,"Gone with the Water"(《随水而去》),*National Geographic*(《国家地理》)206(October 2004):89 - 92,96,99,101 - 102,104 - 105;以及 John McQuaid and Mark Schleifstein's five-part series in the Times-Picayune in June 2002,published under the title,"Washing Away". 关于恢复路易斯安那州沿海联盟的作用见 Louisiana Coastal Wetlands Conservation,*Coast 2050*(《海岸2050》),p. 12。

② Rodriguez,deposition,April 30,2008,180.

西哥湾出口？"加利亚诺回答说："它是美国历史上最大的灾难之一。"
他们的交流就这样继续着。律师："这是你预测的吗？"加利亚诺："我
和其他人一起。"律师："这是可以防止的吗？"加利亚："是的。"①

---

① Robinson v. United States, trial transcript, April 20, 2009, morning session, p. 95.

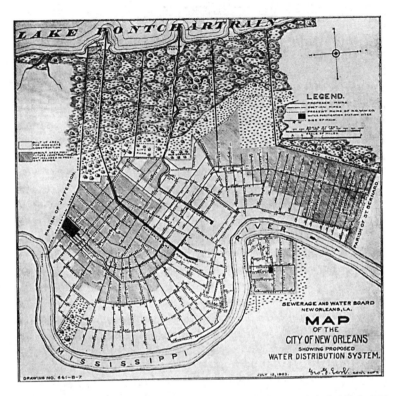

新奥尔良污水和供水委员会地图。标注阴影部分的社区被称为"未来建设的未建区域"（1902 年 7 月）。来自新奥尔良污水和供水委员会。

1915 年飓风后漫画。部分文字如下"新奥尔良能够承受其他城市未能承受住的风暴"（1915 年 9 月 30 日）。来自《新奥尔良简报》。

工业运河船闸落成典礼（1923 年 5 月 5 日）。美国陆军工程兵团，新奥尔良区。

炸毁密西西比河大坝,在圣伯纳德教区制造一条"人工裂缝"(1927 年 4 月 29 日)。美国陆军工程兵团,新奥尔良区。

南路易斯安那和美丽海湾海岸(大约为 1936 年)。路易斯安那编辑协会。

普拉克明教区沼泽中的石油管道（1955 年 7 月 11 日）。来自《石油和天然气杂志》。

密西西比河-墨西哥湾出口破土动工仪式（1957 年 12 月 10 日）。美国陆军工程兵团,新奥尔良区。

疏浚密西西比河-墨西哥湾出口（1959 年 12 月 9 日）。美国陆军工程兵团，新奥尔良区。

普拉克明教区自由港硫黄公司的运营（1963 年）。自由港麦克莫兰。

法兹·多米诺在他位于下九区的家中（1960年）。来自《鸟木杂志》。
史密森国立非裔美国人历史和文化博物馆。

贝琪飓风后下九区的洪水（1965年11月11日），美国陆军工程兵团，新奥尔良区。

贝琪飓风后,林登·约翰逊总统从"空军一号"上审视新奥尔良(1965 年 9 月 10
日),林登·约翰逊总统图书馆。冈本洋一摄影。

贝琪洪水中的灾民(1965 年 9 月),威斯康星历史学会,WHS – 68872。

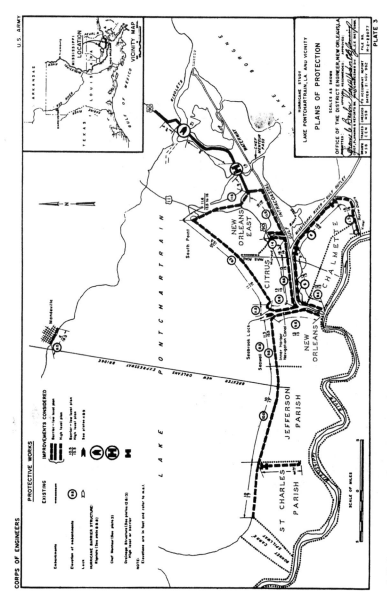

庞恰特雷恩湖及其附近飓风防护项目的"防护计划"（1962 年）。美国陆军工程兵团。

卡特里娜飓风后乔治·布什总统从"空军一号"上审视新奥尔良（2005 年 8 月 31 日）。白宫图片，保罗·莫尔斯摄影。

查尔梅特的房子，房子上印有"用这个去填充密西西比河-墨西哥湾出口"的字样，**Infrogmation**/维基媒体，**GNU** 自由文档。

下九区的"窥镜"美容院（2006 年 5 月），莫拉·菲茨杰拉德摄影。

市议会会议上的社区组织改革协会会员（2006 年 5 月）。莫拉·菲茨杰拉德摄影。

帕梅拉·马哈格尼在圣伯纳德住房项目前抗议（2006 年 6 月），莫拉·菲茨杰拉德摄影。

B. W. 库珀住房项目前的马蒂·格拉斯印第安人游行（2008 年 3 月），安迪·霍洛维茨摄影。

工业运河防洪堤附近的空地（2009 年 3 月），安迪·霍洛维茨摄影。

第二部分

2005 年 9 月 1 日,安杰拉·珀金斯(Angela Perkins)终于来到了会议中心。当她终于到达所谓的最后避难所时,却没有人向她提供帮助。帕金斯跪在地上,闭上眼睛,哭喊着:"请帮帮我们!"周围的每个人都同样绝望,她唤起了他们的注意,带领他们一起高呼:"救救我们! 救救我们! 救救我们!"卡特里娜飓风登陆三天后,堤坝系统崩溃,新奥尔良大部分地区被淹没,数百人溺亡。幸存者们几天来断水断粮,在酷热中体力逐渐衰退,处境十分危险。帕金斯只穿了身上的衣服和一双拖鞋,坐在床垫上漂到了避难所。在那之后的几天里,她弄脏了裤子,丢了拖鞋。她无法入眠。"我们又脏又臭,生着病,身体也脱水了。"她回忆说:"我们——他们管这个叫什么来着——精神受到了创伤。"①

　　次日,帕金斯的照片登上了《新奥尔良皮卡尤恩时报》的头版,照片上面巨大的标题是她的恳求:"请帮帮我们!"她绝望的照片传遍了全世界,成为这场灾难中众多标志符号之一:人们被困在屋顶上,有的挥舞着美国国旗,有的挥舞着白毛巾。人们在洪水中艰难跋涉、被困在高速公路天桥上;婴儿被无情的阳光晒得无精打采;尸体面朝下漂浮。屋顶如墓碑般一个个伫立在黑暗的水中。俨然是一个失败国家的凄惨景象。②

　　一年后的 2006 年 8 月,帕金斯来到了 805 千米之外的得克萨斯州

---

① Elizabeth Mullener, "Go Ahead On"(《继续前进》),*New Orleans Times-Picayune*(《新奥尔良皮卡尤恩时报》), August 27, 2006, p. D‑4; Brett Duke, "Help Us, Please!"(《请帮帮我们!》), photograph,*New Orleans Times-Picayune*(《新奥尔良皮卡尤恩时报》), September 2, 2005, p. 1.

② 可参见 the CNN Katrina archive:http://edition. cnn. com/SPECIALS/2005/katrina/archive/。关于洪水的形象如何偏离了美国例外主义的规范脚本见 Inderpal Grewal, *Saving the Security State*: *Exceptional Citizens in Twenty-First-Century America*(《拯救安全国家: 21 世纪美国的特殊公民》)(Durham: Duke University Press, 2017), pp. 33‑58, quotation on 37。

圣安东尼奥市。她很高兴能找到一份在停车场当收银员的工作,时薪9美元。她说:"我在新奥尔良从未挣到过这么多。"尽管她经常想到路易斯安那州,但她并没有考虑过回家。回家是不可能的。住房和城市发展部已经用木板封住了木兰街住房项目,而那里是帕金斯住了一辈子的地方。风暴来临之前,木兰街的邻居们戏称帕金斯为"七巨头",因为她在那里养育了七个孩子。6 月,联邦机构宣布将拆除木兰街住房项目。①

有一种观点认为,帕金斯的流离失所与卡特里娜飓风关系不大。她的公寓并没有被冲走。② 被称为"希望六号"的拆除大型公共住房项目的联邦政策并不是为了应对这场飓风而出台的,而是早在 1992年就有了。新奥尔良的另一个开发项目圣托马斯项目,在风暴来临之前就已被拆除。另一方面,如果没有 2005 年 8 月 29 日席卷路易斯安那州的那场狂风暴雨,拆除木兰项目以及新奥尔良其他三个大型公共住房项目的决定对许多人来说是难以想象的。路易斯安那州议员理查德·贝克(Richard Baker)在飓风发生的几天后宣布:"我们终于清理了新奥尔良的公共住房。"他口中的"清理"指的是将像帕金斯、她的孩子及邻居们这样的人驱逐出家园。贝克补充说:"我们做不到,但上

---

① Mullener, "Go Ahead On"(《继续前进》),p. D‐4; Susan Saulny, "5 000 Public Housing Units in New Orleans Are To Be Razed"(《新奥尔良 5 000 套公共住房将被拆除》),*New York Times*(《纽约时报》), June 15, 2006; Katy Reckdahl, The Long Road from C. J. Peete to Harmony Oaks(《从皮特到和谐橡树的漫长之路》)(National Housing Institute, 2013), p. 5, http://www.nhi.org/research/3570/harmony_oaks/.

② 据新奥尔良住房管理局称,该开发项目"受到了卡特里娜飓风的中度破坏",包括现场的瓦砾和屋顶的损坏,但"内部损坏极小",没有任何住房受到洪水破坏的报告。见 "HANO—Preliminary Redevelopment Plan"(《HANO‐初步重建计划》), April 2006, p. 33, in US House of Representatives, Committee on Financial Services, 110th Cong., 1st Sess., *Federal Housing Response to Hurricane Katrina: Hearing before the Committee on Financial Services*(《卡特里娜飓风后的联邦住房应对措施:金融服务委员会听证会》)(Washington, DC, 2007), p. 241。后来的资料显示,卡特里娜飓风的洪水严重破坏了皮特项目,但提供的细节很少。参见 "HUD Awards \$ 20 Million to Revitalize Aged C. J. Peete Public Housing Development in New Orleans"(《住房和城市发展部奖励 2 000 万美元用于振兴新奥尔良老旧的皮特公共住房开发项目》), HUD News Release, March 20, 2008。

帝做到了。"①

无论贝克是否真的相信神的干预,在他的陈述中,运河建设、海岸侵蚀、气候变化、城市下沉、堤坝崩坏、强制疏散以及数十年的地方、州和联邦住房政策被归结为一句"上帝做到了"的迷惑宣言,贝克的声明只是众多决策者的声明之一,他们声称卡特里娜飓风的后果是由人类无法控制的力量推动的,而不是他们自己的自证预言。②

的确,当堤坝决堤时,由于重力的作用,水会从墨西哥湾流入新奥尔良大都市区。但其他任何事情都没有以同样客观的逻辑发生。洪灾前路易斯安那州普遍存在的种族和经济不平等在洪灾后更显悬殊,但这并不是因为洪水在那里发生具有某种不可阻挡的影响。而是洪灾前的社会结构和洪灾后的政策决定为一些人创造了机会,也使另一些人丧失了机会。

① Charles Babington, "Some GOP Legislators Hit Jarring Notes in Addressing Katrina"(《一些美国共和党议员在谈及卡特里娜飓风时语出惊人》), *Washington Post*(《华盛顿邮报》), September 10, 2005.
② Robert K. Merton, "The Self-Fulfilling Prophecy"(《自我实现的预言》), *The Antioch Review*(《安提阿评论》)8, no. 2 (Summer 1948): 193-210. 事实上,贝克长期以来一直参与公共住房的政治活动。

第四章 失去新奥尔良意味着什么？
——卡特里娜飓风，2005 年 8—9 月

在路易斯安那州的这场大灾难中出现了一系列惊人的政府运作失灵事件。大多数民众都坚信政府会为他们提供基础的保护措施，认为这是他们作为美国公民以及人类大家庭中一员应得的权益。然而，当地政府、州政府以及联邦政府都无法为民众提供应有的基础保障。事实证明，陆军工程兵团无法设计出一个飓风防护系统来抵御狂风。地区运输管理局无法跨区转移民众。联邦紧急事务管理局没有能力处理突发事件。面对突如其来的灾难，新奥尔良警察局泥菩萨过河自身难保，更遑论去保障整个新奥尔良的安危。同样，国民警卫队也无法护卫国家，总指挥也指挥不了任何人。

尽管任何人都不希望发生这些运作失利的事件，这些情形的出现还要"归功"于一众人等的"努力"。至 21 世纪初，由利安得·佩雷斯主张拥护并筹资宣扬的意识形态在各个方面成了美国保守党派的主导思想。南部各州的民主党人曾一度沉迷于石油开采，对抗共产党，阻碍联邦政府的工作，削减税收，以及捍卫白人至上主义等事宜。现在，美国各地都充斥着这种倾向。石油之争引爆了伊拉克战争，导致了军事上的紧张。反共产主义摇身一变成了反恐怖主义，这使国土安全部得以设立。不过，所谓的国土安全部对新奥尔良众所周知的惨痛遭遇不甚关心，倒是掌控了不少联邦机构，对新奥尔良人的一举一动倍加防范。民众对政府行为的尖利攻击使联邦政府的合法性遭受非议。削减税收导致社会项目无力进展，国家财政乏力。对白人至上主

义的追捧使许多白人将非裔美国人视作愚蠢、低等、暴力、犯罪的化身。对所谓自由市场道德的盲目崇拜折射出白人至上主义信仰,这也导致许多人将受害者所遭受的苦难归咎为其自身的问题。

这时叫作"卡特里娜"的飓风来了,美国国家飓风中心认为该飓风是由"热带气浪、第十号热带低气压的中部对流层残余物以及对流层高层槽的相互作用形成的"①。这场飓风的名字也被用来指代这次灾难的前因后果,其根源在几十年前就存在了,其影响在这场风暴结束后的很长一段时间仍然存在。

风暴、洪水以及应对措施

在巴哈马群岛海岸的某地,暴风开始逆时针旋转。8 月 24 日,世界气象组织在查阅了预先制定的飓风命名表后,将这一热带风暴命名为"卡特里娜"。8 月 25 日,卡特里娜的持续风速超过每小时 119 千米,成为 2005 年度里的第五场大西洋飓风。8 月 26 日,飓风卡特里娜进入墨西哥湾。到 8 月 27 日星期六上午,其风速已飙升至每小时 185 千米。根据斯塔福德-辛普森飓风等级表,卡特里娜此时为 3 级飓风,并且风力在持续增强。②

路易斯安那州州长凯瑟琳·布兰科(Kathleen Blanco)宣布该州进入紧急状态。随后,布兰科向乔治·布什发函,要求布什总统根据《斯塔福德灾难与紧急援助法》(*Robert T. Stafford Disaster Relief and Emergency Assistance Act*,又称《斯塔福德法案》)宣布路易斯安那州也进入紧急状态。因为这样的话,白宫就能"为拯救生命和保护财产的工作和服务提供直接的联邦援助"③。圣伯纳德教区和普拉克明教区

① Richard D. Knabb, Jamie R. Rhome, and Daniel P. Brown, *Tropical Cyclone Report*, *Hurricane Katrina*, *23 - 30 August 2005*(《热带气旋报告,卡特里娜飓风,2005 年 8 月 23 日至 30 日》)(Miami: National Hurricane Center, 2011), p.1.
② Knabb, Rhome, and Brown, *Tropical Cyclone Report*(《热带气旋报告》), pp. 1 - 3.
③ "Blanco's State of Emergency letter to President Bush"(《布兰科致布什总统的紧急状态信函》),*New Orleans Times-Picayune*(《新奥尔良皮卡尤恩时报》), August 27, 2005.

的官员发布了强制疏散令。① 周六晚 5 点,新奥尔良市长雷·纳金
(Ray Nagin)也宣布进入紧急状态,并敦促人们尽快撤离,前一年的夏
天,飓风伊万登陆前他也是这样做的。不过纳金可能并不愿意发布强
制疏散令,因为许多新奥尔良民众并不具备撤离条件:撤离费很昂贵,
而整个新奥尔良市超过四分之一的人口,约 13.1 万人,都十分贫困。
此外,对老年人和残疾人来说,撤离异常困难。②

　　周六晚,美国国家气象局向新奥尔良发布飓风预警,并称该飓风
的风力等级可能在第二天达到 4 级。③ 美国国家飓风中心主任马克
斯·梅菲尔德(Max Mayfield)向纳金和布兰科致电,以绝对确保他们
了解情况的严重性。④ 到 8 月 28 日周日的 6 点,卡特里娜的风力等级
达到 5 级,即风速已飙升至每小时约 272 米。⑤

　　周日上午 10 点,美国国家气象局发布了一份极其紧急的公告。
该公告警示道,卡特里娜飓风可能会导致"以现代标准来看人类巨大
的痛苦"。位于斯莱德尔的路易斯安那州国家气象局办公室的气象学
家罗伯特·里克斯(Robert Ricks)预测这将是一场"毁灭性的破坏"。
里克斯曾在下九区经历过贝琪飓风,他写道:"接下去的几周,该地的

---

① 关于普拉克明教区,参见 US House of Representatives, *A Failure of Initiative*: *Final Report of the Select Bipartisan Committee to Investigate the Preparation for and Response to Hurricane Katrina*(《失败提案:调查卡特里娜飓风准备和应对的两党特别委员会的最终报告》)(Washington, DC: US Government Printing Office, 2006), p. 112;关于圣伯纳德教区,参见 US Senate, *Hurricane Katrina*: *A Nation Still Unprepared*, *Special Report of the Committee on Homeland Security and Governmental Affairs*(《卡特里娜飓风:一个仍然毫无准备的国家,国土安全和政府事务委员会的特别报告》)(Washington, DC: US Government Printing Office, 2006), p. 245。

② Michael Grunwald and Manuel Roig-Franzia, "Awaiting Ivan in the Big Uneasy"(《在巨大不安中等待伊万》), *Washington Post*(《华盛顿邮报》), September 15, 2004, p. A1;关于纳金的声明,参见 Assistant to the President for Homeland Security and Counterterrorism, *The Federal Response to Hurricane Katrina*: *Lessons Learned*(《联邦对卡特里娜飓风的反应:经验教训》)(Washington, DC: The White House, 2006), p. 26;根据 2000 年人口普查,有 130 896 人生活在贫困线以下,占总人口的 27.9%。

③ National Hurricane Center, "Hurricane Katrina Advisory Number 19"(《卡特里娜飓风第 19 号通报》), August 27, 2005, http://www.nhc.noaa.gov/archive/2005/pub/al122005.public.019.shtml。

④ Max Mayfield, *Hearing on Hurricane Katrina*: *Predicting Hurricanes*: *What We Knew About Katrina and When*(《卡特里娜飓风听证会:预测飓风:我们对卡特里娜飓风的了解及了解时间》), Hearing Before the Select Bipartisan Committee to Investigate the Preparation for and Response to Hurricane Katrina, US House of Representatives, 109th Cong., September 22, 2005, 引自 US House of Representatives, *Failure of Initiative*(《失败提案》), p. 70。

⑤ Knabb, Rhome, and Brown, *Tropical Cyclone Report*(《热带气旋报告》), p. 3.

大部分区域都将无法居住……时间也可能更久。"他预测大灾将至，"至少有一半建造良好的房屋可能会出现屋顶和墙壁的大面积损坏"，"所有木制框架的低层公寓楼都会遭到摧毁"。他还写道："高耸的办公楼和公寓楼将会岌岌可危……其中有几栋会彻底倒塌……所有窗户都会被炸得粉碎……这些碎片会在空气中四处扩散……而那些置于飓风中的人……如果被这些碎片击中，就将凶多吉少。此外，停电将持续数周。"[1]

在一小时之后，也就是周日上午的 11 点，纳金宣布风暴潮可能会"推翻"堤坝系统，并向民众下达强制疏散令，这在该市当属首次。[2] 随后，路易斯安那州的"逆流"计划启动，即让大部分州际公路车道成为单向车道，从新奥尔良及其海岸驶离，只出不进。路易斯安那州 100 万到 120 万的民众乘坐 43 万辆车逃离了大都市区，这些车辆拥挤在单向的州际公路上。圣伯纳德教区的 6.7 万名居民有 92% 的人已完成撤离，普拉克明教区的 2.7 万名居民中也有 97% 至 98% 的民众已撤离完毕。[3] 新奥尔良约有 75% 的居民在风暴来袭前撤离，但城中仍有约 13 万人。对那些无法撤离的人，纳金向他们开放了"超级圆顶"（即路易斯安那超级圆顶体育馆）作为最后的避难所。到周日晚上，约有 1 万人前往"超级圆顶"避难，其中许多人是乘坐城市公交车

---

① National Weather Service, "Urgent Weather Message"（《紧急天气信息》）, New Orleans, Louisiana, August 28, 2005；关于里克斯的介绍，参见 Brian Williams, "The Weatherman Nobody Heard"（《没有人听的天气预报员》）, NBC News, September 15, 2005。

② 雷·纳金 2005 年 8 月 28 日的新闻发布会讲话，引自 US House of Representatives, *Failure of Initiative*（《失败提案》）, p. 110；关于总统后来声称的"没有人预测到防洪堤会决口"，参见 George W. Bush, *Decision Points*（《决策要点》）（New York：Crown, 2010）, p. 316。

③ 关于 43 万辆车，参见 Brian Wolshon, "Evacuation Planning and Engineering for Hurricane Katrina"（《卡特里娜飓风的疏散计划与工程》）, *The Bridge*（《桥》）36, no. 1 (Spring 2006): 27 - 34, esp. 31；关于 100 万撤离民众，参见 US Senate, *Nation Still Unprepared*（《仍然毫无准备的国家》）, p. 244；关于逆流、120 万撤离民众以及普拉克明教区，参见 US House of Representatives, *Failure of Initiative*（《失败提案》）, p. 64, 112；关于圣伯纳德教区，参见 US Senate, *Nation Still Unprepared*（《仍然毫无准备的国家》）, p. 245。

前往那里的。①

8 月 29 日,也就是周一的上午 6 点 10 分,卡特里娜于路易斯安那州帝国城外普拉克明教区的比勒斯镇登陆。这场暴风雨比预测的要弱。它以 3 级风力强度登陆路易斯安那州,最大持续风速为每小时约 203 千米。风暴在向北移动时,又转向了东部。卡特里娜的风眼距新奥尔良有约 32 千米的距离。美国国家气象局认为,卡特里娜飓风在该市有 1 至 2 级的强度,且其持续风速可能不会超过每小时 129 千米。② 该风暴潮仍具备大型风暴的力量,在密西西比湾沿岸造成了极大的破坏。但在新奥尔良,狂风并没有刮倒高层公寓楼,也没有将汽车卷至空中。在华盛顿特区,时任美国国土安全局局长的迈克尔·切尔托夫(Michael Cherto)也负责联邦紧急事务管理局的事务,他认为新奥尔良躲过了一劫。③ 然而,该市的堤坝系统崩溃了。

8 月 29 日周一上午,卡特里娜的风暴潮途经密西西比河-墨西哥湾出口及海岸沿岸运河,并向新奥尔良东部袭来。随后,洪水便涌入了圣伯纳德教区和新奥尔良东部。工业运河东西两侧的防洪墙随之倒塌,洪水分别涌入下九区和上九区。紧接着,伦敦大道运河以及第 17 街运河的防洪墙也随之倒塌,洪水分别涌入让蒂利区和湖景区。接下来的两天中,洪水从多达 50 个堤坝的决口处不断涌出,四溢至整座城市,新奥尔良就如同一只"装满水的碗"。直至重力作用结束后,新奥尔良和圣伯纳德的水位已经与庞恰特雷恩湖的水位齐平。其中,许

---

① 杰夫·史密斯(Jeff Smith),路易斯安那州国土安全和应急准备办公室副主任作证称,大约有 6.2 万人被从屋顶上和水中救出,另有 7.8 万人从"超级圆顶"体育场、会议中心、杰斐逊教区 1 - 10 号"三叶草"立交桥以及圣伯纳德教区的各个地点疏散。在飓风过后政府帮助疏散的 14 万人中,大多数来自奥尔良。参见 "Testimony of Colonel Jeff Smith to the House Select Committee to Investigate the Preparation and Response to Hurricane Katrina"(《杰夫·史密斯上校在众议院特别委员会就卡特里娜飓风准备和应对调查中的证词》),December 14, 2005, pp. 5 - 6, http://web. archive. org/web/20051227033153/http://katrina. house. gov/hearings/12_14_05/smith_121405. doc。关于最后的避难所的说法参见 US Senate, *Nation Still Unprepared*(《仍然毫无准备的国家》), p. 155。
② Knabb, Rhome, and Brown, *Tropical Cyclone Report*(《热带气旋报告》),pp. 3, 8.
③ "Transcript for September 4"(《9 月 4 日的文字记录》),*Meet the Press*(《媒体见面》), NBC, September 5, 2005, http://www. nbcnews. com/id/9179790/#. U3TpLsbsKgE.

多被淹地区的水位已经高于海平面。[①]

由于庞恰特雷恩湖及其邻近地区的飓风保护工程的失败，新奥尔良近 77% 的地区被洪水淹没，而圣伯纳德则完全被水所淹。新奥尔良总人口为 48.5 万，其中约 37.2 万居民的家中都进了水；后来，23 672 位屋主在描述其房屋时说道，他们的房屋损毁程度已超过 51%。在圣伯纳德教区，有 65 000 户居民的房屋——近该教区 97% 的居民人口——都受到洪水的直接影响。此外，风暴潮还淹没了邻近教区的大片土地。在普拉克明教区，11 000 人的房屋被洪水淹没，几乎占该县人口的一半。在杰斐逊教区，另有 18.1 万人的家中出现了积水。仅在路易斯安那州，就有近 63.4 万人受到洪水的严重影响。[②] 至少有 80

---

① Raymond B. Seed et al. (i. e. , "the Independent Levee Investigation Team" or "ILIT"), *Investigation of the Performance of the New Orleans Flood Protection Systems*（《对新奥尔良防洪系统性能的调查》），Vol. 1（National Science Foundation, 2006），第 xxi 页（for "catastrophically"）和第 xxiv 页（or "large number"）；关于"装满水的碗"，参见 Mark Schleifstein and John McQuaid, "The Big One"（《巨大灾难》），*New Orleans Times-Picayune*（《新奥尔良皮卡尤恩时报》），June 23, 2002；同时参见 McQuaid and Schleifstein, *Path of Destruction: The Devastation of New Orleans and the Coming Age of Superstorms*（《毁灭的路径：新奥尔良的灾难和超级风暴时代的来临》）（New York: Little, Brown and Company, 2006）；关于 50 个防洪堤决口，参见 US Army Corps of Engineers Interagency Per for mance Evaluation Task Force（IPET）, *Performance Evaluation of the New Orleans and Southeast Louisiana Hurricane Protection System*（《对新奥尔良和路易斯安那东南部飓风防护系统的性能评估》），Vol. 1（US Army Corps of Engineers, 2009），p. 3。
② Thomas Gabe, Gene Falk, and Maggie McCarty, *Hurricane Katrina: Social-Demographic Characteristics of Impacted Areas*（《卡特里娜飓风：受影响地区的社会人口统计特征》），CRS report no. RL33141（Washington, DC: DC: Library of Congress, 2005）, pp. 7 - 13（quotation on 13）. 这些国会研究服务中心的预估损失是基于联邦紧急事务管理局的洪水和损失评估以及 2000 年人口普查数据，并且提供了一个粗略的近似值。根据不同的联邦紧急事务管理局的统计数据，新奥尔良总共有 188 251 个住房单位，其中 79 918 个住房单位遭受"严重损坏"，26 405 个住房单位遭受"重大破坏"。圣伯纳德共有 25 123 个住房单位，联邦紧急事务管理局估计，其中 13 748 个住房单位受到"严重损坏"，5 938 个住房单位遭到"重大破坏"。参见 US Department of Housing and Urban Development, Office of Policy Development and Research, *Current Housing Unit Damage Estimates: Hurricane Katrina, Rita, and Wilma*（《目前住房单位损害估计：飓风卡特里娜、丽塔和威尔玛》）（February 12, 2006）, https://www. huduser. gov/publications/pdf/GulfCoast_Hsngdmgest. pdf。77% 是指新奥尔良的所有土地面积；关于新奥尔良居民居住在受洪水持续影响地区的数据，参见 Richard Campanella, "An Ethnic Geography of New Orleans"（《新奥尔良的族裔地理》），*Journal of American History*（《美国历史杂志》）94, no. 3（December 2007）: 704 - 715, esp. 714。关于超过 51% 的被摧毁情况，参见 Timothy F. Green and Robert B. Olshansky, "Rebuilding Housing in New Orleans: The Road Home Program after the Hurricane Katrina Disaster"（《新奥尔良的住房重建：飓风卡特里娜灾后家园计划》），*Housing Policy Debate*（《住房政策讨论》）22, no. 1（2012）: 75 - 99, esp. 93。

万人流离失所。①

在20世纪的前几十年里,新奥尔良开始向密西西比河附近的高地之外奋力扩张,这座城市就是由这些如今被洪水淹没的房屋组成的。其中一些被洪水淹没的居民区长期以来一直是特权阶层的家园,而一些其他居民区则一直处于不利地位。在某些情况下,那些被淹社区的人口结构随着时间的推移发生了戏剧性的改变。不过可以肯定的是,那些居住于新奥尔良法国区和花园区的最为富裕的居民家中未受到洪水侵害。而对于湖景区的上中产阶级白人,让蒂利和新奥尔良东部的非裔美国中产阶级,下九区的非裔美国工人阶级,圣伯纳德教区线对面查尔梅特的工人阶级白人,以及杰斐逊教区线对面的老梅泰里富人区里的富裕白人,他们都依赖于同一个具有各种要素的系统,这个系统中有堤坝、防洪墙、排水渠以及水泵。② 当这些基础设施发生故障时,上述所有人都会处于危险之中。新奥尔良大都市区被洪水淹没的那部分是由联邦住房管理局和退伍军人法案资助修建的;这是一座由石油和天然气所驱动的城市,也是一座为汽车和通勤而建的城市;更是一座到处都是独栋住宅区的城市。被卡特里娜淹没的不是穷困的新奥尔良或富裕的新奥尔良,也不是由白人构成的新奥尔良或由黑人构成的新奥尔良。被淹没的是20世纪的新奥尔良。③

①US Senate, Committee on Homeland Security and Governmental Affairs, 111 Cong., 2 Sess., *Five Years Later: Lessons Learned, Progress Made, and Work Remaining from Hurricane Katrina*(《飓风卡特里娜发生五年后:从中得到的教训、取得的进展以及尚待完成的工作》)(Washington, DC: US Government Printing Office, 2011), p.49.

②关于新奥尔良排水系统,参见Craig E. Colten, *An Unnatural Metropolis: Wresting New Orleans from Nature*(《非自然大都市:从大自然中夺取新奥尔良》)(Baton Rouge: Louisiana State University Press, 2005);关于老梅泰里,参见Michelle Krupa, "Old Metairie Still Flooded"(《老梅泰里依然洪水泛滥》), *New Orleans Times-Picayune*(《新奥尔良皮卡恩时报》), September 6, 2005。

③对受洪水影响人口的统计分析表明,"生活在受灾地区的可能性……对于黑人、租户和贫困人口来说要大得多",该分析还显示在该地区,生活在受灾地区的非西班牙裔白人与黑人人数大致相当(分别为294 000人与295 000人),并且"在受灾地区的人口中,高于贫困线的人数远远大于贫困人口的数量"。参见John R. Logan, *The Impact of Katrina: Race and Class in Storm-Damaged Neighborhoods*(《卡特里娜的影响:飓风灾区的种族和阶级》)(Providence: Brown University Spatial Structures in the Social Sciences Institute, 2005), p.7。另请参阅Campanella, "An Ethnic Geography of New Orleans"(《新奥尔良的族裔地理》)。

对于那些没有撤离的人来说,洪水即地狱。[①] 全路易斯安那州有
1 000 多人在洪水上涨时死亡。疾病控制和预防中心(Centers for
Disease Control and Prevention,缩写为 CDC)以及路易斯安那州公共卫
生办公室(Louisiana Office of Public Health)的学者们估计,该州约有
971 人因卡特里娜飓风丧生,另有 15 人在疏散时客死他州。其中,682
人死于新奥尔良,157 人死于圣伯纳德教区,42 人死于杰斐逊教区。
在路易斯安那州的遇难者中,有一半是 75 岁及以上的居民,有 51% 的
遇难者是黑人。7 人死在"超级圆顶",14 人死在机场,10 人死在会议
中心,103 人死在护理机构,192 人死在医院。根据疾病控制和预防中
心的估算,人数最多的是死于家中,有 317 人。共有 387 人溺水身亡。
据报告,2 人死于他杀,4 人死于自杀。负责调查的学者称,该研究是
保守估计,并且认为卡特里娜飓风导致的死亡人数上限约为 1 440 人。
由于这场灾难规模巨大,因此不可能有一个权威的数据。[②]

其中大多数死者是非裔美国人。在该州官方的死亡人数统计中,
共有 682 个新奥尔良人,其中 459 人为非裔美国人,196 人为白人。差
异如此悬殊的数据反映出了该市的种族构成:非裔美国人占新奥尔良

[①] 关于飓风过后的故事叙述,请参阅 Jed Horne, *Breach of Faith: Hurricane Katrina and the Near Death of a Great American City*(《信仰破裂:飓风卡特里娜和一个濒临毁灭的伟大美国城市》)(New York: Random House, 2006); *When the Levees Broke: A Requiem in Four Acts*(《决堤之时:四幕安魂曲》), directed by Spike Lee (HBO, 2006) DVD; Christopher Cooper and Robert Block, *Disaster: Hurricane Katrina and the Failure of Homeland Security*(《灾难:飓风卡特里娜和国土安全部的失职》)(New York: Henry Holt and Company, 2006); Dan Baum, *Nine Lives: Death and Life in New Orleans*(《九条命:新奥尔良的生与死》)(New York: Spiegel and Grau, 2009), esp. Part III。关于圣伯纳德教区遭受飓风的叙述,请参阅 Ken Wells, *The Good Pirates of the Forgotten Bayous*(《被遗忘的海湾的善良海盗》)(New Haven: Yale University Press, 2008)。

[②] Joan Brunkard, Gonza Namulanda, and Raoult Ratard, "Hurricane Katrina Deaths, Louisiana, 2005"(《飓风卡特里娜造成的路易斯安那州死亡情况, 2005 年》), *Disaster Medicine and Public Health Preparedness*(《灾难医学与公共卫生应急准备》)2, no. 4 (December 2008): 215 – 223. 还有关于在卡特里娜飓风期间死亡意味着什么的争论。换句话说,这是关于灾难定义的争论。一些学者认为,卡特里娜飓风相关死亡人数远高于疾控中心的估计。参见 Kevin U. Stephens Sr. et al., "Excess Mortality in the Aftermath of Hurricane Katrina: A Preliminary Report"(《卡特里娜飓风后的过度死亡:初步报告》), *Disaster Medicine and Public Health Preparedness*(《灾难医学与公共卫生应急准备》)1, no. 1(July 2007): 15 – 20。2012 年,路易斯安那卫生部获得了额外记录,报告称在路易斯安那州有 1 115 人死于卡特里娜飓风,其中包括新奥尔良 769 人和圣伯纳德 132 人。参见 Poppy Markwell and Raoult Ratard, "Deaths Directly Caused by Hurricane Katrina"(《卡特里娜飓风直接致死》), Louisiana Department of Health (2012), http://ldh. la. gov/assets/oph/Center-PHCH/Center-CH/stepi/specialstudies/2014PopwellRatard_KatrinaDeath_PostedOnline. pdf。

人口的67%，死亡人数也占67%。在圣伯纳德教区，非裔美国人占总人口的7.3%，其中12名非裔美国人被列入死亡名单，占该教区洪灾死亡人数的7.6%。杰斐逊教区的情况也相差无几。[①]

安杰拉·珀金斯活了下来。她和她的13个家人在她女儿的公寓里挺过了这场风暴，这套公寓位于中心城区库珀公共住房区的三楼。起初，大家聚在一起还觉得很有趣。她回忆说："我们那时都在哈哈大笑。"然后风势骤起，情况变得可怕起来了，不过几小时后，风暴就过去了，风势也平静了下来。然而，就在帕金斯离开女儿家后，噩梦开始了。

为了去往"超级圆顶"避难，珀金斯和她的家人在被洪水淹没的街道中艰难跋涉，到了该地点却被拒之门外。他们被告知需要步行约3.2千米到厄内斯特·K.莫里尔会议中心。在那里，已有成千上万的避难者了。那里没有电，酷热难耐。水管不通，卫生间很快变得臭气熏天，难以忍受。没有食物，也没有水。警察或救援人员不见踪影。一些人挤作一团，另一些人争吵不休。"恶臭、无聊、焦虑、不适和无助感在这里四处蔓延。"一位记者如此写道。一名和珀金斯一起被困在会议中心的男子认为："好像我们所有人都已经被宣告死亡了。"[②]

和上万的其他美国人一样，在风暴过后的四天里，珀金斯没有看到任何来自政府层面的实质性帮助。8月29日周一，卡特里娜登陆的那天，州长布兰科对布什总统说："我们需要你们所拥有的一切。"布什

[①] 尽管2012年更新的路易斯安那州卫生部报告将新奥尔良与卡特里娜飓风相关的死亡人数增加至769人，但种族构成基本保持不变：68%为非裔美国人，29%为白人。参见Markwell and Ratard，"Deaths Directly Caused by Hurricane Katrina"（《卡特里娜飓风直接致死》），p. 4。"结果并未直接支持非裔美国人更容易成为死亡人员"的论点，请参见Sebastiaan N. Jonkman, Bob Masskant, Ezra Boyd, and Marc Lloyd Levitan，"Loss of Life Caused by the Flooding of New Orleans After Hurricane Katrina: Analysis of the Relationship Between Flood Characteristics and Mortality"（卡特里娜飓风后新奥尔良市因洪水导致的生命损失：洪水特征与死亡之间关系的分析），*Risk Analysis*（《风险分析》）29, no. 5（2009）：676-698, quotation on 685。另请参见Logan，"The Impact of Katrina"（《卡特里娜飓风的影响》），p. 7。

[②] Elizabeth Mullener，"Go Ahead On"（《继续向前》），*New Orleans Times-Picayune*（《新奥尔良皮卡尤恩时报》），August 27, 2006, D-1 and D-4（Perkins quotations on D-4）。《华盛顿邮报》称，会议中心多达20 000人。有关该估算和"被宣告死亡"的信息，请参见Wil Haygood and Ann Scott Tyson，"It Was as If All of Us Were Already Pronounced Dead"（《好像我们所有人都已经被宣告死亡了》），*Washington Post*（《华盛顿邮报》），September 15, 2005。

任命前国际阿拉伯马协会的理事迈克尔·布朗（Michael Brown）担任联邦紧急事务管理局局长，布朗向布兰科保证，联邦紧急事务管理局将于次日（周二）向新奥尔良派遣 500 辆大巴车对受困人员进行疏散撤离。[①] 但是，周二并没有巴士来。布什与布兰科就国民警卫队的控制权展开争夺，这是共和党总统与民主党州长之间的一场关于联邦主义机制的政治争端，此争端延误了联邦政府对灾情的处理。而此时，联邦政府正面临重重困境，一边是由反国家主义撤资而造成的政府空心化，一边是精力被阿富汗、伊拉克战争所牵扯。总统管理层将紧急事务管理作为更广泛的反恐行动的重点之一，并任命了一位并不称职的亲信担任联邦紧急事务管理局局长。

到了周三，巴士还没有来。白宫发布了一张布什总统乘坐空军一号从得克萨斯州度假返回华盛顿特区时，在路易斯安那州上空朝外远眺的照片。这张照片本意是要表达总统的关切，却象征着他与灾难之间的距离。直到 9 月 1 日星期四早上，公共汽车才终于到达"超级圆顶"来撤离受灾群众。但珀金斯和其他数千人仍被困在会议中心和城市的其他地方。在克莱伯恩大道的纪念医院，还有 52 名病人躺在一个黑暗闷热的重症监护室里。[②]

在 9 月 2 日周五早上的一次电视采访中，迈克尔·布朗告诉记者，他直到前一天才得知会议中心滞留着上千名的受灾群众。记者索拉达·奥布莱恩（Soledad O'Brien）质问道："为什么政府得到的信息会比我们晚那么多？"当天晚些时候，在一次电台采访中，市长纳金恳求

---

① 关于"我们需要你们所拥有的一切"参见 Joby Warrick, Spencer S. Hsu, and Anne Hull, "Blanco Releases Katrina Records"（《布兰科公布的卡特里娜记录》），*Washington Post*（《华盛顿邮报》），December 4, 2005；关于 500 辆公交车，参见 US Senate, *Nation Still Unprepared*（《仍然毫无准备的国家》），p. 69；关于布朗，参见 Lisa Myers, "Critics Question FEMA Director's Qualifications"（《批评人士对联邦紧急事务管理局局长的资质提出质疑》），*NBC News*（《NBC 新闻》），September 4, 2005。

② Paul Morse, "President George W. Bush Looks Out Over the Devastation in New Orleans"（《乔治·布什总统俯瞰新奥尔良的受灾情况》），photograph, August 31, 2005, https://georgewbush-whitehouse. archives. gov/news/releases/2005/08/images/20050831 _ p083105pm-0117jas-515h. html. 关于撤离"超级圆顶"，参见 US Senate, *Nation Still Unprepared*（《仍然毫无准备的国家》），p. 70；关于纪念医院，参见 Sheri Fink, *Five Days at Memorial: Life and Death in a Storm-Ravaged Hospital*（《纪念医院的五天：飓风摧毁后医院中的生与死》）（New York: Crown Publishers, 2013）。

白宫："别再无所作为了，赶紧一起解决这个美国历史上最大的危机吧！"①9 月 3 日周六早上，巴士终于抵达，开始疏散滞留在会议中心的受灾群众。②在纪念医院，有 45 名重症监护患者在救援到达之前就已死亡，其中一部分可能是医生为减轻病人痛苦，使用缓解药物而加速或导致他们死亡的。③

9 月 2 日周五，在亚拉巴马州莫比尔市的新闻发布会上，布什称赞布朗说："布朗尼，你做得不错。"飓风登陆的整整一周后还有群众滞留在新奥尔良等待救援。愤怒的情绪在民众间弥漫开来。国土安全部部长迈克尔·切尔托夫让海岸警卫队副上将萨德·阿伦（Thad Allen）接替布朗，担任飓风救援行动主任。随后，布朗于 9 月 12 日辞职。④

全国观众震惊不已，他们看到的不仅仅是政府在保障公民安全方面的失败，还有社会秩序的崩溃。媒体利用深植于美国文化历史中的刻板印象进行报道，意指在面临灾难时，白人展现出了自力更生、坚韧不拔的品质，而黑人则逐渐堕落成作奸犯科、野蛮的敛财者。例如，网上流传的一组照片展示了新奥尔良人在齐胸深的洪水中背着行囊艰难跋涉的模样。

第一张照片由美联社发布，照片上是一个黑人男子，说明文字写着他"正在洗劫一家杂货店"。第二张是盖蒂图片社拍摄的，照片上是一个白人男子和一个白人女子，配图文字写着他们是"在当地一家杂

① 关于奥布莱恩，参见"City of New Orleans Falling Deeper Into Chaos and Desperation"（《新奥尔良市陷入混乱与绝望》），transcript，CNN. com，September 2，2005；关于纳金，参见"Mayor to Feds：'Get off your asses'"（《市长对联邦政府说："别再无所作为了"》），transcript of WWL radio interview，CNN . com，September 2，2005。
② US Senate，*Nation Still Unprepared*（《仍然毫无准备的国家》），p. 71.
③ Fink，*Five Days at Memorial*（《纪念医院的五天》），esp. 230 for forty-five deaths.
④ 关于"你做得不错"，参见 George W. Bush，"Remarks on the Aftermath of Hurricane Katrina in Mobile，Alabama"（《在亚拉巴马州莫比尔市发表的有关飓风卡特里娜后果的讲话》），September 2，2005，in *Weekly Compilation of Presidential Documents*（《总统文件每周汇编》）41，no. 35（US Government Printing Office，September 5，2005），p. 1339；关于辞职，参见"FEMA Director Brown Resigns"（《联邦紧急事务管理局局长布朗辞职》），CNN. com，September 12，2005；关于"仍有群众滞留"，参见 US Senate，*Nation Still Unprepared*（《仍然毫无准备的国家》），p. 71。

货店找到面包和汽水后被拍摄到的"。① 白人是"找到"，而黑人则成了"洗劫"，如此对比的意思不言而喻。因种族偏见，许多媒体在报道人类面对洪水的脆弱性时，绝口不提白人。美国有线电视新闻网的主播沃尔夫·布利策（Wolf Blitzer）在 9 月 1 日说道："几乎所有我们看到的人都非常贫穷，都是黑人。"尽管事实上许多被遗弃的洪水灾民是白人。②

　　不久之后，有关各种暴行的报道开始源源不断地从遭遇水患的新奥尔良涌出。《纽约时报》9 月 2 日报道："新奥尔良的情况似乎已经糟到极点了，而在昨天变得更加糟糕了。有报道称，原本有秩序的社会似乎已经彻底崩溃。"美国有线电视新闻网报道："城市街道漆黑一片，猖獗的犯罪团伙趁机在这个无人保护的城市横行霸道。新奥尔良俨然已经四面楚歌。"据媒体报道，洗劫商店升级成了朝警方开枪，进而又演变成一场彻头彻尾的野蛮行径。福克斯新闻主播报道："抢劫、纵火、施暴。暴徒朝救援队开枪射击。"微软全国广播公司的记者称："有人被强奸。有人被谋杀。有人被射击。警察也被击中。"9 月 3 日，一位《纽约时报》的专栏作家写道："美国再次成了一个贼窝，混乱、死亡、洗劫、强奸和掠夺不时发生。"9 月 6 日，在奥普拉·温弗里（Oprah Winfrey）主持的全国电视节目上，新奥尔良警察局局长埃迪·康帕斯（Eddie Compass）表示："在（"超级圆顶"）里有些小宝宝……这些小宝宝遭到了强奸。"纳金告诉温弗里，在"超级圆顶"里，人们"几乎处于兽性状态……眼见暴徒杀人、强奸"。《赫芬顿邮报》刊登的一

① Tania Ralli, "Who's a Looter? In the Storm's Aftermath, Pictures Kick Up a Different Kind of Tempest"（《谁在抢劫？风暴过后，照片引发了不同程度的骚乱》）, *New York Times*（《纽约时报》）, September 5, 2005；Van Jones, "Black People 'Loot' Food… White People 'Find' Food"（《黑人"抢"食物……白人"找"食物》）, *Huffington Post*（《赫芬顿邮报》）, September 1, 2005.
② Wolf Blitzer, "The Situation Room"（《战情室》）, CNN, September 1, 2005.

篇文章称："在新奥尔良，飓风中的黑人难民已经开始吃尸体以求活命。"①

这些故事都并非真实的。一位在"超级圆顶"里待过的国民警卫队员后来称，这些传言"百分之九十九都是胡说八道"。不过，这些谣言反映出了一种显然被广泛认同的观点，即社会秩序只是一层薄薄的虚饰，贫穷的非裔美国人可能迅速陷入霍布斯式的自然状态。② 然而，事实恰恰相反。那位在场的警卫队员说到："在'超级圆顶'里，百分之九十九的人都表现得非常好。"其他在"超级圆顶"和会议中心的国民警卫队成员也对此持相同的看法。

他们实际看到的情况打破了他们固有的种族偏见。一名警卫队员回忆说："其中一些家伙看起来像暴徒，裤子都快掉到屁股边了，但他们拼尽全力，抬起担架就开始跑去送人，把人送往在'超级圆顶'里最终建立起来的医疗救治区。"新奥尔良教区的地方检察官后来报告说，经确认，在风暴过后的一周内，共发生四起谋杀案，其中一起发生于珀金斯所避难的会议中心，而"超级圆顶"则没有发生过谋杀案。与

---

① 关于"情况似乎已经糟到极点了"，参见"The Man-Made Disaster"（《人为制造的灾难》），*New York Times*（《纽约时报》），September 2, 2005；关于"城市街道漆黑一片"，参见 *CNN Reports：Katrina—State of Emergency*（《CNN 报道：卡特里娜——紧急状态》）（Kansas City：CNN, 2005），p. 75；关于"贼窝"，参见 Maureen Dowd, "United States of Shame"（《美国的耻辱》），*New York Times*（《纽约时报》），September 3, 2005；关于康帕斯，参见 David Carr, "More Horrible than Truth：News Reports"（《比真相更恐怖：新闻报道》），*New York Times*（《纽约时报》），September 19, 2005；关于"兽性状态"，参见 US House of Representatives, *Failure of Initiative*（《失败提案》），p. 248；关于"吃尸体"，参见 Randall Robinson, "New Orleans"（《新奥尔良》），*Huffington Post*（《赫芬顿邮报》），September 2, 2005。

② 关于飓风卡特里娜后的"精英恐慌"，参见 Rebecca Solnit, *A Paradise Built in Hell：The Extraordinary Communities that Arise in Disaster*（《地狱里的天堂：灾难中诞生的非凡社区》）（New York：Viking, 2009），esp. 231 – 304；另请参见 Kathleen Tierney, Christine Bevc, and Eric Kuligowski, "Metaphors Matter：Disaster Myths, Media Frames, and Their Consequences in Hurricane Katrina"（《隐喻很重要：卡特里娜飓风中的灾难神话、媒体框架及其后果》），*The Annals of the American Academy of Political and Social Science*（《美国政治与社会科学学院年鉴》）604（March 2006）：57 – 81, esp. 57 – 61。有人说"抢劫非常罕见，很多情况下在美式社区几乎不存在"，参见 Enrico L. Quarentelli, "Conventional Beliefs and Counterintuitive Realities"（《传统信念和反直觉的现实》），*Social Research*（《社会研究》）75, no. 3（Fall 2008）：873 – 904（quotation on 883）。国民警卫队员并未表明他所称的美式社区是何物。关于"霍布斯式的自然状态"，参见 Thomas Hobbes, *Leviathan*（《利维坦》）（1651），chapter 13, "Of the Natural Condition of Mankind"（《人类的自然状态》）。

之相比,在 2004 年,新奥尔良平均每周发生逾五起谋杀案。①

　　尽管如此,政府当局对这些关于暴行的谣言做出的反应就好像它们是切实发生的。这是致命的误判。8 月 31 日,州长布兰科下令警察和国民警卫队暂停搜救任务,转而集中精力恢复城市秩序。在一场电视新闻发布会上,布兰科与国民警卫队成员站在一起,宣称:"他们有 M‐16 步枪,而且均已上膛待发。"他还宣布:"我要告诉那些恶棍一个信息:这些警卫队成员知道如何开枪杀人,如果必要,他们会毫不犹豫这样做,我相信他们会这样做。"随后,这种震慑在地方层面也得到了回应。新奥尔良警察局副局长沃伦·赖利(Warren Riley)向下属发出"夺回这座城市"的指示。②

　　获得了杀人许可并相信野蛮暴徒已包围了这座城市的新奥尔良警察在飓风过后的这一周至少射杀了 9 人。9 月 1 日,在克莱伯恩大街的过街天桥上,基农·麦卡恩(Keenon McCann)当时正在肯特伍德山泉矿泉水卡车上给洪水灾民发水,一名警察将其射杀。警方称,射杀原因是麦卡恩当时挥舞着一把手枪;然而,现场没有找到任何手枪。9 月 2 日,31 岁的亨利·格洛弗(Henry Glover)也被一名警察射杀——他还是四个孩子的父亲,随后另一名警察放火焚烧了格洛弗的尸体,并将其抛至防洪堤外。9 月 3 日,一名警察在会议中心外射中了丹

---

① 路易斯安那州国民警卫队证实,有 6 人在"超级圆顶"内死亡:"4 人自然死亡,1 人服药过量,1 人显然是自杀。"另有 4 人在"超级圆顶"外死亡。该州的官方统计显示,"超级圆顶"有 7 人死亡。这种数据差异可能是由于在"超级圆顶"外的民众的分类方式不同。Brian Thevenot and Gordon Russell, "Rape. Murder. Gunfights."(《强奸、谋杀、枪战》),*New Orleans Times-Picayune*(《新奥尔良皮卡尤恩时报》), September 26, 2005, pp. A-1, 4‐5 (National Guardsmen quotations on A-4). Brunkard et al., "Hurricane Katrina Deaths, Louisiana, 2005"(《卡特里娜飓风造成的死亡,路易斯安那州,2005 年》) p. 5. 关于 2004 年的谋杀总数,参见 Mark J. VanLandingham, "Murder Rates in New Orleans, LA, 2004‐2006"(《新奥尔良谋杀率,洛杉矶,2004—2006 年》), *American Journal of Public Health*(《美国公共卫生杂志》) 97, no. 9 (September 2007): 1614‐1616, statistic on p. 1614.
② "Military Due to Move in to New Orleans"(《军队即将进驻新奥尔良》) CNN. com, September 2, 2005; Horne, *Breach of Faith*(《信仰破裂》), p. 121; Sabrina Shakman, Tom Jennings, Brendan McCarthy, Laura Maggi, and A. C. Thompson, "New Orleans Cops Say They Got Orders Authorizing Them to Shoot Looters in the Chaos After Hurricane Katrina"(《新奥尔良警方表示,他们接到命令,授权他们在卡特里娜飓风过后的混乱中射杀抢劫者》), *New Orleans Times-Picayune*(《新奥尔良皮卡尤恩时报》), August 25, 2010.

尼·布伦菲尔德(Danny Brumfield)的背部。当时45岁的丹尼·布伦菲尔德正与家人一起在会议中心避难，他位于第九区的家被洪水淹没了。开枪的警察说，布伦菲尔德试图用一把剪刀刺伤他；目击了枪击案的布伦菲尔德的家人表示，他当时只是挥手拦下警察，向他们寻求帮助而已。现场也没有找到任何剪刀。

9月4日，警察接到报告称，在工业运河上的丹齐格桥附近，有一名警察遭到枪击。到达现场后，他们向6名手无寸铁的群众射击，导致2人死亡，分别是17岁的男孩詹姆斯·布里塞特(James Brissette)和40岁患有智力残疾的罗纳德·麦迪逊(Ronald Madison)。其中，麦迪逊背部中了5枪。现场没有找到武器。被射击的人无一例外，都是非裔美国人。珀金斯说，当她附近有人发生冲突时，会议中心的一名警察也将她逼跪在地，并把枪口对准了她。她说："他们把我们当成畜生一样。就好像我们活该遭受这一切。"①

新奥尔良以外的警察将新奥尔良人当作需要被隔离的病毒。他们强化了大都市区地理上的种族隔离，利用权力将洪水的影响施加在新奥尔良的非裔美国人身上。警察阻止人们步行穿过密西西比河上的新月市连接桥，前往未受洪水影响的杰斐逊区的郊区格雷特纳。有报道称，警察向意欲过来逃难的人们头上鸣枪示警。一个星期后，格雷特纳市议会通过了一项支持警方的决议。"这不仅仅是一个人的决定。"格雷特纳市市长宣布采取行动制止洪水灾民来该市避难。"整个

① A. C. Thompson, Brendan McCarthy, and Laura Maggi, "In New Orleans, Chaos in the Streets, and in Police Ranks, Too"(《在新奥尔良，街头混乱，警察队伍也很混乱》), ProPublica, December 12, 2009；目前尚不清楚警察开枪造成的死亡是否被计入与卡特里娜有关的死亡记录；关于麦卡恩，参见A. C. Thompson, Brendan McCarthy, and Laura Maggi, "Did New Orleans SWAT Cops Shoot an Unarmed Man?"(《新奥尔良特警射杀了一名手无寸铁的男子？》) ProPublica, December 15, 2009；关于格洛弗，参见A. C. Thompson, "Body of Evidence"(《人体证据》), ProPublica, December 19, 2008；以及A. C. Thompson, "Judge Hands Out Tough Sentences in Post- Katrina Killing by Police"(《法官对警察在卡特里娜飓风后杀人事件作出严厉判决》), ProPublica, March 31, 2011；关于布伦菲尔德，参见A. C. Thompson, Brendan McCarthy, Laura Maggi, and Gordon Russell, "Police Shooting After Katrina"(《卡特里娜飓风后的警察枪击事件》), *New Orleans Times-Picayune*(《新奥尔良皮卡尤恩时报》), December 14, 2009；关于丹齐格桥，参见 "Law and Disorder: Danziger Bridge"(《法律与混乱：丹齐格桥》) ProPublica, http://www. propublica. org/nola/case/topic/case-six；关于珀金斯，参见 Mullener, "Go Ahead On"(《继续向前》), D-1 and D-4。

社区都支持这样做。"据报道，圣伯纳德教区的官员也有类似的做法，他们在通往奥尔良教区的道路上堆放汽车来阻止新奥尔良人进入。在下九区和圣伯纳德之间有两条路，其中一条以领导该教区种族隔离行动的利安德·佩雷斯命名。在这条以他名字命名的街道上，人们筑起路障，重新划出了城市和郊区间的楚河汉界，实在是名副其实。①

官员们看到的是具有威胁性的底层人群，许多被困城中的非裔美国人却看到了另一种失序：他们看到政府官员滥用权力，推诿责任。9月2日，黑豹党前成员马利克·拉希姆（Malik Rahim）在位于新奥尔良西岸的阿尔及尔社区发布电讯，其中写道："这是在犯罪。"这篇报道得到广泛传播。他认为，非裔美国人是政府无能的受害者，而不是暴力施行者。"人们之所以死去，不是因为别的，就是因为缺乏组织。"他这样说。在风暴来袭之前，火车或公共汽车本可以将所有人撤出新奥尔良，但现在有警卫队阻止志愿者提供救援。更糟糕的是，拉希姆看到一群白人治安维持者在阿尔及尔社区的街道上游荡。"他们看到的任何年轻黑人，只要被认为不属于这一社区，那么都会被射杀。"②

对于许多观察者来说，被抛弃和被袭击的新奥尔良非裔美国人似乎不仅是可怕灾难的受害者，还是由来已久的种族主义攻击下的新近牺牲品。9月2日，说唱歌手坎耶·维斯特（Kanye West）在为卡特里娜飓风受害者举办的一场电视募捐活动中宣称："乔治·布什不关心黑人。"新奥尔良诗人卡拉穆·亚·萨拉姆（Kalamu ya Salaam）很快创作了一首名为"超级圆顶思想体系"的诗，该诗开篇直抒胸臆："他们正

---

① Nicholas Riccardi, "After Blocking the Bridge, Gretna Circles the Wagons"（《封锁桥梁后，格雷特纳开始采取防御措施》），*Los Angeles Times*（《洛杉矶时报》），September 16, 2005；另请参见 Arnold R. Hirsch and A. Lee Levert, "The Katrina Conspiracies: The Problem of Trust in Rebuilding an American City"（《卡特里娜阴谋论：重建美国城市中的信任问题》），*Journal of Urban History*（《城市历史期刊》）35, no. 2 (January 2009): 207 - 219.

② Malik Rahim, "This Is Criminal"（《这是犯罪》），*Bay View*（《海湾观察》），September 2, 2005；关于拉希姆在黑豹党中的角色，参见 Orissa Arend, *Showdown in Desire: The Black Panthers Take a Stand in New Orleans*（《欲望对决：黑豹党对新奥尔良的立场》）（Fayetteville: University of Arkansas Press, 2009）；另见 Michael Eric Dyson, *Come Hell or High Water: Hurricane Katrina and the Color of Disaster*（《不管是地狱还是高水位：飓风卡特里娜与灾难的颜色》）（New York: Basic Civitas Books, 2007），p. 14。

试图杀死我们!"[1]

在会议中心熬了四天后,安杰拉·珀金斯终于获救,她被直升机带离了新奥尔良,来到了洪水幸存者的聚居地。大多数人涌向休斯敦和巴吞鲁日,但路易斯安那州人很快分散到了全国 50 个州。与此同时,几千名国民警卫队员开始在全城展开逐户搜救任务。搜查完一所房子后,他们会在房前画一个"X"的标记。国民警卫队的勘测组会用喷漆在"X"标记的下四分之一处写下他们在房中发现的遇难者数量。"那是我这辈子见过的最糟糕的事情。"珀金斯后来说道。[2]

那段绝望悲惨的日子给人们带来了沉重代价。一项研究发现,在像珀金斯这样的新奥尔良低收入母亲中,近一半的人可能会在经历此次洪灾后患上创伤后应激障碍,而且严重精神疾病的患病率增加了一倍。逾四分之一的人表示,他们都有一位亲友在这次灾难中丧命。[3]

如若跳出来看,卡特里娜飓风的成因就好似一个很难想象该如何

---

[1] Lisa de Moreas, "Kanye West's Torrent of Criticism, Live on NBC"(《坎耶·维斯特在 NBC 直播时的批评言论》), *Washington Post*(《华盛顿邮报》), September 3, 2005; Kalamuya Salaam, "A Superdome System of Thought"(《超级圆顶思想体系》)(2005), video of performance, September 30, 2005, Bowery Poetry Club, New York, NY, https://www. indybay. org/olduploads/kalamu_live_at_bowery_poetry_club. mov.

[2] Dorothy Moye, "The X-Codes: A Post-Katrina Postscript"(《X 标记:卡特里娜后记》), *Southern Spaces*(《南方空间》), August 26, 2009;"卡特里娜发生后,美国内部动员了 50 000 名国民警卫队员和 22 000 名现役军人参与行动,这是自内战以来美国国内最大规模的军事部署。"US Senate, *Nation Still Unprepared*(《仍然毫无准备的国家》), p. 476;关于"最糟糕的事情",参见 Mullener, "Go Ahead On"(《继续向前》), D-4;关于"聚居地",参见 Matthew Ericson, Archie Tse, and Jodi Wolgoren, "Storm and Crisis: Katrina's Diaspora"(《风暴与危机:卡特里娜的流散》), *New York Times*(《纽约时报》), October 2, 2005; Gordon Russell, "New Orleans, 77054"(《新奥尔良,77054》), *New Orleans Times-Picayune*(《新奥尔良皮卡尤恩时报》), October 28, 2005, p. 1; Lynn Weber and Lori Peek, eds., *Displaced: Life in the Katrina Diaspora*(《流离失所:卡特里娜流散生活》)(Austin: University of Texas Press, 2012), esp. Jessica W. Pardee, "Living through Displacement: Housing Insecurity among Low-Income Evacuees"(《生活在流离失所中:低收入撤离者的住房不安全》), pp. 63 – 78; Narayan Sastry and Jesse Gregory, "The Location of Displaced New Orleans Residents in the Year After Hurricane Katrina"(《飓风卡特里娜后一年内新奥尔良居民的定位》)(Washington, DC: Center for Economic Studies, 2012), pp. 12 – 19.

[3] Jean Rhodes et al., "The Impact of Hurricane Katrina on the Mental and Physical Health of Low-Income Parents in New Orleans"(《飓风卡特里娜对新奥尔良低收入父母的心理和身体健康的影响》), *American Journal of Orthopsychiatry*(《美国正心理学杂志》) 80, no. 2 (April 2010): 237 – 247, esp. 237, 241.

打开的"死结"，千头万绪，重要的是我们要谨记，这堆构成"死结"的线原本可以织就成一张安全网，而不是布成一只陷阱套，它可以被编成一根求生索，而不是系成一个绞刑索。在风暴逼近海岸时，区域交通管理局本可以用公交车车队疏散群众。联邦应急管理局本可以准备充足的食物和水，供那些无法撤离的人们使用。防洪堤崩毁时，州长本可以派遣国民警卫队去保护民众，而非抢救资产。新奥尔良警察局本可以集中精力进行救援，而非沉浸在种族善恶大战的幻想中白白浪费时间。然而，由于种族歧视，缺乏同理心，以及被许多人认为是有史以来最强大的一个政府官僚机构的无能和失职，这些"本可以"做到的事情并未发生。这就是这场灾难缘何导致如此多人丧生，死亡者中包括因拿不到抗生素而死于耳部感染的小梅尔文·亚历克西（Melvin Alexie Jr.），因没有胰岛素而死于糖尿病休克的爱德华·斯塔克斯（Edward Starks），以及因缺少饮水而死于脱水的奥内利亚·切里（Onelia Cherrie）。对于那些幸存者——包括亚历克西的父亲、斯塔克斯的姑妈和切里的儿子，他们直到最后一刻都还在竭尽全力挽救自己的亲人——至亲的离世让他们的内心遭受重创。①

是什么造成了这场灾难？

从一开始，民众对卡特里娜这场灾难成因的看法就是众说纷纭。整个美国都在讨论其成因及后果，这也为正在进行的意识形态斗争提供了一个代理战场，这场斗争所讨论的内容包括，如何解释种族不平

---

① Shaila Dewan and Janet Roberts, "Louisiana's Deadly Storm Took Strong as Well as the Helpless"（《路易斯安那的致命风暴席卷了强者和弱者》），*New York Times*（《纽约时报》），December 18, 2005；关于切里，另请见 LaKisha Michelle Simmons, " 'Justice Mocked' : Violence and Accountability in New Orleans"（《"正义的嘲讽"：新奥尔良的暴力和问责》），*American Quarterly*（《美国季刊》）61, no. 3（September 2009）: 477 - 498；关于对反事实的沉思，参见 Rebecca Solnit, "Nothing Was Foreordained"（《没有什么是命中注定的》），in Solnit and Rebecca Snedeker, eds., *Unfathomable City : A New Orleans Atlas*（《深不可测的城市：新奥尔良地图集》）（Oakland : University of California Press, 2013）, pp. 127 - 132。

等、政府该扮演何种角色及如何理解变革本身,等等。

由于所持的政治观点不同,人们对新奥尔良这场灾难的看法也不同。自由派认为,洪水及其后的乏力反应是结构性不平等和系统性种族主义的体现;他们认为,非裔美国人已因政府撤资而变得穷困潦倒、无比脆弱。对于自由派来说,这场危机显示出联邦政府需要做出强有力的举措来重建新奥尔良,并在全国范围内建立起更强大的社会保障制度。然而,对于保守派而言,新奥尔良的情况证明了相反的情形。这场灾难向他们展示了一些人,尤其是非裔美国人,已经变得非常依赖政府。保守派认为,这种依赖性,往好了想,是由臃肿的官僚机构创造的不良政策诱导所致;往差了想,就是下层阶级的道德败坏。无论如何,其对策都是要减少而非增加政府的干预。从这个角度看,这场洪灾代表了一种市场力的修正。

尤其是由于种族问题的存在,美国人对新奥尔良所发生的一切产生了理解上的分歧。大多数白人认为,这是一场自然灾害,由时运不齐而致,非裔美国罪犯的非法行动可能加剧了这场灾难的恶化。而另一面,大多数非裔美国人看到的则是,一个种族主义的国家把人们置于危险之中,对其置之不理,还将他们自救的行为定性为犯罪。9 月初进行的一项全国民意测验显示了黑人和白人在看待新奥尔良事件时的意见分歧及其程度。三分之二的非裔美国人认为,"如果风暴的受害者大多是白人,政府处理危机的反应会更快",但只有 17% 的白人赞成这种观点。关于所谓的"抢劫",57%的非裔美国人认为,"那些从新奥尔良的房屋和商店里拿东西的大多数人都是在紧急情况下意欲求生的普通人",而只有 38% 的白人赞成这种观点。相同比例的白人认为"那些拿东西的人大多是趁机作乱的罪犯"。70% 的非裔美国人表示对所发生的事"感到愤怒",相比之下,同样"感到愤怒"的白人仅有 46%。71% 的非裔美国人认为,"这场灾难表明种族不平等仍然是美国的重大问题",

然而，只有 44% 的白人认同这一观点。[1]

最强烈的谴责来自非裔美国人，特别是来自下九区的人们。他们引用了在贝琪飓风之后流传开来的因果理论，声称一个不知名的政府官员炸毁了工业运河沿岸的防洪堤坝。在 2005 年 12 月的一次国会听证会上，新奥尔良的活动家迪扬·弗伦奇·科尔（Dyan French Cole）告诉调查卡特里娜的众议院特别委员会："我有目击者看到他们炸毁了防洪堤坝。"[2]保守派的专家对此报以嗤笑，但历史学家约翰·巴里（John Barry）在记录 1927 年洪水的书中提到，路易斯安那州州长辛普森下令炸毁了新奥尔良下游的堤坝。这本书成了畅销书，为新奥尔良人的这一怀疑提供了历史先例。政府炸毁防洪堤坝的指控一直是一个边缘观点，但它与许多自由派观察者的共识相吻合，即无论是灾前还是灾后，政府官员因种族主义对新奥尔良市民的需求无动于衷。聊胜于无的救援工作似乎证实了这些人的想法，即政府官员，尤其是在

① 这项民意调查于 9 月 6 日至 7 日进行。*Huge Racial Divide Over Katrina and Its Consequences*（《巨大的种族分歧：卡特里娜风暴及其后果》）（Washington，DC：Pew Research Center for People & The Press，2005）；另请见"Two-In-Three Critical of Bush's Relief Efforts"（《三分之二的人批评布什的救援努力》），September 8，2005，http://www. people-press. org/2005/09/08/two-in-three-critical-of-bushs-relief-efforts/. 关于非裔美国人倾向于将有关种族主义的问题理解为结构性的，而白人倾向于将这些问题理解为个体性的，参见 Paul Frymer，Dara Z. Strolovitch，and Dorian T. Warren，"New Orleans Is Not the Exception：Re-Politicizing the Study of Racial In equality"（《新奥尔良不是例外：重新政治化种族不平等研究》），*DuBois Review*（《杜波依斯评论》）3，no. 1（2006）：37 - 57，esp. 42 - 43；以及 Andrew Diamond，"Naturalizing Disaster：Neoliberalism，Cultural Racism，and Depoliticization"（《将灾难自然化：新自由主义、文化种族主义和去政治化》），in Romain Huret and Randy J. Sparks，eds.，*Hurricane Katrina in Transatlantic Perspective*（《飓风卡特里娜的跨大西洋视角》）（Baton Rouge：Louisiana State University Press，2014），pp.81 - 99，esp. 89。
② Ari Kelman，"Even Paranoids Have Enemies：Rumors of Levee Sabotage in New Orleans's Lower 9th Ward"（《即使是偏执狂也有敌人：新奥尔良下九区的堤坝破坏谣言》），*Journal of Urban History*（《城市历史期刊》）35，no. 5（July 2009）：627 - 639；关于迪扬·弗伦奇·科尔，参见 Lisa Byers，"Were the Levees Bombed in New Orleans? Ninth Ward Residents Give Voice to a Conspiracy Theory"（《新奥尔良的堤坝是被炸毁的吗？第九区居民认为这是一个阴谋论》），NBC News. com，December 7，2005；另请见 Alan H. Stein and Gene B. Preuss，"Oral History，Folklore，and Katrina"（《口述历史、民间传说与卡特里娜》），in Chester W. Hartman and Gregory D. Squires，eds.，*There Is No Such Thing as a Natural Disaster：Race，Class，and Hurricane Katrina*（《不存在所谓的自然灾害：种族、阶级和飓风卡特里娜》）（New York：Routledge，2006），pp.37 - 58。

保守的共和党政府里的官员，会将非裔美国人弃之如屣。①

有人炸毁了防洪堤坝的这一观点还有力地反驳了布什总统坚称卡特里娜为一场"自然灾害"的说辞，这些官员暗示灾害不可避免、不受控制。布什总统后来表示，"这场悲剧展示了人类在自然的狂怒面前的无助"，从而为以他为首的联邦政府未能做出恰当反应而开脱。毕竟，只要这样说，其中逻辑就变成了联邦应急管理局怎么能抵挡上帝的意志呢？其他保守主义者则接受了同义反复的观点，即联邦政府的软弱回应（部分原因是保守主义者几十年来对联邦政府资源的剥夺）证实了他们的观点，即所谓的大政府并不能在第一时间采取有效行动。②

一些布什政府的官员甚至在说辞上进一步为自己开脱责任，他们指责洪灾灾民自食其果。国土安全部部长迈克尔·切尔托夫告诉一位记者："地方政府和州政府呼吁强制撤离。有些人选择不服从这一命令。这是他们自己的错。"就像切尔托夫一样，联邦应急管理局局长迈克尔·布朗也用"选择"这个词来暗示许多新奥尔良人本可以撤离，但他们"选择"了不撤离。他告诉美国有线电视新闻网："很不幸，预计的高死亡人数很大程度上要归咎于那些没有注意到预警的人。"③

关于许多人在飓风来临前"选择"不撤离的说法是一种反对结构

---

① John M. Barry, *Rising Tide: The Great Mississippi Flood of* 1927 *and How It Changed America*（《潮涌：1927 年密西西比河大洪水及其对美国的改变》）（New York: Simon & Schuster, 1997）；人们认为不幸是由人为决策而非所谓的"天灾"造成时，创伤会更深刻，参见 J. Steven Picou, Brent K. Marshall, and Duane A. Gill, "Disaster, Litigation, and the Corrosive Community"（《灾难、诉讼与侵蚀社区》），*Social Forces*（《社会力量》）82, no. 4（June 2004）: 1493 - 1522, esp. 1495 - 1496；另请见 Kai T. Erikson, *Everything in Its Path: Destruction of Community in Buffalo Creek*（《其路径上的一切：布法罗溪社区的毁灭》）（1978；New York: Simon & Schuster, 2006）；Kai Erikson, *A New Species of Trouble: The Human Experience of Modern Disasters*（《新型麻烦：现代灾害的人类经验》）（New York: W. W. Norton, 1994）；以及 William R. Freudenburg, "Contamination, Corrosion and the Social Order: An Overview"（《污染、腐蚀和社会秩序：概览》），*Current Sociology*（《现代社会学》）45, no. 3（July 1997）: 19 - 39。

② 关于"无助"，参见 Bush, *Decision Points*（《决策要点》），p. 310。

③ 关于切尔托夫，请参阅 Soledad O'Brien, "Interview with Homeland Security Secretary Michael Chertoff"（《与国土安全部部长迈克尔·切尔托夫的访谈》），September 1, 2005, CNN. com；关于布朗，请参阅 "FEMA Chief: Victims Bear Some Responsibility"（《联邦紧急事务管理局局长：受害者需承担一定责任》），CNN. com, September 1, 2005。

性不平等概念的论点。各级政府投入数百万美元建立了一套道路桥梁系统,可供有私家车的人们撤离,但对于约 132 000 名(包括超过三分之一的非裔美国人家庭)没有车的新奥尔良人来说,这套系统毫无用处。[1] 他们需要的是一个能够正常运行的区域公交或火车系统来进行撤离。在他们试图步行撤离时,邻近的城镇封锁了道路。但是,这些艰难的现实都被"选择"二字掩盖了,取而代之的是对这样一个观点的肯定:在美国的体系中,自然力量与调控自由市场的那只"无形的手"共同协作,来执行一套奖励进取而惩罚懒惰的道德准则。[2]

9 月 24 日,就在流落于全国各地的撤离者审视他们新的居住环境,试图弄清联邦紧急事务管理局发放给每个撤离家庭的 2 000 美元借记卡可以做些什么的时候,丽塔飓风在路易斯安那州登陆。[3] 风暴潮席卷了破裂的堤坝,下九区和部分圣伯纳德教区再次被洪水淹没,水深高达 3.6 米。同时,普拉克明教区也出现了新的堤防决口。由于排水泵仍未修复,湖景区和让蒂利地区有 0.3 米到 0.6 米高的积水无法排出。这场飓风给路易斯安那州造成了大面积破坏,拖延了撤离卡特里娜的灾民返回该州未被洪水淹没区域的时机。"我们在与大自然母亲的抗衡上只能做这些。"新奥尔良区陆军工程兵团指挥官理查德·瓦根纳(Richard Wagenaar)中校如是说,他的言论是基于难以驾

---

[1] 根据 2000 年的人口普查,奥尔良教区 27.3% 的家庭没有车辆,包括 15.3% 的仅白人家庭、34.8% 的仅黑人家庭和 18.1% 的仅亚裔家庭。研究显示"估计仍留在新奥尔良的 110 000 人中有近一半之所以选择留下,是因为他们不相信风暴会像预测的那么糟糕",请参阅 Timothy J. Haney, James R. Elliott, and Elizabeth Fussell, "Families and Hurricane Response: Evacuation, Separation, and the Emotional Toll of Hurricane Katrina"(《家庭与飓风应对:卡特里娜飓风中的疏散、分离和情感负担》),in David L. Brunsma, David Overfelt, and Steven J. Picou, eds., *The Sociology of Katrina: Perspectives on a Modern Catastrophe*(《卡特里娜社会学:对现代灾难的看法》)(Lanham: Roman & Littlefield, 2007), pp. 71 – 90;另请见 Lynn Weber and Lori Peek, "Documenting Displacement"(《记录流离失所》),in Weber and Peek, eds., *Displaced*(《流离失所》), pp. 1 – 20 ("nearly half" on 2)。

[2] Nicole M. Stephens et al., "Why Did They 'Choose' to Stay? Perspectives of Hurricane Katrina Observers and Survivors"(《为什么他们"选择"留下? 飓风卡特里娜观察者和幸存者的观点》), *Psychological Science*(《心理科学》)20, no. 7 (July 2009): 878 – 886;关于一个类似的例子,参见 Kathryn Marie Dudley, *Debt and Dispossession: Farm Loss in America's Heartland*(《债务与剥夺:美国中心地带农场的丧失》)(Chicago: University of Chicago Press, 2007), esp. 45.

[3] Roger Yu, "Evacuees Can Get $ 2 000 per House hold from FEMA"(《灾民每户可从联邦应急管理局获得 2 000 美元补助》), *USA Today*(《今日美国》), September 7, 2005.

驭的大自然有性别的假设。"某种程度上，这已经超出了人类的能力。"①目前还不清楚这位指挥官的言论是在为他的机构辩护，还是承认了该机构工作上的失败。与此同时，新奥尔良又一次被茫茫洪水淹没。

破裂的防洪堤——防洪堤系统为什么失灵了？

新奥尔良本应在面对像卡特里娜飓风这样的风暴时受到保护。1965 年，国会批准了庞恰特雷恩湖及周边地区飓风防护项目，要求美国陆军工程兵团为大都市地区建立一套防洪堤系统，能够经受住所谓的"标准项目飓风"的袭击，即"可能出现在该地区的最糟糕的气象条件组合下发生的飓风"。陆军工程兵团将其设想为"与 1915 年 9 月那次飓风强度相当的风暴"——简单来说，于新奥尔良而言，就是像卡特里娜这样的飓风。② 风险早已预见，且已有计划应对。

但 40 年后，也就是 2005 年，那套拖沓缓慢的官僚体制和零敲碎打的联邦政府拨款过程导致飓风防护系统仍未完工。因陆军工程兵团

---

① Jeff Duncan, "SWAMPED"(《淹没》), *New Orleans Times-Picayune*(《新奥尔良皮尤恩时报》), September 25, 2005, pp. A-1, A-26.

② 关于"标准项目飓风"，请参阅 *Lake Pontchartrain and Vicinity, Louisiana: Letter from the Secretary of the Army*(《关于庞恰特雷恩湖及周边地区，路易斯安那州：来自陆军部长的信件》), H. R. Doc. No. 231, 89th Cong., 1st Sess. (1965), 46; The authorization was "An Act Authorizing the construction, repair, and preservation of certain public works on rivers and harbors for navigation, flood control, and other purposes", Pub. L. No. 89-298, 79 Stat. 1077 (October 27, 1965); 尽管随着时间的推移，对于"哪些风暴在该地区相对典型"的气象理解发生了变化——使得基于 1959 年"标准项目飓风"的最初分析变得不充分和过时——但陆军工程兵团并未相应地更新其设计标准; 参见 Ivor Van Heerden et al. ("Team Louisiana"), *The Failure of the New Orleans Levee System During Hurricane Katrina*(《卡特里娜飓风期间新奥尔良堤坝系统的失败》), a report prepared for Secretary Johnny Bradberry, Louisiana Department of Transportation and Development(December 18, 2006), iv-v; 然而，即便是未能满足陆军工程兵团自身标准的堤坝系统元素，也足以解释洪水的发生，因为即使是按照更低标准设计且建造得当的堤坝，也应该是溢出而非崩塌的，这本应大大限制洪水的范围。"The storm surge and wave loading at the eastern flank of the New Orleans flood protection system was not vastly greater than design levels, and the carnage that resulted owed much to the inadequacies of the system as it existed at the time of Katrina's arrival"(《新奥尔良东侧防洪系统承受的风暴潮和波浪荷载并没有大大超出设计水平，而造成的损害很大程度上是由于系统在卡特里娜来临时存在的不足》), Independent Levee Investigation Team, *Investigation of the Performance*(《性能调查报告》), 15-1-15-2.

未对承包商进行足够的监管导致后者在建设过程中未能始终符合设计标准。承包商未妥善维护已建成部分，也未将有关该地区风险或该系统弱点的新知识纳入考虑，从而导致已建成部分遭到破坏。一位了解内情的工程师称之充斥着"致命傲慢的迹象"，而一名联邦法官则称之"严重失职"，这些情况已被公之于世。① 陆军工程兵团后来自己承认，截至 2005 年，飓风保护系统"仅仅只是名义上的系统"②。

以直接的、可衡量的方式来看，这场洪灾是陆军工程兵团的过失所致。③ 比如，在卡特里娜飓风将水卷入博恩湖时，风暴潮遇到了一段长约 17.7 千米的防洪堤，这段堤坝对保护圣伯纳德教区至关重要。然而，这段防洪堤尚未完工，其高度比所规划的低出几米。此外，受国家科学基金会赞助的一个工程师团队——独立防洪堤调查小组——后来在一次严格的法务审计中发现，有人可能为了节省进口的更为坚固的建筑材料成本而"做出了一个不幸的决定"，即主要用从密西西比河-墨西哥湾出口疏浚而来的高度易侵蚀沙子和轻质贝壳砂作为填充材料来建造堤坝。风暴潮随后席卷至与博恩湖相邻的另一片防洪堤，这片防洪堤本应保护新奥尔良东部地区。然而，独立防洪堤调查小组发现，这些防洪堤同样是使用从附近墨西哥湾内航道疏浚出来的高度

---

① 关于"致命傲慢的迹象"，参见 Robert G. Bea，"Reflections on the Draft Final USACE IPET Report"（《对美国陆军工程兵团部门间绩效评估工作组报告草案的反思》），June 2, 2006, in Heerden et al. , *The Failure of the New Orleans Levee System*（《新奥尔良堤坝系统的失败》），Appendix 6（no page numbers）；关于"严重失职"，参见 US District Court, Eastern District of Louisiana, "Orders and Reasons"（《裁定及理由》），Document 10984, In Re Katrina Canal Breaches Consolidated Litigation, Civil Action No. 05 - 4182（January 30, 2008），44。

② 参见 Interagency Performance Evaluation Task Force, *Performance Evaluation*（《性能评估报告》），pp. 1 - 127。

③ 2009 年 11 月，联邦法官斯坦伍德·杜瓦尔（Stanwood Duval）裁定，圣伯纳德教区和下九区的大部分洪灾是陆军工程兵团的疏忽造成的；In Re Katrina Canal Breaches（《关于卡特里娜运河破裂案件》），647 F. Supp. 2d 644（E. D. La. 2009）；尽管第五巡回上诉法院推翻了这一裁决，法律问题并未直接涉及工程兵团是否疏忽，而是涉及工程兵团是否根据联邦法律对损害负有赔偿责任。独立防洪堤调查小组声称"这场灾难不是任何一个组织、机构或个人群体造成的，（包括国会在内的联邦政府）、工程兵团、地方政府和地方监管机构（包括当地的堤防委员会和当地的水务和污水处理委员会），以及外包的工程公司，都有连带责任"。尽管如此，独立防洪堤调查小组指出，"当地堤防委员会缺乏对联邦计划和设计进行严格审查的资源和资金，以及在早期阶段就应该显而易见的问题提出挑战的授权"。ILIT, *Investigation of the Performance*（《性能调查报告》），8 - 44 - 8 - 45（for "no one"）and 8 - 48（for "local levee board"）.

易侵蚀沙和轻质贝壳砂作为填充材料建造而成的。工程师指出,这些防洪堤本可以使用压实性良好且具有良好抗侵蚀性能的黏土材料建造,这也是陆军工程兵团于 1978 年发布的指南中所要求的。但是,在这两个事件中,防洪堤都被冲毁了,新奥尔良居民区被高约 3.6 米的洪水淹没。①

然后,风暴潮经由墨西哥湾内航道和密西西比河-墨西哥湾出口涌入工业运河。假设工业运河的防洪墙得到了正确固定,那么仅有一定量的洪水会越过运河最高水位涌入下九区。然而,支撑防洪墙的钢板桩没有埋设到足够的深度,导致洪水从底部渗入,破坏了墙体的完整性。在水位达到运河最高水位前,有两处混凝土墙体发生倒塌。灾难般的洪水从西侧席卷了下九区和圣伯纳德教区,并很快与从东侧冲破博恩湖沿线防洪堤而涌入的洪水汇聚在一起。②

当风暴潮进入庞恰特雷恩湖时,卡特里娜的强劲风力将湖水卷至伦敦大道运河、奥尔良大道运河和第 17 街运河。当地官员和联邦官员早已明了,这三条排水运河就像独立防洪调查小组所说的那样,是"直指……新奥尔良市中心的'匕首'";早在 1878 年,新奥尔良的城市测量员就曾警告说,"暴风雨会导致湖水倒灌至运河,最终溢出到市区",而在 20 世纪 80 年代,陆军工程兵团就曾建议在运河与湖泊连接

① ILIT, *Investigation of the Performance*(《性能调查报告》), pp. xx‑xxi, 2‑6‑2‑7 (attributing the delay in finishing to the failure of a Congressional appropriation since 1994‑1995 and explaining their collapse), and 6‑21(for cost savings);关于路易斯安那州对堤防失败的官方调查,由路易斯安那州立大学的专家进行,请参阅 Van Heerden et al. , *The Failure of the New Orleans Levee System*(《新奥尔良堤防系统的失败》);关于 1978 年的指南,请参阅 US Army Corps of Engineers, "Engineering and Design: Design and Construction of Levees"(《工程设计:堤防的设计与建造》)Manual No. 1110‑2‑1913 (March 31, 1978)。如范·希尔登(Van Heerden)等人所述,《新奥尔良堤防系统的失败》一书中还指出新奥尔良地区在决定放弃侵蚀保护时,"既没有遵循标准工程实践,也没有遵循工程兵团的指导"。
② ILIT, *Investigation of the Performance*(《性能调查报告》), p. xxii。美国陆军工程兵团也承认,"在水位达到设计高度之前,结构就发生了灾难性的失败"。参见 IPET, *Performance Evaluation*(《性能评估报告》), pp. 1‑3;尽管如此,路易斯安那州队认为,工业运河防洪墙的失败也可能是由于溢流侵蚀了堤防的东侧。参见 Van Heerden et al. , *The Failure of the New Orleans Levee System*(《新奥尔良堤防系统的失败》), p. 67。

处建立防洪闸。① 但是,污水及水务委员会(负责城内排水、控制运河的机构)和奥尔良堤坝委员会(负责城内防洪、控制闸门的机构)对此表示反对。他们设想了这样一种情形,如果一个机构想开闸,另一个机构想关闸,这样就会很棘手,甚至存在潜在的危险。② 为此,奥尔良堤坝委员会给出了一套新的解决方案——在运河边修建防洪堤。陆军工程兵团认为这套方案和建立防洪闸一样安全,但成本更高。在 20世纪 90 年代初,奥尔良堤坝委员会说服国会批准修建防洪堤的方案,并提供必要拨款。从 1993 年起,陆军工程兵团开始在这三条运河边上修建堤坝,直到 1999 年才完工。但可能对内部的技术分析存在误解,他们没有充分固定新建的防洪堤,导致堤坝不够坚固。③ 涌至伦敦大道运河和第 17 街运河的风暴潮虽然可能还未高过堤坝最高位以上1.2 米,但是不管怎样,堤坝还是崩塌了。④ 整整三天,洪水从排水运河的决堤处源源不断地涌入,导致绝大部分的城市核心地区被洪水淹

---

① 关于"匕首",参见 ILIT, *Investigation of the Performance*(《性能调查报告》), p. xxiii;关于"暴风雨",参见 J. D. Rogers, "Development of the New Orleans Flood Protection System prior to Hurricane Katrina"(《飓风卡特里娜前新奥尔良防洪系统的发展》), *Journal of Geotechnical and Geoenvironmental Engineering*(《岩土与环境工程学报》)134, no. 5 (May 2008): 602 - 617, quotation on 611。
② Craig. E. Colten, *Perilous Place*, *Powerful Storms: Hurricane Protection in Coastal Louisiana*(《危险之地,强大风暴:路易斯安那海岸的飓风防护》)(Jackson: University Press of Mississippi, 2009), pp. 77 - 78, 125 - 127。
③ 例如,US Army Corps of Engineers, New Orleans District, *Lake Pontchartrain, Louisiana, and Vicinity Hurricane Protection Project, Reevaluation Study, Volume I, Main Report and Final Supplement I to the Environmental Impact Statement*(《路易斯安那州庞恰特雷恩湖及周边飓风防护项目,复评研究报告,第一卷,主报告及对环境影响声明的最终补充声明》)(New Orleans: US Army Corps of Engineers, New Orleans District, July 1984), pp. 70 - 71。书中描述了提高防洪墙和建造防洪闸门作为可行的解决方案。1990 年的水资源开发法案和 1992 年的能源与水资源开发法案将排水渠道作为飓风防护系统的一部分,因此纳入了美国陆军工程兵团的职权范围。美国陆军工程兵团关于测试深度固定防洪墙是 1985 年进行、1988 年 6 月出版的,是 E - 99 型板桩墙现场载荷测试报告。J. David Rogers, G. Paul Kemp, H. J. Bosworth, and Raymond B. Seed, "Interaction Between the US Army Corps of Engineers and the Orleans Levee Board Preceding the Drainage Canal Wall Failures and Catastrophic Flooding of New Orleans in 2005"(《2005 年新奥尔良排水运河墙体失败和灾难性洪水前美国陆军工程兵团与奥尔良堤防委员会的交流》), *Water Policy*(《水政策》)17, no. 4 (August 2015): 707 - 723;对于较早由相同作者提出的论点——手头证据较少——居民区的发展限制了陆军工程兵团正确固定防洪墙的能力,并将排水渠道的破坏部分归咎于地方机构之间的争执,请参见 ILIT, *Investigation of the Performance*(《性能调查报告》), pp. 8 - 11 - 8 - 13;另请参见 Colten, *Perilous Place*(《危险之地》), pp. 77 - 78。
④ ILIT, *Investigation of the Performance*(《性能调查报告》), pp. 3 - 1(for 4 - 5 feet)。

没(陆军工程兵团估计被淹区域占 70%，而独立防洪堤调查小组估计有 80%)。[①] 洪水一直积滞在新奥尔良的部分地区，直到飓风过后的第43 天，也就是 10 月 11 日才消退。[②]

尽管在风暴来临前，新奥尔良还未取得 1965 年国会授权其建立的飓风防护设施[③]，不过，如果陆军工程兵团严格执行自己所发布的指南，并采用标准的、当下最佳的技术方式来建造防洪堤，就很可能不会导致这次最具破坏性的决堤发生。新奥尔良区和圣伯纳德教区这次所遭受的洪灾也可能仅仅是雨水和水流漫过堤坝顶部的这种程度而已。陆军工程兵团称，如果没有出现堤坝决口，新奥尔良大都市地区的洪水将减少三分之二，受到的经济损失也将减半。但路易斯安那州鉴定数据收集小组(简称"路易斯安那小组")的分析表明，如果堤坝没有断开，洪水量可能会减少多达 90%，整个大都市区的平均洪水深度将保持在 0.7 米以下。独立防洪堤调查小组也得出了类似的结论。[④]

另一个问题是，40 年来，陆军工程兵团及其在国会中的支持者们从未对庞恰特雷恩湖及其邻近地区的飓风保护工程进行翻新，以适应沿海侵蚀、海平面上升和大都市区沉降等实际情况。从 1965 年国会授权陆军工程兵团开始建设飓风防护系统开始，到 2005 年卡特里娜

---

① 关于 70%，参见 IPET, *Performance Evaluation of the New Orleans and Southeast Louisiana Hurricane Protection System: Draft Final Report*(《新奥尔良和东南路易斯安那飓风防护系统的性能评估：草稿终稿报告》), Vol. 1 (June 1, 2006), 1 - 7;2009 年的部门间绩效评估工作组报告的最终版本未将排水渠破裂与工业运河决坝分开，参见 IPET, *Performance Evaluation*(《性能评估报告》), pp. 1 - 124;关于 80%，参见 ILIT, *Investigation of the Performance*(《性能调查报告》), pp. xxiii。

② Knabb, Rhome, and Brown, *Tropical Cyclone Report*(《热带气旋报告》), p. 9。

③ IPET, *Performance Evaluation*(《性能评估报告》), pp. 1 - 28。警方估计，截至 2005 年 5 月，奥尔良教区项目已完成 90%，杰斐逊教区完成了 70%，圣伯纳德教区完成了 90%(p. 1 - 28)。另请参阅 Douglas Woolley and Leonard Shabman, *Decision-Making Chronology for the Lake Pontchartrain and Vicinity Hurricane Protection Project*, Final Report for the Headquarters, U. S. Army Corps of Engineers (《庞恰特雷恩湖及周边地区飓风防护项目的决策时间表，美国陆军工程兵团总部最终报告》)(Alexandria, VA: US Army Corps of Engineers, Institute for Water Resources, 2008)。

④ 关于工程兵团的估计，参见 IPET, *Performance Evaluation*(《性能评估报告》),2009, pp. 1 - 3;路易斯安那州小组认为，工程兵团高估了降雨对洪水总水位的影响，从而低估了决口的影响;Van Heerden et al., *The Failure of the New Orleans Levee System*(《新奥尔良堤坝系统的失败》), pp. 42 - 44;关于独立防洪堤调查小组，参见 Bea, "Reflections on the Draft Final USACE IPET Report"(《对美国陆军工程兵团独立防洪堤调查小组报告草案的反思》)。

登陆为止,新奥尔良周边的沿海湿地以每年 51 平方千米至 72 平方千米的速度陷入墨西哥湾,总计超 1 877 平方千米的土地沉入海底(相当于新奥尔良该市面积的 2 倍多,曼哈顿的 30 倍多)。这片湿地曾是新奥尔良与墨西哥湾之间的天然屏障;根据陆军工程兵团的估算,大约每 3. 2 千米的湿地可以吸收 0. 2 米的风暴潮。但是,在设计防洪堤系统时,湿地和它所提供的保护便消失不见了。[1] 由于陆军工程兵团修建了密西西比河-墨西哥湾出口,至少 77. 6 平方千米的保护性湿地消失了——它为风暴潮接近城市"创造"了宽达 610 米的通道。不过,尽管全国人民都对这个问题了然于胸,但陆军工程兵团还是没有根据新的实际情况来调整其计划。[2]

1989 年,国会要求联邦紧急事务管理局考虑海平面上升可能会对国家洪灾易损性的影响,其中特别关注《国家洪水保险计划》的可行性。联邦紧急事务管理局得出结论:"《国家洪水保险计划》目前没有必要为应对伴随海平面上升出现的潜在风险而制定和采取措施。"联邦紧急事务管理局的确注意到,在路易斯安那州海岸侵蚀和土地流失率是全国最高的。该机构呼吁,近期需特别关注路易斯安那州的情况,但并未说明需要采取怎样的必要行动。最后什么也没做,只是纸

---

① 土地流失的数据截至 1998 年。Sherwood M. Gagliano, "Faulting, Subsidence and Land Loss in Coastal Louisiana"(《路易斯安那州海岸的断层、沉陷和土地损失》), in Coast 2050: Toward a Sustainable Coastal Louisiana, The Appendices(《海岸 2050:去往可持续的路易斯安那州海岸,附录》)(Baton Rouge: Louisiana Department of Natural Resources, 1999), figure 3 - 7 (no page number);关于湿地,参见 Ivor van Heerden and Mike Bryan, The Storm: What Went Wrong and Why During Hurricane Katrina(《风暴:卡特里娜飓风期间发生的问题及原因》)(New York: Penguin, 2006), p.169;以及 Oliver Houk, "Retaking the Exam: How Environmental Law Failed New Orleans and the Gulf Coast South and How It Might Yet Succeed"(《重新审视检查:环境法在新奥尔良和墨西哥湾南部失败的原因,以及其成功的方式》), Tulane Law Review(《图兰大学法律评论》) 81 (2006 - 2007): 1059 - 1083, esp. 1065.

② 关于密西西比河-墨西哥湾出口,参见 US District Court, Eastern District of Louisiana, "Findings of Fact and Conclusion at Law"(《查找事实和法律结论》), Document 19415, In Re Katrina Canal Breaches(《关于卡特里娜运河破裂案件》), November 18, 2009, p.38;另请参见 Bob Marshall, "Plans Didn't Account for Area's Subsidence"(《计划未考虑该地区的沉降》), New Orleans Times-Picayune(《新奥尔良皮卡尤恩时报》), May 1, 2006.

上谈兵罢了。①

自 20 世纪 60 年代以来,新奥尔良大都市区相对于周围水域已下陷了将近 0.6 米。在此期间,全球气候变化导致路易斯安那州的海平面上升了近 0.2 米,而土壤分解导致的沉降——加上排水系统降低了地下水位——导致整个大都市区的地面下沉了 0.5 米以上。② 自 20 世纪初该市被开发以来,新奥尔良大部分地区均已下沉 0.6 米,部分地区甚至下沉了 3 米。③ 在整个路易斯安那州,从 20 世纪 60 年代到 80 年代,相对海平面平均每年上升近 1.3 厘米。而在新奥尔良当地,情况往往更为严重。例如,在庞恰特雷恩湖岸边,新奥尔良东部的地面每年下沉约 2.5 厘米。④ 地面下陷意味着陆军工程兵团建造的防洪堤实际上会比原计划的矮。然而,陆军工程兵团并未将地面下陷这一因素纳入其堤坝修建的考虑范围。范·希尔登,一位负责带领路易斯安那州队进行调查的、来自路易斯安那州立大学的科学家,直言不讳地表示,飓风防护系统的管理方式就像是一个 1965 年前后的防洪博物馆。⑤

2009 年,路易斯安那州立大学解雇了范·希尔登。据他本人称,他被辞退是因为该大学的管理层担心他对陆军工程兵团的批评可能会影响学校从该机构获得丰厚资助。范·希尔登以非法解雇为由提起诉讼,并声称在他对陆军工程兵团进行批评后,已经遭受了数年的报复性骚扰。2013 年,路易斯安那州立大学在诉讼上花费了近 100 万

① Federal Emergency Management Agency, Federal Insurance Administration, "Projected Impact of Relative Sea Level Rise on the National Flood Insurance Program"(《相对海平面上升对〈国家洪水保险计划〉的预期影响》) October 1991, p. 6(for "no need"), 9(for "highest"), and 25(for "near term"); Congress had ordered the study in the Defense Production Act Amendment of 1989, Pub. L. No. 101-137, 103 Stat. 824 (November 3, 1989).

② Van Heerden et al., *The Failure of the New Orleans Levee System*(《新奥尔良堤坝系统的失败》), viii.

③ ILIT, *Investigation of the Performance*(《性能调查报告》), pp. 3-19.

④ Gagliano, "Faulting, Subsidence and Land Loss in Coastal Louisiana"(《路易斯安那州海岸的断层、沉陷和土地损失》), figure 3-20(no page number).

⑤ IPET, *Performance Evaluation*(《性能评估报告》), II-77. 关于"博物馆",参见 Van Heerden et al., *The Failure of the New Orleans Levee System*(《新奥尔良堤坝系统的失败》), viii.

美元后,与范·希尔登达成和解。其间,范·希尔登公开了电子邮件,其中显示路易斯安那州立大学确实曾向他施压,要求他对所发现的陆军工程兵团渎职的证据保持缄默。美国大学教授协会谴责了路易斯安那州立大学对范·希尔登的所作所为;其他独立专家以及陆军工程兵团自己也证实了范·希尔登所分析的结论。尽管如此,他并没有被重新恢复教职。① 也没有任何一个陆军工程兵团的成员因飓风防护系统的失败而受到惩罚。

2006 年,数千名路易斯安那州居民向陆军工程兵团提起诉讼,要求其赔偿因防洪堤破裂所造成的损失。这些案件被合并处理,统称为"卡特里娜运河决堤诉讼案"。2008 年,地区法庭裁定,1928 年的《防洪法》使陆军工程兵团对其中大多数诉讼享有豁免权。② 法官斯坦伍德·杜瓦尔指出:"尽管美国政府对所述的挪用公款行为享有法律责任豁免权,但这并不是,也不应该是,决定后世评判其是否失职的标准。"③他使用了一个涉及信托失信时所用的债务术语,这种债务即使在破产中也无法被免除。2012 年,第五巡回上诉法院维持了驳回判

① Heerden and Bryan, *The Storm*(《风暴》);John Schwartz, "Ivor van Heerden's 'Storm' Draws Fire at L. S. U."(《路易斯安那州立大学对伊沃·范·希尔登的〈风暴〉提出批评》),*New York Times*(《纽约时报》), May 30, 2006;Katz, Marshall & Banks, LLP, "Hurricane Katrina Whistle blower Ivor van Heerden Files Wrongful Termination Lawsuit against LSU"(《卡特里娜飓风揭发者伊沃·范·希尔登提起对路易斯安那州立大学的不当解雇诉讼》)press release, February 10, 2010, https://www. kmblegal. com/news/hurricane-katrina-whistleblower-ivor-van-heerden-files-wrongful-termination-lawsuit-against-lsu. "Developments Relating to Association Censure"(《与协会谴责相关的进展》),*Academe*(《学会》)99, no. 3 (May – June 2013);(no page numbers);Bill Lodge, "Van Heerden, LSU Reach Settlement"(《范·希尔登与路易斯安那州立大学达成和解》),*Baton Rouge Advocate*(《巴吞鲁日倡导者报》), February 13, 2013;Bill Lodge, "Fired LSU Professor Releases Emails in Levee Case"(《被解雇的路易斯安那州立大学教授公开了有关防洪堤案件的电子邮件》)*Baton Rouge Advocate*(《巴吞鲁日倡导者报》), February 17, 2013;Mark Schleifstein, "LSU Spent Nearly $1 Million on Legal Fight Over Firing of Coastal Researcher Ivor van Heerden"(《路易斯安那州立大学为解雇海岸研究员伊沃·范·希尔登花费近 100 万美元进行法律争斗》),*New Orleans Times-Picayune*(《新奥尔良皮卡尤恩时报》), April 2, 2013.
② 法律规定,"任何地方的洪水或洪水所造成的任何损害,不应附加或归咎于美国政府的任何责任"。这条法律出自关于密西西比河及其支流的洪水控制及其他目的的法案,Pub. L. No. 70 – 391, 45 Stat. 534 (May 15, 1928);联邦法院还基于政府所谓的自由裁量职能例外原则否定了一些案件。
③ US District Court, Eastern District of Louisiana, "Orders and Reasons"(《法令与理由》),Document 10984, *In Re Katrina Canal Breaches*(《卡特里娜运河决堤诉讼案》), January 30, 2008, pp. 44 – 45.

决。虽然直到 2019 年，一些洪灾受害者都一直继续要求索赔，但当年联邦最高法院拒绝审理进一步的上诉。[①]

圣伯纳德教区主席小罗德里格斯在一次漫长的证人陈述过程中直言不讳地说道："孩子，听我说……在我看到卡特里娜这场灾难，如果我有办法，我一定会对工程兵团提起谋杀指控。"罗德里格斯在几十年间目睹了湿地消失，目睹了密西西比河-墨西哥湾出口扩大，也目睹了陆军工程兵团怠工误时。他说："这些人在我的教区谋杀了 127 个人。"[②]

对未来的想象

2005 年 9 月 28 日，新奥尔良市长雷·纳金宣布解除新奥尔良市的强制疏散令。从 9 月 30 日开始，居民可以返回未受洪水严重侵袭的部分市区；10 月 5 日起，除了仍被困于洪水之中的下九区，市民可以返回城市的任何地方。但是，整座城市中，自来水饮用起来并不安全，部分地区仍处于断电状态，学校和医院仍然关闭着。在解除该命令的同一天，纳金以没有任何销售税收入为由，解雇了 3 000 名市政府雇员，相当于全市劳动力总数的一半。原定于 11 月 12 日举行的地方选举也被州长无限期推迟。尽管如此，纳金还是宣布："新奥尔良已重新

---

① 第五巡回上诉法院于 2012 年 9 月 24 日驳回了其余的案件；*In Re Katrina Canal Breaches Litigation*（《卡特里娜运河决堤诉讼案》），696 F. 3d 436（5th Cir.，2012）；在最后一个案件中，原告主张陆军工程兵团未能维护密西西比河-墨西哥湾出口，降低了圣伯纳德教区和新奥尔良东部的财产价值，因此违反了第五修正案对"未经合理补偿的征用"提供的保护；参见 St. Bernard Parish Government v. United States, Nos. 2016-2301 and 2016-2373, 887 F. 3d 1354（Fed. Cir. 2018）；最高法院于 2019 年 1 月 7 日否决了上诉请求。

② Henry "Junior" Rodriguez, deposition transcript, April 30, 2008, p. 243, *In Re Katrina Canal Breaches*（《卡特里娜运河决堤诉讼案》）。

开放。"①

　　许多新奥尔良人没有回乡的条件，那些有办法回去的人却发现这座城市一片狼藉。在那些被洪水淹没的社区，房屋漂离了地基，无精打采地立在院子里或路上。这些房屋连同它们内部的物品都覆盖着一种腐臭有毒的淤泥和霉菌的混合物，名为"卡特里娜铜绿"。李·博（Lee Boe）在接受采访时说："我能给你们唯一的描述就是，在那套位于查尔梅特的房子里，所有东西看起来都快融化了，就像蜡烛熔化一样。"想到回来之后要干的活，博想："除非有一股非常强大的能量支撑着你，否则你一定不会想留在这里。"像新奥尔良大都市区其他数以万计的市民一样，他回乡后的第一个任务就是翻修他的房子：把房子开膛破肚、剥皮抽筋，拆得只剩骨架。②

　　国会在洪水期间通过了几项法案，以资助城市的排水工作并协助恢复基础设施。2005 年 9 月 2 日，国会拨款 105 亿美元用于"紧急需求"。国会还授权小企业管理局来提供低息灾害救济贷款，就像贝琪飓风后那样。③9 月 8 日，国会又批准了 520 亿美元的款项，该款项用以拨给路易斯安那州、密西西比州和亚拉巴马州这些在卡特里娜飓风中受灾的地区；其中大部分资金拨给了联邦紧急事务管理局，该机构平均每天花费 20 亿美元进行救援行动，为灾民提供住所、食物和医疗

① Robert Travis Scott, "Mayor Again Puts Out Welcome Mat"（《市长再次欢迎大家》）, *New Orleans Times-Picayune*（《新奥尔良皮卡尤恩时报》）, September 29, 2005, p. A1. "N. O. Fires 3 000 City Workers"（《新奥尔良解雇 3 000 名市政工人》）, *New Orleans Times-Picayune*（《新奥尔良皮卡尤恩时报》）, October 5, 2005；关于选举，其中包括三项有关社区税收的公民投票，请参阅 State of Louisiana, Executive Department, Executive Order No. KBB 2005 - 36"Delay of the October 15, 2005 Primary Election and the November 12, 2005 General and Proposition Election in the Parishes of Jefferson and Orleans"（《延迟 2005 年 10 月 15 日的初选和 2005 年 11 月 12 日的大选以及有关社区税收的提案选举，适用于杰斐逊和奥尔良两个教区》）, September 14, 2005；另请见 Mark Waller, "Jeff, Orleans Elections Postpone"（《杰斐逊和奥尔良选举延期》）, *New Orleans Times-Picayune*（《新奥尔良皮卡尤恩时报》）, September 13, 2005。
② 关于"卡特里娜铜绿"，参见 Shannon Dawdy, *Patina: A Profane Archaeology*（《铜绿：亵渎的考古学》）(Chicago: University of Chicago Press, 2016), pp. 1 - 4; Lee Boe, interview by Elizabeth Shelburne, June 2, 2006, interview U - 0224, transcript, p. 13 (for "only description"), 34 (for "powerful"), SOHP Collection；关于物品损失，参见 Erikson, *Everything in Its Path*（《一切都在它的道路上》）, p. 177。
③ Vincanne Adams, *Markets of Sorrow, Labors of Faith: New Orleans in the Wake of Katrina*（《悲伤的市场、信仰的劳动：卡特里娜飓风之后的新奥尔良》）(Durham: Duke University Press, 2013), p.69.

服务①。仅路易斯安那州就需要清除约2 200万吨废墟。纳金下令紧急开放了位于新奥尔良东部凡尔赛社区的垃圾填埋场，来自新奥尔良各地的大部分废墟都被运送至那个新的填埋场，此举激怒了附近主要由越南裔美国人组成的社区。在整座城市中，曾经装满食物的冰箱如今成了有毒的累赘，它们被拉到街上，等待有一天垃圾车会来将其带走。这些冰箱被用强力胶裹住，一些变成了有着辛辣讽刺语的的路边广告："闻起来像联邦紧急事务管理局一样"，"堤坝委员会受害者"，等等。②

随着市长解除疏散令，新奥尔良面临着一系列困扰着这座城市的问题，这些问题可能会加剧个人创伤，也可能会加剧意识形态的争论：什么应该被重建？谁应该来做决定？这场洪水带来的破坏以及眼下需要采取行动的必要性引发了对未来的不同愿景。这些愿景又建立在对历史的不同理解和关于变革如何发生的不同观念上。

一些人不主张重建新奥尔良。另一些人认为，新奥尔良市民是失灵的联邦基础设施和糟糕的救援行动的受害者，因此他们理应享有"返乡权"。有些人将关于新奥尔良未来的辩论框定为理性科学与非理性情感、经济与文化之间的斗争。还有一些人认为这是白人针对黑

---

① The first appropriation was Emergency Supplemental Appropriations Act to Meet Immediate Needs Arising From the Consequences of Hurricane Katrina, 2005, Pub. L. No. 109 - 61, 119 Stat. 1988 (September 2, 2005). The second appropriation was Second Emergency Supplemental Appropriations Act to Meet Immediate Needs Arising from the Consequences of Hurricane Katrina, 2005, Pub. L. No. 109 - 62, 119 Stat. 1990 (September 8, 2005). Quotation and ＄2 billion per day is from "Congress Approves ＄52 Billion in Katrina Relief Funds," PBS News Hour, September 8, 2005.

② 关于"废墟"，参见 Elizabeth Royte, "Rough Burial"(《粗糙埋葬》), On Earth (《地球》) (Spring 2006), pp. 28 - 31; Linda Luther, Disaster Debris Removal After Hurricane Katrina: Status and Associated Issues(《卡特里娜飓风后的灾害废物清理：现状和相关问题》), CRS report no. RL3477 (Washington, DC: Library of Congress, 2008); 关于"冰箱"，参见 Tom Varisco, Spoiled: Refrigerators of New Orleans Go Outside in the Aftermath of Hurricane Katrina(《被毁的：卡特里娜飓风后新奥尔良的冰箱被移到户外》) (Tom Varisco Designs, 2005); 纳金在2006年8月关闭了填埋场，面临来自社区居民的诉讼和强烈的政治压力，参见 Leslie Eaton, "A New Landfill in New Orleans Sets Off a Battle"(《新奥尔良的新垃圾填埋场引发争议》), New York Times (《纽约时报》), May 8, 2006; and Leslie Eaton, "New Orleans Mayor Closes a Disputed Landfill Used for Debris from Hurricane"(《新奥尔良市长关闭争议垃圾填埋场，该埋场用于处理卡特里娜飓风的废墟》), New York Times (《纽约时报》), August 16, 2006; 关于"新奥尔良的越南裔美国人组成的"社区，请见 Mark VanLandingham, Weathering Katrina: Culture and Recovery among Viet nam ese Americans(《度过卡特里娜：越南裔美国人的文化与复苏》) (New York: Russell Sage Foundation, 2017)。

人进行的种族斗争。也有许多人赞同 2005 年 9 月 15 日乔治·布什总统在空荡的杰克逊广场上发表的电视讲话,他这样说:"无法想象没有新奥尔良的美国会是什么样子,这座伟大的城市必将再次崛起。"但是,即便是那些认为新奥尔良必须重新崛起的人们,也对应该重建何种城市持有迥然不同的观点。正如《新奥尔良皮卡尤恩时报》专栏作家洛利斯·埃里奇·伊莱(Lolis Eric Eli)对一位记者所说的那样:"你想改变的东西并不是我想改变的。"①

在对新奥尔良未来的构想中,首个重要的愿景描绘的是这座城市的彻底消亡。9 月 2 日,在城市还未进行疏散前,共和党众议院议长丹尼斯·哈斯泰特(Dennis Hastert)呼吁拆除新奥尔良。他告诉一位记者:"新奥尔良的很多地方看上去都可以被夷为平地。"9 月 6 日,《华盛顿邮报》发表了一位地球物理学家的社论。该文章称,一份定量的、基于科学的风险评估显示,这座城市注定会灭亡。撰写者克劳斯·雅各布(Klaus Jacob)教授问道:"难道我们应该在海平面 3 米以下的地方重建新奥尔良,然后等着它再次被摧毁吗?"他总结道:"是时候进行建设性地解构,而不是破坏性地重建了。"②

有一种这样的信念深深地植入灾难观念中,即物理上的毁坏会创造社会转型的可能性。例如,黑豹党前成员马里克·拉希姆告诉记者:"在美国,还没有任何一个其他城市有这样的机会。"他那封名为

---

① 关于"返乡权",参见 Rachel E. Luft, "Beyond Disaster Exceptionalism: Social Movement Developments in New Orleans after Hurricane Katrina"(《超越灾难例外主义:卡特里娜飓风后新奥尔良的社会运动发展》),*American Quarterly*(《美国季刊》)61, no. 3(September 2009): 499 - 527(quotation on 516);关于科学与情感的问题,参见 Richard Campanella, *Bienville's Dilemma: A Historical Geography of New Orleans*(《比安维尔的困境:新奥尔良的历史地理学》)(Lafayette: Center for Louisiana Studies, 2008), p. 344;关于"再次崛起",参见 George W. Bush, "Address to the Nation on Hurricane Katrina Recovery from New Orleans, Louisiana"(《关于路易斯安那州新奥尔良从卡特里娜飓风恢复后的全国讲话》), September 15, 2005, in *Weekly Compilation of Presidential Documents*(《总统文件周刊》)41, no. 37(US Government Printing Office, September 19, 2005), p. 1405;关于埃里奇,参见 Lolis Eric Elie, interview by Elizabeth Shelburne, May 28, 2006, interview U - 0234, transcript, p. 16, SOHP Collection。

② Charles Babington, "Hastert Tries Damage Control After Remarks Hit a Nerve"(《哈斯泰特在言辞触动神经后试图修复形象》), *Washington Post*(《华盛顿邮报》), September 3, 2005. Klaus Jacob, "Time for a Tough Question: Why Rebuild?"(《提出一个严肃问题的时候到了:为什么要重建?》), *Washington Post*(《华盛顿邮报》), September 6, 2005.

《这是犯罪》的电子邮件启发了"共同基础组织"——一个第九区的基层志愿者组织采取行动,为洪灾受害者提供卫生保健,并帮助清理被洪水淹没的房屋。当拉希姆想象新奥尔良的未来时,他看到的是一个进步的乌托邦:这座城市的最低工资水平很高,医疗保健惠及全民,周边的湿地得以恢复,而且不使用化石燃料。①

　　尽管灾难兴邦的观念能促使一些人萌生对团结和社会责任感的愿景,但对于另一些人来说,它却激发了对精英控制的幻想。《纽约时报》专栏作家戴维·布鲁克斯(David Brooks)在 9 月 8 日的一篇文章中写道:"重建工作的第一条准则应该是:不复从前。"布鲁克斯同意拉希姆所提出的灾难中蕴含机会的观点,但不赞同他关于如何利用机会的想法。"大多数有雄心壮志和组织能力的人早就放弃新奥尔良的市中心地区了。"布鲁克斯继续说道,他援引了已被证伪的关于非裔美国人贫困文化的一些理论。"如果我们只是新建一些大楼,让原来那批人搬回自己的社区,那么新奥尔良市区将会变得和以前一样破败和功能失调。"总统之母、前第一夫人芭芭拉·布什(Barbara Bush)在休斯敦天文馆探访撤离民众时表示:"反正这里的很多人本身就穷困潦倒,所以对他们来说,这里非常适合他们。"②

　　其他作家甚至更直言不讳地表达了他们的愿望,那就是创建一个没有那么多前居民的崭新的新奥尔良。"这场飓风把穷人和罪犯赶出了这座城市,我们希望他们别再回来。"9 月初,一位新奥尔良房地产经纪人这样告诉记者:"这些人的狂欢派对已经结束了……现在他们得另寻住处了。"一位居住在未遭水灾的上城区的富有白人告诉《华尔街日报》:"那些主张这座城市重建的人希

① Malik Rahim, interview by Pamela Hamilton, May 23, 2006, interview U‑0252, transcript, p. 45, SOHP Collection.

② David Brooks, "Katrina's Silver Lining"(《卡特里娜飓风后总有阳光》),*New York Times*(《纽约时报》), September 8, 2005;"Barbara Bush Calls Evacuees Better Off"(《芭芭拉·布什说撤离者挺好的》),*New York Times*(《纽约时报》), September 7, 2005;关于一个类似的观点,参见 Malcom Gladwell, "What Social Scientists Learned from Katrina"(《社会科学家从卡特里娜中学到了什么》), *New Yorker*(《纽约客》), August 24, 2015.

望新奥尔良以一个完全不同的方式得以重建,在人口上、地理上以及政治上。"①

有影响力的政策制定者奉行资本主义精神,将所谓的自由市场的方案视为圭臬,将其用于解决社会问题。他们提出了解散社区的计划,声称新奥尔良人若作为假定的自由个体会过得更好。哈佛大学经济学家爱德华·格莱泽(Edward Glaeser)问道:"难道我们保障的不应该是人民,而应是地方吗?"他提议给新奥尔良受灾居民发放一次性补偿金或代金券,鼓励他们搬到其他地方去。"也许,如果拨出大笔资金给新奥尔良居民,让其在更有活力的城市开始新生活,那么卡特里娜飓风还是能给我们带来一线希望的。"②

许多美国人都信奉阳光总在风雨后——造成死亡和损失的大灾大难可以通过其所引发的变革得到救赎。这种信仰和基督教的牺牲神学异曲同工,但在现代美国,它主要代表了一种资本主义的信仰,即进步是通过"创造性破坏"的过程实现的。这种信仰认为,变革是自然的、不可避免的,并与进步同义;这种信念认为,美好的未来会出现在过去的一地废墟之上。而这种信念似乎与当下的实际情况尤为贴合,或许是因为经济学家约瑟夫·熊彼特(Joseph Schumpeter)在 1942 年提出"创造性破坏"一词时,运用的就是一个关于飓风的隐喻。他写道:"具有创造性破坏力的永恒飓风,不断从内部革新经济结构,不断

---

① 关于"狂欢派对结束了",参见 Matthias Gebauer, "New Orleans after Katrina: Will the Big Easy Become White, Rich and Republican?"(《卡特里娜飓风后的新奥尔良:新奥尔良会变成白人的、富人的和共和党的吗?》), *Spiegel Online International*(《明镜在线国际版》), September 20, 2005;关于"新奥尔良以一个完全不同的方式得以重建",参见 Christopher Cooper, "Old-Line Families Escape Worst of Flood and Plot the Future"(《旧家族逃离了最严重的洪水并在筹划未来》), *Wall Street Journal*(《华尔街日报》), September 8, 2005。

② Edward L. Glaeser, "Should the Government Rebuild New Orleans, or Just Give Residents Checks?"(《政府应该重建新奥尔良,还是只给居民发支票?》), *The Economists' Voice*(《经济学家之声》)2 (2005): 1 - 6, esp. 3 (for "insuring the people")和 6 (for "silver lining")。另请见 Daniel T. Rodgers, *Age of Fracture*(《分裂时代》)(Cambridge: Harvard University Press, 2012)。

毁旧造新。"熊彼特坚称,创造性破坏是资本主义的基本事实。[1] 创造性破坏的观念鼓励人们将灾难视为虽然痛苦但必要的宇宙规律:灾难是上帝的隐匿之举。

创造性破坏的观念使一些人坚信,灾难创造了一张白纸。例如,一些学者写道,新奥尔良"几乎回归到了一种自然的状态,至少是我们所能看到的最接近自然的状态。我们有了重新开始的机会,可以做得更好"。这是一个公共参考框架,它需要高度完善的意识形态机制来支撑。毕竟,还有 113 000 座新奥尔良的房屋完好无损,要将这一切看作一张白纸实非易事;即使是那些受灾地区,洪水也无法冲走产权、法律义务、机构隶属关系、社区联系、家庭纽带、文化传统以及人与地域之间的其他情感纽带。洪水没有抹去一切,反而给被定义为家园的地层上又新增了另一层记忆。[2]

新奥尔良活动家兰斯·希尔(Lance Hill)写道:"我们所有人面临的问题是,'新奥尔良将以何种形象重建?'"森塞雷·沙库尔(Suncere Shakur)从华盛顿特区匆忙赶到新奥尔良,加入了马里克·拉希姆的"共同基础组织",成为几千名志愿者中的一员,他们前往路易斯安那州清理房屋、提供医疗服务,并以其他方式帮助受灾者,他担心开发商会从驱逐非裔美国人中牟利,卡特里娜可能会引发土地绅士化现象。10 月 9 日,"火辣 8 号"铜管乐团的成员从巴吞鲁日、亚特兰大和其他散居地归来,为奥斯汀·莱斯利(Austen Leslie)———一位撤离到佐治亚州后去世的厨师——举办了一场爵士乐葬礼,这是他们在飓风后首次在新奥尔良举办第二线活动。在乐队后面,有人举着一块标语牌,

① Joseph A. Schumpeter, *Capitalism*, *Socialism & Democracy*(《资本主义、社会主义与民主》)(1942; London: George Allen & Unwin, 1976), p. 83;另请见 Kevin Rozario, *The Culture of Calamity*: *Disaster and the Making of Modern America*(《灾难文化:灾难与现代美国的塑造》)(Chicago: University of Chicago Press, 2007), esp. 84–86。

② 关于"自然的状态",参见 Hirsch and Levert, "The Katrina Conspiracies"(《卡特里娜的阴谋》), p. 208;关于社会分层,参见 Dawdy, *Patina*(《铜绿》), pp. 40–47。

上面写着："我们不会屈服。拯救我们的灵魂。"①

尽管活动家们警告称,可能会有谋划着阻止非裔美国人返回新奥尔良的私人行为,但重要联邦官员称之为既成事实。作为住房和城市发展部部长,阿方索·杰克逊(Alphonso Jackson)比任何其他人都更有权力来塑造这座城市的未来。他在 9 月 25 日接受记者采访时说："无论我们喜欢与否,新奥尔良的黑人人口在很长一段时间内都不会像以前那样多了,甚至永远不会。"②

① Lance Hill, "Orland on the Bayou"(《湾上的奥兰》),September 16, 2005, http://web. archive. org/web/20150107234916/http://www. southerninstitute. info/commentaries/? m = 200509. Suncere Ali Shakur, interview by Pamela Hamilton, May 26, 2006, interview U - 0255, transcript, pp. 1 - 6 (quotation on 3), SOHP Collection. 共同基础组织在洪水发生后的第一年吸引了超过 10 000 名志愿者,参见 Sue Hilderbrand, Scott Crow, and Lisa Fithian, "Common Ground Relief"(《共同基础组织的救援》),in South End Press Collective, ed. , *What Lies Beneath: Katrina, Race, and the State of the Nation*(《隐藏的真相:卡特里娜、种族和国家状况》)(Cambridge: South End Press Collective, 2007), pp. 80 - 99;关于"第二线活动"参见 Shaila Dewan, " With the Jazz Funeral's Return, the Spirit of New Orleans Rises"(《随着爵士葬礼的回归,新奥尔良的精神升腾》),*New York Times*(《纽约时报》), October 10, 2005。

② Lori Rodriguez and Zeke Minaya, "HUD Chief Doubts New Orleans Will Be as Black"(《住房和城市发展部部长怀疑新奥尔良将会变得和黑人一样》),*Houston Chronicle*(《休斯敦纪事报》), September 29, 2005.

第五章　重建梦想之地,2005—2015 年

　　对于一个遭受洪灾的城市来说,一个比较简单的问题就是如何将人们从洪水中解救出来。然而,当洪水被排干后,这座发霉的、洪水线在屋檐下蜿蜒而过的城市暴露出了一系列更黑暗的政治、经济和道德问题:如何重建一个曾长期以贫困、暴力和脆弱闻名,却又以睦邻、创新和友爱为人所知的地方。"我们每天都面临着困难的选择。"诗人萨拉姆说:"每一天,我们都在问自己想要拯救的新奥尔良究竟是什么样的。"①

　　洪水发生的 10 年后,非裔美国人、贫困人群和无权无势者显然在有关城市未来的争论中败下阵来,这些讨论似乎常常将进步与历史相对立,将经济发展与社会公平相对立,将自称代表城市最优利益的人

---

① Kalamu ya Salaam, "Foreword: Know the Beginning Well and the End Will Not Trouble You"(《前言:熟知开头,不被结局困扰》), in Taylor Sparrow, *A Problem of Memory: Stories to End the Racial Nightmare*(《记忆问题:结束种族噩梦的故事》)(Portland, OR: Eberhardt Press, 2007), pp. 14 – 18 (quotation on 18)。关于萨拉姆洪灾后的经历,参见 Kalamu ya Salaam, interview by Joshua Guild, June 5, 2006, interview U - 0264, transcript pp. 5 – 6, SOHP Collection。关于"梦想之地",参见 Spencer Williams, "Basin Street Blues"(《盆地街布鲁斯》), song, 1928, 以及 Randy Newman, "Land of Dreams"(《梦想之地》), song, 1988;另见 Nick Spitzer, "Rebuilding the Land of Dreams with Music"《用音乐重塑梦想之地》, in Eugenie L. Birch and Susan M. Wachter, *Rebuilding Urban Places After Disaster: Lessons from Hurricane Katrina*(《灾后重建城市:卡特里娜飓风的教训》)(Philadelphia: University of Pennsylvania Press, 2006), pp. 305 –382。有关卡特里娜飓风后新奥尔良的综合叙述,参见 Gary Rivlin, *Katrina: After the Flood*(《卡特里娜飓风:洪灾之后》)(New York: Simon & Schuster, 2015); Daniel Wolff, *The Fight for Home: How (Parts of) New Orleans Came Back*(《为家园而战:新奥尔良(部分地区)如何重获新生》)(New York: Bloomsbury, 2012);以及 Roberta Brandes Gratz, *We're Still Here Ya Bastards: How the People of New Orleans Rebuilt Their City*(《我们还在这里,你们这些混蛋:新奥尔良人如何重建他们的城市》)(New York: Nation Books, 2015)。

与自称代表城市灵魂的人相对立。[①] 他们的失败并非由于所做的抗争不够多。例如，当一个名为"找回新奥尔良"的委员会提出一个方案，要求阻止住在城市地势最低且主要由非裔美国人居住的社区的人们进行重建时，一场大规模的抗议出现了，在这场抗议之下，城市得以维持原貌，然而，新奥尔良房屋管理局宣布将拆毁城市公共住房，这样的举措正如路易斯安那州立大学关闭了慈善医院，中小学教育委员会解散了奥尔良教区的公立学校系统，国会降低了为该地区制定的防洪标准一样。一系列不协调却强有力的行动击垮了新奥尔良人，于是他们走上街头，走进法庭，要求得到更强大的社会保护。

关于未来住房、医疗服务、教育和防洪的争论全都引向了同一个基本问题：是否应恢复或重整新奥尔良大都市区的秩序。这么做，就意味着他们在和美国灾害政策斗争。为减轻不平等问题，大多数福利项目都是再分配性质的，将税款按照收入曲线向下输送。救灾则不同。大多数救灾项目都不是为了减少不平等，而是恢复这种不平等。其目的是重建原貌，维护原有秩序。例如，福利政策可能会为无家可归者提供住所，但在洪灾前就无家可归的人是没有资格获得救灾款为自己建房的。她提出的申请将被视为不合法。她本人甚至还可能被拘捕。[②] 在恢复政策的逻辑中，灾难是特殊事件，一般来说，该政策的目标是将事物回归原样。

卡特里娜飓风过后的一系列政策不仅没有改变现存的不平等现

---

① Lawrence N. Powell, "New Orleans: An American Pompeii?"（《新奥尔良：美国的庞贝古城?》），lecture delivered at the University of Michigan, September 29, 2005, reprinted in Reinhold Wagnleitner, ed., *Satchmo Meets Amadeus*（《萨奇莫遇上阿玛迪斯》）(Innsbruck, Austria: StudienVerlag, 2006), pp. 142 – 156.

② 这解释了为什么在洪灾发生 10 多年后，国土安全部监察长办公室仍然批评新奥尔良联邦紧急事务管理局的行为，即用了 20.5 亿美元资金来修复该市的水利基础设施。国土安全部监察长办公室声称："在飓风来临之前，基础设施就已经陈旧不堪。"国土安全部监察长办公室认为，如果该市的水管在飓风发生前就需要维修，那么联邦救灾政策就应该在飓风后维修水管。Department of Homeland Security, Office of Inspector General, *FEMA Should Disallow $2.04 Billion Approved for New Orleans Infrastructure Repairs*（《联邦紧急事务管理局应收回用于新奥尔良基础设施维修的 20.4 亿美元》），OIG - 17 - 97 - D (Washington, DC), July 24, 2017. 与我在其他地方的描述一致，大公司的道德价值感更为模糊：救灾政策旨在带来利润。问题在于获利的多少。

象,还常常使这一问题更为严重。试比较位于城市边缘两端的两个社区:湖景区和下九区。湖景区在城市西部,毗邻杰斐逊教区和第 17 街运河。下九区位于城市东部,紧邻圣伯纳德教区和工业运河。飓风来临前,这两个低洼社区的居民数量差不多都是 19 500 人,湖景区人口有 95.6% 是白人,而下九区人口有 95.6% 是黑人。湖景区的居民家庭收入中位数是 49 500 美元,大约比路易斯安那州的平均水平高出50%;而下九区的居民家庭收入中位数是 20 000 美元,大约比路易斯安那州的平均水平低 40%。

8 月 30 日,堤坝倒塌后的第一天,湖景区和下九区都被水所淹。俯瞰之下,群岛般密集的一个个屋顶看不出什么分别。然而,10 年之后,两个社区不再无法区别了。自飓风来临前起,这两个社区的种族人口构成就没有太多变化。在 2015 年,湖景区的白人住户仍占 90%,下九区的黑人仍占 90%。但在经济上,富人更富,穷人更穷了。湖景区的居民家庭收入中位数升至 77 000 美元,高于州平均水平 70%,然而,在通货膨胀的情况下,下九区的居民家庭收入中位数仍然降至23 000 美元,低于州平均值 50%。更具戏剧性的是哪些人能够重归原址。在洪水发生前,两个居民区大小差不多。但在 2015 年,湖景区的人口数量约在 17 000 人,同时间下九区只有约 6 300 人。[①]

湖景区飓风前的近 90% 的人口都已经搬回原址,而下九区只有不到三分之一的人回来。这是由于恢复政策重新分配了洪水所带来的挑战,卡特里娜飓风对非裔美国人和穷人造成了更重的负担。洪水过后,州评估人员发现,湖景区的房屋维修花费比下九区平均高出78 000 美元。但根据本章的研究,该州计算恢复补贴的公式算法更有利于湖景区的白人,而不是下九区的非裔美国人。因此,一旦保险公司和政府恢复计划都削减了支出,下九区的人就会发现自己的经济状

---

① 数据来自 2000 年美国人口普查和 2015 年美国人口普查社区调查。在 2000 年的湖景区,我采用了人口普查区 55、56.01、56.02、56.03、56.04、76.03 和 76.04 的数据。在 2015 年的湖景区,我采用了人口普查区 55、56.01、56.02、56.03、56.04、76.04 和 76.06 的数据。针对 2000 年和 2015 年的下九区,我采用了人口普查区 7.01、7.02、8、9.01、9.02、9.03 和 9.04 的数据。

况比湖景区的人更差:一方面是保险理赔和补贴金之间的平均差距,另一方面,下九区的修缮花费比湖景区高出31 000美元。[①] 换句话说,即使下九区的人们一开始恢复家园所需的钱比湖景区的少,恢复计划最终也会让他们比湖景区的人们陷入更深的财政困境中。

回顾过去,一些观察家认为,非裔美国人的拮据情况是自然出现的。然而,如其他事件一样,这次的卡特里娜飓风为种族和经济不平等问题的加剧提供了一个机会,又被政策和实践所固定和强化,只有这样的观察——不管是悲伤或是满意——好像这就是社会景观中永恒的特质一样。让我们再次考察湖景区和下九区的情况:两个居民区同样遭受了洪水的侵袭,但在一个居民区中,九成的人都回来了,这里被誉为美国强大适应力的象征;而在另一个居民区里,只有三成的人回去,他们看到先前邻居的家现在是一片废墟,这也在全国人民心中产生恶名。这些情况的发生并不正常。

缩小城市

在2005年9月30日,也是新奥尔良市市长雷·纳金解除疏散令的那天,他宣布了"找回新奥尔良"委员会的成立,这将为城市的未来规划提供指导,共17人。顾问小组由2名女性和15名男性组成,其中,7人是首席执行官,3人是银行行长。委员会主席莫里斯·梅尔·拉加德(Maurice "Mel" Lagarde)是"美国医院公司"——一家医院运营公司的一位白人主管,他的家在未受到洪水侵扰的圣查尔斯大道。芭芭拉·梅杰(Barbara Major)是非裔美国人,她是圣托马斯健康服务——一家非营利性社区健康诊所的执行董事,她位于新奥尔良东部

---

① Kalima Rose, Annie Clark, and Dominique Duval-Dlop, "A Long Way Home: The State of Housing Recovery in Louisiana"(《漫漫归途:路易斯安那州的住房复苏》), *PolicyLink Equity Atlas*(《政策链接公平图集》)(2008), p.47.

的家受到了洪水的影响。① 当地开发商乔·卡尼扎罗(Joe Canizaro)是该委员会城市规划部的主席,他是一位富有的白人共和党员,住在梅泰里郊区。委员会聘用了城市土地研究所(Urban Land Institute)作为顾问。该研究所是一个非营利性的土地使用和房地产研究组织,主要由房地产开发商组成,卡尼扎罗本人在这里曾任主席,他是纳金的重要支持者,也是乔治·布什总统的朋友。"我认为我们拥有了一张干净的白纸,可以重新开始。"在"找回新奥尔良"委员会开始工作后,卡尼扎罗对记者这样说:"有了这张干净的白纸,我们就有了巨大的可能性。"②

对于许多城市规划者而言,前方的路很清晰——缩小城市。在他们看来,卡特里娜飓风带来的教训就是无序扩张的大都市地区既不稳定也不安全。随着飓风保护系统的失灵,人们更加谨慎,认为由卡特里娜带来的洪水线为城市发展设立了界限。规划者们表现出技术官僚的姿态,这种姿态下暗含的通常是恐惧,他们担心鼓励人们回到那些明显不安全的地方居住是不人道的。同样,他们对此的回应也基于这样的认识,20 世纪新奥尔良的大都市扩张代表了资本主义的疯狂发展。正如《纽约时报》在一篇社论中所说,卡特里娜是"大自然的复仇",规划者的强硬手段是让自然回归平衡的必需品。③

---

① Robert Travis Scott, "Mayor Again Puts Out Welcome Mat"(《市长再次设下欢迎席》),*New Orleans Times-Picayune*(《新奥尔良皮卡尤恩时报》), September 29, 2005, p. 1. Gary Rivlin, "New Orleans Forms a Panel on Renewal"(《新奥尔良成立重建小组》),*New York Times*(《纽约时报》), October 1, 2005. 另见 Rivlin, *Katrina*(《卡特里娜》),pp. 136 - 138。新奥尔良市议会还在 9 月成立了一个由 11 名成员组成的"飓风灾后恢复咨询委员会",但该委员会直到 1 月才召开会议,这既表明了当前任务的艰巨,也表明了解决问题中缺乏协作。在 14 号紧急支持职能程序下,联邦紧急事务管理局也制定了一项恢复计划,但该计划影响力小,作用甚微。

② Gary Rivlin, "A Mogul Who Would Rebuild New Orleans"(《重建新奥尔良的大亨》),*New York Times*(《纽约时报》),September 29, 2005.

③ "Nature's Revenge"(《大自然的复仇》),*New York Times*(《纽约时报》), August 30, 2005. 关于城市规划的辩论,参见 Richard Campanella, *Bienville's Dilemma: A Historical Geography of New Orleans*(《比恩维尔的困境:新奥尔良的历史地理》)(Lafayette: Center for Louisiana Studies, 2008),pp. 344 - 350; Karl F. Seidman, *Coming Home to New Orleans: Neighborhood Rebuilding After Katrina*(《回到新奥尔良的家:卡特里娜飓风后的街区重建》)(New York: Oxford University Press, 2013),pp. 20 - 34; Robert B. Olshansky and Laurie Johnson, *Clear as Mud: Planning for Rebuilding of New Orleans*(《一清二白:新奥尔良重建规划》)(Washington, DC: American Planning Association, 2010); 以及 Carol M. Reese, Michael Sorkin, and Anthony Fontenot, eds., *New Orleans Under Reconstruction: The Crisis of Planning*(《重建中的新奥尔良:规划危机》)(New York: Verso, 2014)。

规划者们认为，新奥尔良的样貌应该和一个世纪前的城市相似。这是城市土地研究所的关键决策，也似乎是第一批回归城市的人们的共识。11 月 14 日，超过 2 000 人在市政厅参与了城市土地研究所的会议，据《新奥尔良皮卡尤恩时报》报道，这样"高调的重复"是"向历史学习"。换句话说，"沿着城市中的原始足迹——走过密西西比河和高耸的山脊——将这些作为土地利用的向导"。这个观点可能对在场的人极具吸引力，因为，正如一位观察家所言，他们"自己就住在那些被推荐优先建设的'高山脊'上"。卡尼扎罗的地位让他能够雄心勃勃的重新想象新奥尔良的可能性，但他告诉记者，不可避免的是，"穷人没有重新回到我们城市的资源……因此我们无法让所有人都回来。这只是个事实"。①

两周后的 11 月 28 日，当城市土地研究所向"找回新奥尔良"委员会呈上初步建议时，提出了城市应优先发展未受洪水影响的社区。根据受洪水破坏的程度，顾问团队将新奥尔良分为三个"投资区"。C 区是指那些被洪水淹没的河岸区。城市土地研究所（在后面一月以书面报告形式）督促道："无论是为了最初的经济复苏、历史保护、临时住房，还是其他短期利益，这片区域的活动都应该……迅速推进。"B 区包括城市中遭受不同程度破坏的区域，对于这片区域，城市土地研究所鼓励采取逐个街区恢复的方式；顾问们认为受损最严重区域的居民会重新在这里安家落户。A 投资区大概囊括了四分之一的城市，包括受破坏最严重的社区：从湖景区经过让蒂伊和新奥尔良东部的整个河岸区，以及下九区的大部分地区。这些区域，城市土地研究所特别提出，"必须非常谨慎地与居民密切合作来决定重新投资的精确模式，以确保恢复和创造一个功能性良好且美观宜人的社区"。城市土地研究所

---

① Martha Carr, "Panel Will Advise on Rebirth of N. O."（《专家小组将就重建新奥尔良提出建议》），*New Orleans Times-Picayune*（《新奥尔良皮卡尤恩时报》），October 28, 2005, p. 1. Martha Carr, "Citizens Pack Rebirth Forum"（《公民包重生论坛》），*New Orleans Times-Picayune*（《新奥尔良皮卡尤恩时报》），November 15, 2005, p. Metro - 1 for quotations. 关于居住地点，参见 Campanella, *Bienville's Dilemma*（《比安维尔的困境》），p. 345；关于"这只是个事实"，参见"Harsh Urban Renewal in New Orleans"（《新奥尔良严酷的城市改造》），Associated Press, October 12, 2005。

建议,这个区域应当探索"湿地、娱乐公园或开放式蓄水系统等开放空间的分配"①。措辞谨慎,但言外之意很清晰:城市土地研究所建议,如果可能,不要太快重建城市受灾最严重的地区。

针对减少黑人社区人口并将它们用作洪水控制设施来重建白人社区的观点,非裔美国人的政治领袖持反对意见。这些地方的代表逐渐变为 A 区的,他们抨击缩小城市观点。我们"不会被推到公交车的尾部",议会女议员辛西娅·威拉德-刘易斯(Cynthia Willard-Lewis)断言,她代表了新奥尔良东部和下九区的许多地区。通过暗指民权运动,威拉德-刘易斯表示,她认为这个计划具有种族主义性质,是对选民的侮辱。代表让蒂伊的女议员辛西娅·赫奇-莫雷尔(Cynthia Hedge-Morrell)将这个计划视为"将我们的社区从新奥尔良除去的提议"②。

在 11 月 28 日的会议上,任州众议员舍曼·科普林(Sherman Copelin)——一位高档社区伊斯托弗的住户告诉城市土地研究所的顾问:"请删去报告里的东部地区(新奥尔良东部)不会回来了的内容。"他声称:"我们不需要回来的许可! 我们回来了!"在这些人看来,优先恢复未受洪水灾害地区是有悖常理的做法。面对这些指责,纳金很快宣布了"重建所有新奥尔良地区"的指示,这引发了人们对他是否能坚持其已开启的计划进程的质疑。③

随着城市土地研究所的计划传播开来,反对的声音也愈发强烈。越来越多的新奥尔良人坚持要重建整座城市。12 月 15 日,新奥尔良市议会通过了一项由威拉德-刘易斯和赫奇-莫雷尔提供资助的决议,称"本议会意在确保所有新奥尔良街区都能及时并同步得到重建",并开始了专门针对受洪灾影响区域的重建计划。2006 年 1 月 6 日的议会会议上,

---

① Urban Land Institute, *New Orleans, Louisiana: A Strategy for Rebuilding*(《路易斯安那州,新奥尔良:重建战略》)(Washington, DC: ULI, 2006), pp. 37 - 49 (Zone C on p. 46, Zone A on p. 45).

② Rivlin, *Katrina*(《卡特里娜》), p. 176.

③ Frank Donze, "Don't Write Us Of, Residents Warn"(《居民警告:不要将我们遗忘》),*New Orleans Times-Picayune*(《新奥尔良皮卡尤恩时报》), November 29, 2005, p. 1.

议会主席奥利弗·托马斯(Oliver Thomas)声称："如果你不打算重建这片或那片社区,就是对死者的不尊重。"第二天,前新奥尔良市市长马克·莫里亚尔(Marc Morial)坚称,建立一个更强大的飓风保护系统才是解决之道。他在新奥尔良东部做的一场演讲中说:"有了第五类保护,每个社区都能得到重建。"时任全国城市联盟主席的莫里亚尔拒绝了"减少重建面积"的"错误想法",呼吁"在所有社区的重建工作中秉承公平规划"。莫里亚尔指出,新奥尔良的防洪是一个全无或全有的命题:不可能保护一部分社区,而不管其他社区。要保护就要保护全部。①

倡导所谓的五级保护解决了一个核心冲突,这个冲突源于人们广泛认同的对新奥尔良自由主义式的评价。很多自由主义者认为,卡特里娜飓风造成的洪水线包围的多是贫困的非裔美国人。他们谴责社会体系的不公平(通常指种族主义、资本主义或环境的不公正),认为正是因为这些不公平的问题使美国最脆弱的群体住在最危险的地方。从此角度来说,若要实现公平,需要出台公共政策来帮助弱势群体移向高地居住。但新制定的重建计划似乎以牺牲非裔美国人为代价来保护白人利益。从该角度来说,实现公平需要制定能帮助非裔美国人重返家园的公共政策。批评者通常并不会承认,重返家园就意味着回到那些仍然危险的老地方。然而,恢复 1965 年开始的庞恰特雷恩湖及周边地区飓风防护项目的承诺可以解决这个道德上的困境,前提是人们得有办法修建一个这种强大到足以保护所有人的大型公共工程。不管是拥有拨款权的国会,抑或是正在努力进行临时修复的陆军工程兵团,都尚未开始解决这个问题。有些人坚持认为由海平面上升、陆地下沉所带来的挑战不会由非裔美国人来承担,这代表了一种革命性

① 关于"所有社区",参见 City Council Resolution No. M-05-590, December 15, 2005；另参见 Eggler, "No Neighborhood Left Behind, Council Vows"(《理事会发誓不让一个社区掉队》), New Orleans Times-Picayune(《新奥尔良皮卡尤恩时报》), December 17, 2005, p. 1。关于议会会议的规划过程,参见 City Council Resolution No. M-05-592, December 15, 2005。由此产生的"新奥尔良市社区重建计划"于 2006 年 10 月发布,有时被称为"兰伯特计划",因为这个过程是由兰伯特咨询公司指导的。关于莫里亚尔,参见 Gordon Russell and Frank Donze, "Officials Tiptoe Around Footprint Issue"(《官员小心翼翼应对足迹问题》), New Orleans Times-Picayune(《新奥尔良卡尤恩时报》), January 8, 2006, p. 1。

的立场，但是人们不再天真地寄美好希望于技术，认为工程技术可以解决政治无法解决的问题。

无论如何，"找回新奥尔良"委员会采纳了城市土地研究所的提议，决定将城市的规模缩小。2016 年 1 月 11 日，该组织的城市规划委员会发布了被称为"新奥尔良行动计划：一个崭新的美国城市"的计划。"找回新奥尔良"委员会想花费 48 亿美元建造新的轻轨，连接机场和中央商务区。它还提出要建造一个带有神经科学设备的新医疗综合体和兼有社区中心功能的新学校建筑。该计划还提出，要在部分被淹的社区用木桩架起房屋，同时清除一些其他房子，将其作为绿地使用——将临近社区变为公园和湿地，未来可用来遏制洪水。"找回新奥尔良"委员会倡导，城市中的每个社区都参与由市民主导的规划过程，以了解前居民回归原住址的意愿，并在 2006 年 5 月 20 日之前完成他们的计划。同时，"找回新奥尔良"委员会建议，城市"不要在受灾受损严重的地区发放任何建设或重建的许可"，换句话说，就是宣布暂停在受灾社区的工作。"找回新奥尔良"委员会做出的预算大约是185 亿，其中 12 亿专门拨给"新城修复集团"。这与当时国会正在审议的一项法案相呼应，即该机构将被授权，可以从受灾社区中购买受损的房屋。"这是最后的一招。""找回新奥尔良"委员会提出，该集团还将拥有征用权。换句话说，尽管纳金早期曾做出承诺，"找回新奥尔良"委员会好像还在呼吁放弃该市的大部分地区。如果居民想重返旧地，他们就只有四个月时间来自己想办法回去。他们一旦失败，这个新成立的准公共机构就有权夺走他们的家园。①

"找回新奥尔良"委员会制定的计划中包含一张拟议的新建公园和城市湿地的地图，该地图由《新奥尔良皮卡尤恩时报》编辑，并刊登于次日的报纸头版。六个带阴影的绿点覆盖了布罗德穆尔、让蒂伊、下九区和新奥尔良东部的大片区域，这些地方正是即将成为公园和绿

① Bring New Orleans Back Commission, Urban Planning Committee, *Action Plan for New Orleans: The New American City*(《新奥尔良行动计划：新美国城市》) (January 11, 2006), (no page numbers).

地的区域。一些人指出，主要由白人和富人居住的湖景区虽然受灾严重，却没有被划入绿地区域。当伊莱恩·托拜厄斯（Elaine Tobias）在网上得知这个计划时，她对 75 岁的母亲多丽丝（Doris）喊道："妈妈，他们计划在你的房子上建一条绿道。"①当时她们正住在得克萨斯州的贝敦市，距离他们在新奥尔良东部被淹没的家园很远。

尽管该计划会导致"（一些）社区的消亡"，《新奥尔良皮卡尤恩时报》还是很快认可了这个"负责任"的计划。从这一角度看，"找回新奥尔良"委员会的提议有一层隐含意义，即承认在卡特里娜飓风来袭前，城市已经是不安全且不可持续的了。② 当新奥尔良人看到自己的社区在《新奥尔良皮卡尤恩时报》地图上的那些绿点背后消失时，他们变得怒不可遏。在公布"找回新奥尔良"委员会提议的会议上，他们称该计划为胆大妄为，说它是一个学术实验，是垃圾，是一个坏透了的、腐败的计划。③

一些人认为这个计划是种族主义的阴谋，是城市更新运动的回归——该运动在 20 世纪 60 年代被批判地称为"黑人的迁出"。新奥尔良资源保护中心的一位官员称："如果这个计划按部就班地进行，许多人对我们非裔美国人遗产和人口最糟糕的担忧可能会成为现实。"桑切雷·沙库尔（Suncere Shakur）认为，白人精英在"将卡特里娜飓风当作一个由头来推动他们的议程……迫使黑人离开他们的家园和社区，这样白人就能将这些土地卖给公司"。他说的并非没有道理：在《纽约时报》报道的一项研究中，一位社会学家认为，如果该市采用"找回新奥尔良"委

---

① 关于"绿点计划"，参见"Plan for the Future"（《未来规划》），New Orleans Times-Picayune（《新奥尔良皮卡尤恩时报》），January 12, 2006, p. 1. 关于托拜厄斯，参见 Michelle Krupa, "Many Areas Marked for Green Space After Hurricane Katrina Have Rebounded"（《卡特里娜飓风后，许多被划为绿地的地区已恢复重建》），New Orleans Times-Picayune（《新奥尔良皮卡尤恩时报》），August 23, 2010。

② "A Responsible Plan"（《负责任的计划》），New Orleans Times-Picayune（《新奥尔良皮卡尤恩时报》），January 15, 2006, p.6.

③ Manuel Roig-Franzia, "Hostility Greets Katrina Recovery Plan"（《卡特里娜飓风恢复计划遭到反对》），Washington Post（《华盛顿邮报》），January 12, 2006.

员会的提议,新奥尔良就会失去一半的白人和超过 80% 的非裔人口。① 种族再次影响了人们对这个问题的理解。当年的晚春时节,在一项有 2 500 名路易斯安那人参与的调查中,63% 的非裔美国人认为让新奥尔良"恢复到飓风来临前的种族结构"是"极其重要的",持有此观点的白人只有 25%。而有 50% 的白人说这"一点也不重要"。②

　　所谓的"绿点计划"带来的威胁震惊了新奥尔良人,不管是黑人还是白人,是已经设法回来的人,还是不在复返的人。在这些人中掀起了一场邻里组织和行动主义的浪潮。正如一名布罗德莫居民所说,"霎时乱作一团"。居民们组织起各类协会和宣传小组,有时还能得到社区组织改革协会(Association of Commu nity Organizations for Reform Now)的重要支持。该协会是全国工人阶级的联盟,在新奥尔良有 9 000 名成员。他们在被水淹没的房子前竖起标语:"布罗德莫仍然存在!""我要回家! 我要重建! 我是新奥尔良人!"城市人口一到周末就

---

① James Dao, "In New Orleans, Smaller May Mean Whiter"(《新奥尔良,更小也许会更白》), *New York Times*(《纽约时报》), January 22, 2006, p. 1. 关于"最糟糕的担忧",参见 Manuel Roig-Franzia, "Hostility Greets Katrina Recovery Plan"(《对卡特里娜飓风恢复计划的敌意》), *Washington Post*(《华盛顿邮报》), January 12, 2006。Shakur, interview by Pamela Hamilton, pp. 3 - 4. John R. Logan, *The Impact of Katrina : Race and Class in Storm-Damaged Neighborhoods*(《卡特里娜的影响:风暴破坏后社区的种族与阶级》)(Providence : Brown University Spatial Structures in the Social Sciences Institute, 2005), p. 16. 洛根(Logan)预测,新奥尔良将成为一个白人占多数的城市;他的报告指出,种族差异的影响并没有扩大到被破损堤坝淹没的其他地区。另参见 James Dao, "Study Says 80% of New Orleans Blacks May Not Return"(《研究称新奥尔良 80% 黑人可能不会返回》), *New York Times*(《纽约时报》), January 27, 2006。

② 这项由路易斯安那州恢复管理局委托进行的调查于 2006 年 2 月 15 日至 4 月 30 日进行。Collective Strength, 2006 *South Louisiana Recovery Survey : Citizen and Civic Leader Research Summary of Findings*(《2006 年南路易斯安那州复苏调查:公民和公民领袖研究结果摘要》)(Baton Rouge : Louisiana Recovery Authority Support Foundation, 2006), p. 12.

急剧上升，人们从灾后暂居的各地开车前来，建造自己的房子。① 暂时居住在路易斯安那州拉斐特的伯沙·艾恩斯（Bertha Irons）回到了让蒂伊，在被洪水肆虐过的房子前种花。她想让邻居知道自己回家了。她对丈夫说："我们要给街区带来希望和鼓舞。"在新奥尔良东部的越南天主教堂，神父维安·阮（Vien Nguyen）开始召集他的教友们，因为"我们回家的权力已经被侵犯，那些人根本无权这样做。事实上，任何人都无权这样做"。杰雷林·马德雷（Jerrelyn Madere）意识到："'他们'是不存在的。'他们'何时才来修我的房子？'他们'何时允许我返回家园？'他们'什么时候……根本没有'他们'的存在。有的是我们。"②

行动主义的高涨使纳金放弃了"找回新奥尔良"委员会的建议，并承诺将整座城市重建为洪水前的样子。在马丁·路德·金的一场演讲中，他说道："我不在乎富人区的人说什么。""在这一天结束后，这座城市将是巧克力色的。"在他 2002 年的市长竞选中，纳金主要得到的是白人选民的支持。然而他同样赢得了 2006 年的选举——该选举原定于 3 月 4 日举行，但州长用紧急令将它推迟到了 5 月 20 日——在这

① Stephanie Grace, "Big Decisions Shape Recovering City"（《重大决策塑造了正在复苏的城市》）, *New Orleans Times-Picayune*（《新奥尔良皮卡尤恩时报》）, August 22, 2010. 关于基层规划和恢复工作，另参见 Seidman, *Coming Home to New Orleans*（《回到新奥尔良的家》）, 以及 Emmanuel David, *Women of the Storm: Civic Activism after Hurricane Katrina*（《风暴中的女性：卡特里娜飓风后的公民行动主义》）(Urbana: University of Illinois Press, 2017). 关于"霎时乱作一团"，参见 Stephanie Grace, "Will Plan Lift the Curse of the Green Dot?"（《计划能否解除"绿点诅咒"?》）, *New Orleans Times-Picayune*（《新奥尔良皮卡尤恩时报》）, April 1, 2007, p. 7. 关于社区组织改革协会，参见 Mike Davis, "Who Is Killing New Orleans?"（《谁杀新奥尔良?》）, *The Nation*（《国家报》）, March 23, 2006. 关于"布罗德莫的生活"，参见 Campanella, *Bienville's Dilemma*（《比安维尔的困境》）, p. 347. 关于周末建造自己的房子，参见 Frank Donze, "Young Leadership Council to Relaunch 'Proud to Call It Home' Slogan"（《青年领导委员会将重新发布"带着自豪称之为家"的口号》）, *New Orleans Times-Picayune*（《新奥尔良皮卡尤恩时报》）, November 10, 2010.
② Bertha Irons, interview by Elizabeth Shelburne, May 26, 2006, interview U-0236, transcript, p. 35, SOHP Collection. Vien The Nguyen, interview by Elizabeth Shelborne, May 22, 2006, interview U-0247, transcript, p. 35, SOHP Collection. Jerrelyn Jessup Madere, interview by Megan Pugh, May 31, 2006, interview U-0241, transcript, p. 15, SOHP Collection.

场选举中,他获得了大约80%非裔美国人选民的支持。①

市政厅开始在全市范围内颁发建筑许可证,而未考虑该市面对洪水灾难的脆弱性和拟定的未来计划。一旦采取了这种方式,纳金政府就会努力规避洪泛区建筑法规,使房主可以很轻松地对联邦应急管理局在一项地区调查中给他们的房屋分配的损失估计提出上诉。当损失估值超过50%时,《国家洪水保险计划》将要求房主加高房屋,以减少未来洪水损失发生的可能,但这也可能非常昂贵。纳金认为这些估算结果太过武断,他指示市政厅的工作人员尽量默许房主的申诉,这样他们就不必做这项工作了。在他发表"巧克力城市"演讲的两周内,纳金的市政厅开始每天发放多达500份建筑许可证。一位市政府官员称这个过程为"默认计划"。②

同"找回新奥尔良"委员会的愿景一同消失的还有规划者希望按照自己想象中的安全和可持续原则来重新设计城市的雄心壮志。新奥尔良人希望用更坚固的堤坝系统来保护他们免受未来的风暴侵袭,并坚持认为这是唯一合理的方案。这样做的好处是可以将灾难的原因归结为堤坝的损坏,将陆军工程兵团认作罪魁祸首,同时还可以将为整个地区提供5级飓风保护定为解决方案。它将城市面对洪水灾

---

① Lance Hill, "How White People Elected Ray Nagin"(《白人如何让雷·纳金当选》), *Louisiana Weekly*(《路易斯安那周报》), May 21, 2006. Ray Nagin, speech at New Orleans City Hall, January 16, 2006; transcript at "full video of Nagin's chocolate city speech", WWLTV. com, April 28, 2010. 关于选举,参见 State of Louisiana, Executive Department, "Delay of the Qualifying Period and the February 4, 2006 and March 4, 2006 Elections in the Parish of Orleans"(《推迟奥尔良教区的资格审查期以及2006年2月4日和2006年3月4日的选举》), Executive Order No. KBB 2005 - 96, December 9, 2005; State of Louisiana, Executive Department, "Rescheduling the Qualifying Proposition, Primary, and General Elections in the Parish of Orleans"(《重新安排奥尔良教区预选、初选和大选的时间》), Executive Order No. KBB 2006 - 2, January 24, 2006;关于80%,参见 Adam Nossiter, "Voters Re - Elect Nagin as Mayor in New Orleans"(《选民再次选举纳金为新奥尔良市市长》), *New York Times*(《纽约时报》), May 21, 2006, p. A1。

② 关于"默认计划",参见 Adam Nossiter, "Sparing Houses in New Orleans Spoils Planning"(《新奥尔良的"吝惜房屋"破坏了规划》), *New York Times*(《纽约时报》), February 5, 2006, pp. 1, 22; Rivlin, *Katrina*(《卡特里娜》), p. 219。从2006年秋季开始,在洛克菲勒基金会、克林顿·布什卡特里娜基金和大新奥尔良基金会的支持下,该市制定了"新奥尔良统一计划"。作为正式的恢复计划,该计划满足了路易斯安那州恢复局的要求,即每个教区都必须制定全面的恢复计划,才能获得社区发展整笔拨款的资金。预计,"新奥尔良统一计划"的成本约为144亿美元,但实施资金有限。

难的脆弱性归因于基础设施的问题而非结构性问题，提出应由堤坝工程师而非城市规划者来解决。它凸显了在重返家园和保卫住房两种权利斗争中内在的道德紧张。在此观点下，将房屋建造在地势更高的地方，或执行新的建筑规范——将房屋建在洪泛区之外。往好了说，这是对饱受创伤、急于重返家园的洪灾受害者的无情侮辱；而往坏了讲，这似乎代表了政府权力的非法扩张、阴暗的土地掠夺，或是将非裔美国人逐出城市的种族主义行径。

　　从表面上看，新奥尔良在解决于何处重建这一根本问题时采取了自由放任的方法。但"找回新奥尔良"委员会计划的失败让一种坊间的说法不攻而破了，那就是新奥尔良卡特里娜飓风后的重建政策主要"以自由市场为导向"，属于"新自由主义"，是一个关于所谓"灾难资本主义"的案例研究。① 灾难资本主义的相关描述强调了本质是逐利的企业的影响，并夸大了市场的作用，却轻易忽视了政府一直拥有的权力。事实上，在洪灾后，地方、州和联邦政策都重塑了新奥尔良，这并不可简单地被看作市场力对一些产业的作用，或是对社区这一概念在意识形态上的攻击。市场力无法决定新奥尔良人整个 20 世纪在城市中重新定居的方式。城市中富裕的精英阶层也决定不了；实际上，这个阶层曾是市长最有影响力的盟友，他们主张采取相反的措施，呼吁限制增长（也许现在这种限制不会影响到他们个人）。然而，由于市民们利用民主程序来反对他们，他们失败了。非裔美国人和劳工领导的邻里团体联盟宣扬他们会对家园重建和自决权的信念，迫使市政厅

---

① Kevin Fox Gotham and Miriam Greenberg, *Crisis Cities: Disaster and Redevelopment in New York and New Orleans*（《城市危机：纽约和新奥尔良的灾难与重建》）（New York: Oxford University Press, 2014）, ix. 可以肯定的是，海湾机会区符合这些描述，它为受损社区的发展提供税收优惠。参见 Gulf Opportunity Zone Act of 2005, Pub. L. No. 109 - 135, 119 Stat. 2577（December 21, 2005）。关于新自由主义，另见 George Lipsitz, "Learning from New Orleans: The Social Warrant of Hostile Privatism and Competitive Consumer Citizenship"（《新奥尔良的教训：敌意私人主义和竞争性消费者公民权的社会保证》）, *Cultural Anthropology*（《文化人类学》）21, no. 3（August 2006）: 451 - 468; Cedric Johnson, ed., *The Neoliberal Deluge: Hurricane Katrina, Late Capitalism, and the Remakin of New Orleans*（《新自由主义洪流：卡特里娜飓风、晚期资本主义和新奥尔良的重塑》）（Minneapolis: University of Minnesota Press, 2011）;以及 Naomi Klein, *The Shock Doctrine: The Rise of Disaster Capitalism*（New York: Picador, 2008）。

批准并支持他们重建整个城市的想法。这并不是灾难资本主义,更多的是民主在起作用。

灾难资本主义是一种模式化变革的理论,它试图解释洪灾前后政治经济结构的连续性。灾难的概念可以使稳定的事态原状具象化,同样,灾难资本主义——这一与国家权力结合、向资本主义实践的突然转向暗示了我们大洪水之前的状态——在之前,政府作为仁慈的社会福利机构在市场的操控之外。美国从未出现过这种情况,更不用说新奥尔良了。资本主义并没有随着风暴被吹进这座城市。自欧洲殖民者夺走了原住民的家园以来,他们用名为“密西西比泡沫”的货币投机计划资助他们的大业,并用船只和马车将非洲奴隶运到他们的田地、工厂和家里劳动,此后资本主义——一种变化的、涉及种族和性别的概念一直影响着路易斯安那的居民和他们所居住的地点。因此,当市政官员的行为突然发生变化时,我们很难发现。他们忙于降低损失估算以将城市恢复到 2005 年的扩张形态。他们正做着一项令人崇敬的工作,努力加快了一些人回家的脚步。政府在最终延迟或阻止他人重返家园的具体行为上具有连续性。①

联邦政府的“回家之路”

在重建过程中,联邦政府的决定性作用首先体现在它选择不做的事情上。2005 年 9 月,路易斯安那州参议员玛丽·兰德里欧(Mary Landrieu)和戴维·维特(David Vitter)提出了耗资 2 500 亿美元的《路易斯安那州卡特里娜重建法案》。该法案让联邦政府能够采取规模堪比富兰克林·罗斯福工程事业振兴署的改革行动。但是批评人士认

① 另见 Clyde Woods, *Development Drowned and Reborn*: *The Blues and Bourbon Restorations in Post-Katrina New Orleans*(《淹没与重生:飓风后新奥尔良的蓝调与波旁酒庄的复兴》)(Athens: University of Georgia Press, 2017), and Jordan Camp and Laura Pulido's analysis of Woods's critique of disaster capitalism at pp. xxiii – xxiv。

为,这项提议"厚颜无耻",因此该法案从未付诸表决。①

2005 年 11 月,国会黑人核心小组提出了《2005 年卡特里娜飓风恢复、排涝、复原、重建和团圆法案》,该法案将授权采取"前所未有的措施"来应对路易斯安那州的挑战,将它视作一场持续到 2015 年的"重新开始并不断努力消除美国贫困问题"之行动的开端。通过观察"贫困如何使人们无法以必要方式保护自己的利益",国会黑人核心小组建议补偿洪水受害者的所有经济损失,并增加数十亿美元的联邦拨款,用于卫生、福利和教育项目。该法案吸引了 94 个共同提案人,但从未付诸表决。②

2005 年 11 月发生了相似的事件。众议院金融服务委员会标记出了《2005 年卡特里娜飓风恢复公司法案》,该法案提出创立一个 300 亿美元的恢复公司,授权它收购其认为不安全或难以为继的整个社区。该法案于 10 月由巴吞鲁日共和党人理查德·贝克提出,随后得到纳金、路易斯安那州州长凯瑟琳·布兰科和路易斯安那州国会代表团的支持。到了初冬,"恢复新奥尔良"委员会的成员们已经认为贝克的法案会被通过;事实上,在构想重建计划时,他们就想将一家拥有足够资源、能够重塑城市的恢复公司置于计划的中心,这符合他们所构想的政策机制。用新奥尔良市议会成员杰伊·布拉特(Jay Blatt)的话来说,所谓的"贝克法案"似乎为新奥尔良提供了唯一的机会,使其免于"成为一个满是投机的炒房者和毫无信誉的开发商欲创造出杂乱无章大杂烩城市的野蛮西部"。尽管如此,2006 年 1 月 25 日,一名白宫负

① Louisiana Katrina Reconstruction Act, S. 1765, 109th Cong., 1st Sess. (2005). 关于"厚颜无耻",参见 Michael Grunwald and Susan B. Glasser, "Louisiana Goes After Federal Billions"(《路易斯安那州追讨联邦数十亿美元》), *Washington Post*(《华盛顿邮报》), September 26, 2005;另见 Carl Hulse, "Louisiana Lawmakers Propose $250 Billion Recovery Package"(《路易斯安那州立法者提出 2 500 亿美元的恢复方案》), *New York Times*(《纽约时报》), September 23, 2005。关于游说者对提案的影响,参见 Alan C. Miller and Ken Silverstein, "Lobbyists Advise Katrina Relief"(《游说者为卡特里娜飓风救援提供建议》), *Los Angeles Times*(《洛杉矶时报》), October 10, 2005。

② Hurricane Katrina Recovery, Reclamation, Restoration, Reconstruction and Reunion Act of 2005, H. R. 4197, 109th Cong., 1st Sess. (2005), introduced November 2, 2005. For quotations, see Sec. 2; for the 2015 goal, see Sec. 1202.

责墨西哥湾沿岸恢复工作的联络员唐纳德·鲍威尔称,该法案"将政府卷入房地产行业",并没必要地"增加了另一层官僚主义的意味"。由于没有白宫的支持,这项法案从未进行表决。①

尽管国会拨款的规模前所未有,但这只是路易斯安那州国会代表团所认为的该州所需经费的一部分。为了应对卡特里娜飓风(和在大多数法案中将其与卡特里娜合并的丽塔飓风),国会最终将拨款 1 205 亿美元。其中,约 750 亿美元被用于紧急救济,而非重建。这些钱被得克萨斯州、路易斯安那州、密西西比州、亚拉巴马州和佛罗里达州平分。②

联邦资金在进入新奥尔良之前要经过诸多分包商的层层过滤。包括萧氏通讯和比奇特尔在内的大型公司都与政府签订了大型的委

---

① Baker's bill, the Louisiana Recovery Corporation Act, H. R. 4100, 109th Cong., 1st Sess. (2005), was introduced on October 20, 2005. Senators Landrieu and Vitter introduced companion legislation in the Senate on December 21, 2005, as the Hurricane Katrina Response Act, S. 2172. 关于支持,参见案例 H. R. 4100, *The Louisiana Recovery Corporation Act*(《路易斯安那州复兴公司法》)。Hearing Before the Committee on Financial Services, Serial No. 109 - 64, US House of Representatives, 109th Cong., 1st Sess., November 17, 2005 (see p. 32 for Jay Batt's "hodge-podge" quotation);以及 also Adam Nossiter, "A Big Government Fix-It Plan for New Orleans"(《新奥尔良的大政府修复计划》), *New York Times*(《纽约时报》), January 5, 2006。关于鲍威尔,参见 Bill Walsh, "White House Against Baker Bailout Bill"(《白宫反对贝克救助法案》), *New Orleans Times-Picayune*(《新奥尔良皮卡尤恩时报》), January 25, 2006, p. 1。

② Bruce R. Linsday and Jarden Conrad Nagel, *Federal Disaster Assistance after Hurricanes Katrina, Rita, Wilma, Gustav, and Ike*(《卡特里娜飓风、丽塔飓风、威尔玛飓风、古斯塔夫飓风和艾克飓风后的联邦灾难援助》), CRS report no. R43139 (Washington, DC: Library of Congress, 2013). 关于 750 亿美元,参见 Allison Plyer, "Facts for Features: Katrina Impact"(《专题报道的事实:卡特里娜飓风的影响》), The Data Center, August 26, 2016, https://www. datacenterresearch. org/data-resources/katrina/facts-for-impact/。1 205 亿美元不包括《国家洪水保险计划》支付的索赔,该计划支付的索赔总额约为 163 亿美元。"Significant Flood Events"(《重大洪水事件》), Federal Emergency Management Agency, https://www.fema.gov/significant-flood-events. 在 1 205 亿美元中,约有 760 亿美元流向了路易斯安那州。Bruce Alpert, "＄120 Billion in Katrina Federal Relief Wasn't Always Assured"(《1 200 亿美元的卡特里娜飓风联邦救济金并非总有保障》), *New Orleans Times-Picayune*(《新奥尔良皮卡尤恩时报》), August 21, 2015. 同时,"美国国会通过削减医疗补助、食品券和学生贷款等资金,共计超过 400 亿美元,来缓解海湾地区的困境…… 财政部长约翰·斯诺拒绝为新奥尔良市政债券提供担保,迫使市长纳金在城市最需要人力的时候解雇了 3 000 名市政雇员"。Julian Bond, "In Katrina's Wake: Racial Implications of the New Orleans Disaster"(《卡特里娜飓风:新奥尔良灾难对种族的影响》), *Journal of Race & Policy* (May 2007): 1 - 24, quotation on 22 (citing Davis, "Who Is Killing New Orleans?"). 联邦紧急事务管理局还拒绝了路易斯安那州的最初计划,借助"减轻危害赠款计划"中的资金来收购被洪水淹没的房屋。参见 US Government Accountability Office, *Gulf Coast Disaster Recovery: Community Development Block Grant Program Guidance to States Need to Be Improved*(《海湾地区灾后恢复:社区发展整笔赠款计划需要改进对各州的指导》), Report to the US Senate Committee on Homeland Security and Governmental Afairs, GAO report no. 09 - 541 (June 2009), pp. 22 - 23。

托合同,承担了一些关键的紧急任务,如清除废墟、在屋顶上安装防水布或提供临时住房等。这些公司随后雇用了二级分包商,这些二级分包商又雇用了三级分包商,而第三级分包商又再次将任务分包出去。有时,瓜分联邦政府资金的有五到六层公司,这些资金也许被用于行政、监管或其他的官僚管理用途。主要承包商拒绝透露他们向分包商支付了多少钱,但报告显示,从首都华盛顿流出的联邦资金很少能真正流入新奥尔良。例如,一家垃圾清理承包商在国会听证会上说,联邦政府向主承包商支付的费用标准为每 0.7 立方米 23 美元,但从事这项工作的当地公司清理 0.7 立方米垃圾只能得到 6 美元。一名来自陆军军团的审计员(联邦应急管理局将整个承包过程转包给陆军军团)证实,主承包商经常"在管理、开销和利润上加价,这些加价为 150家卡特里娜转包商的成本的 17%到 47%不等"。就连保守的共和党州众议员史蒂夫·斯卡利塞(Steve Scalise)也在听证会上承认,"显然,纳税人没有得到最划算的交易"①。公共效率和私人盈利之间的目标难以调和,因为一个将公共资金提供给个人的高效制度可能无法带来私人利润。②

这种紧张感在"路易斯安那回家之路"的住房援助项目中得到了明显体现,该项目是该州对灾后复原的主要干预手段。国会拨款 134亿美元用于路易斯安那州的长期重建过程。这笔资金是国会于 2005

---

① Statement of Derrell Cohoon, in Katrina and Contracting: Blue Roof, Debris Removal, Travel Trailer Cast Studies, Hearing Before the Federal Financial Management, Government Information, and International Security Subcommittee(《卡特里娜与承包:联邦财务管理、政府信息和国际安全小组委员会听证会》),S. Hrg. 109 – 743, 109th Cong., 2nd Sess., New Orleans, LA (April 10, 2006), p.116. 另见 Statement of Patrick J. Fitzgerald, pp. 11 (for "markups"), and 30 (for Scalise)。

② Vincanne Adams, Markets of Sorrow, Labors of Faith: New Orleans in the Wake of Katrina(《悲观的市场,信仰中劳作:卡特里娜飓风后的新奥尔良》)(Durham: Duke University Press, 2013). 关于分包,另见 Gordon Russell and James Varney, "From Blue Tarps to Debris Removal, Layers of Contractors Drive Up the Cost of Recovery, Critics Say"(《批评者称:从蓝色防水布到废墟清理,层层分包推高了重建成本》),New Orleans Times-Picayune(《新奥尔良皮卡尤恩时报》), December 29, 2005, p. 1; 以及 L. Elaine Halchin, "Hurricane Katrina Contracting: Subcontracting Tiers"(《卡特里娜飓风中的承包:分包层级》), Congressional Research Service Memo to the Senate Committee on Homeland Security and Governmental Affairs, Subcommittee on Federal Financial Management, Government Information, and International Security, March 29, 2006, in Katrina and Contracting(《卡特里娜飓风和分包》),pp. 143 – 149。

年12月30日和2006年6月15日批准的紧急拨款,以社区发展整体补助金的形式发放。① 路易斯安那州从社区发展整体补助金中拨出75亿美元用于援助房屋受损破坏的公民。(2007年11月,在民主党成为多数党后,国会为此用途额外拨款30亿美元给路易斯安那州。②)布兰科州长发布了一项行政命令,成立一个名为"路易斯安那州复苏局"的新州立机构来管理这笔资金。③ 她任命了董事会的26名成员,这些成员被《新奥尔良皮卡尤恩时报》归为几类,分别为她的"亲密盟友、富有的企业高管、华盛顿的权力掮客和大学官员",她还任命泽维尔大学校长诺曼·弗朗西斯(Norman Francis)为该机构的主席。④ 安迪·科普林(Andy Kopplin)是布兰科的前幕僚长,他成了路易斯安那州复苏局的执行董事,他将该州的行动描述为"有史以来最大的住房

① 第一笔拨款为115亿美元,见 the Department of Defense, Emergency Supplemental Appropriations to Address Hurricanes in the Gulf of Mexico, and Pandemic Influenza Act, 2006, Pub. L. No. 109-148, 119 Stat. 2680 (December 30, 2005)。第二笔拨款为52亿美元,见 Emergency Supplemental Appropriations Act for Defense, the Global War on Terror, and Hurricane Recovery, 2006, Pub. L. No. 109-234, 120 Stat. 418 (June 15, 2006)。另见 US Government Accountability Office, *Gulf Coast Disaster Recovery*(《墨西哥湾沿岸地区的灾后恢复》), pp. 4-5; 以及 Eugene Boyd, *Community Development Block Grant Funds in Disaster Relief and Recovery*(《救灾和灾后恢复中的社区发展整笔拨款》), CRS report no. RL33330, September 11, 2011. Pub. L. No. 109-148。共拨款115亿美元用于社区发展整体拨款,但要求"任何州获得的资金不得超过所提供金额的54%",因此尽管路易斯安那州遭飓风破坏的地区超过了54%,它能获得的资金数还是受到了限制。法案中也包括类似的限制,尽管并不是很严格,但会阻止任何州(如路易斯安那州)获得超过42亿美元的资金。这一限制可能是在密西西比州参议员、参议院拨款委员会主席萨德·科克伦(Thad Cochran)的坚持下制定的,用来确保资金分配与损失的比例。参见 Sheila Crowley, "Where Is Home? Housing for Low-Income People After the 2005 Hurricanes"(《家在何处?——2005年飓风后低收入人群的住房问题》), in Chester Hartman and Gregory D. Squires, eds., *There Is No Such Thing as a Natural Disaster: Race, Class, and Hurricane Katrina*(《天灾无小事:种族、阶级与卡特里娜飓风》)(New York: Routledge, 2006), pp. 121-166, esp. 145。
② An Act Making Appropriations for the Department of Defense for the Fiscal Year Ending September 30, 2008, and for Other Purposes, Pub. L. No. 110-116, 121 Stat. 1295 (November 13, 2007). 这笔拨款使社区发展整体拨款在一定程度上达到了均等:路易斯安那州有67%的受损住房单元,通过这笔拨款,路易斯安那州总共获得了社区发展整体拨款资金的68%。参见 US Government Accountability Office, *Gulf Coast Disaster Recovery*(《墨西哥湾沿岸灾难恢复》), pp. 5-6。
③ "Louisiana Recovery Authority"(《路易斯安那州恢复局》), Executive Order no. KBB 2005-63, October 17, 2005.
④ Laura Maggi, "Small Group Has Recovery Power"(《小队伍也有恢复能力》), *New Orleans Times-Picayune*(《新奥尔良皮卡尤恩时报》), January 23, 2006, p. 1.

援助计划"①。

"回家之路"承诺向房主提供高达 15 万美元的补助金以弥补他们因未投保而造成的损失。在路易斯安那州复苏局的支持下,该计划于 2006 年冬春季开始制定,并于 2006 年 5 月由路易斯安那州立法机关及联邦住房和城市发展部批准。补助金接受者可以选择重建房屋,也可以让州政府购买他们的受损房屋。② 该计划有一个前提,就是为遭受联邦防洪堤系统崩坏后果的房主提供补偿:许多房主的居住地没有要求要为房屋购买洪水保险,而标准的房主保险不包括洪水造成的损失。然而,一个人可能得到的任何其他保险赔付都将从其"回家之路"的补助金中扣除。③

"回家之路"的政策规定在三个关键方面塑造了新奥尔良大都市区的未来。首先,"回家之路"授权并资助整个地区的重建过程。城市及郊区的形态将由房主决定,取决于他们想如何使用自己的补助金,而非由指导或阻止发展的严格的城市或地区计划来决定。④ 第二,"回家之路"鼓励房主待在路易斯安那州,离开路易斯安那州的人将失去最高补助金的 40%。第三,"回家之路"没有为租房者提供直接的激励或补贴,而租房者人口在洪灾前占新奥尔良人口的 51%。整个计划的制定都是为了支持房屋拥有者。根据路易斯安那州的要求,联邦住房和城市发展部免除将 70% 的社区发展整体补助金拨给中低收入者的

---

① Leslie Eaton, "Hurricane Aid Flowing Directly to Homeowners"(《飓风援助直达房主》), *New York Times*(《纽约时报》), July 17, 2006; Leslie Eaton, "Slow Home Grants Stall Progress in New Orleans"(《房屋拨款速度阻碍新奥尔良发展》), *New York Times* (《纽约时报》), November 11, 2006.

② 路易斯安那州法案是一项被同时通过的决议,该决议批准了"回家之路"住房援助项目,用于灾后重建资金。Senate Concurrent Resolution no. 63, Regular Session 2006 (May 10, 2006). HUD approved the plan on May 30, 2006. 参见 "Jackson Approves Louisiana's $4.6 Billion 'Road Home Program'"(《杰克逊批准路易斯安那 46 亿美元的"回家之路"计划》), May 30, 2006, HUD No. 06‐058。

③ Louisiana Recovery Authority, *Substantial Changes and Clarifications to Action Plan Amendment No. 1 for FY 2006*, CDBG Disaster Recovery Funds, *Action Plan Amendmentfor Disaster Recovery Funds*(《对 2006 财政年度行动计划第 1 号修正案的重大修改和澄清:社区整体发展拨款灾难恢复基金,灾难恢复基金行动计划修正案》)(Baton Rouge: Louisiana Division of Administration, 2006).

④ 居住在洪水特别危害区,但未购买洪水保险的房主损失额高达最高赔偿额的 30%。参见 Louisiana Recovery Authority, *Substantial Changes and Clarifications to Action Plan Amendment No. 1 for FY 2006*(《对 2006 财政年度行动计划第 1 号修正案的重大修改和澄清》), p. 9.

正常要求,而将门槛降低到了 50%。①

　　路易斯安那州将"回家之路"的具体实施工作分包了出去。2006 年 6 月,路易斯安那州将价值 7.56 亿美元的合同交给了一个位于弗吉尼亚州的 ICF 国际公司,该公司曾帮助起草过恢复计划。路易斯安那州复苏局局长安迪·科普林说,雇用 ICF 公司的首要原因就是"他们能够迅速开展工作"。ICF 的一位副总裁称,"一旦我们获得许可,就可以在几小时内开始干活"。2006 年 7 月,也是宣布与 ICF 签订合同的一个月内,就有约 9 万人登记参加"回家之路"计划,根据州政府的最初估算,有 12.3 万人的住房符合该计划的条件。州政府官员预测,房主们将在 8 月下旬开始收到支票。②

　　洪灾发生一年后,许多新奥尔良人期待已久的帮助似乎终于要来了。人们亟须帮助,因为尽管该市中的一些地区已经恢复了正常生活,许多社区仍深陷困境。路易斯安那的官方统计称,该州约有 19.1 万人(占洪灾前全市人口的 39%)已返回家园,但这一数字很粗略,还包括 5.2 万名西岸居民;可能只有不到三分之一的受灾居民返回了家园。③ 城市中只有不到一半的学校开放;当地的天然气和电力公用事

---

① 在"回家之路"计划中,确实有 8.927 亿美元用于"劳动力和可负担租房计划",但这些资金是提供给寻求建造可负担住房的开发商,而不是直接提供给居民。"Jackson Approves Louisiana's ＄4.6 Billion'Road Home Program'"(《杰克逊批准路易斯安那州 46 亿美元的"回家之路"计划》),May 30, 2006, HUD No. 06－058. 根据 2000 年的人口普查,51.2%的新奥尔良人居住在出租房。

② Davida Finger, "Stranded and Squandered: Lost on the Road Home"(《搁浅和挥霍:迷失在回家的路上》),Seattle Journalfor Social Justice(《西雅图社会正义杂志》)7, no. 1 (2008): 59－100. 关于"首要原因",参见 Laura Maggi, "Companies Seek Ethics Opinions"(《企业寻求道德意见》),New Orleans Times-Picayune(《新奥尔良皮卡尤恩时报》), June 2, 2006, p. 12. 关于 2006 年 7 月 见 Eaton, "Hurricane Aid Flowing Directly to Homeowners"(《飓风援助直达房主》);关于 8 月下旬见 Laura Maggi, "Company Chosen to Take the Wheel for Road Home"(《公司被选为"回家之路"的掌舵人》),New Orleans Times-Picayune(《新奥尔良皮卡尤恩时报》), June 10, 2006, p. 4。

③ Louisiana Department of Health and Hospitals, 2006 Louisiana Health and Population Survey (《2006 年路易斯安那州健康与人口调查》),Survey Report(《调查报告》)January 17, 2007(New Orleans: Louisiana Public Health Institute, 2007), p.2. 人口调查的误差率为 9.6%。西岸的人口数据来自美国 2000 年人口普查。一项研究表明,在风暴前曾居住在新奥尔良,而 10 年后仍居住于此的人中,50%在一年内返回,其中有 70%的白人,但只有 42% 的非裔美国人。性别也很重要:研究显示,77%的白人男性在一年内返回,而非裔美国女性只有 34%。Michael Henderson, Belinda Davis, and Michael Climek, Views of Recovery Ten Years After Katrina and Rita(《卡特里娜飓风和丽塔飓风十年后的复苏展望》)(Baton Rouge: LSU Manship School of Mass Communication, Reilly Center for Media & Public Affairs, August 25, 2015), p. 7。

业公司安特吉宣布了破产；污水和供水委员会的管道"简直成了筛子"；城市中的公交车几乎都停运了；谋杀率急剧上升；医院关闭；联邦应急管理局提供的拖车充斥着甲醛的味。住在这些拖车里的人们在与某些人口中的"可怕无尽的未知"做斗争。①

尽管"回家之路"发布的公告充满信心，人们却仍然在等待。到 2007 年初——彼时国家与 ICF 签订协议已有 6 个月，国会为住房拨款数十亿美元的举措已进行了一年，洪水也已经发生了 18 个月——然而只有 101 户"回家之路"的申请人收到了补助金。超过 9.15 万房主已经提交了申请。② 这一拖延行为引起了公众大规模的批评。公民"回家之路"行动小组中直言不讳的成员提出要改变该计划，路易斯安那州的众议院也一致通过决议，要求州社区发展办公室解雇 ICF。③ 然而，该

① 2006 年 9 月，有 52 所学校开放。Boston Consulting Group, *The State of Public Education in New Orleans*（《新奥尔良公共教育状况》）(Greater New Orleans Education Foundation, June 2007), p. 15. 关于安特吉公司及污水和供水委员会，参见 Amy Liu, *Building a Better New Orleans: A Review of and Plan for Progress One Year after Hurricane Katrina*（《建设一个更好的新奥尔良：卡特里娜飓风一年后的进展回顾与计划》）(Washington, DC: The Brookings Institution, 2006), quotation on 34。参见 J. David Stanfield, ed., *The Challenges of Sudden Natural Disasters for Land Administration and Management: The Case of the Hurricane Katrina in New Orleans*（《突发自然灾害对土地行政管理的挑战：新奥尔良卡特里娜飓风案例》）(Nairobi: United Nations Human Settlements Program, 2008), pp. 39 - 40。在一项研究中，83% 的受测拖车中甲醛含量达到危险水平，参见 Spencer S. Hsu, "FEMA Knew of Toxic Gas in Trailers"（《联邦紧急事务管理局知道拖车中存在有毒气体》）, *Washington Post*（《华盛顿邮报》）, July 20, 2007；关于"可怕无尽的未知"，参见 David Winkler-Schmit, "Call to Action"（《行动呼吁》）, *New Orleans Gambit*（《新奥尔良策略报》）, March 14, 2006。
② State of Louisiana, Division of Administration, Office of Community Development, "The Road Home Week 26 Situation & Pipeline Report"（《"回家之路"第 26 周情况与管道报告》）, January 2, 2007, p. 1. 另见 Jefrey Meitrodt, "Understafed and Overwhelmed"（《食不果腹，不堪重负》）, *New Orleans Times-Picayune*（《新奥尔良皮卡尤恩时报》）, January 28, 2007, p. 1; David Hammer, "Audit Finds Uneven Road"（《审计发现道路不平》）, *New Orleans Times-Picayune*（《新奥尔良卡尤恩时报》）, April 3, 2007, p. 1; Stanfield, ed., *The Challenges of Sudden Natural Disasters*（《突发自然灾害带来的挑战》）, p. 59。
③ 公民"回家之路"行动小组倡导的一些改革措施已被州政府和 ICF 公司采纳，措施包括允许房主在洪灾发生后提交评估报告，估算其房屋在洪灾前的价值，并且允许州政府向房主支付赔偿金，即使他们对最初的补助金提出上诉。"A Constructive Approach"（《建设性方法》）, *New Orleans Times-Picayune*（《新奥尔良皮卡尤恩时报》）, December 27, 2006, p. 6. 根据一项决议指示，社区发展办公室行政管理希望立即撕毁与 ICF 应急管理服务有限责任公司的州合同，见 Louisiana House Resolution No. 17, Second Extraordinary Session, 2006 (December 15, 2006)。里夫林报告的投票结果是 97 票对 1 票，但路易斯安那州众议院官方公报在第 73 页记录的投票结果　　（转下页）

公司的工作进程依然停滞不前。①

　　两年来,新奥尔良几乎没有得到用于建设永久性住房的联邦资助。直到飓风发生的第二个周年,全市仍有 78% 的申请人没有收到"回家之路"的补助金。据估计,已有 68% 的人口返回了家园,这其中包括未被洪水淹没的居民,但之前住在新奥尔良东区的 10 万居民中,只有约 30% 的人回家了。全市只有不到一半的学校在正常运行。出租房几乎没有得到修复,租房成本持续攀升。② 本市的谋杀率上涨,已经位居全国前列。2007 年 1 月,5 000 名新奥尔良人跟随"火辣 8 号"铜管乐团到市政厅游行[该乐团的小鼓手迪纳拉尔·西弗斯(Dinerral Shavers)被谋杀了]。一些人将此次游行称为"为生存而奔走"。③

(接上页)是 98 票对 0 票,4 票弃权。参见 Rivlin, *Katrina*(《卡特里娜》),p. 313。2007 年 5 月,参议员玛丽·兰德里欧就"回家之路"计划举行了重要的听证会, 见 *The Road Home? An Examination of the Goals, Costs, Management, and Impediments Facing Louisiana's Road Home Program: Hearing before the Ad Hoc Subcommittee on Disaster Recovery*(《"回家之路"? 审查路易斯安那州"回家之路"计划的目标、成本、管理和障碍:灾害恢复特设小组委员会听证会》),US Senate, 110th Cong., 1st Sess., May 24, 2007。

① Leslie Eaton, "Louisiana Sets Deadline for Storm Damage Claims"(《路易斯安那州确定风暴损失索赔截止日期》),*New York Times*(《纽约时报》), May 31, 2007, p. A13. 2007 年 11 月,美国国会为"回家之路"计划追加拨款 30 亿美元,以覆盖预估人数外约 16.3 万申请者。Leslie Eaton, "$3 Billion More Set for Hurricane Rebuilding"(《为风灾后重建增资 30 亿美元》),*New York Times*(《纽约时报》), November 7, 2007, p. A23. 2007 年 3 月 16 日,该计划从"增量资金支付"转为"一次性支付"。参见 US Government Accountability Office, *Gulf Coast Disaster Recovery*(《墨西哥湾沿岸灾后恢复》)。有关修订后的"一笔付清"计划指导原则的说明,参见 Louisiana Recovery Authority, *Action Plan Amendment* 14 (*First Allocation*)—*Road Home Homeowner Compensation Plan*(《行动计划修正案 14[第一次分配]——公路住宅业主补偿计划》)(Baton Rouge: Louisiana Division of Administration, May 14, 2007)。布兰科认为,布什政府否决她的提议,目的是伤害民主党人。关于这一点,以及"回家之路"未能帮助房主将房屋从洪泛区迁出的详细内容,参见 David Hammer, "Examining Post-Katrina Road Home Program"(《审查卡特里娜飓风后的"回家之路"计划》),*The Advocate*(《倡导者》), August 23, 2015。

② Amy Liu and Nigel Holmes, "An Update on the State of New Orleans"(《新奥尔良的最新情况》),*New York Times*(《纽约时报》), August 28, 2007. Adam Nossiter, "Largely Alone, Pioneers Reclaim New Orleans"(《孤军奋战,先驱者们重新夺回新奥尔良》),*New York Times*(《纽约时报》), July 2, 2007. 新奥尔良东部的人口估计数来自 2007 年 5 月。参见 Susan Saulny, "Aching for Lost Friends, but Rebuilding with Hope"(《痛失好友,但重建希望》),*New York Times*(《纽约时报》), July 2, 2007。

③ 关于谋杀率,参见 Brendan McCarthy and Laura Maggi, "Killings Bring the City to Its Bloodied Knees"(《杀戮事件让城市血流成河》),*New Orleans Times-Picayune*(《新奥尔良皮卡尤恩时报》), January 5, 2007, p. 1. 关于游行,参见 Stacey Plaisance, "New Orleans Residents March on City Hill"(《新奥尔良居民在城市山中游行》),Associated Press, January 11, 2007. 据《新奥尔良皮卡尤恩时报》估计,有 3 000 人出席了会议。Laura Maggi, "Enough! —Thousands March to Protest City's Alarming Murder Rate"(《够了! ——数千人因城市的高谋杀率游行抗议》),*New Orleans Times-Picayune*(《新奥尔良皮卡尤恩时报》),January 12, 2007, p. 1.

然而,又过了一年半,ICF 还是未能宣布自己取得了有意义的进展。2009 年 1 月,承包商宣布已发放了总价值为 76. 3 亿美元的 121 461 份补助金,平均每份补助金大约为 63 000 美元。[1] 而在拿到这些支票之前,大多数人就已经因为洪灾发生前拥有或缺失的资源而能够或无法进行家园重建。《国家洪水保险计划》与之形成了强烈对比,这是一项同样由私营公司负责的联邦福利计划,在 2006 年 8 月洪灾一周年纪念日之前,它就几乎满足了所有的索赔需求,为整个墨西哥湾沿岸支付了 160 亿美元;事实上,这 162 000 份索赔申请中的大部分早在几个月前就被解决了。[2] 反观"回家之路",三年多来,这个标志性的住房恢复计划有一个最重要的特质,那就是"有影响的缺席"。[3]

在某种程度上,"回家之路"计划的延误是官僚主义所致,而许多洪灾受害者发现自己无法摆脱官僚主义的泥潭。路易斯安那州复苏局和"回家之路"的官员们给出了完全矛盾且错误的指示。表面上,严格的报告规定是为了避免欺诈,但这实际上很令人头疼。兰德公司的一项研究表明,在完成面谈、填表和其他要求上,"回家之路"项目的申请要历经十二个主要阶段。项目进展如此缓慢,让有些人不禁开始怀疑,ICF 是为了其公司的利益故意拖延拨款。毕竟,正如人类学家文珊娜·亚当斯(Vincanne Adams)所指出的,ICF 不得不"精心策划一场官僚主义式的失败,让公司长时间持有利润,以提高季度和年终的财务计算,而不是将这些钱向下分配给那些无法给公司带来任何利润的受

① State of Louisiana, Division of Administration, Office of Community Development, *The Road Home Week 113 Situation & Pipeline Report*(《"回家之路"第 113 周情况与管道报告》)(January 20, 2009), 2 (for number of closings) and 5 (for grant amounts). 一些观察家认为,ICF 在计算发放的补助金价值时,算上了 ICF 本身的运营成本,其中包括公司高管每年 200 多万美元的奖金。Adams, *Markets of Sorrow*(《悲情市场》), p. 84. 虽然分包给私营公司会提高效率,但一些人认为 ICF 的费用肯定超过了社区发展整体拨款资金的上限,上限本应适用 5%的行政费用。参见 Stanfield, ed., *The Challenges of Sudden Natural Disasters*(《突发自然灾害带来的挑战》), p. 126. 不过,由于 ICF 合同的性质,很难说该公司是如何分配资金的。

② Erwann O. Michel-Kerjan, "Catastrophe Economics: The National Flood Insurance Program"(《灾难经济学:〈国家洪水保险计划〉》), *Journal of Economic Perspectives*(《经济展望杂志》)24, no. 4 (Fall 2010): 399 – 422, statistics on 400.

③ Christina Finch, Christopher T. Emrich, and Susan L. Cutter, "Disaster Disparities and Diferential Recovery in New Orleans"(《新奥尔良的灾难差异和恢复差异》), *Population and Environment*(《人口与环境》)31, no. 4 (March 2010): 179 – 202.

助者"[①]。换句话说，在某种程度上，ICF 通过延缓发放补助的时间差来获取利润。

"回家之路"提出的众多要求中的一项就是房主必须出示清晰的房产产权证。事实上，许多人在洪水中丢失了这一文件，因而这一要求令人困惑。这项规定对于穷困的和非洲裔的房主来说尤其艰难。他们较难获得主流银行的服务，因此更有可能通过以租赁购买或其他非传统形式获得信贷，也或许在没有申请继承权的情况下就继承了自己的房屋。因此，他们可能从一开始就没有所需的文件。[②]

至少从 20 世纪 30 年代房主贷款公司调查出现以来，房地产市场就一直在刻意低估非裔美国人的房屋和社区价值，而"回家之路"所提供的救助金额与房地产市场的估值保持一致，这实际上加强了对非裔美国人的歧视。最高限额是 15 万美元，路易斯安那州复苏局在房屋修复费和暴风雨前的房屋市场价值两者中，选择将较低者定为补助金的上限值。但许多房屋的修缮费用远超其市场价值。而过去，由于发展欠佳和种族主义影响，非裔美国人社区的房产市值往往大大低于白人社区。例如，在新奥尔良 93% 的非裔美国人房主的房屋市值低于15 万美元，而白人房主房屋的这一比例仅为 55%。因此，只有 7% 的非裔美国人房主有可能获得全额的"回家之路"补助金的资格，而有

---

① Adam Nossiter, "After Fanfare, Hurricane Grants Leave Little Mark"（《大张旗鼓之后，飓风赠款留下的印记甚微》），*New York Times*（《纽约时报》），August 30, 2008. 另见 US Government Accountability Office, *Gulf Coast Disaster Recovery*（《海湾地区灾后恢复》）。关于"官僚主义式的失败"，参见 Adams, *Markets of Sorrow*（《悲情市场》），pp. 74 – 97, quotation on 89。

② 对新奥尔良 6 234 例继承人财产的估计，参见 Richard Kluckow, "The Impact of Heir Property on Post-Katrina Housing Recovery in New Orleans"（《继承人财产对新奥尔良飓风后住房恢复的影响》）（MA thesis, Colorado State University, 2014），esp. p. 34。另见 Meitrodt, "Understafed and Overwhelmed"（《吃不饱，不知所措》），p. 1; Hammer, "Audit"（《审计》），p. 1; Stanfield, ed., *The Challenges of Sudden Natural Disasters*（《突发自然灾害的挑战》），p. 59; Adams, *Markets of Sorrow*（《悲情市场》），pp. 74 – 97; 以及 Leslie Eaton, "*HUD Institutes Changes to Speed Storm Repairs*"（《住房和城市发展部进行改革以加快风暴修复工作》），*New York Times*（《纽约时报》），April 7, 2007。

45%的白人房主拥有这一资格。[1] 实际上，即使他们的房屋损失程度相同，由于市场价值上限高，新奥尔良的白人房主也比非裔房主获得的"回家之路"补助金多。

很少有人能从"回家之路"中获得足够的资金来重建失去的房屋，等待对每个人来说都很痛苦，但灾后重建的资源分配上存在巨大的种族差距。截至 2008 年 6 月底，一项对补助金进行的综合研究表明，在全州范围内，对白人来说，修复费加保险金额与"回家之路"的补助金之间的平均差距不到 3.1 万美元，而对非洲裔美国人来说，平均差距则超过 3.9 万美元。在白人和中上阶层居住的湖景区，平均差距为 4.4 万美元。而在以非洲裔美国人为主的新奥尔良东部地区，平均差距则为 6.9 万美元。在下九区，平均差距超过 7.5 万美元，90%以上的房主从各种渠道获得的保险赔付都低于因堤坝溃决造成损失而得到的修复费。在下九区和新奥尔良东区，超过 66%的房主的资金缺口高于 4 万美元。下九区"回家之路"的平均补助金为 93 401 美元，湖景区的则为 109 777 美元。[2]

---

[1] 根据大新奥尔良公平住房行动中心提起的诉讼，在洪灾之前，在非裔美国人拥有至少 60%房产的那些新奥尔良街区，房屋价值的中位数都低于 15 万美元，而在每个白人拥有至少 80%房屋的社区，房屋价值的中位数都超过 15 万美元。同样，在新奥尔良，80%的非裔美国人房主拥有的房屋市值低于 10 万美元，这决定着他们可能获得的补助金上限，而白人房主的这一比例仅为 33%。"Complaint for Declaratory and Injunctive Relief"（《救济宣告和禁令救济申诉书》），Document 1, Greater New Orleans Fair Housing Action Center et al. v. United States Department of Housing and Urban Development et al. , US District Court for the District of Columbia, Civil Action No. 08-01938, November 12, 2008, p. 11.

[2] 该数据指截至 2008 年 6 月 26 日已关闭的 84 114 份"回家之路"申请。Kalima Rose, Annie Clark, and Dominque Duval-Dlop, "A Long Way Home: The State of Housing Recovery in Louisiana"（《漫漫归途：路易斯安那州的住房复苏状况》），PolicyLink Equity Atlas（《PolicyLink 股票地图集》）（2008），pp. 42 - 43, 47 - 48. 另见 Timothy F. Green and Robert B. Olshansky, "Rebuilding Housing in New Orleans: The Road Home Program after the Hurricane Katrina Disaster"（《在新奥尔良重建住房：卡特里娜飓风灾难后的"回家之路"计划》），Housing Policy Debate（《住房政策辩论》）22, no. 1 （2012）: 75 - 99, esp. 92 - 95. 利用"回家之路"计划 2010 年的数据，进行了一项规模较小的研究，结果显示所有群体的差距都更大。例如，路易斯安那州各地的损失估计与保险和补助金之间的差距为 53 560 美元。研究还表明，与实际损失相比，密西西比州的房主获得的社区发展整体拨款赠款要多于路易斯安那州的房主。参见 Jonathan Spaderand Jennifer Turnham, "CDBG Disaster Recovery Assistance and Homeowners' Rebuilding Outcomes Following Hurricanes Katrina and Rita"（《卡特里娜飓风和丽塔飓风后社区发展整体拨款提供的灾难恢复援助和房主的重建成果》），Housing Policy Debate（《住房政策辩论》）24, no. 1 （2014）: 21 - 237, esp. 222。

对于爱德华·伦道夫（Edward Randolph）和安吉拉·伦道夫
（Angela Randolph）夫妇来说,补助金和保险赔偿金与修缮他们新奥尔
良东部的房屋所需的实际费用之间存在 19.05 万美元的差距。如果
"回家之路"的计算公式是基于客观的需求而非主观的市场定价,那么
伦道夫夫妇就应该获得至多 15 万美元的补助金。由于补助金上限被
定为飓风前房屋的市场价,他们的房屋被州估价师估为 13.5 万美元。
因此,在扣除他们已收到的金额后,"回家之路"只给了伦道夫夫妇
16 650 美元,比他们所需的金额少了 17.3 万。①

　　伦道夫夫妇起诉了路易斯安那州复苏局。大新奥尔良公平住房
行动中心于 2008 年 11 月提起诉讼,作为 5 名原告之一,爱德华声称,
路易斯安那州复苏局的方案违反了 1968 年的《联邦住房法》,该法律
禁止住房方面的种族歧视。根据公平住房行动中心的指控估计,在新
奥尔良,超 2 万名非裔美国人受到了"回家之路"计算公式的负面影
响,按照飓风前市场价的计算方式让这些房主亏损了超过 5 亿美元。
在州政府打官司的几年里,银行两次几乎取消伦道夫夫妇房子的赎回

---

① "Plaintifs' Memorandum and Points of Authorities in Support of their Motion for a Temporary Restraining Order and a Preliminary Injunction"（《原告的授权备忘录和要点,支持临时限制令和初步禁令动议》）,Document 50-1, *Greater New Orleans Fair Housing Action Center v. US Department of Housing and Urban Development*（《大新奥尔良公平住房行动中心诉美国住房和城市发展部案》）,June 2, 2010, p. 14. Katy Reckdahl, "2 Lead Plaintifs in Road Home Discrimination Suit Will Get Nothing from ＄62 Million Settlement"（《"回家之路"歧视诉讼案的两名主要原告无法从 6 200 万美元的和解协议中获利》）, *New Orleans Times-Picayune*（《新奥尔良皮卡尤恩时报》）, July 18, 2011. 在此之前,2007 年 11 月,劳改局宣布为收入低于该地区平均收入 80%的房主提供最高 5 万美元的额外补偿金;随后,面对伦道夫诉讼案的压力,劳改局于 2009 年 10 月取消了 5 万美元的上限,这代表在风暴发生 4 年后,收入较低的房主有资格获得最高 15 万美元的全额维修费用。新政策让约 13 000 名房主获得了额外的 4.7 亿美元补助金。但是,这些额外的资金对于收入超过中位数 80%的伦道夫一家——在新奥尔良就有 9 000 多名其他申请者——毫无帮助。关于最初被称为"可负担补偿贷款"的 5 万美元赠款,参见 Louisiana Recovery Authority, *Further Changes and Clarifications to Road Home Program (Amendment No. 7)*（《对"回家之路"计划的进一步修改和澄清（第 7 号修正案）》）(Baton Rouge: Louisiana Division of Administration, November 30, 2006)。参见 Louisiana Recovery Authority, *Proposed Action Plan Amendment39: Removal of Affordable Compensation Grant Cap*（《拟议行动计划修正案 39:取消可负担补偿补助金上限》）(Baton Rouge: Louisiana Division of Administration, 2009)。该修正案于 2009 年 10 月 12 日提交给住房和城市发展部,并于 2010 年 1 月 28 日获得批准。另见 "Settlement Agreement"（《和解协议》）, *Greater New Orleans Fair Housing Action Center v. US Department of Housing and Urban Development*（《大新奥尔良公平住房行动中心诉美国住房和城市发展部案》）, June 2011, pp. 1 - 2, https://www.hud.gov/sites/documents/ROADHOMESETTLEMENT.PDF。

权。在仅需完成几门课就能拿到会计学位时,安吉拉辍学了。爱德华心脏病发作。在一位法官认定路易斯安那州复苏局"没有提供将飓风前房屋价值考虑在内的正当理由"后,路易斯安那州复苏局于 2011 年 7 月达成了和解。"回家之路"为洪灾 6 年后仍然在努力重建房屋的房主提供了 6 200 万美元,但伦道夫家一无所获。[①]

在决算报告中,"回家之路"称其在路易斯安那州共发放了 130 052 份补助金,总金额达 90.2 亿美元,用于赔偿卡特里娜飓风和丽塔飓风造成的损失。新奥尔良的房主收到了 46 920 份补助金,总额达 43.2 亿美元,这意味着平均补助金约为 9.2 万美元。在新奥尔良区,绝大多数"回家之路"的受助者都选择了重建房屋。仅有占比 1% 多的 5 246 名受助者卖掉了房子,在这些人中,只有 1 570 人选择立即搬离该州。圣伯纳德教区的房主共收到 12 365 份补助金,总金额达 10.6 亿美元,平均补助金约为 8.5 万美元。圣伯纳德教区的情况与新奥尔良区形成了鲜明对比,在圣伯纳德,超三分之一的"回家之路"受助者——总人数 4 504 人——选择卖掉旧房子而非重建。在全州范围内,54% 的补助金被发放给中低收入家庭,如果国会并未降低其原标准要求,仍将 70% 的社区发展整体补助金发放给低收入人群,那么这

---

① "Plaintif's Memorandum"(《原告备忘录》), *Greater New Orleans Fair Housing Action Center v. US Department of Housing and Urban Development*,(《大新奥尔良公平住房行动中心诉美国住房和城市发展部案》), p. 24. 关于没有正当理由,参见 "Memorandum Opinion"(《备忘录观点》), Document 61, *Greater New Orleans Fair Housing Action Center v. US Department of Housing and Urban Development*(《大新奥尔良公平住房行动中心诉美国住房和城市发展部案》), July 6, 2010, p. 8。另见 Michael A. Fletcher, "A Tale of Two Recoveries"(《两个恢复故事》), *Washington Post*(《华盛顿邮报》), August 27, 2010; 以及 David Hammer, "Road Home's Grant Calculations Discriminate Against Black Homeowners, Federal Judge Rules"(《联邦法官裁定,"回家之路"的补助金计算方式歧视黑人房主》), *New Orleans Times-Picayune*(《新奥尔良皮卡尤恩时报》), August 16, 2010。关于解决方案,参见 Greater New Orleans Fair Housing Action Center, "State Amends Problematic Hurricane Relief Program"(《州政府修正了有问题的飓风救济计划》), July 7, 2011, http://www.gnofairhousing.org/2011/07/07/state-ammends-problematic-hurricane-relief-program/。关于伦道夫家族,参见 Reckdahl, "2 Lead Plaintifs"(《两个主要理由》)。

些较低收入家庭得到的补助金就会比现在的金额多约 15 亿美元。①

　　"回家之路"计划是一项规模空前的救灾行动,让成千上万可能无力承担重建费用的人们得以重建家园。然而,该计划实施的方式鼓励人们留在洪水易发区,承认并增强了现存的不平等现象。市场价值并未让人们摆脱种族主义的历史,而是将洪水区的房主困在其中。

租赁住房

　　路易斯安那人在洪灾前积累的财富越少,洪灾后从救灾项目中得到的补助就越少,反之亦然。这是因为卡特里娜飓风救灾政策的设计就是需要依靠财富才能获益。小企业管理局的贷款需要抵押。获得税收优惠政策需要具备消费能力。在"回家之路"计划中,拥有住房是获得卡特里娜飓风后最实质性补贴的先决条件,补助金的发放是按照一定的逻辑顺序,这种逻辑重申了房地产价值中预先存在的经济差距。即使在名义上是帮助租房者,"回家之路"的补贴却是提供给房主而非租户的,这同样也是给予房屋拥有者特权的表现。

　　事实上,卡特里娜飓风政策的制定有一个特点,那就是将财富归还给原本拥有财富的人。在住房城市发展部和路易斯安那州复苏局为了援助租户而进行的试探性举措中,这一点尤为明显。据联邦紧急事务管理局估计,新奥尔良有 4.8 万套出租房在洪灾中严重受损或被毁,占全市出租房总数的 40%。路易斯安那州复苏局并未直接向租房者提供任何援助资源。但是,作为"回家之路"

---

① State of Louisiana, Division of Administration, Office of Community Development, *The Homeowner Assistance Program: Situation & Pipeline Report #470, September 2017*(《房主援助计划:2017 年 9 月的情况与管道报告#470》)(October 2, 2017), 1 (for 54 percent) and 11 (other calculations by the author). 不出所料,在新奥尔良选择买断的房主往往居住在该市洪水破坏最严重的地区。参见 Green and Olshansky, "Rebuilding Housing in New Orleans"(《在新奥尔良重建住房》),pp. 86 – 89.

的一部分,复苏局确实宣布了一些计划,用社区发展整体补助金中的8.59亿美元为房东提供税收优惠和无息贷款,用于修复或重建4万套公寓。从一开始,复苏局就承认由于资金不足,被更换的租赁住房数量将远低于损失的租赁住房数量。[①]

路易斯安那州复苏局的"小型出租物业计划"是一项针对拥有1个至4个单元的公寓楼的重建补贴。它最初的政策是,只有在修复后的单元楼有人居住后,才向业主支付修缮费用。因此,获得这项补助不仅需要房屋所有权,还要手头有充足的现金或建筑贷款。在新奥尔良,许多出租的单元楼都是所谓的"双分房"中的一半——房主住在一边,另一边出租出去,因此房东通常无法得到这样的补助。除了有影响的缺席,这是小型出租物业计划未能产生重大影响的一个重要原因。在暴风雨过后的近四年里,该计划在全州范围仅发放了总额为5 550万美元的761份补助金。为此,路易斯安那复苏局向ICF国际支付了4 180万美元。同时,在洪灾后的第一年,新奥尔良的平均房租就上涨了39%,这让许多前租户无法承担现在的租金。[②]

---

① Liu, *Building a Better New Orleans*(《建造更好的新奥尔良》),pp. 11 - 15. 关于"资金不足",参见 Louisiana Recovery Authority, *The Road Home Housing Programs*:*Action Plan for the Use of Disaster Recovery Funds*(《"回家之路"住房计划:灾后重建资金使用行动计划》)(Baton Rouge:Louisiana Division of Administration, ca. January - June, 2006), p. 18;以及 Louisiana Recovery Authority, *Clarifications to the Road Home Affordable Rental Housing Action Plan Amendmentfor Disaster Recovery Funds*, *Amendment* 11(《对"回家之路"可负担的租赁住房行动计划修正案的澄清,灾后恢复基金,修正案11》)(Baton Rouge:Louisiana Division of Administration, February 9, 2006); Louisiana Recovery Authority, *Action Plan Amendment # 18* (First Allocation):*Modifications to Workforce and Affordable Rental Housing Programs* (《# 18[第一次分配]:劳动力和廉租房计划的修正案》)(Baton Rouge:Louisiana Division of Administration, November 28, 2007)。

② David Hammer, "Road Home Rental Program to Get Fresh Start"(《"回家之路"租赁计划将重新启动》),*New Orleans Times-Picayune*(《新奥尔良皮卡尤恩时报》), April 15, 2009. 尽管计划进行了修改,但截至2010年12月31日,小型租赁物业计划在全州范围内发放的资金仍不足3.31亿美元。Louisiana Recovery Authority, *CDBG Katrina/Rita Program Appropriations*, *Allocations and Expenditures for 2011* (《2011年社区发展整体拨款在卡特里娜和丽塔计划中的拨款、分配和支出》)(n. d. ca. 2012), https://www. doa. la. gov/OCDDRU/Reports/KR _ Expenditures/KR _ Expenditures _2011.关于39%的增长率,参见 Liu, *Building a Better New Orleans*(《建造更好的新奥尔良》), p.12。

对租房者的不友好在地方层面表现得更加明显。在圣伯纳德教区，教区议会运用了一系列法律手段来阻止前租户返回，并阻止新租客搬入。首先，2005 年 9 月，议会通过了一项法令，禁止在该教区建造新的多户住宅。然后 2006 年 9 月，议会禁止房主在没有特别许可的情况下，将单户房屋出租给没有血缘关系的非亲属人员。该法令不仅限制了人们租房的机会，还有效地控制了教区的种族人口结构，使 93% 的房屋为白人所有。当大新奥尔良公平住房行动中心威胁要提起诉讼时，教区取消了对血亲的豁免，但仍继续限制租房。例如，在 2008 年 9 月，教区议会暂停建设超过 5 个单元的住房项目。圣伯纳德教区的一名白人女性告诉记者："你要知道这会带来什么，我不想说出来，但你心知肚明。"①在大新奥尔良公平住房行动中心再次提出诉讼后，司法部也提起了诉讼，指控圣伯纳德教区违反了《公平住房法》。② 经过多年的上诉，议会于 2013 年 5 月对这两起案件进行结案，在洪灾发

---

① An ordinance to establish a moratorium on there-establishment and development of any multi-family dwellings in St. Bernard Parish throughout the disaster recovery period, Saint Bernard Parish Ordinance no. 632-11-05, November 1, 2005. An ordinance to prohibit the rental, lease, loan or certain other occupancy of single family residences in R-1 zones, St. Bernard Parish Ordinance no. 670-09-06, September 19, 2006. 关于 93%，参见 Hannah Adams, "Fair Housing Center Calls on St. Bernard Parish to Repeal Discriminatory Ordinance"（《公平住房中心呼吁圣伯纳德教区废除歧视性条例》），Greater New Orleans Fair Housing Action Center press release, September 22, 2006, http://www. gnofairhousing . org/2006/09/22/fair-housing-center-calls-on-st-bernard-parish-to-repeal-discriminatory-ordinance-ordinance-may-ban-non-white-renters/。2006 年 3 月，议会暂停出租独户住宅，12 月再次暂停出租独户住宅。法令通过暂停独户住宅出租，来保护独户住宅社区完整。见 St. Bernard Parish ordinance no. 643 - 03 - 06, March 7, 2006. An ordinance repealing ordinance no. 643 - 03 - 06, Saint Bernard Parish ordinance no. 693 - 12 - 06, December 5, 2006. 有关继续限制租赁住房的信息，参见 An ordinance to amend ordinance 670 - 09 - 06, Saint Bernard Parish ordinance no. 697 - 12 - 06, December 19, 2006; and An ordinance placing a moratorium on all R - 3, (Multiple-Family Residential), and / or any housing developments, Saint Bernard Parish ordinance no. 905 - 09 - 08, September 16, 2008. 关于"会带来什么"，参见 Campbell Robertson, "A Battle Over Low-Income Housing Reveals Post-Hurricane Tensions"（《低收入住房的斗争揭示了飓风后的紧张局势》），New York Times（《纽约时报》），October 4, 2009, p. A16。

② 法官还裁定，这违反了血亲法颁布后的同意令条款。"Orders and Reasons"（《命令和缘由》），Greater New Orleans Fair Housing Action Center and Wallace Rodrigue v. St. Bernard Parish and St. Bernard Parish Council, US District Court, Eastern District of Louisiana, Civil Action no. 06 - 7185, 641 F. Supp. 2d 563 (E. D. La. 2009), March 25, 2009. 关于最初的同意令，参见 "Consent Order"（《同意令》），Document 104, Greater New Orleans Fair Housing Action Center v. Saint Bernard Parish, February 20, 2008。

生的七年后，终于放松了对租房建设的限制。①

很难估计圣伯纳德教区反对出租房和排挤非裔美国人的持久斗争造成了什么样的影响，但数据表明，担心这些变化的居民能够准确感知周围的变化。该教区业主自住房的住房比例确实从 2000 年的 75% 下降到了 2010 年的 54%。在同一时期，不管是绝对数值还是人口占比，该教区的非裔美国人口都增加了。在 2000 年，5 122 名非裔美国人住在圣伯纳德教区，占人口总数的 7.6%；2010 年，非裔美国人为 6 350 名，占人口总数的 17.7%。2000 年到 2010 年间，119 076 名非裔美国人离开了新奥尔良区，他们很有可能成了圣伯纳德教区的新增人口。②

那些从新奥尔良区搬到圣伯纳德教区的非裔美国人所对抗的是将城市与郊区相分割的历史举措，这并非五年里而是几十年里所形成的。尽管如此，越过教区界限看去，就会发现洪水前圣伯纳德就拥有的不成比例的特权是如何继续发挥作用的，而洪水后的一整套政策则制造和加大了地区间的差异。在圣伯纳德的阿拉比社区和新奥尔良的下九区间有一条地界，它位于杰克逊军营东部，那里的路易斯安那州 39 号公路也从克莱伯恩大道改名为佩雷斯法官大道。在那里有一个"欢迎来到圣伯纳德教区"的牌子，这是政治管辖权的重要标志，而非地形或洪水风险分界的标识。卡特里娜飓风的风暴冲垮了陆军工程兵团的堤坝，标志牌被水淹没了，无法得见。但纵使没有了标志牌，随着时间的流逝，分界却越来越清晰。洪水发生 5 年后，在毗邻 2 个教区边界的人口普查区，圣伯纳德一侧的人口由 2 258 人下降到 1 356 人，而新奥尔良一侧的人口则从 5 713 人下降到 1 919 人。换句话说，

---

① Office of Public Afairs, "Justice Department Charges St. Bernard Parish, Louisiana for Limited Rental Housing Opportunities for African-Americans"（《司法部指控路易斯安那州圣伯纳德教区限制非裔美国人租房》），Department of Justice, January 31, 2012. Marlene Theberge, "Fair Housing Center Announced ＄900 000 Settlement Agreement with St. Bernard Parish"（《公平住房中心宣布与圣伯纳德教区达成 90 万美元的和解协议》），Greater New Orleans Fair Housing Action Center, May 10, 2013. 参见 Robertson, "Battle Over Low- Income Housing"（《争夺低收入住房》）。
② 根据 2000 年和 2010 年人口普查数据计算得出。

2010 年，圣伯纳德一侧的人口恢复到了洪水前的 60%，而新奥尔良一侧的人口仅有 34% 回归。因此，克莱伯恩大道与佩雷斯法官大道交界处的景象证明，随着时间的推移，在很大程度上是政治经济政策而非地形决定人们的境遇。[1]

公共住房

公共住房的居民可能是飓风后政策制定中最明显的牺牲者。他们的家园是在洪水中幸存了下来，但支持他们的社会愿景在洪水中消失了。

长期以来，公共住房一直在新奥尔良占据着重要地位，同时也引发了分歧。该市是最早实施 1937 年的《住房法案》的城市之一——该法案是对大萧条创伤的公共回应。1940 年，新奥尔良开始向居民开放种族隔离的公共住房公寓，并在 1964 年建成了 10 个大型住房项目和几个小型开发项目。到 20 世纪 80 年代中期，约有 5 万名新奥尔良人住进了公共住房。这意味着几乎每 10 名城市居民中就有 1 人住在公共住房内，这一比例超过了许多同等规模的城市。当新奥尔良的公共住房刚投入使用时，作为一种创新且人性化的社会支持手段，它获得了大量赞誉，其建筑风格也备受推崇。然而，尽管这里的社区组织和租户的行动主义历史悠久，但由于联邦撤资和地方管理不善，到 20 世纪 70 年代，虽然新奥尔良的公共住房项目继续为居民提供原本没有的更为稳定的住房，住房项目的开发却被增长的暴力犯罪率和高发的

---

① 根据 2000 年和 2010 年奥尔良教区 7.02 和 9.01 人口普查区以及圣伯纳德教区 303 人口普查区的数据计算得出。

吸毒率所影响。①

到 20 世纪 90 年代,新奥尔良住房管理局的首要目标就是摧毁公共住房,这也反映了当时的国家政策。1996 年,美国国会废除了一项存在已久的要求,即任何被拆除的公共住房都必须以单元为单位进行替换。② 同年,新奥尔良住房管理局获得了联邦"希望 VI"计划的拨款,拆除了圣托马斯公共住房开发项目中的 1 510 套公寓。在驱逐了大约 3 000 名居民之后,新奥尔良住房管理局于 2000 年开始拆除圣托马斯公寓,将其取而代之的是沃尔玛超市和 660 个新住房单元。其中,182 个单元为符合公共住房条件的家庭保留,其余单元则提供给更为富裕的家庭居住。新项目更名为"河畔花园",曾居住在以前开发项目中的家庭,只有 100 户能够回到新项目的住房里。20 世纪 90 年代和 21 世纪初,新奥尔良住房管理局在全市其他开发项目中实施了类似的驱逐和拆除程序。③ 新奥尔良曾有超 14 000 套公共住房,2005 年

① Martha Mahoney, "Law and Racial Geography: Public Housing and the Economy in New Orleans"(《法律与种族地理:新奥尔良的公共住房与经济》), Stanford Law Review(《斯坦福法律评论》)42, no. 5 (May 1990): 1251 - 1290, esp. 1268 - 1281. HANO 夸耀道,事实上,新奥尔良是第一个获得《瓦格纳法案》公共住房资金的城市。参见 Margaret C. Gonzalez-Perez, "A House Divided: Public Housing Policy in New Orleans"(《分割的房子:新奥尔良的公共住房政策》), Louisiana History(《路易斯安那州历史》)44, no. 4 (Autumn 2003): 443 - 461, esp. 455。拉尔夫·塞耶(Ralph Thayer)称,在 1970 年,新奥尔良人均拥有的公共住房单元高于任何其他美国城市。Thayer, The Evolution of Housing Policy in New Orleans (1920 - 1978)(《新奥尔良住房政策的演变 (1920—1978 年)》)(New Orleans: Institute for Governmental Studies, Loyola University, 1979), p. 92. 关于新奥尔良的公共住房,另见 John Arena, Driven From New Orleans: How Nonprofits Betray Public Housing and Promote Privatization(《赶出新奥尔良:非营利组织如何背叛公共住房并推动住房私有化》)(Minneapolis: University of Minnesota Press, 2012)。
② 1979 年至 1986 年期间,住房和城市发展部的规定要求以一换一;1987 年,国会通过了《住房和社区发展法》,成为以一换一的法律依据。在 1996 年颁布的《住房和城市发展部拨款法案》中,国会授权住房和城市发展部不必按照这一要求。1998 年,国会通过了《优质住房和工作责任法案》,全面废除了一对一的替换要求。参见 US General Accounting Office, Public Housing: Funding and Other Constraints Limit Housing Authorities' Ability to Comply With One-for-One Rule(《公共住房:资金和其他制约因素让住房管理局遵守"一换一"规则受限》),report no. RCED - 95 - 78 (March 3, 1995)。
③ 关于 1 510 套公寓,参见 Arena, Driven from New Orleans(《从新奥尔良出发》), xxxiv。有关圣托马斯公寓的数据,参见 Bill Quigley and Sarah H. Godchaux, "Locked Out and Torn Down: Public Housing Post Katrina"(《被封锁和拆除:卡特里娜飓风后的公共住房》), https://billquigley. wordpress. com/2015/06/08/locked-out-and-torn-down-public-housing-post-katrina-by-bill-quigley-and-sara-h-godchaux/。住房与城市发展部于 2002 年开始管理 HANO,当时该地方机构因管理不善而被联邦接管,但转移控制权并不代表改变方向,因为联邦政策要求在全国范围内摒弃传统的公共住房。

仅剩 7 379 套,其中只有 5 146 套有人居住。① 公共住房的居民中很少有非裔美国人。

　　洪水肆虐后所剩的公共住房不是被洪水本身而是被政治决策所破坏了。与城市中的大部分住房相比,新奥尔良最大的公共住房建筑群更好地抵御住了飓风和洪水。根据新奥尔良住房管理局的初步调查,所谓四大开发项目中的三处,皮特、库珀和拉斐特项目,损坏程度很小,而第四个圣伯纳德项目的损坏程度中等。这四个楼盘共计 3 077 所公寓在飓风前有人入住。② 当格洛丽亚·威廉斯(Gloria Williams)回到她在皮特的那个住了 24 年的家,发现它并未被淹没时,一定松了口气。她和她的妹妹花了 4 小时清理了公寓,打算搬回去

① 关于新奥尔良公共住房单位的峰值数量,资料来源各不相同。例如,阿里那(Arena)列出了 14 591 个单位,其中 2 331 个位于分散的地点,但没有给出日期。Arena, *Driven from New Orleans*(《从新奥尔良出发》),xxxiv. 高谭市和帕迪市列出了 13 681 套住房,其中 1 419 套分散在不同的地点。Jessica W. Pardee and Kevin Fox Gotham, "HOPE VI, Section 8, and the Contradictions of Low-Income Housing Policy"(《HOPE VI 法案、第 8 款和低收入住房政策的矛盾之处》), *Journal of Poverty*(《贫困期刊》)9, no. 2 (2005): 1 - 21, esp. 14. 布拉德(Bullard)和赖特(Wright)统计,1996 年常规公共住房共有 13 694 个单元。Robert D. Bullard and Beverly Wright, "Race, Place, and the Environment in Post-Katrina New Orleans"(《飓风后新奥尔良的种族、地点和环境》), in Bullard and Wright, eds., *Race, Place, and Environmental Justice After Hurricane Katrina*(《卡特里娜飓风后的种族、地方和环境正义》)(Boulder: Westview Press, 2009), pp. 19 - 48, esp. 28. 关于 2005 年的数据,参见 Housing Authority of New Orleans, "Post-Katrina Frequently Asked Questions"(《卡特里娜飓风后的常见问题》), April 2006, reproduced in *Federal Housing Response to Hurricane Katrina*: *Hearing Before the Committee on Financial Services US House of Representatives*(《卡特里娜飓风后的联邦住房应对措施:美国众议院金融服务委员会听证会》), Serial no. 110 - 1, 110th Cong., 1st Sess. February 6, 2007, p. 222。根据同一资料来源报告,"在卡特里娜飓风来临前,HANO 共分配 9 400 份住房选择券,其中 8 981 份已经使用,另外 700 份发放给了正在寻找住房的个人"。据住房和城市发展部报告,在暴风雨来临之前,新奥尔良有 8 250 个家庭在等待公共住房,16 102 个家庭在等待第 8 款住房。US Department of Housing and Urban Development, "PHA Plans: 5 Year Plan for Fiscal Years 2001 - 2005, Annual Plan for Fiscal Year Beginning 10 / 2003"(《公共住房计划:2001—2005 财政年度五年计划,2003 年 10 月开始的财政年度的年度计划》), pp. 8 - 9, reproduced in *Federal Housing Response to Hurricane Katrina*(《联邦住房部应对卡特里娜飓风的措施》), p. 219.

② HANO 描述了皮特的轻微洪水、拉斐特约 0.3 米深的洪水、库伯约 0.6 米深的洪水(尽管住房和城市发展部还指出,那里的 300 个住房单元"遭受了显著的洪水和少量风灾"),同时圣伯纳德遭到了"严重洪水和持续破坏"。在下一句中,住房和城市发展部描述了佛罗里达和德西雷受到的"完全破坏",指出根据初步报告,这些建筑群可能需要完全拆除——这意味着所有其他开发项目都可以修复。参见 Housing Authority of New Orleans, "Post-Katrina Frequently Asked Questions"(《卡特里娜飓风后常见问题》), April 2006, 224 - 225。2006 年 4 月的另一份 HANO 报告指出,皮特内部的损坏微乎其微,并描述了社区中心被淹的情况。参见 "C. J. Peete Housing Development"(《C. J. 皮特住房开发》), reproduced in *Federal Housing Response to Hurricane Katrina*(《联邦住房部应对卡特里娜飓风的措施》), p. 241. 关于 3 077 所公寓,参见 Katy Reckdahl, "B. W. Cooper Housing Site's Slow March to Rebirth Reaches Finish Line"(《B. W. 库珀住宅区的慢速重生之路已到达终点》), *New Orleans Times-Picayune*(《新奥尔良皮卡尤恩时报》), May 5, 2012.

住。但之后,住房和城市发展部断掉了水电,让她不得不搬走。几个月后,纳金市长解除了对该市其他居民的疏散令,但这些建筑仍然关闭。威廉斯和她的妹妹被送往约 161 千米以外联邦紧急事务管理局的拖车公园里,那里位于路易斯安那州的乡村地区贝克。在后来的国会听证会上,威廉斯将其称为"集中营"。①

　　公共住房的前居民在卡特里娜飓风后居无定所,他们的担心也与日俱增。他们知道,当时主导的政策就是要拆除公共住房,同时,他们也回想起国会议员理查德·贝克在飓风过后发布的声明,"我们终于清理了新奥尔良的公共住房",以及住房和城市发展部部长阿方索·杰克逊的声明,"新奥尔良永远都不会再像以前很长一段时间中那么黑了"。于是,许多公共住房的前居民开始相信,政府在密谋不让他们回家。2006 年 2 月,市议会主席奥利弗·托马斯援引了公共住房居民的刻板印象,认为他们是懒惰的,不配为新住房的要求提出意见,因此,居民们倍感受到攻击。"我们现在不需要肥皂剧观众。"托马斯断言。格洛丽亚·威廉斯开始相信:"住房和城市发展部的计划是让我们长期远离家园,可能直到我们死去。"在 2006 年 4 月,新奥尔良住房管理局开始在空置的公寓楼周围建造铁丝网。尽管新奥尔良住房管理局与住房和城市发展部尚未完成对风暴和洪水破坏的评估,官员们却已经开始争辩,认为这些

---

① "Statement of Gloria Williams, Tenant"(《房客格洛丽亚·威廉斯的声明》), *Solving the Affordable Housing Crisis in the Gulf Coast Region Post-Katrina*, *PartI*, *Field Hearing Before the Subcommittee on Housing and Community Opportunity of the Committee on Financial Services*, *US House of Representatives*, (《解决卡特里娜飓风后海湾地区的经济适用房危机,第一部分,美国众议院金融服务委员会住房和社区机会小组委员会实地听证会》), Serial no. 110 - 5, 110th Cong., 1st Sess., February 22, 2007, pp. 61 - 62. 2005 年 12 月,美国国会指示住房和城市发展部在可行的范围内保留所有(公共和补贴)住房。Pub. L. No. 109 - 148, sec. 901, 119 Stat. 2680 at 2781.

公寓不适合用来居住。①

6 月份时,前居民开始在他们被封闭的建筑物前抗议,在一个他们称为"幸存者村"的帐篷区扎营。他们拿着扫帚,威胁要拆掉铁丝围墙,去清理自己的公寓。前居民帕梅拉·马哈格尼(Pamela Mahogany)说道:"你不能因为卡特里娜飓风发生了,人们在其中已经……失去了一切。然后说,'你们不能返回自己的家园',但其他人,湖景区和其他区的人,都回家了。"另一位前居民认为:"他们想把新奥尔良从我们手中偷走。"而许多新奥尔良人,无论是白人还是黑人,都希望这些项目消失。住在圣伯纳德开发项目的下一条街的一位非裔退休教师称:"如果我能炸掉它,我一定会这么做。"②

在新奥尔良重建这一场战争中,对公共住房问题的争论是主战场,在城市及城市之外的许多民众看来,像是对美国自身的全民投票。联合国指责关于拆除新奥尔良公共住房的传闻,并在住房问题特别报告员和少数族裔问题独立专家的一份联合声明中指出,拆迁住房会"在很大程度上剥夺成千上万的非裔美国人在飓风后重返家园的权利"。美国国家历史保护信托基金也对拆迁计划提出反对意见。2006年 6 月,一个叫作"进步项目"的民权组织与洛约拉法学院教授比

---

① 关于杰克逊,参见 Lori Rodriguez and Zeke Minaya, "HUD Chief Doubts New Orleans Will Be as Black"(《住房和城市发展部长怀疑新奥尔良将成为黑人住所》), *Houston Chronicle*(《休斯敦纪事报》), September 29, 2005。关于贝克,参见 Babington, "Some GOP Legislators Hit Jarring Notes in Addressing Katrina"(《一些共和党议员谈及卡特里娜飓风时语出惊人》)。关于托马斯,参见 James Varney, "HANO Wants Only Working Tenants"(《HANO 只想要工作的租户》), *New Orleans Times-Picayune*(《新奥尔良皮卡尤恩时报》), February 21, 2006, p. 1。关于威廉斯,参见 "Statement of Gloria Williams"(《格洛丽亚·威廉斯的声明》), pp. 61 - 62。关于铁丝网,参见 Gwen Filosa, "Public Housing Still Empty"(《公共住房仍然空置》), *New Orleans Times-Picayune* (《新奥尔良皮卡尤恩时报》), April 9, 2006, p. 1。住房和城市发展部之前声称,它将"维修皮特、库伯和拉斐特以前占用的单元"。Housing Authority of New Orleans, "Post-Katrina Frequently Asked Questions"(《卡特里娜飓风后常见问题》), April 2006, p. 225. 关于官员,参见 Jordan Flaherty, "Floodlines: Preserving Public Housing in New Orleans"(《洪水线:保护新奥尔良的公共住房》), *Race, Poverty & the Environment*(《种族、贫困与环境》)(Fall 2010): 61 - 65。

② Pamela Mahogany, interview by Joshua Guild, June 4, 2006, interview U - 0243, transcript, pp. 14 - 15, SOHP Collection. 关于偷窃,参见 Phyllis Jenkins, quoted in Susan Saulny, "Clamoring to Come Home to New Orleans Projects"(《渴望回家的新奥尔良项目》), *New York Times*(《纽约时报》), June 6, 2006。关于支持拆除,参见 Reckdahl, "B. W. Cooper"(《库珀》)。关于炸掉,参见 Bertha Irons, May 26, 2009, p. 35。

尔·奎格利(Bill Quigley)、当地全国有色人种协进会的律师特蕾西·华盛顿(Tracie Washington)以及其他律师合作,代表这里原来的居民对住房和城市发展部提起联邦集体诉讼,以维护民众重返家园的权利。①

当地民众和他们的支持者认为修缮房屋比拆除重建进程更快而且花费更少,这场争论持续了近一年,新证据表明他们是正确的。民权组织"进步项目"聘请的一位持证的调查员分别调查了四大公共住房项目每一个中的 133 套公寓,他发现,几乎所有房屋都是可以居住的,或只需简单的清理即可居住。实际上,2006 年 6 月初,住房和城市发展部的初步恢复计划显示,即使在受灾最为严重的圣伯纳德,修缮所有公共住房单元包括灾前已无法使用的房屋,预计花费大约 4 100 万美元,进行现代化改造将花费 1.31 亿美元,而相比之下,拆迁和重建的费用高达 1.97 亿美元。②

尽管如此,2006 年 6 月 14 日,住房和城市发展部部长阿方索·杰克逊宣布,该部计划拆除四大公共住房项目库珀、皮特、拉斐特以及圣伯纳德,并将其重新开发为"混合收入"住房。官员们不仅仅为拆

---

① "UN Experts Call for Protection of Housing Rights of Hurricane Katrina Victims"(《联合国专家呼吁保护卡特里娜飓风受害者住房权》),UN News, February 28, 2008;关于国家历史保护信托基金,参见 Richard Moe to Alphonso Jackson, December 6, 2006, reprinted in Federal Housing Response to Hurricane Katrina, 266;关于重返家园的权利,参见 "Prepared Statement of Judith A. Browne-Dianis"《朱迪思·A. 布朗-迪亚尼斯准备声明》),February 6, 2007, in Federal Housing Response to Hurricane Katrina, 181 – 190。

② "Declaration of David Martinez"(《戴维·马丁内斯的宣言》),Yolanda Anderson, et al., v. Alphonso Jackson, et al., US District Court, Eastern District of Louisiana, Civil Act No. 06 – 3298, October 23, 2006。关于建筑师类似的言论,参见 "Declaration of John E. Fernandez," Yolanda Anderson v. Jackson, October 23, 2006. Housing Authority of New Orleans, "Preliminary Recovery Plan for the Redevelopment and Repair of Public Housing Properties Summary"(《新奥尔良住房管理局:重建公共住房初步恢复计划》),June 4, 2006, p. 24. Federal Housing Response to Hurricane Katrina(《联邦住房对卡特里娜飓风的反应》),pp. 258 – 262 (for Martinez), 263 – 265 (for Fernandez), and 236 (for HANO)。

迁申明理由,也试图减轻公众舆论压力。[1]　住房和城市发展部的行政负责人威廉·汤姆逊(William Thorson)在一封邮件中写道:"如果能绕过该计划的公众讨论阶段就好了。"这位联邦官员也表示:"如果有办法不让公众参与就太棒了。"而这些民众正是他应服务的对象,也是受影响最为严重的人。[2]

与之相反,2007 年 3 月,来自加利福尼亚的民主党女议员玛克辛·沃特斯(Maxine Waters)提出了《墨西哥湾沿岸飓风住房恢复法案》,该法案旨在帮助曾居住于此的居民重返家园,并使他们可以充分参与关于自己未来去向的讨论。这项法案并没有将重新开发排除在外,不过确实提出在 2007 年 8 月 1 日之前保障前居民重返家园的权利。法案还要求当地住房管理部门安置好前居民,尽一切可能让他们回到撤离之前居住的公共住房,或者至少回到之前的社区。曾在库珀社区住了 30 年的唐娜·约翰尼根(Donna Johnigan)告诉众议员沃特斯的小组委员会:"我们向住房管理部门、住房和城市发展部以及任何其他人所要求的就是给我们资源、工具和资金,让我们照顾自己,因为我们一直都是这样做的。"沃特斯提出的法案最终票数以 302 比 125 在众议院通过,赢得了该州两党国会代表的一致支持。但是该州参议员戴维·维特反对这项法案,他认为公共住房与洪水一样影响恶劣。因

---

[1] US Department of Housing and Urban Development, "HUD Outlines Aggressive Plan to Bring Families Back to New Orleans' Public Housing"(《美国住房和城市发展部概述重返公共住房计划》),news release, June 14, 2006, reproduced in *Federal Housing Response to Hurricane Katrina*(《联邦住房对卡特里娜飓风的反应》), pp. 227 - 288. Susan Saulny, "5 000 Public Housing Units in New Orleans Are to Be Razed"(《新奥尔良 5 000 套公共住房拆迁》),*New York Times*(《纽约时报》), June 15, 2006. 关于摧毁公共住房构成剥夺非洲裔美国人财产言论,见 Clyde Woods, "Les Misérables of New Orleans: Trap Economics and the Asset Stripping Blues"(《陷阱经济学于资产剥离蓝调》), *American Quarterly*(《美国季刊》)61, no. 3 (September 2009): 769 - 792。

[2] William C. Thorson [HUD's HANO receiver] to Orlando J. Cabrera [Assistant Secretary for Public and Indian Housing], email, July 21, 2006. 另见 "Statement of Judith A. Browne-Dianis, Co-Director, Advancement Project"(《进步项目负责人朱迪思·A. 布朗-迪亚尼斯声明》)。汤姆逊还敦促同事拍下最糟糕的部分,并转载《新奥尔良皮卡尤恩时报》关于艾伯维尔谋杀案的报道。他们的想法是向以前一样重新开放拉菲特,创造另一个爱博维尔。William C. Thorson to Jefrey Riddel, August 4, 2006. All in Federal Housing Response to Hurricane Katrina, 256 - 257 (for Thorson to Cabrera), 123 - 124 (for Browne-Dianis), and 240 (for Thorson to Riddel). 关于汤姆逊的声明, 可见 Gwen Filosa, "Top HANO Officials Replaced"(《HANO 高管被撤换》),*New Orleans Times-Picayune*(《新奥尔良皮卡尤恩时报》), April 14, 2006, p. 1。

而参议院并未对该法案进行投票表决。[①]

经历了为时数月的当地和全国的争论，拆迁项目若要正式通过仍需一个流程——虽然住房和城市发展部最终决定这里居民的去向，但市议会还需签署拆迁许可。2007 年 12 月 20 日，当天市议会将就许可问题进行投票表决，数百人前来市议会门口抗议，反对拆迁计划。市政厅几乎不允许人进入。市政厅外面，抗议者高喊："让我们进去！让我们进去！这不是德国！"一些人在市政厅周围重重拍打紧锁的大门。新奥尔良的警察使用催泪瓦斯驱散外面的人群，会议厅里面一个抗议者遭到电击。市议员谢利·米杜拉（Shelley Midura）称抗议者为"煽动者和恐怖分子"。一位议员表示："虽然一直都有拆迁想法，但借卡特里娜这次机会就可以将公共住房问题解决了。"议会一致投票支持拆迁计划。[②]

那年冬天，新奥尔良无家可归人数接近 1.2 万，这一数字是灾害前的 2 倍，相当于每 25 个人中就有 1 个流浪街头，这可能是现代美国

① Gulf Coast Hurricane Housing Recovery Act of 2007, H. R. 1227, 110th Cong., 1st Sess. (2007), Sec. 202 and Sec. 203. 该法案于 2007 年 2 月 28 日提出，并于 2007 年 3 月 21 日通过。附带的参议院法案 S. 1668 于 2007 年 6 月 20 日提出，并提交给参议院银行、住房和城市发展部审议。国会预算办公室估计，完全修复新奥尔良的 5 000 个公共住房单位将花费 6.67 亿美元，尽管该评分并不基于对住房条件的直接检查。Congressional Budget Office, "Cost Estimate for H. R. 1227" （《H. R. 1227 成本估算》）April 30, 2007, 可见 https://www.cbo.gov/sites/default/files/110th-congress-2007-2008/costestimate/hr122700。关于约翰尼根，请参见 "Statement of Donna Johnigan, Tenant"（《租户唐娜·约翰尼根的声明》），Solving the Affordable Housing Crisis in the Gulf Coast Region Post-Katrina, Part I（《解决卡特里娜后海湾地区的经济适用房危机，第一部分》），pp. 62 - 63。David Vitter, "Housing Recovery Act Endangers Reform"（《住房恢复法案危机改革》），New Orleans Times-Picayune（《新奥尔良皮卡尤恩时报》），October 6, 2007, p. 7。约翰尼根的努力促使开发商保留了库珀 350 套临时公寓，直至新建筑可供租户使用；同时，前库珀居民激进主义的推动也导致一些居民被雇用参与建设。可参见 Reckdahl, "B. W. Cooper"（《库珀》）。
② Adam Nossiterand Leslie Eaton, "New Orleans Council Votes for Demolition ofHousing"（《新奥尔良议会住房拆除投票》），New York Times（《纽约时报》），December 21, 2007。新奥尔良警察用电击枪和辣椒水喷射居民，要求阻止拆除公共住房，Democracy Now, December 21, 2007。另见 Bill Quigley, Storms Still Raging: Katrina, New Orleans and Social Justice（《风暴依然肆虐：卡特里娜、新奥尔良和社会公平》）（New York: BookSurge, 2008）。有关煽动者的讨论，请参阅后文 "Live Updates on Demolition Vote from Council Chambers"（《市议会大厅关于拆迁投票的实时更新》），New Orleans Times-Picayune（《新奥尔良皮卡尤恩时报》），December 19, 2007。

史上最高的无家可归率。①

　　议会投票两个月以后,在新奥尔良传统节日马蒂·格拉斯狂欢节上,杰罗德·"大酋长罗迪"·刘易斯(Jerod "Big Chief Rody" Lewis)把黑鹰队印第安人召集到已经被封住的库珀住宅区外面,这里是他从小长大的地方,他和他的部落仍然记着这里以前的名字——卡利奥普。几十年以来,卡利奥普一直是狂欢节时黑鹰队早上的入场地点。自 1981 年以来,他的父亲珀西·"大酋长皮特"·刘易斯(Percy "Big Chief Pete" Lewis)去世时,罗迪成为领队人带大家入场。今年,黑鹰队穿着自己手工制作的演出服,上面有一串串珠子和羽毛装饰,他们在栅栏外集合,罗迪以祈祷开启新的一天。他知道卡利奥普很快就消失了。但现在,这些高楼耸立空无一人,像是一幢幢"大庇天下寒士"之理想的纪念碑,这一理想从罗斯福新政时期就开始出现,虽然断断续续地,但在 20 世纪绝大部分时间中都存在着。在街上,大酋长罗迪的招牌歌曲是:"不,不,不,不,不,不……乔不想走。"也许这些话才是狂欢节早上唱的歌曲所表达的含义,黑鹰队有仪式感地将曾经的家园以及曾对城市的要求都写进歌曲,放入记忆中。② 而联邦政府主要采

---

① 新奥尔良的无家可归者比例上升到二十五分之一,见 USA today, March16, 2008。一项研究表明,该市 86% 无家可归者在暴风雨来临前就住在该市,60% 人认为这是由卡特里娜飓风造成的。可见 UNITY of Greater New Orleans, "Claiborne Encampment Survey Results"(《新奥尔良团结组织,克莱博恩营地调查结果》), February 28, 2008, http://unitygno. org/wp-content/uploads/2010/07/ClaiborneEncampmentSurvey. pdf. Rick Jervis。

② Larry Blumenfeld, "Mardi Gras Indian Chiefs Stand Spectacular, Tall, and Proud"(《狂欢节中,印第安酋长威雄壮、高大自豪》), *Village Voice*(《乡村之声》), February 26, 2008. 关于刘维斯,请参阅 Geraldine Wyckof, "Jerod 'Big Chief Rody' Lewis"(《"大酋长罗迪"·刘维斯》), *Louisiiana Weekly*(《路易斯安那周报》), December 9, 2013; 以及 Jay Mazza, "Big Chief Rody, R. I. P."(《悼念大酋长罗迪》), December 5, 2013;从 2007 年到 2008 年,奥尔良教区负担沉重的低收入租房者的比例显著增加。Allison Plyer et al. , *Housing Production Needs: Three Scenarios for New Orleans*(《住房建设需求:新奥尔良三重场景》)(New Orleans: Greater New Orleans Community Data Center, November 2009), p. 7.

取的灾后政策是为新奥尔良的公共住房居民所遭受的损失提供资助。①

2011 年 8 月,在飓风过去的 6 年后,从原来公共住房里撤离出来的家庭中,只有大约 200 户家庭搬到在原址上新建的公寓里。在住房和城市发展部实施拆迁计划之前,曾住在四大公共住房项目里的家庭有 3 077 户,现在只有一半,也就是 1 512 户回到了新奥尔良。由住房和城市发展部安置的从四大社区中搬离出来的家庭不超过 600 户。格洛丽亚·威廉斯曾在四小时内把她位于皮特社区的公寓打扫干净,她最终被重新安置在同一地区的新开发项目里,这里在 2011 年更名为和谐橡树小区。这是她这么多年来的第六个家,与许多邻居相比,她已非常幸运。2003 年 11 月,49 岁的罗迪·刘易斯去世时,只有 13 户家庭搬进了他所称的卡利奥普社区的新房子中,但已改名为马雷罗公社。黑鹰部落的大酋长不在其中。②

慈善医院

新奥尔良公立医院的命运与它的公共住房相似,虽然这些医院建筑在洪水中得以幸存,却没有在随后的政治斗争中幸存下来。

---

① 鉴于复杂的法规和私人市场的歧视,第 8 条住房券在帮助前公共住房租户方面存在使用困难。见 Katy Reckdahl, "Section 8 Loophole Thwarts Evacuees Hoping to Return"(《第八节漏洞阻碍有望返回家园》), *New Orleans Times-Picayune*(《新奥尔良皮卡尤恩时报》), July 5, 2008; *Housing Choice in Crisis: An Audit Report on Discrimination against Housing Choice Voucher Holders in the Greater New Orleans Rental Housing Market*(《危机中的住房选择:关于新奥尔良地区租房市场对住房选择券持有者歧视的审计报告》)(New Orleans: Greater New Orleans Fair Housing Action Center, November 2009), p. 8;以及 Stacy Seicshnaydre and Ryan C. Albright, *Expanding Choice and Opportunity in the Housing Choice Voucher Program*(《扩大住房选择券计划中的选择和机会》)(New Orleans: The Data Center, July 8, 2015), pp. 2 - 4。

② Katy Reckdahl, "Back to the Big Four"(《回到四大住房项目》), *New Orleans Times-Picayune*(《新奥尔良皮卡尤恩时报》), August 21, 2011, p. 1. 雷克达尔指出,一些居民虽然新的皮特社区坚固、闪亮,但缺乏社区凝聚力。"Statement of Gloria Williams, Tenant"(《租户格洛丽亚·威廉斯的声明》), p.61。关于 1 512 户家庭住房,可见 Reckdahl, "B. W. Cooper"(《库珀》);关于刘易斯,可见 Wyckof, "Jerod 'Big Chief Rody' Lewis"(《杰罗德·"大酋长罗迪"·刘易斯》)。到 2015 年,住房部只开放了 1 829 个单元,其中不到一半租金价格达到公共住房水平。卡特里娜飓风 10 年后,新奥尔良公共住房仍处于不确定状态。*Next City*(《未来之城》), June 15, 20 .

在路易斯安那州医疗系统中,慈善医院一直是贫困民众就医的主要去处。路易斯安那州法律规定,该州任何在"就医上有经济困难或其他困难的居民都有资格在全州八家公立医院接受任何形式的治疗",其中新奥尔良公立医院规模最大。这所医院是新奥尔良中城区的大学医院,之前叫新奥尔良医学中心。① 在 21 世纪初,新奥尔良大都市区没有医疗保险的居民超过五分之一,慈善医院便是这些人有病时最常去的医院。以 2003 年为例,慈善医院为无力承担医疗费用的人提供门诊服务近九成,住院服务近八成。它也是该地区唯一的一级创伤中心,也是路易斯安那州立大学和杜兰大学医学生的教学点。慈善医院成立 250 周年时,新奥尔良音乐人艾伦·图森特(Allen Toussaint)为其写了一首歌,歌词写道:"敞开的大门永远不会关闭/你永远不会被拒绝/一天 24 小时/慈善医院一直在你身边。"成立于 1736 年,慈善医院的历史几乎与城市的历史一样悠久,它仿佛是新奥尔良社会组织中一个长久存在的部分。②

然而,自罗斯福新政时代开始,与公共住房和其他社会基础设施一样,慈善医院也在很长一段时间里成为争论的试验场,就政府亏欠民众的问题展开讨论。多年以来,人们一直呼吁新建一个为贫民服务的医疗设施,来取代 1939 年以来就成为医院的 20 层的石灰石建筑,人

---

① Louisiana Revised Statue 46:6, "Admission to State-Supported Charity Hospitals"(《国家支持慈善医院的准入》), as quoted in Kenneth Brad Ott, "The Closure of New Orleans' Charity Hospital After Hurricane Katrina: A Case of Disaster Capitalism"(《卡特里娜飓风后新奥尔良慈善医院关闭:灾难资本主义案例》)(MA thesis, University of New Orleans, 2012), p. 60. 2003 年第 906 号法案对该法律进行了修改,对联邦贫困线和无保险者进行了经济情况调查。

② 关于无报销医疗费用,可见 Health Challenges for the People of New Orleans: The Kaiser Post-Katrina Baseline Survey(《新奥尔良人民面临的健康挑战:飓风后凯撒基础调查》), Kaiser Family Foundation, July 2007, 45。Allen Toussaint, "Charity's Always There"(《慈善一直在》), song, Warner Tamerlane Music/ Marsaint Music Inc., 1987. John E. Salvaggio, New Orleans' Charity Hospital: A Story of Physicians, Politics, and Poverty(《新奥尔良慈善医院:医护人员、政治以及贫穷的故事》)(Baton Rouge: Louisiana State University Press, 1992), p. 276.

们也要求取代由州政府集中管理、提供资金的医疗健康模式。① 最近一次，2005 年 5 月，路易斯安那州立大学聘请的一位咨询师亚当斯从 1997 年开始参与管理慈善医院，他描述现在的医院为"无可救药地过时"，这是因为医院长期缺乏维修保养，缺乏投资以及隐私管理条例一成不变等。亚当斯建议路易斯安那州立大学认真考虑在杜兰大道的一侧建立新医院。咨询公司预计新医院能够于 2013 年完工。在此期间，慈善医院仍是所有新奥尔良人可以信赖的，能够接受正规医疗服务的地方。②

医院经受住了飓风的袭击，并没有发生重大事故，但是防洪堤的破裂淹没了地下室和一楼。许多机械基础设施包括备用发电机都放在地下室，因此导致医院停电停水。疏散救援工作延误了，一部分是因为有传言说狙击手向救援工作者开枪。大约有 1 200 人困在大楼

---

① 关于公共住房，参见 Robert D. Leighninger, *Building Louisiana*: *The Legacy of the Public Works Administration*（《路易斯安那州建设：公共工程管理局建筑》）(Jackson: University Press of Mississippi, 2007), pp. 138 - 148。关于对该设想的评价，可见 Woods, "Les Misérables of New Orleans"（《新奥尔良的悲惨女孩》）, esp. 785；以及 Anne M. Lovell, "Reformers, Preservationists, Patients, and Planners: Embodied Histories and Charitable Populism in the Post-Disaster Controversy over a Public Hospital"（《改革家、保守主义者、患者与规划者：飓风后对慈善医院的争议显现出历史与慈善民粹主义》）, in Romain Huret and Randy J. Sparks, eds., *Hurricane Katrina in Transatlantic Perspective*（《跨太平洋视角下看待飓风卡特丽娜》）(Baton Rouge: Louisiana State University Press, 2014), pp. 100 - 120。1991 年，路易斯安那州医疗保健管理局曾建议建造一座新楼，1994 年，慈善医院曾一度失去联合委员会的认证，部分原因是违反了建筑规范，尽管 1991 年的报告也称赞了路易斯安那对贫困人民的就医模式。Louisiana Health Care Authority, *Strategic Plan*: *Report to the Louisiana Legislature*（《战略计划：向路易斯安那州立法机关报告》）(March 15, 1991), in Ott, "The Closure of New Orleans' Charity Hospital"（《新奥尔良慈善医院的关闭》）, p. 38。2002 年，医疗机构认证联合委员会鼓励慈善医院的领导层积极考虑从州政府寻求更现代化的设施，以改善病人安全、环境安全、病人隐私和感染控制。Joint Commission of Healthcare Organizations, *Joint Commission on Accreditation of Healthcare Organizations Official Accreditation Decision Report*: *Medical Center of Louisiana at New Orleans*（《医疗机构认证委员会报告：新奥尔良医疗中心》）, December 13, 2002, 引自 Federal Emergency Management Agency, "Draft Programmatic Environmental Assessment for Site Selection"（《选址规划环境评估草案》）, Veterans Afairs Medical Center (VAMC) and Louisiana State University Academic Medical Center of Louisiana (LSU AMC), October 2008, pp. 2 - 9。

② 关于亚当斯项目管理，可见 *Site and Facility MasterPlan Consolidation of Charity and University Hospitals*（《慈善医院和大学医院场地与设施总体规划合并》）(2005), 引自 Ott, "The Closure of New Orleans' Charity Hospital"（《新奥尔良慈善医院关闭》）, p. 69。关于 2013 年预测，见 Jared E. Munster, "They Took My Bedroom: A Case Study of Eminent Domain in New Orleans"（《他们抢走了我的家：新奥尔良征用权案例研究》）(PhD dissertation, University of New Orleans, 2012), p. 204。关于正规医疗服务，可见 Katy Reckdahl, "Who's Caring?"（《谁在护理?》）, *New Orleans States*（《新奥尔良情况报》）, October 7, 2003。

里,其中一半是病人,一半是病人家属以及医院工作人员,他们在没电没空调的情况下坚持了 6 天。医护人员轮流用手为伤员通风。提供食物的工作人员定量供应食物和水。9 月 2 日,路易斯安那州鱼类及野生动植物管理局的人员赶到医院来帮忙撤离,管理员将病人抬到他们的救援船上。这是一场无比痛苦煎熬的经历,但当慈善医院的医生基尔斯塔·库尔策-伯克(Kiersta Kurtz-Burke)离开时说:"几周内我们还会回来治疗病人。"但是,唐·史密斯伯格(Don Smithburg)对此有不同的想法。此人是路易斯安那州立大学卫生保健部门的负责人,该部门曾负责管理慈善医院。①

　　联邦政府灾后政策为路易斯安那州立大学提供了有力的经济支持,慈善医院继续关闭。《斯塔福德法案》规定,如果受损的公共建筑恢复到灾前状况的维修费用比重建费用低 50%,那么维修资金将由联邦紧急事务管理局的公共救援计划———一个公共住房方面有效的联邦保险计划———提供;但是如果维修费用超过重建费用的 50%,那么

---

① 这是基尔斯塔·库尔策-伯克在 2005 年 11 月 17 日在杜兰大学举办的"卡特里娜灾难现状"活动上的讲话,我拥有该活动的录像。1 200 人的数字估计是库尔策-伯克提出的,也是《新奥尔良皮卡尤恩时报》使用的数字,但其他数字差异很大。路易斯安那州医疗中心的紧急准备医疗主任詹姆斯·艾肯(James Aiken)估计慈善机构有 400 名患者,其中 9 人死亡。US Senate, *Hurricane Katrina: A Nation Still Unprepared*, *Special Report of the Committee on Homeland Security and Governmental Affairs*(《卡特里娜飓风:一个仍没有准备好的国家,国土安全和政府事务委员会的特别报告》)(Washington, DC: US Government Printing Office, 2006), p.406. 众议院调查称,慈善机构 200 名患者和大学医院 167 名患者被疏散,其中 3 人死亡,疏散发生在 9 月 1 日下午。US House of Representatives, *A Failure of Initiative: Final Report of the Select Bipartisan Committee to Investigate the Preparation for and Response to Hurricane Katrina*(《倡议失败:调查飓风卡特里娜准备和应对的选择性》)(Washington, DC: US Government Printing Office, 2006), p.286. CNN 报道称疏散发生在 9 月 2 日,可见"Patients Finally Rescued from Charity Hospital"(《患者最终从慈善医院撤出》),CNN.com, September 3, 2005。关于 1 200 人,还可参考 Jan Moller, "New Charity May Rise in Katrina's Wake"(《卡特里娜飓风过后,新的慈善事业或将兴起》), *New Orleans Times-Picayune*(《新奥尔良皮卡尤恩时报》), September 15, 2005。关于狙击手,请参考"Sniper Fire Halts Hospital Evacuation"(《狙击火力阻止医院疏通》),CNN.com, September 1, 2005。还可参考 *A Failure of Initiative*《倡议失败》, p.285. 关于史密斯伯格,请参考 Jan Moller, "Charity Evacuation Begins"(《慈善医院撤离开始》), *New Orleans Times-Picayune*(《新奥尔良皮卡尤恩时报》), September 1, 2005。

联邦紧急事务管理局将提供其重建的全部费用。[1] 于是附近的居民到处游说，找人将房屋预估损失修改到 50% 这一门槛以下，这样就可以避免高额的《国家洪水保险计划》来将房屋从涝区重建起来，而《斯塔福德法案》将路易斯安那州立大学推向简单算术的对立面：更高的预估损失会得到来自联邦的意外收获。[2]

《斯塔福德法案》为路易斯安那州争取新建医院所需的联邦资助。但该法案没有讨论公共卫生的优点，而是将讨论问题缩小到损失预估的技术问题上。联邦紧急事务管理局起初预估维修花费为 2 300 万美元，而路易斯安那州立大学起初预估接近 2.58 亿美元。由于路易斯安那州立大学的这一数据超过了亚当斯（他再次成为路易斯安那州立大学的顾问）所计算的医院全部重建费用的 50%，大学表示，联邦紧急事务管理局应提供资金 3.95 亿美元。[3] 呼吁慈善医院重新开放的人与联邦紧急事务管理局一起，称路易斯安那州立大学所述必要的修复费用大多数是灾前推迟维修保养的费用。[4] 慈善医院的一些医生还

----

[1] The Robert T. Stafford Disaster Relief and Emergency Assistance Act, Pub L. 100 - 707,102 Stat. 4689 (November 23, 1988), amending the Disaster Relief Act of 1974, Pub. L. No. 93 - 288, 88 Stat. 143 (May 21, 1974). 关于所谓的 50% 规则，请参阅 44 CFR206. 226(f),55 FR 2217(January 23, 1990) 2309。另请参阅 US Government AccountabilityOffice, *Hurricane Katrina: Status of the Health Care System in New Orleans and Difficult Decisions Related to Efforts to Rebuild It Approximately 6 Months After Hurricane Katrina*(《卡特里娜飓风：飓风后大约 6 个月新奥尔良卫生保健系统的现状和重建努力中的困难决策》),GAO report no. 06 - 576R, (March 28, 2006), p. 4.

[2] 路易斯安那州设施规划与控制负责人解释称他们正试图向联邦紧急事务管理局证明这些破坏是由暴风雨造成的。可见 Richard Webster, "Special Treatment: Reopening Charity Hospital's First Three Floors Possible"(《特殊待遇：慈善医院三层可能重新开放》), *New Orleans City Business*(《新奥尔良城市商业》),July 23, 2007, 引自 Ott, "The Closure of New Orleans' Charity Hospital"(《新奥尔良慈善医院的关闭》),p. 95。

[3] 联邦紧急事务管理局指出，一些额外的维修费用可能会显现出来。FEMA, "Response of the Federal Emergency Management Agency to Arbitration Request of the Louisiana Facility Planning and Control, State of Louisiana"(《联邦紧急事务管理局对路易斯安那设施规划和控制仲裁请求的回应》),September 30, 2009, pp. 12 - 18. 关于路易斯安那州立大学的数据，参见 Adams, "Executive Summary Excerpted from Emergency Facilities Assessment, University and Charity Hospitals, New Orleans, Louisiana, for LSU Health Sciences Center"(《来自应急设施评估所、大学与慈善医院、新奥尔良、路易斯安那州卫生科学中心的执行总结摘录》), November 2005, p. 4. 亚当斯指出，包括场地开发、拆除、专业费用和其他费用在内的全部重置成本为 6.326 亿美元。

[4] 例如，将建筑列入国家历史名胜古迹名录时评估发现，推迟维修和从未正式停用的建筑，只是被封闭起来，没有提供空气流通，对身体健康造成严重威胁。Earth Search, Inc., "National Register of Historic Places, Registration Form, Charity Hospital of New Orleans"(《国家历史名胜名录，慈善医院登记表》),submitted December 8, 2010, pp. 7 - 8.

称,路易斯安那州立大学及其工作人员蓄意破坏建筑。他们散发了一些照片,照片上显示的是 2005 年 9 月末经过卡特里娜联合工作组成员恢复后的窗明几净的急诊室,与之对比的是,几个月之后满是垃圾的诊室。负责慈善医院的路易斯安那州立大学的官员史密斯伯格否认了关于蓄意破坏的指控,并称他担忧霉菌和受污染的水管会让医院无法继续使用。①

路易斯安那州立大学拒绝考虑重新开放慈善医院的某些科室,这给新奥尔良社会安全网留下了一个大漏洞。截至 11 月初,路易斯安那州立大学已经解雇或暂时解雇慈善医院以及大学附属医院的 3 500名员工,而两所医院总共才有 3 800 名员工。余下人员被安排在会议中心的帐篷医院里工作,每天接诊约 500 位患者。直到 2006 年 2 月,会议中心的管理者称需要这个场馆来准备 6 月的会议,医护人员这才搬离了会议中心。随后,路易斯安那州立大学在杰斐逊教区的埃尔姆伍德医疗中心开设了一级外伤中心,并在"超级圆顶"体育场附近的罗德与泰勒百货公司的旧址上开了一家新的临时诊所。② 人们的精神卫

---

① 可见"The Closure of New Orleans' Charity Hospital"(《新奥尔良慈善医院关闭》),pp. 76 - 77, 181。Alex Glustrom, director, "Big Charity: The Death of America's Oldest Hospital"(《大慈善:美国最古老医院之死》),documentary film, 2014. 参与清理医院的军方官员和医生认为飓风过后不到一个月,慈善医院就可以再次接收病人。可见 Roberta Berthelot, "The Army Response to Hurricane Katrina"(《卡特里娜飓风军队应急措施》), September 10, 2010, https://www. army. mil/article/45029/,the army response to hurricane katrina; George Flynn, "'Charity' Sufers Long: Emergency Medicine Revives the Spirit of Centuries-Old New Orleans Institution"(《医疗应急重振新奥尔良百年医院精神》),*Annals of Emergency Medicine*(《急诊医学年鉴》)48, no. 3(September 2006):309 - 311; Cain Burdeau,"Honoré: Ex-La. Governor Halted Hospital Reopening"(《州长中止慈善医院开放》),Associated Press,July 14, 2009。Lolis Eric Elie, "City Needs Charity to Return"(《城市需要慈善医院回归》),*New Orleans Times-Picayune*(《新奥尔良皮卡尤恩时报》), March 24, 2006, p. 1.

② 关于凯撒家庭基金会,可见 *Health Challenges for the People of New Orleans*(《新奥尔良人民健康挑战》),esp. 1 - 4。关于 3 500 名员工,可见 Jan Moller, "Charity Plan Calls for Shift in Services"(《慈善计划呼吁服务转变》),*New Orleans Times-Picayune*(《新奥尔良皮卡尤恩时报》), November 9, 2005, p. 5。关于田野医院,可见 Jan Moller, "LSU Field Hospital's Days Are Numbered"(《路易斯安那州大学田野医院已经时日不多》),*New Orleans Times-Picayune*(《新奥尔良皮卡尤恩时报》), January 21, 2006, p. 3。关于每天 500 名患者,可见 Jan Moller, "LSU Will Open Clinic in New Orleans Centre"(《路易斯安那州立大学将在新奥尔良中心重开诊所》),*New Orleans Times-Picayune*(《新奥尔良皮卡尤恩时报》), February 22, 2006, p. 5。关于埃尔姆伍德帕克,可见 Jan Moller,"Trauma Center to Be in Elmwood"(《创伤中心将设在埃尔姆伍德帕克》),*New Orleans Times-Picayune*(《新奥尔良皮卡尤恩时报》),February 9, 2006, p. 4。路易斯安那州立大学宣布打算在新奥尔良大学医院重开一个创伤中心,提供有限的住院服务。但由于施工延误 (转下页)

生健康就更加被忽视了。灾后一年，新奥尔良严重精神疾病发病率翻了一番，而精神疾病患者的医疗资源大幅减少。灾后一年，在新奥尔良大都市区中，每 12 人里就 1 人将自己的精神状态描述为一般或较差，并且接近四分之一曾依赖慈善医院的患者表示精神状态比前一年更差。此外，新奥尔良的验尸官们称当地的自杀率增加了两倍。①

然而，患者寻求可提供治疗的医院寥寥无几。卡特里娜飓风一周年时，美国急诊医师学院称新奥尔良精神健康危机的最大原因是慈善医院缺乏精神疾病治疗服务。洪水之前，慈善医院有 40 张床位的心理危机干预室，还有 97 张床位供精神病患者使用，但后来都没有重新启用。洪水之前，新奥尔良大都市区登记在册的精神病医生有 208 名，但是一年后，只有 42 名回到新奥尔良。这其中，只有 17 人接收医疗补助计划的患者，而且大部分医师只做兼职。2006 年 9 月，新奥尔良警察局的危机协调员告诉记者："在卡特里娜飓风之前，这里就有大量的精神病患者，以前本就没有什么地方可为他们治疗，现在更是完全没有了。"②

（接上页）和人员招聘困难，该中心一直推迟到 2006 年 11 月下旬才开业，此时距离飓风发生已经过去了一年多。可见 Jan Moller, "State to Reopen Hospital Scarce"（《准备重开医院》），*New Orleans Times-Picayune*（《新奥尔良皮卡尤恩时报》），September 22, 2006, p. 2。另见 John Pope, "Damage to Charity Minor, Protestors Say"（《慈善医院对少数群体的危害》），*New Orleans Times-Picayune*（《新奥尔良皮卡尤恩时报》），June 9, 2006, p. 1。在所有区域重新开设的医院里，没有保险的患者也可获得同样的就医服务。

① 关于凯撒家庭基金会，可见 *Health Challenges for the People of New Orleans*（《新奥尔良人民健康挑战》），pp. 1 – 3, 53, 13。关于自杀情况，可见 Susan Saulny, "A Legacy of the Storm: Depression and Suicide"（《风暴后遗留症状：抑郁与自杀》），*New York Times*（《纽约时报》），June 21, 2006, p. A1。

② 洪水之前，该区域有 462 张床位，而一年后只有 190 张床位，见 Bill Walsh and Jan Moller, "When Needed Most, Psych Services Gone"（《最急需的医疗服务消失了》），*New Orleans Times-Picayune*（《新奥尔良皮卡尤恩时报》），September 5, 2006, p. 1。40 张床位为凯撒家庭基金会所有，见 *Health Challenges for the People of New Orleans*（《新奥尔良人民健康挑战》），p. 45。关于大学创伤后压力紊乱，见 Lisa Millset al., "Post-Traumatic Stress Disorder in an Emergency Department Population One Year After Hurricane Katrina"（《飓风后一年应急管理部门创伤压力紊乱情况》），*Journal of Emergency Medicine*（《急诊医学杂志》）43, no. 1 (July 2012): 76 – 82。关于中小学创伤后压力紊乱，见 Lisa H. Jaycox et al., "Children's Mental Health Care following Hurricane Katrina: A Field Trial of Trauma-Focused Psycho therapies"（《飓风后儿童精神健康：创伤为主精神疗法实验场》），*Journal of Trauma and Stress*（《创伤与压力杂志》）23, no. 2 (April 2010): 223 – 231。关于最大原因，可见 American College of Emergency Physicians, *Emergency Medicine One Year After Hurricane Katrina*（《飓风后一年美国急诊医师学院》）(August 2006), p. 3, 引自 Ott, "The Closure of New Orleans' Charity Hospital"（《新奥尔良慈善医院关闭》），p. 86。

卡特里娜飓风造成的死亡人数持续上升,验尸官甚至无法正式记录下来。死产率也不断增加。2006 年上半年《新奥尔良皮卡尤恩时报》刊登的讣告比 2002 年、2003 年同期多了近一半。一位女士告诉记者:"我坚信我能够经受住这场风暴,我也确实做到了,但这场风暴造成的创伤要了我的命。"①

路易斯安那州立大学与联邦应急管理局争执不下,州立大学计划新建一个医疗中心,这就涉及占用中下城约 28 公顷土地的问题。拟建地有许多空楼和停车场,但那里也有 265 个公寓,住有 618 名住户。该区域位于中城的国家历史特区内。② 2006 年 2 月 23 日,路易斯安那州立大学与退伍军人事务部签署了一份"谅解备忘录",并称将建造两所新医院,一所将替代慈善医院之角色,另一所替代退伍军人事务部医院,2004 年以来,退伍军人事务部就一直想建设一个新医院,将其打造为新生物医学区的中心。史密斯伯格对此表示:"这是不打算再重建原来的慈善医院了。"③

许多人反对新建医院的计划。2006 年 3 月,"无国界医生组织"以及"民众飓风救援基金"召集 150 名活动者在慈善医院大门外抗议,呼

---

① 关于死胎,参见 Sammy Zahran et al. , "Maternal Exposure to Hurricane Destruction and Fetal Mortality"(《飓风破坏下死亡率影响》), Journal of Epidemiological Community Health (《流行病学社区卫生杂志》)68, no. 8 (August 2014):760 – 766。飓风肆虐前的死亡率为每 10 万人 62. 17 例死亡;2006 年 1 月至 6 月,死亡率为每 10 万人 91. 37 例死亡。作者总结称这些数据证实了平民对飓风造成的持久健康后果。参见 Stephens Sr. et al. , "Excess Mortality in the Aftermath of Hurricane Katrina"(《飓风后过高死亡率后果》), pp. 15 – 20。参见 Saulny, "A Legacy of the Storm: Depression and Suicide"(《风暴后遗留症状:抑郁症与自杀》)。

② 关于医疗中心的选址和财产分配过程,参见 Munster, "They Took My Bedroom"(《他们抢走了我的家》), pp. 196 – 233。医疗中心的慈善部分占地约 15 公顷;包括退伍军人事务部和相关建筑在内的整个建筑群占地约 28 公顷。关于场地清单,参见 Federal Emergency Management Agency, "Programmatic Environmental Assessment, Site Selection VAMC and LSU AMC"(《方案环境评估,退伍军人医疗中心和路易斯安那州立大学医疗中心选址》), October 2008, pp. 3 – 69。与 2008 年联邦紧急事务管理局进行现场评估时相比,2006 年首次提出该计划时居住在该地区的人数可能更少。环境评估列出了有多少地块是商业、住宅、有人居住或空置。

③ 参见 Jan Moller, "LSU and VA Collaborate to Rebuild N. O. Health Care"(《路易斯安那州立大学与退伍军人医院联合重建医疗中心》), New Orleans Times-Picayune(《新奥尔良卡尤恩时报》), February 23, 2006, p. 1。关于退伍军人事务部医院,参见 Department of Veterans Affairs, Report to Congress on Planning for Re-Establishing a VA Medical Center in New Orleans(《新奥尔良重建退伍军人医院规划进程报告》) (February 28, 2006), p. 7 for 2004, https://www. va. gov/oca/CMRs/Unique/Main_Report_Final_c. pdf。

吁路易斯安那州立大学重新开放慈善医院。库尔策-伯克称："患者等不到五到七年后才能建成的新医院。"①2006 年 4 月，新奥尔良市议会和路易斯安那州议会都通过决议，要求路易斯安那州立大学重新开放慈善医院。州议会还要求到 2008 年 8 月竣工之时独立评估该建筑，这可证明对现有建筑进行彻底现代化改造会比新建节省 1 亿多美元，而且工期快 2 年。但路易斯安那州立大学继续坚持己见，称洪水已导致医院无法投入使用，并坚持要求联邦应急管理局支付建造新医院的全部费用。2006 年 5 月，路易斯安那州立大学宣布了一个建造约 15 公顷、预算 10 亿美元的医院的初步计划，以代替慈善医院。②

与此同时，该州及市政府考虑取代慈善医院模式的方案。2006 年 4 月，路易斯安那州恢复局委托普华永道咨询公司对该州医疗体系进行评估，评估报告中对路易斯安那州立大学新建医院大楼的诉求做出了回应，并强烈建议取消慈善医院模式。咨询师们力劝州政府将慈善医院体系的资金重新分配给私立医院，让这些医院接诊以前的患者。普华永道公司称私有市场稳定而政府在本质上不可靠，以此提出要对医疗体系进行改革。咨询师们声称，慈善医院所依赖的慈善医疗补贴易受整体经济环境影响，因为其

---

① 参见 Coleman Warner, "Protestors Dispute Charity Closing"（《抗议者对慈善医院关闭纠纷》），*New Orleans Times-Picayune*（《新奥尔良皮卡尤恩时报》），March 26, 2006, p. 1。关于民众飓风救援基金与提供医疗服务社区努力，参见 Rachel E. Luft, "Beyond Disaster Exceptionalism: Social Movement Developments in New Orleans After Hurricane Katrina"（《超越灾难特殊主义：卡特里娜飓风后新奥尔良社会行动发展》），*American Quarterly*（《美国季刊》）61, no. 3（September 2009）：499 - 527。

② New Orleans City Council, Resolution no. 06 - 143（April 6, 2006）；联合决议敦促并要求州长使用新奥尔良医疗中心（大慈善医院）的一部分来提供医疗服务，参见 Louisiana House Concurrent Resolution no. 89, Regular Session, 2006（April 19, 2006）。关于独立评估，参见 RMJM Hillier, *Medical Center of New Orleans*, *Charity Hospital*, *Feasibility Study*（《新奥尔良医疗中心，慈善医院，可行性研究》）（Foundation for Historical Louisiana, August 20, 2008），p. 5。Jan Moller, "LSU Unveils Plan for Medical Complex"（《路易斯安那州立大学公布医疗中心计划》），*New Orleans Times-Picayune*（《新奥尔良皮卡尤恩时报》），May 18, 2006, p. 1。路易斯安那州立大学在 2006 年 6 月 19 日的新闻发布会上公布了更多细节，包括宣布医疗中心以南克莱伯恩街、杜兰街、南加尔维兹街和运河街为界，并宣布已为退伍军人事务部医院拨款 6.25 亿美元。参见 John Pope and Jan Moller, "State, VA Map Plan for Medical Complex"（《州政府、退伍军人事务部医院大楼地图》），*New Orleans Times-Picayune*（《新奥尔良皮卡尤恩时报》），June 20, 2006, p. 1。

资金主要来自州税收。① 包括参议员戴维·维特在内的一些人支持这项建议,他们认为将政府资金分配给私立医院,用于未参保患者,能够确保贫困人群获得与有保险患者同样的治疗。这一言论与混合收入住房替代公共住房说法不谋而合。但批评者则认为混合收入住房的做法是将联邦资金隐蔽地转移到私人开发商手中,他们同样认为,服务于该州贫困人群的新模式也是将政府资金转移到私人医院的一种方式。②

2008 年 11 月 25 日,路易斯安那州立大学与退伍军人事务部一同正式宣布了新建医疗中心的计划。那时,"回家之路"项目已经向 41 位业主支付了总计 320 万美元的重建费用。而就在他们重建家园之处,新的医院大楼将拔地而起。例如,华莱士·瑟曼(Wallace Thurman)已经花了 5 万美元维修位于帕尔米拉街的被淹房屋。但目前城市计划将其拆除。③

---

① 2006 年 1 月,新奥尔良复兴委员会的卫生和社会服务委员会曾经主张,新奥尔良的最终目标应该是"消除两级制的医疗和服务系统"。BNOBC 敦促该市追求全民医疗保健,并能够在任何地方使用医疗保险和医疗补助金,而不仅仅局限于慈善医院。参见 Bring New Orleans Back Health and Social Services Committee, *Report and Recommendations to the Commission*(《让新奥尔良回归健康与社会服务委员会推荐报告》)(January 18, 2006)。关于普华永道,参见 PricewaterhouseCoopers, *Report on Louisiana Healthcare Delivery and Financing System*(《路易斯安那健康与融资系统报告》),delivered to the Louisiana Recovery Authority (April 2006), esp. pp. 6, 13。另见 Adam Nossiter, "Dispute Over Historic Hospital for the Poor Pits Doctors Against the State"(《对于贫困医生医院争议》),*New York Times*(《纽约时报》),December 17, 2005。

② 2006 年 6 月,路易斯安那州恢复局批准了在新奥尔良建造新医院的建议,但没有批准取消全州慈善医院系统。参见 Moller, "LSU Unveils Plan"(《路易斯安那州立大学公布计划》),p. 1。关于布兰科和维特之间的辩论,请参见 Jan Moller, "Vitter, Blanco, Reach Deal on Hospital"(《维特与布兰科对医院争议达成一致》),*New Orleans Times-Picayune*(《新奥尔良皮卡尤恩时报》),February 22, 2007, p. 1。

③ 关于美国退伍军人事务部,参见 "VA and Louisiana State University Announce Site Selections for New Orleans Medical Center Projects"(《退伍军人事务部和路易斯安那州立大学宣布新奥尔良医疗中心项目选址》),press release, November 25, 2008。参见 Adam Nossiter, "New Orleans Hospitals Plan Angers Preservationists"(《新奥尔良医院计划激怒了保护主义者》),*New York Times*(《纽约时报》), November 25, 2008, p. A21。关于"回家之路"项目,参见 Bill Barrow, "State Expropriation for New Hospital Includes Those Who Rebuilt After Katrina"(《州政府对新医院征用包括飓风后重建医院》),*New Orleans Times-Picayune*(《新奥尔良皮卡尤恩时报》), November 29, 2009。大多数流离失所的"回家之路"受助者(价值 270 万美元的补助金)都在退伍军人事务部,而不是联合医疗中心。2007 年 11 月,市议会发布了拟议项目地块的建筑许可暂停令。参见 Munster, "They Took My Bedroom"(《他们抢走了我的家》),p. 217。国民信托基金会后来起诉了退伍军人事务部和联邦紧急事务管理局,试图阻止拆迁,但以失败告终。参见 Bill Barrow, "Preservation Group Sues to Block Hospital Projects"(《保护团体起诉阻止医院重建项目》),*New Orleans Times-Picayune*(《新奥尔良皮卡尤恩时报》),May 1, 2009。

就慈善医院的争论立刻引起人们对洪水之后的新奥尔良市的关注,而各方意见分歧巨大。从不同角度看,一系列议程既有意见一致之处,也有相互矛盾之处。路易斯安那州立大学希望新建医院大楼,但有时似乎更倾向于保留为贫困患者提供公共资助的旧体系。一些保守人士希望维修旧的慈善医院大楼,因为这样会比新建便宜得多,但他们想用私有化医疗模式来替代政府资金补助的模式。那些想取代慈善医院模式的人又分为了两类,一类认为资金应直接补贴给私立医院,另一类则认为资金应用于扩大个人医疗补助的覆盖范围。一部分自由主义者认为慈善医院可以为所有人提供便捷的医疗服务,而其他自由主义者则将其视为制度化、阻隔一部分人的二流医院。一些历史保护主义者只想要留存这座建筑,而不管医院内部发生什么。其他人包括起诉路易斯安那州立大学未经州议会批准关闭慈善医院的新奥尔良人,期望得到更好的医疗服务,而不在乎医院的位置。许多新奥尔良人,如 2009 年 8 月参加"拯救慈善医院第二线"游行的人一样,在很大程度上仍希望看到慈善医院恢复到以前的样子。①

解决路易斯安那州立大学的纠纷花费了近四年半的时间。与此同时,在 2008 年总统大选上,奥巴马获胜的一部分原因是其对布什政府应对卡特里娜飓风灾害的无能进行了批判。2009 年,全球金融市场崩溃后,奥巴马签署了约 8 000 亿美元的经济刺激计划,对此,参议员玛丽·兰德里欧附上了一项条款,旨在最终解决慈善医院的争议。她所附上的条款为联邦应急管理局公共援助上诉设立了仲裁程序。② 前

---

① 参见 Kate Moran, "Lawsuit Filed to Reopen Charity Hospital"(《为重开慈善医院提起诉讼》), *New Orleans Times-Picayune*(《新奥尔良皮卡尤恩时报》), January 18, 2008。参见 Allen Johnson Jr., "Save Charity—The Protest Price Is Right"(《拯救慈善医院——抗议价格合理》), *New Orleans Gambit*(《新奥尔良策略报》), September 8, 2009。

② 参见 The American Recovery and Reinvestment Act of 2009, Pub. L. No. 111 – 5, 123 Stat. 115 (February 17, 2009);仲裁程序见第 601 条。另见 Bill Barrow, "Sen. Mary Landrieu, Obama Administration Tout New Arbitration Rules for Charity Hospital, Other Recovery Projects"(《参议员与奥巴马政府为慈善医院以及其他重建项目宣布新仲裁规则》), *New Orleans Times-Picayune*(《新奥尔良皮卡尤恩时报》), August 6, 2009。关于卡特里娜飓风是民主党人士的借口,参见 Melissa Harris-Perry and James Perry, "Obama's Debt to New Orleans"(《奥巴马政府对新奥尔良的债务情况》), *The Nation*(《国家》), March 12, 2009。

共和党国会议员博比・金达尔(Bobby Jindal)在凯瑟琳・布兰科退休后赢得了 2008 年的州长竞选，他对刺激法案导致的政府历史性支出和扩张表示不满。与此同时，金达尔政府继续游说国会和联邦应急管理局为新医院和许多其他项目筹集数亿美元资金。仅从联邦应急管理局的公共援助项目来看，2007 年底到 2009 年，路易斯安那州政府平均每周支出 2 500 万美元。这些联邦资金让路易斯安那州避免出现许多其他州经济一落千丈的情况，也表明政府支出的优越之处。金达尔就任路易斯安那州恢复管理局局长，保罗・雷恩沃特(Paul Rainwater)在国会证词中称："除该州之外，没有其他州能够获得国会和美国人民如此慷慨的支持。"①

2010 年 1 月 27 日，通过市长兰德里欧建立的仲裁程序，民事合同上诉委员会认为联邦应急管理局应负责承担取代慈善医院所用的 4.748 亿美元的费用。州议会又额外拨款 3 亿美元。②

许多人预言卡特里娜飓风会让这城市空白一片，风暴过后的第五年，在中城这一情形终于出现了。重型机械清理掉了 27 个街区的房屋及商业用地，新医疗中心将在这里拔地而起。州政府拆毁了老人华莱士・瑟曼重建的房子，瑟曼说："在我的耄耋之年，他们拆除了我的一切。"路易斯安那州前州长休伊・朗在大萧条时期曾想象过就在慈

① 参见 US House of Representatives, Committee on Transportation and Infrastructure, *Post-Katrina Disaster Response and Recovery*: *Evaluating Federal Emergency Management Agency's Continuing Efforts in the Gulf Coast and Response to RecentDisasters*(《飓风后灾难应急与恢复：评估联邦事务管理局对海湾地区以及近期灾害做出的努力》), Hearing before the Subcommittee on Economic Development, Public Buildings, and Emergency Management, 111th Cong, 1st Sess., February 25, 2009 (Washington, DC: US Government Printing Office, 2009), 109 (for "blessed") and 111 (for $25M)。关于金达尔，参见 Adam Nossiter, "In Louisiana, a Test Case in Using Huge Federal Aid" (《路易斯安那州使用巨额联邦援助的试验案例》), *New York Times*(《纽约时报》), April 4, 2009, p. A16.
② 参见 US Civilian Board of Contract Appeals, "In the Matter of State of Louisiana, Facility Planning and Control"(《路易斯安那州设施规划与控制》), CBCA 1741-FEMA, January 27, 2010。Kevin Sack, "Louisiana Wins in Bid for Money for Hospital"(《路易斯安那州在医院资金竞标中获胜》), *New York Times*(《纽约时报》), January 28, 2010, p. A14.

善医院的西北方向，一片空旷的土地上矗立着高耸而空荡的楼宇。[①]

到 2010 年，新奥尔良街道上痛苦与期望并存，仿佛这座城市本身就是一所医院，候诊室里有癌症病人，也有产妇。从某种程度上说，新奥尔良终于改变了思路。米奇·兰德里欧(Mitch Landrieu)在当年 5 月担任市长的就职演说中称："我们不再进行灾后恢复，而是在创造新城市。不要再想着重建到以前的样子，而是开始梦想我们想要成为的城市。"根据 2010 年人口普查，新奥尔良人口为 343 289 人，相当于 2000 年的 71%；它的增长速度继续快于全国任何其他城市。一份 2010 年的研究表明，在该市当时的人口中，10% 的人在洪水发生后就搬走了，这些人更年轻、受教育程度更高，很可能是白人和租客。2010 年 2 月，新奥尔良圣徒队赢得超级碗，新奥尔良的老少百姓都欢欣鼓舞。卡特里娜飓风使当地的电影业蓬勃发展，这之后，减税优惠不断扩大，一些人开始称新奥尔良为"南方好莱坞"。一位支持者称新奥尔良为经济发展方面的"灰姑娘"，极具潜力。[②]

但用大新奥尔良公平住房行动中心主任詹姆斯·佩里(James

---

① 斯蒂芬·希尔格(Stephen Hilger) 2012 年的摄影作品"脚印"给了我灵感。转载于 Matthew Leifheit，"A Love Song for New Orleans"(《新奥尔良情歌》)，*Aperture*(《孔径》)，March 14, 2017; 另见 Andru Okun，"The Last Days of Lower Mid-City"(《中下城最后的日子》)，*New Orleans Gambit*(《新奥尔良策略报》)，March 13, 2017。关于 27 个街区，参见 New Orleans Preservation Timeline Project，"Site Clearing in Mid-City Begins for New Hospital Sites"(《城中区为新医院选址清理场地》)，Tulane School of Architecture，April 1, 2010, http://architecture. tulane. edu/preservation-project/timeline-entry/1419。关于瑟曼，参见 Cain Burdeau，"New Orleans Neighborhood Survives Katrina But Not Urban Renewal"(《新奥尔良居民区在卡特里娜飓风中幸存》)，Associated Press，December 10, 2010。在 42% 的案例中，国家通过征用权征用了财产，参见 Munster，"They Took My Bedroom"(《他们抢走了我的家》)，pp. 228 - 229。2010 年 9 月，兰德里欧宣布了一项耗资 320 万美元的计划，要拆除 81 栋房屋，其中大部分来自退伍军人事务部医院一侧。2 年后，只有 28 栋房屋得到修复。据报道，市政府花费了 80. 85 万美元来搬迁那些最终会被摧毁的房屋。参见 Richard A. Webster，"Program to Move Homes from LSU-VA Hospital Site, Rehab Them, Remains in Disarray"(《住房仍处于混乱状态》)，*New Orleans Times-Picayune*(《新奥尔良皮卡尤恩时报》)，November 26, 2012。

② 关于兰德里欧，参见 Michelle Krupa and Frank Donze，"Mayor Mitch Landrieu Says, 'The World Deserves a Better New Orleans'"(《米奇·兰德里欧说"世界值得更美好的新奥尔良"》)，*New Orleans Times-Picayune*(《新奥尔良皮卡尤恩时报》)，May 3, 2010。关于大幅度减税，参见 the Henry J. Kaiser Family Foundation，*New Orleans Five Years After the Storm: A New Disaster Amid Recovery*(《飓风后五年规划:新灾难援助恢复计划》)(August 2010)，p. 3。关于灰姑娘，参见 Joel Kotkin，*Sustaining Prosperity: A Long Term Vision for the New Orleans Region*(《可持续资产:新奥尔良长期愿景》)(New Orleans: Greater New Orleans，Inc.，February 2014)，p. 3。

Perry)的话来说,这是一个两次从废墟上重建的故事,此人曾在市长竞选中败给兰德里欧。那年夏天,五分之一的新奥尔良人表示风暴过后生活更好了,但十分之三的人表示生活更糟糕。新奥尔良生活贫困的人口接近 30%,这一比例与风暴前相同。① 新奥尔良是美国受灾最严重的城市之一,人们撤离后留下了近 4.8 万套空置房屋。有 3 000 人到 6 000 人住在这些废弃的建筑里,其中大多数人在洪水前就已经在新奥尔良安家。新奥尔良人口损失最严重的社区是那些曾经有公共住房开发的社区。圣伯纳德教区的目前人口是 2000 年的 53%,这说明超过 3.1 万居民都离开了这里。②

　　在不断变动的城市人口结构中,存在严重的种族差异。相较于上次普查,该市非裔美国人口减少了 119 076,而白人减少了 22 528。换言之,自 2000 年以来,非裔美国人的人口下降了 36.5%,而白人人口的下降幅度不到该数字的一半,即 16.6%。2000 年,非裔美国人口占新奥尔良总人口的 67.3%;2010 年,这一群体占 60.2%。③

　　种族也决定了新奥尔良人如何理解飓风 5 年后的城市状况。2010 年夏天,一项调查显示,受访的 42% 的非裔美国人认为个人生活

① 关于佩里,参见 Michael A. Fletcher, "Uneven Katrina Recovery Efforts Often Offered the Most Help to the Most Affluent"(《均衡的卡特里娜飓风灾后重建工作往往为最富裕的人提供了最大的帮助》), *Washington Post*(《华盛顿邮报》), August 27, 2010。关于调查, 参见 Kaiser Family Foundation, "New Orleans Five Years After the Storm"(《风暴后五年的新奥尔良》),p. 8。关于贫困率, 参见 Allison Plyer, Nihal Shrinath, and Vicki Mack, *The New Orleans Index at Ten: Measuring Greater New Orleans' Progress toward Prosperity*(《新奥尔良指数十:衡量新奥尔良走向繁荣的进步》)(New Orleans: The Data Center, July 2015), p. 9。
② 关于空置房屋,参见 Allison Plyer, *Population Loss and Vacant Housing in New Orleans Neighborhoods* (《新奥尔良居民区的人口损失和空置房屋》)(New Orleans: Greater New Orleans Community Data Center, February 5, 2011), p. 4。关于住在废弃建筑中的民众,参见 UNITY of Greater New Orleans, *Search and Rescue Five Years Later: Saving People Still Trapped inKatrina's Ruins*(《五年后的搜救:拯救仍被困在卡特里娜飓风废墟中的人们》)(August 2010), 3, https://unitygno.org/wp-content/uploads/2010/08/UNITY_AB-Report, August, 2010。关于人口变化,参见 2000 年至 2010 年各教区人口普查变化, 见 Michelle Krupa, "New Orleans Neighborhoods that Suffered Worst Flooding Lost Most Residents, Census Data Show"(《人口普查数据显示,遭受洪灾最严重的新奥尔良区失去了大部分居民》),*New Orleans Times-Picayune*(《新奥尔良皮卡尤恩时报》), February 6, 2011。该数据并不能完全支持文章的内容。根据 2000 年和 2010 年的人口普查数据,圣伯纳德人口从 67 229 人降至 35 897 人。
③ 2000 年人口普查显示,新奥尔良有 135 956 名白人和 325 947 名非洲裔美国人。2010 年的人口普查显示,新奥尔良有 113 428 名白人和 206 871 名非洲裔美国人。

仍受到卡特里娜飓风的影响,而白人的这一比率仅为 16%。66% 的非裔美国人认为新奥尔良这座城还没有恢复,而白人的这一数据为 49%。42% 的非裔美国人认为与风暴前相比这座城市的生活环境更差,占比 42%,而只有 28% 的白人这样认为。与白人相比,非裔美国人更容易将自己的状态描述为"非常担忧",他们担忧他们的孩子无法接受良好的教育,担忧防洪堤不会保护他们的社区,担忧他们找不到好工作,担忧他们负担不起体面的住所,担忧他们会成为暴力犯罪的受害者。[①]

在调查中,非裔美国人也更容易提及自己非常担心需要时无法获得医疗资源。多年来,路易斯安那州立大学一直就慈善医院问题与联邦应急管理局争执,这本来是关于风暴损失预估这一具体问题的,却涉及一些宏大的问题,比如关于谁应该得到医疗资源、什么样的医疗资源、在哪里以及谁应该为此买单。《斯塔福德法案》将一场关于公民身份所能带来的福利的大讨论转变为一场关于自然力所造成的损害的争论。路易斯安那州立大学的一名律师在一场由历史保护主义者为拯救慈善医院提起的诉讼中辩称:"不是我们关闭了医院,是飓风造成的。"正如通常情况一样,那些主张最深刻变革的人往往拒绝承认对曾奋力实现的结果负有责任。[②]

虽然一些分析师后来将慈善医院的关闭视为灾难资本主义的一个案例,这一比喻其实不太恰当,在这个故事中,联邦和州政府在风暴

---

① 关于凯撒家庭基金会，参见 New Orleans Five Years After the Storm（《风暴后五年新奥尔良》），pp. 19 - 20。

② 关于非裔美国人的担心，参见 Kaiser Family Foundation, New Orleans Five Years After the Storm（《风暴后五年的新奥尔良》），pp. 9 - 20。关于医院关闭的观点，参见 Gwen Filosa, "Supreme Court Hears Oral Arguments in Charity Hospital Cast"（《最高法院听取慈善医院案件的口头辩论》），New Orleans Times-Picayune（《新奥尔良卡尤恩时报》），May 5, 2009。2013 年，州长金达尔将新奥尔良医院以及州内其他慈善系统的管理权从路易斯安那州立大学移交给一家名为 LCMC Health 的非营利私营运营商。LCMC Health 将继续为新奥尔良的贫困患者提供服务，在获得所需资金的前提下，其合同规定，它还将为拥有私人保险的患者提供服务。新模式希望病人组合能为医院带来新的收入。参见 Abby Goodnough, "Hospital Is Replaced, With Hope of Preserving Its Mission"（《医院被取代希望保留其使命》），New York Times（《纽约时报》），August 1, 2015, p. A12。

来临前就计划投入20多亿美元建造两所新的公共医院。① 更准确地
说，这种情况的产生标志着两种对立观点之间由来已久的不易的妥
协，即自由主义者主张为公共利益投入大量政府支出，而保守主义者
则坚持认为私利和经济增长才是衡量成功的标准。

2015年8月，慈善医院关闭10年后，新医院以"大学医学中心"名
字开业。一年多后，2016年11月，新的退伍军人医院开业。大学医学
中心的临时首席医疗官彼得·德布利厄(Peter DeBlieux)向记者大声
问道："这值得我们患者付出的代价吗？"他将这座最先进的建筑与许
多新奥尔良人10年来因无医院治疗而去世的事实进行权衡。"这问
题太复杂难以回答。"他说。基尔斯塔·库尔策-伯克的态度更为明
确："我很有信心地说，慈善医院的关闭导致了很多人死亡。"这位医生
解释道："他们没有死在屋顶上，也没有死在阁楼上，也不是死于溺水。
但这些人是灾难真正的受害者，是应对灾难时所采取的措施的受害
者，是城市重建中所做的决策的受害者。"②

"恢复学区"组织

洪水退去五年后，总统乔治·布什在回忆录《抉择时刻》(*Decision
Points*)中提及卡特里娜时，描述里充满了各种流言和隐喻，为当政期

① 退伍军人事务部新医院的估计总成本为10.35亿美元。参见David Wise，"VA Construction：VA's
Actions to Address Cost Increases and Schedule Delays at Major Medical-Facility Projects"(《退伍军人
事务部的建设：退伍军人事务部应对主要医疗设施项目成本增加和进度延误的行动》)，Testimony
Before the Committee on Veterans' Affairs，House of Representatives，GAO-15-332T，January 21，
2015，p.3。新大学医疗中心的估计总成本为10.63亿美元，参见Jacobs［program management
firm］，*New Facilities for the University Medical Center*，*New Orleans*，*Louisiana*(《路易斯安那州新奥尔
良市大学医疗中心新设施》)，*Monthly Report March* 2015(《2015年3月月报》)，prepared for the
Division of Administration，Facility Planning and Control，State of Louisiana(March 2015)，p.1。
② 关于UMC，参见Rebecca Catalanello，"University Medical Center Opens to First Patients"(《大学医
疗中心开业第一批患者》)，*New Orleans Times-Picayune*(《新奥尔良皮卡尤恩时报》)，August 1，
2015。关于退伍军人事务部，参见Kevin Litten，"Long Awaited，Long Delayed：New Orleans VA
Hospital Finally Opens"(《期待已久，拖延已久：新奥尔良退伍军人医院终于开业》)，*New Orleans
Times-Picayune*(《新奥尔良皮卡尤恩时报》)，November 18，2016。关于德布利厄，参见
Goodnough，"Hospital Is Replaced"(《医院被取代》)。关于库尔策-伯克，参见Kurtz-Burke，
remarks at "The Katrina Disaster Now"(《对卡特里娜灾难的言论》)。

间的救灾失败找借口。布什总统书里写道："卡特里娜飓风是自然灾害，是一场显示了人类面对自然灾害肆虐束手无策的悲剧。"而写下这些话的人在美国历史上比其他总统行使的权力都大。

在面对之前多次洪水中的水坝决堤，他却说："没有人预料到水坝会决堤。"决堤后，"新奥尔良市的一片混乱和暴力事件"阻碍了救援工作，布什将其归因于"警方恢复秩序不力"。这句是引用了一则已经被撤销的媒体报道，布什总统并没有描述当时因上百人溺亡而萦绕在人们心头的感受。书里写道："在我任职期间感受到最糟糕的时刻，是说唱歌手坎耶·维斯特在电视节目上表示布什总统根本不关心黑人。"对此他表示遗憾与困惑，不过后来他自己找到了一件可以为之骄傲的事：新奥尔良市学校体系的变革。

在回忆录里，布什总统将新奥尔良公立教育体系的衰落以及取而代之的特许学校联盟称为卡特里娜飓风带来的最振奋人心的变化。他写道："飓风前公立学校渐渐衰落，如今正以现代化新面貌重新开放，同时全市涌现出数十所特许学校，给家长们提供了更多选择。"布什总统将学校的兴衰变迁比喻为一个有机体，这些变化并非政策决断所致，而是事物由生到死的自然循环，其中，这场飓风只是起到了关键媒介作用。[1]

但实际上，洪水与之后新的学校体系之间的联系仅仅是激进者利用该时机推进其改革意愿的话语。"灾难资本主义"的理论可能更适合解释这种情况。飓风并没有吹散一个单个的由地方选举的校董会管理全市学校的可能性，也没有取消数千名员工的劳动合同。联邦救灾政策没有显示出任何鼓励州政府官员放弃社区学校概念的意图，这与《斯塔福德法案》促使路易斯安那州立大学坚持说是洪水摧毁了慈善医院一样。相反，飓风后路易斯安那州在学校治理方面完全是政治

---

[1] 参见 Bush, *Decision Points*（《决策要点》），pp. 308 - 332。

化的行为,是野心勃勃的改革者试图重塑新奥尔良学校体系的结果。①

　　飓风前,新奥尔良教区学校体系通常被列为全国最糟糕体系之一。21 世纪初,新奥尔良 6.5 万名公立学校的学生绝大多数未能通过该州名为"路易斯安那州教育评估项目"的标准化测试。一位共和党州参议员说:"这意味着学生们无法在当今社会发挥作用,我们的孩子正遭受着智力上的奴役。"他的辖区也包括新奥尔良的部分地区。2004 年到 2005 学年的毕业率为 56%。联邦政府从 2002 年开始调查腐败问题,最后发现新奥尔良教区的学校体系内有 20 多人因各种贪污和欺诈行为被起诉。② 这些高调问题的背后都有迹可循。例如,新奥尔良贫困儿童在公立学校就读的比例失衡,而标准化考试成绩通常与其社会经济状况关联度更高,与学校教学质量关联度较低。同样,没有十足的证据表明新奥尔良教区学校委员会的官僚管理不善严重影响了教师的课堂教学。不论如何,几乎没有人对新奥尔良的学校表

---

① 有一项 2 090 万美元的联邦拨款专门用于支持新奥尔良的特许学校。参见"Gov. Kathleen Blanco Issues Call for Special Legislative Session"(《州长凯瑟琳·布兰科发布特别立法会议呼吁》),press release, November 1, 2005. 关于新奥尔良的学校改革,另见 Sarah Carr, *Hope Against Hope*:*Three Schools*,*One City*,*and the Struggle to Education America's Children*(《希望对抗希望:三所学校、一个城市以及教育美国儿童的斗争》)(New York:Bloomsbury Press, 2013);参见 Luis Mirón, Brian R. Beabout, and Joseph L. Boselovic, eds., *Only in New Orleans*:*School Choice and Equity Post-Hurricane Katrina*(《只有在新奥尔良:飓风卡特里娜后的学校选择和公平》)(Rotterdam:Sense Publishers, 2015);参见 Adrienne Dixson, "Whose Choice? A Critical Race Perspective on Charter Schools"(《谁的选择? 对特许学校以种族视角评判》),in Cedric Johnson, ed., *The Neoliberal Deluge*(《新自由主义泛滥》), pp. 130 - 151;参见 Andre Perry and Michael Schawm-Baird, "School by School:The Transformation of New Orleans Public Education"(《一个学校接一个学校:新奥尔良公共教育的转型》),in Amy Liu, Ronald V. Anglin, Richard M. Mizelle Jr., and Allison Plyer, eds., *Resilience and Opportunity*:*Lessons from the U. S. Gulf Coast after Katrina and Rita*(《韧性和机遇:卡特里娜和丽塔飓风后美国墨西哥湾沿岸的教训》)(Washington, DC:Brookings Institution Press, 2011), pp. 31 - 44。
② 关于学校人口,参见 State of Louisiana, Department of Education, "Student Enrollment & Demographics"(《学生入学和人口统计》), n. d. (ca. 2015)。关于考试成绩,参见 the Cowen Institute for Public Education Initiatives, *Transforming Public Education in New Orleans*:*The Recovery School District*,*2003 - 2011*(《新奥尔良公共教育转变:恢复学区制度,2003—2011 年》)(New Orleans:Tulane University, 2011), p. 1。关于智力上的奴役,参见 John Hainkel, quoted in "Many 'Elephants of School Change'"(《许多"学校变象"》),*Baton Rouge Advocate*(《巴吞鲁日倡导者报》), June 24, 2003。关于腐败,参见 Brian Thevenot, "Schools Sweep Indicts 11 More"(《学校横扫起诉的 11 人》),*New Orleans Times-Picayune*(《新奥尔良皮卡尤恩时报》), December 17, 2004, p. 1。关于腐败管理,参见 Peter F. Burns and Matthew O. Thomas, *Reforming New Orleans*:*The Contentious Politics of Change in the Big Easy*(《改革新奥尔良:政治改变》)(Ithaca:Cornell University Press, 2015), pp. 62 - 78。

示十分关切。对此教育体系持激烈批评意见的人认为,由社区学校组成的传统学区本身就是问题重重的。[1]

在全国性运动的鼓舞下,这些改革者聚集起来,以"选择"和"责任"为口号呼吁建立特许学校。2003 年,学校改革倡导者们使一项州宪法修正案以及相关立法得以通过,授权州政府接管所谓的"失败"的学校。新法律新增了一个"恢复学区"组织,由路易斯安那州中小学教育委员会负责监督,该委员会可以接管那些未达到一定学校表现分数的学校,这只是名义上的客观指标,主要还是基于学生的考试成绩。该法案曾引起激烈争论。支持者称赞其能够规避腐败的官僚行为,而且能够实现必要的结构性改革,而批评者则认为这是削弱地方控制、打击工会以及实现教育私有化的借口。尽管该法案理论上适用于整个路易斯安那州,但它最初其实是为新奥尔良市所设计的。截至 2005 年夏季,新奥尔良教区学校委员会接管了 5 所学校,并将其作为特许学校重新开放,独立运营。[2]

飓风之后,地方和州政府官员迅速将更多新奥尔良学校转变为特许学校。2005 年 10 月 7 日,州长布兰科签署了一项行政命令,宣布紧急中止几项为管理特许学校而设立的法律,包括要求教师和家长投票决定是否将现有学校转交给特许学校的运营者。同一天,新奥尔良教区学校委员会投票决定重新开放西岸 13 所未被洪水淹没的学校,将

---

[1] 在新奥尔良公立学校就读的学生中,有 77% 的人有资格享受免费或减价午餐(全市有 40% 的儿童生活在贫困线以下),参见 Boston Consulting Group, *The State of Public Education in New Orleans*(《新奥尔良公共教育状况》),p. 8。参见 Douglas N. Harris, "The Post-Katrina New Orleans School Reforms: Implications for National School Reform and the Role of Government"(《飓风过后的新奥尔良学校改革:对全国学校改革和政府作用的影响》)(Educational Research Alliance for New Orleans, 2013), pp. 11 - 12。关于毕业率,参见 Douglas N. Harris, "Good News for New Orleans"(《新奥尔良的好消息》), *Education Next*(《教育》)15, no. 4 (Fall 2015): 8 - 15, statistic on 10。
[2] 参见 Cowen Institute, *Transforming Public Education in New Orleans*(《新奥尔良公共教育改革》), pp. 3 - 4。

其全部改为特许学校。①

随后，在11月的特别会议上，州议会通过了第35号法案，极大地扩大了州政府在新奥尔良的管辖范围。现行法律规定的接管门槛只有少数学校符合，而新法律则将整个新奥尔良教区列为学业危机学区，将学区中任何一所表现得分低于州平均水平的学校列入失败之伍，并授权州政府接管运营这些学校。州政府很快又将新奥尔良107所学校的经营权移交给了恢复学区。路易斯安那州负责人称："这是一线希望，也是千载难逢的机会。"只有15所学校仍由新奥尔良教区学校委员会监管，11所成了特许学校。② 尽管新奥尔良大多数代表都反对该法案，他们认为如此大的变化不应在公众无法参与的情况下做出，但该法案仍然通过了。在初等和中等教育委员会的11名成员中，只有1人是由新奥尔良选民选举的，这说明新法案有效地压制了地方

---

① 布什政府提出了一个4.88亿美元的计划，为被疏散的学生提供私立学校的代金券，这将是有史以来最大的联邦学校代金券计划。参见 Nick Anders，"Bush Proposes Private School Relief Plan"（《布什提出私立学校救济计划》），*Washington Post*（《华盛顿邮报》），September 17, 2005。关于布兰科的命令，参见 State of Louisiana Executive Order No. KBB 2005-58, October 7, 2005。关于约旦河西岸，参见 Steve Ritea，"Orleans Board Makes 13 Schools Charters"（《奥尔良委员会将13所学校变成特许学校》），*New Orleans Times-Picayune*（《新奥尔良皮卡尤恩时报》），October 8, 2005, p. 1。在阿瑟·沃兹沃斯（Arthur Wardsworth）牧师提起诉讼后，法官纳丁·拉姆齐（Nadine Ramsey）称该计划为"一种伪装的后门尝试，在这个城市的公民被迫流离失所的时候推行一项飓风前的议程"，因为违反了公开会议法，法庭暂停了这个决定，委员会于10月28日再次投票通过。参见 Catherine Gewertz，"Judge Calls Halt to NewOrleans' Charter School Plan"（《法官叫停新奥尔良特许学校计划》），*Education Week*（《每周教育》），October 26, 2005, p. 3。另见 Catherine Gewertz，"Judge Rules New Orleans Board Must Revote on Charters"（《法官裁定新奥尔良委员会必须重新投票关于特许学校的决定》），*Education Week*（《每周教育》），November 2, 2005, p. 15。

② 2005年第一次特别会议通过的路易斯安那州第35号法案，旨在将某些学校转交给恢复学校区；2003年常规会议通过的路易斯安那州第9号法案，旨在为失败学校提供定义。最初该法案将SPS阈值设定为45，持续4年，在2004年立法机构将其提高到60。法案将州平均水平设定成新的失败阈值，为87.4。关于一线希望，参见 Erik W. Robelen，"Louisiana Eyes Plan to Let State Control New Orleans Schools"（《路易斯安那州计划让州政府控制新奥尔良学校》），*Education Week*（《每周教育》），November 4, 2005。关于2005学年开始时OPSB控制的学校数量以及转交给BESE然后转交给RSD的学校数量，不同的来源提供了不同的数据。我在这里使用的数据来自恢复学校区在2006年6月向州立法机构提交的计划。参见 Recovery School District，"Legislatively Required Plan"（《法例规定图则》），June 7, 2006, pp. 12（for RSD schools）and 14（for OPSB schools），http://web.archive.org/web/20060618125304/http://www.louisianaschools.net/lde/uploads/8932.doc。

对该市学校未来发展的意见。①

第 35 号法案对新奥尔良的教育体制变化之影响巨大。在此之前,由地方选举的新奥尔良教区学校委员会负责管理一个统一的新奥尔良学区;而现在,全州的初等和中等教育委员会将负责管理相互独立的学校。以前,委员会负责人制定适用于学区所有学校的总体政策;现在,特别是当恢复学区授权特许学校经营者管理其学校时,各个学校校长将制定其单独的政策。以前,学校就读的学生通常是附近社区的;现在,只要通过申请或抽签被录取,学生可以在全市任何地区学校就读。以前,学校关闭不大常见,而且要经过一系列政治程序;现在,关闭一所被认为是失败的学校是正常的,这是由考试成绩决定的。以前,教师必须获得资格认证,就业受新奥尔良教师联合会集体谈判协议的保护;现在,教师不必获得资格认证,也不会加入工会。改革者们欢欣鼓舞。新奥尔良教区学校委员会的主席对记者说:"谢谢卡特里娜带来的影响。"②

根据新学校管理体制,学校与新奥尔良教区学校委员会约 7 500名员工解除了合同,该校董会曾是新奥尔良市最大的雇主之一,尤其在雇用非裔美国专业人士方面。9 月,学校委员会的员工被安排休无薪灾假,其法律意义模糊不清。然后随着第 35 号法案的通过,他们被解雇了,虽然教师们的抗议诉讼将该法案的生效日期推迟到了 2006年 3 月 24 日。解雇通知让那些想要申诉的教师到学校委员会大楼

---

① 董事会由 8 名按地理区划选举产生的成员组成,任期为 4 年,另外还有 3 名由州长任命并经州参议院确认的全体成员。参见 Laura Maggi, "State to Run New Orleans Schools"(《州政府管理新奥尔良的学校》), New Orleans Times-Picayune(《新奥尔良皮卡尤恩时报》), November 23, 2005, p. 1。关于新奥尔良代表团的反对意见,参见 Laura Maggi, "Senate Panel OKs School Takeover Bill"(《参议院小组通过学校接管法案》), New Orleans Times-Picayune(《新奥尔良皮卡尤恩时报》), November 11, 2005, p. 3。

② 参见 Harris, "The Post-Katrina New Orleans School Reforms"(《卡特里娜飓风后的新奥尔良学校改革》), p. 6。2006 年 1 月,新奥尔良重建委员会的教育委员会在很大程度上支持了第 35 号法案所预示的变革。新奥尔良重建委员会的教育委员会包括新奥尔良地区教育部的执行主任,但没有有代表该市现任教师的人。参见 Bring New Orleans Back Commission, Education Committee, "Rebuilding and Transforming: A Plan for World-Class Public Education in New Orleans"(《重建和转型:新奥尔良世界级公共教育计划》), January 17, 2006。关于对卡特里娜的感谢,参见 Theo Emery, "The Big Easy's Next Test"(《下一考验》), Time(《时代周刊》), August 17, 2006。

去,而该大楼早已在洪水中被摧毁。[①]

许多人认为,解雇是飓风后政府剥夺非裔美国人权利的又一例证。大约 4 300 名教师员工中,非裔美国人占 71%。[②] 前员工提起诉讼并声称该行为违反了劳动合同,但案件一直拖着没有得到解决。与此同时,随着学校开始重新开业并雇用新员工,以前的教师成为过去:2007 到 2008 学年,只有三分之一的新奥尔良前教师在市内被重新聘用(另有 18% 的教师在邻近教区就职)。到 2013 年秋季,不到四分之一的前奥尔良教师仍活跃在新奥尔良的教室里。这次人员变动对教师的种族结构影响显著:黑人教师的比例从 2005 年的 71% 下降到 2013 年的 49%,而且这一比例还在继续下降,2013 年,每三名新聘教师中就只有一名是非裔美国人。[③]

而另外一边,在缺乏工会协议约束或教师资格认证要求的情况下,恢复学区及其特许学校的经营者招募了一类新教师:白人、缺乏经验且来自外市,通常与"为美国而教"计划有联系。这些老师与涌入这里的成千上万的新居民一起,去非营利组织,或到被广泛认为是美国社会改革的"归零地"工作,这些新老师与之前被解雇的老师相比,经

---

① 参见 Eddie Oliver, Oscarlene Nixon, and Mildred Goodwin v. Orleans Parish School Board, No. 2014-C-0329, Consolidated with No. 2014-C-0330, 156 So. 3d (2014)。关于解雇通知,参见 Danielle Dreilinger, "7 000 New Orleans Teachers, Laid Off After Katrina, Win Court Ruling"(《7 000 名卡特里娜飓风后被解雇的新奥尔良教师获得院裁决》),New Orleans Times-Picayune(《新奥尔良皮卡尤恩时报》),January 16, 2014。

② 参见 Jane Arnold Lincove, Nathan Barrett, and Katherine O. Strunk, Did the Teachers Dismissed After Hurricane Katrina Return to Public Education?(《飓风卡特里娜后被解雇的教师是否回归公立教育?》)(New Orleans: Education Research Alliance for New Orleans, May 31, 2017), p. 3。另见 Kristen L. Buras, "The Mass Termination of Black Veteran Teachers in New Orleans: Cultural Politics, the Education Market, and Its Consequences"(《新奥尔良黑人资深教师的大规模解雇:文化政治、教育市场及其后果》),The Educational Forum(《教育论坛》) 80, no. 2 (2016): 154 - 170。

③ 具体来说,新奥尔良教师中有 22% 受到影响。根据估计,考虑到飓风造成的损害和正常的离职率,解雇和改革的综合影响至少使 2007 前卡特里娜飓风时期新奥尔良教师的就业率下降了 16 个百分点,2013 年学年下降了 8 至 11 个百分点,参见 Lincove et al., Did the Teachers Dismissed After Hurricane Katrina Return to Public Education?(《飓风卡特里娜后被解雇的教师是否回归公立教育?》),p. 4。关于种族影响,参见 Nathan Barrett and Douglas N. Harris, Significant Changes in the New Orleans Teacher Workforce(《新奥尔良教师队伍的重大变化》),(New Orleans: Education Research Alliance for New Orleans, August 24, 2015), p. 3。

验远远不够。① 在 2004 到 2005 学年，83％的新奥尔良教师至少有 4 年的教学经验。2007 到 2008 学年，只有 46％的教师有 4 年的教学经验。在恢复学区管理的学校中，60％的教师教龄不足 1 年。新教师来自新奥尔良的可能性也更小。2005 年，60％的新奥尔良教师有当地大学的本科学位。2014 年，只有 34％的新奥尔良教师在本市上过大学。②

学校改革支持者称赞选择、竞争以及关注数据的方式，这是将民主政治等同于自由市场。恢复学区负责人保罗·瓦拉斯（Paul Vallas）称新奥尔良市为美国教育界的企业家、特许学校、竞争比赛以及家长选择提供了最好的机会。称赞私立学校的优点，将公立学校视为学生取得成功所必须克服的核心挑战。因此，学校改革的意识形态强化了对政府本身广泛且保守主义式的批判。③

2014 年，前教师及员工在起诉中败给校委员会，路易斯安那州最高法院撤销了之前的一系列倾向于前教师与员工利益的判决。当时，诉讼的主要原告之一格温德琳·里奇利（Gwendolyn Ridgley）已经去世。在这座城市教书 32 年后，她再也没有回到新奥尔良。她的律师说，里奇利失去工作后就无法获得医疗保险，也没有得到足够的医疗照顾。2012 年，她因癌症去世，享年 60 岁。生前她对采访者说，卡特

---

① 关于数千名年轻城市重建专业人士估计，参见 Richard Campanella, "Gentrification and Its Discontents: Notes from New Orleans"（《中产阶级化及其不满：来自新奥尔良的笔记》），*New Geography*（《新地理》），March 1, 2013。有报道称新奥尔良是"拥有更好食物的和平队"，参见 Campbell Robertson and Richard Fausset, "10 Years After Katrina"（《飓风后十年》），*New York Times*（《纽约时报》），August 26, 2015；以及 Michael Tisserand, "The Charter School Flood"（《特许学校洪水》），*The Nation*（《国家》），September 10 - 17, 2007, p. 22。根据 2011 年至 2013 年美国社区调查，新奥尔良增加了近 1 万大学毕业生。参见 Ben Casselman, "Katrina Washed Away New Orleans's Black Middle Class"（《卡特里娜飓风冲走了新奥尔良的黑人中产阶级》），fivethirtyeight. com, August 24, 2015。

② 参见 Cowen Institute for Public Education Initiatives, *The State of Public Education in New Orleans Five Years After Hurricane Katrina*（《飓风过后五年的新奥尔良》）（New Orleans: Tulane University, July 2010）, pp. 14（for teaching experience）and 24（for 60 percent）。关于当地学生学历，参见 Barrett and Harris, *Significant Changes in the New Orleans Teacher Workforce*（《新奥尔良教师显著变化》），p. 4。

③ 关于瓦拉斯，参见 Walter Isaacson, "The Greatest Education Lab"（《最大教育中心》），*Time*（《时代周刊》），September 6, 2007。另见 Daniella Ann Cook, "Voices Crying Out from the Wilderness: The Stories of Black Educators on School Reform in Post Katrina New Orleans"（《从荒野中发出声音：飓风后新奥尔良学校改革教育家故事》）（PhD dissertation, University of North Carolina-Chapel Hill, 2008）, pp. 73 - 76；以及 Tisserand, "The Charter School Flood"（《特许学校潮流》），p. 23。

里娜飓风带来的教训是,做出应对措施时,要确保回应所有人,而不仅仅回应一个特定的群体。[1]

与此同时,经过几年的标准化考试,实践结果尚不确定,人们在特殊教育、开除政策和交通问题上也争议纷纷,但改革后的学校制度明显呈现出了有意义的学业成绩提高的迹象。2015 年一项详细的研究表明,随着高中毕业率和大学入学率的不断提高,改革使学生在标准化测试中的平均成绩提高了 8%至 15%(0.2 至 0.4 个标准差)。研究者称,对任何学区而言,"在如此短时间内获得如此大的进步前所未有"[2]。

然而,儿童幸福指数是另外一回事。根据人口普查局的统计数据,2015 年,新奥尔良每 10 名儿童中就有近 4 名生活贫困,这几乎是全国平均水平的 2 倍,而且与 10 年前相比没有变化。2013 年至 2015 年,对该市 1 000 多名 10 到 16 岁孩子的调查显示,16%的儿童担心没有足够的食物吃或没有地方住。每 10 名儿童中就有 2 名符合创伤后应激障碍的标准,而全国平均水平仅为 5%。超过 12%的儿童临床诊断为抑郁症。每 10 名新奥尔良儿童中就有 4 名曾目睹枪击、刺伤或殴打。18%的儿童曾目睹过谋杀事件。调查中,一半以上的儿童曾经历过身边人被谋杀的事件。三分之一的新奥尔良儿童表示,他们担心自己不被人爱。[3]

这些指数都不是学校改革带来的结果。学校也未必是解决种族、

① 参见 Oliver v. Orleans Parish School Board(《奥利弗诉奥尔良教区学校董事会案》)。Gwendolyn Ridgley, interview by Myrna Matherne, May 4, 2007, MSS 4700. 1955, LLMVC. 另见 Gwendolyn Ridgley, obituary, Baton Rouge Advocate(《巴吞鲁日倡导者报》),October 19, 2012. 关于 32 年,参见 Kevin McGill, "Post-Katrina School Firings Wrongful"(《飓风后学校解雇错误行为》),Associated Press,June 20, 2012. 关于癌症,参见 Kari Dequine Harden, "7 500 Fired Teachers Take Their Case to U. S. Supreme Court"(《7 500 位被解雇老师向最高法院提起诉讼》), Louisiana Weekly(《路易斯安那周报》), March 16, 2015.

② 参见 Harris, "Good News for New Orleans"(《新奥尔良的好消息》),p. 15.

③ 关于贫困,参见 Vicki Mack, New Orleans Kids, Working Parents, and Poverty(《新奥尔良儿童,务工的父母与贫困》)(New Orleans: The Data Center, February 26, 2015)。关于其他数据,参见 Institute of Women and Ethnic Studies, Emotional Wellness and Exposure to Violence: Data from New Orleans Youth Age 11 - 15(《情绪健康与暴力暴露:来自新奥尔良 11—15 岁青少年的数据》)(2015),p. 3. 关于儿童在卡特里娜飓风中的经历,另见 Alice Fothergill and Lori Peek, Children of Katrina(《卡特里娜飓风中的儿童》)(Austin: University of Texas Press, 2015)。

贫困、暴力以及伴随而来的痛苦等问题的首要或者最佳地方。但是，通过剥夺地方选举的校委员的权力、抛弃有工会组织的教师队伍、放弃社区学校的理念、沉迷于"选择"和"责任"的口号，并在这样做的同时，肯定了一种残酷的乐观主义——那就是认为大多数儿童的个人智力能让他们自己有能力克服结构性障碍，改革者让公民更难察觉到系统性的错误，更不用说采取集体行动来纠正这些错误。路易斯安那州中小学教育委员会主席曾在 2006 年向国会下属委员会夸口，"由于缺乏一个核心权力机构，阻挠者无法站稳脚跟"，"要监督的会议太多了"。在书面证词中，她列出解雇员工、解散工会等行为使公民参与学校管理的难度增加，这些话出现在名为"意想不到的结果（积极层面）"的大标题之下。① 学校改革给新奥尔良留下了更好看的数据，但民主所剩不多了。

此外，学校改革言论激化了竞争，这使新奥尔良人无论老少都认为自己与认为最重要的机构参与了一场无情的斗争，在这场斗争中，稳定就是停滞，成功是一场数字游戏，失败是进步的阶梯。在 2006 年的听证会上，中小学教育委员会主席向国会吹嘘，新奥尔良现在有"全国公共教育体系最自由的市场化"。她没有停下来思考新奥尔良学生面临的绝望社会处境是新学校体制期望追求的市场和市场价值造成的。②

新堤坝系统

在这个个人经历与政治观念差异化巨大的城市里，有一个问题似

---

① 参见 "Prepared Statement of Linda Johnson"（《琳达·约翰逊的书面陈述》），US Senate, Committee on Health, Education, Labor, and Pensions, *A Fresh Start for New Orleans' Children: Improving Education After Katrina: Hearing before the Subcommittee on Education and Early Childhood Development*（《新奥尔良儿童新开始：飓风后提升教育，关于教育与早期儿童发展听证会》），109th Cong., 2nd Sess., July 14, 2006, p. 11。

② 参见 Adolph Reed, "Three Tremés"（《三个郊区故事》），Nonsite. org, July 4, 2011。关于自由市场，参见 "Prepared Statement of Linda Johnson"（《琳达·约翰逊的准备声明》），p. 9。关于残酷乐观主义，参见 Lauren Berlant, *Cruel Optimism*（《残酷乐观主义》）（Durham: Duke University Press, 2011）。

乎能够让人们达成共识:新奥尔良市需要建设一个堤坝体系,防止再发生类似卡特丽娜飓风的灾害。2006 年一项调查显示,98%的新奥尔良人希望,"即使花费再多也要修建能够抵御五级飓风的堤坝"。那年秋天,一群女性活动者成立了"大新奥尔良市民"组织,并收集了 5 万多张签名请愿书,要求州立法机关改革堤坝委员会制度。立法机关对此表示支持,随后新奥尔良以 94% 的选票通过宪法修正案,这再次体现出新奥尔良市民众希望加强防洪举措的共识。① 路易斯安那州成立了海岸保护和恢复管理局,作为一个统一机构负责海岸恢复及飓风防护。T 恤和汽车保险杠上出现了这样的标语:"要建堤坝,不要作战。"②如果没有能力预防下一次洪水灾害,那么一切争论似乎毫无意义。

最初,美国政府似乎对此持赞同态度。2005 年 9 月布什总统宣布,"陆军工程兵团将会努力建造比以往更加可靠的防洪体系"。随后12 月,国会指示陆军工程兵团思考如何防御五级飓风级别的风暴潮,"并在两年内制定出五级飓风防护计划"。但陆军工程兵团没有按照国会要求的截止日期执行,延期了一年半。直到 2009 年 8 月,也就是飓风过去 4 年后,陆军工程兵团终于发布了最终报告,预估为新奥尔

---

① 关于 98%,参见 the Henry J. Kaiser Family Foundation, *Giving Voice to the People of New Orleans*: *The Kaiser Post-Katrina Baseline Survey*(《为新奥尔良人民发声:凯撒卡特里娜后基线调查》)(May 2007), p. 57。修正案是 2006 年的路易斯安那州宪法第 3 号法案。它将当地的防洪委员会整合为东南路易斯安那洪水防护局,并制定了旨在使委员会免受政治影响的规定:现在委员会上的大多数职位都需要工程学或水文学学位。一些人批评这些变化,指出是陆军工程兵团的渎职行为,而不是当地的防洪委员会导致了洪水,并质疑工程师是否有能力做出影响城市命运的决策。关于"大新奥尔良市民"组织,参见 Citizens for 1 Greater New Orleans, "Timeline"(《时线》),http:// www. citizensfor1. com/library/CitizensFor1timeline.;参见 Charles C. Mann, "The Long, Strange Resurrection of New Orleans"(《新奥尔良漫长而奇怪的复兴》),*Fortune*(《财富杂志》), August 21, 2006, pp. 92 - 109;参见 Pamela Tyler, "The Post-Katrina, Semiseparate World of Gender Politics"(《卡特里娜风暴后的性别政治半分离世界》),*Journal of American History*(《美国历史杂志》)94, no. 3 (December 2007): 780 - 783。关于批评,参见 Public Afairs Research Council of Louisiana, Inc., "Guide to the Constitutional Amendments, September 30, 2006 Ballot"(《宪法修正案指南,2006 年 9 月 30 日投票》),September 2006。另请参阅 Adam Nossiter, "In Move to Change, Louisiana Will Consolidate Levee Boards"(《路易斯安那州将整合防洪委员会对变化采取的行动》), *New York Times*(《纽约时报》), February 18, 2006。

② 关于海岸保护和恢复管理局,参见授权并规定制定和实施海岸保护综合计划的法案,Louisiana Act 8, First Extraordinary Session, 2005。关于建造堤坝,参见 Liza Featherstone, "Make Levees, Not War"(《要建堤坝,不要作战》),*The Nation*(《国家》), September 25, 2005。

良大都市区建造"五级飓风风险降低系统"可能需要花费 590 亿至
1 390 亿美元,而这一级别的风暴每年发生的概率为四百分之一。美
国国家科学院负责对此计划进行同行评审,它指责陆军工程兵团根本
没有在提供一项计划,而是列出一大堆选项,里面有数千页的可替代
方案,却没有具体行动的路径。①

　　与此同时,新奥尔良面临紧迫的问题:社会需要洪水保险。如果
没有洪水保险,民众就不能获得贷款支持,房屋无法重建,任何恢复工
作都将停滞不前。但若想受保于《国家洪水保险计划》,联邦紧急事务
管理局——负责执行《国家洪水保险计划》的机构——必须证明该地
区能够达到百年一遇洪水的防洪标准。(在数据上讲,每年发生概率
为 1% 的事件在为期 30 年的抵押贷款期限内发生的概率为 26%,在
100 年的期限内发生概率为 63%。)2006 年 3 月白宫宣称,陆军工程兵
团在 2006 年的飓风季节前完成的初步维修工作不符合《国家洪水保
险计划》的标准。② 联邦紧急事务管理局同意暂时维持新奥尔良洪水
的保险范围,以期待堤坝得到改善,但布什政府官员开始对最初承诺
的五级飓风防护计划避而不谈。他们仅对列入洪水保险计划受保范

---

① 关于比以往更加可靠的防洪体系,参见 George W. Bush, "Address to the Nation onHurricane Katrina
Recovery from New Orleans, Louisiana"(《就路易斯安那州新奥尔良市卡特里娜飓风灾后恢复向全
国发表的讲话》),September 15, 2005, in *Weekly Compilation of Presidential Documents*(《总统文件
每周汇编》)41, no. 37 (US Government Printing Office, September 19, 2005), p. 1408。关于思考
如何防御风暴潮,参见 P. L. 109 - 148, 119 Stat. 2814。对于军团的报告,参见 US Army Corps of
Engineers, *Louisiana Coastal Protection and Restoration*, *LACPR Summary Report*(《工程兵团报告见美
国陆军工程兵团·路易斯安那州海岸保护与恢复,LACPR 总结报告》) (August 2009), S33 - 34。
另见 Bob Marshall, "New Orleans' Flood Protection System: Stronger than Ever, Weaker than It Was
Supposed to Be"(《新奥尔良的防洪系统: 比以往更强,比预期更弱》),*The Lens*(《镜头》), May
15, 2014。关于批评意见,参见 National Research Council of the National Academies, *Final Reportfrom
the NRC Committee on the Review of the Louisiana Coastal Protection and Restoration* (*LACPR*) *Program*
(《路易斯安那州海岸保护和恢复委员会审查最终报告》) (Washington, DC: The National
Academies Press, 2009)。
② 在 30 年的抵押贷款期间,五百年一遇的暴风雨发生的概率为 6%,每个世纪发生的概率为 18%。
布什政府的"复苏沙皇"唐纳德·鲍威尔在 2006 年 3 月 30 日宣布,新的堤坝将达不到 NFIP 的标
准,参见 John Schwartz, "The Dilemma of the Levees"(《堤坝的困境》), *New York Times*(《纽约时
报》), April 1, 2006, p. A12。联邦紧急事务管理局证实,新堤坝不符合 NFIP 标准。参见
Federal Emergency Management Agency, "Flood Recovery Guidance"(《联邦紧急事务管理局洪水恢
复指南》),April 12, 2006, https://www.fema.gov/pdf/hazard/flood/recoverydata/orleans_parish04 -
12 - 06.pdf。

围内的百年保护项目提供支持。就这样,白宫政府让路易斯安那州处于窘境。路易斯安那州不能冒着与白宫政府对立的风险要求加强堤坝,因为它需要维持住联邦政府对洪水保险的承诺。最终,这种困境迫使路易斯安那州接受了《新奥尔良皮卡尤恩时报》记者马克·施莱夫施泰因(Mark Schleifstein)所说的"魔鬼交易":以牺牲重大洪水防护举措为代价换取洪水保险。五级飓风防护计划的承诺就此作罢。①

　　2007 年 11 月,国会降低了新奥尔良大都市区的堤坝防护标准,从贝琪飓风后制定的二百年到二百五十年一遇的标准降至百年一遇的标准。② 陆军工程兵团将贝琪飓风后的公共工程称为"飓风防护系统",而将卡特里娜飓风后的工程称为"风险降低系统"。同月,加利福尼亚州众议员佐伊·洛夫格伦(Zoe Lofgren)提出了《海湾沿岸市政法案》,这为建设公共工程所需的 10 万个工作岗位提供了联邦资金支持,包括成立地方资源保护队以便于在其他防洪项目中关注湿地恢复。③ 白宫政府已经放弃了保护新奥尔良免受下次类似卡特里娜飓风

---

① 早在 2005 年 11 月,政府就开始撤销对五级保护的支持。参见 Spencer S. Hsu and Terence O'Hara, "A Bush Loyalist Tackles Katrina Recovery"(《布什政府解决卡特里娜恢复重建问题》), *Wasnington Post*(《华盛顿邮报》), November 21, 2005。关于魔鬼交易,参见 Mark Schleifstein, "New Orleans Area's Upgraded Levees Not Enough for Next 'Katrina,' Engineers Say"(《新奥尔良区域堤坝升级不足以抵抗下一次灾难》), *New Orleans Times-Picayune*(《新奥尔良皮卡尤恩时报》), August 18, 2015。另见 Bob Marshall, "Rebuilt Levees Don't Meet Goal to Protect New Orleans Against Category 5 Hurricane"(《重建的堤坝无法达到保护新奥尔良抵御五级飓风的目标》), *The Lens*(《镜头》), August 19, 2015。
② 参见 Water Resources Development Act of 2007, Pub. L. No. 110 - 114, sec. 7012, 121 Stat. 1041 at 1279。同样的议案适用于密西西比河与海湾地区。关于密西西比河-墨西哥湾出口,参见 sec. 7013, 121 Stat. 1280。关于二百年一遇的风暴,参见 *Lake Pontchartrain and Vicinity, Louisiana: Letter from the Secretary of the Army*(《路易斯安那:军队秘书处来信》), H. R. Doc. No. 231, 89th Cong., 1st Sess. (1965), 46。1978 年,军队描述标准飓风防护等级为二百五十年一遇,参见 US Army Corps of Engineers, Mississippi Valley Division, "Lake Pontchartrain Hurricane Protection Project Level of Protection"(《飓风后堤坝防护等级》), June 1978, in the ACEDL, https://usace. contentdm. oclc. org/digital/collection/p16021coll2/id/1007。
③ 参见 Gulf Coast Civic Works Act, H. R. 4048, 110th Cong., 1st Sess. (2007)。

灾害的这一目标。①

大新奥尔良飓风与风暴损失风险降低系统试图解决旧堤坝系统中的危险因素。一道耗资 11 亿美元、长约 2.9 千米、高约 7.6 米的混凝土堤坝横跨密西西比河–墨西哥湾出口和海湾内航道，这样设计是为了防止风暴潮从东部涌入城市。约 4.8 米高的防洪堤用于防止风暴潮从庞恰特雷恩湖进入工业运河。第 17 街运河、奥尔良大道运河和伦敦大道运河上也出现了类似的防洪堤，旨在防止风暴潮进入排水渠；庞恰特雷恩湖大型水泵的设计是为了能够在闸门关闭时城市能继续排出雨水。陆军工程兵团对整个地区的堤坝进行了"装甲"处理，在堤坝上覆盖草皮、混凝土等材料，防止溃堤情况出现。② 2005 年至2009 年，国会拨款 1 443 万美元用于新堤坝系统的建设。

虽然有了这些重要的改善成果，但很少人认为百年一遇标准是这

---

① 美国陆军工程兵团从未采用一致的方式来描述卡特里娜飓风的强度，例如将其描述为低于五级事件、四百年一遇事件和二百年一遇事件，但浪涌远大于二百年一遇事件。关于低于五级事件和四百年一遇事件，参见 US Army Corps of Engineers, New Orleans District, *Louisiana Coastal Protection and Restoration*, *Final Technical Report*, *Structural Plan Component Appendix*（《美国工程军团：新奥尔良地区海岸防护最终技术报告，结构性计划与附录》）（June 2009），p. 1。关于二百年一遇事件，参见 Robert L. Van Antwerp, "remarks at the Third Plenary of the 8th Religion Science and the Environment Symposium"（《第八届宗教科学与环境研讨会第三次全体会议上的发言》），October 23, 2009, New Orleans, Louisiana. 其他报道将卡特里娜飓风在圣伯纳德教区的暴发描述为 200 年一遇，将庞恰特雷恩湖南岸的暴发描述为一百五十年一遇。参见 Schleifstein, "New Orleans Area's Upgraded Levees"（《新奥尔良地区升级的堤坝》）。
② 参见 US Army Corps of Engineers, "INHC-Lake Borgne Surge Barrier", May 2015, https://www.mvn. usace. army. mil/Portals/56/docs/PAO/FactSheets/Fact% 20 Sheet% 20update% 2010 _ 15/-IHNC-Lake%20Borgne% 20Surge% 20Barrier% 20（May% 202015）。参见 US Army Corps of Engineers, "Seabrook Floodgate Complex", August 2015, https://www. mvn. usace. army. mil/Portals/56/docs/PAO/FactSheets/Fact% 20Sheet% 20update% 2010 _ 15 /Seabrook% 20Floodgate% 20Complex% 20（August%202015）。参见 US Army Corps of Engineers, "Permanent Canal Closures & Pumps", March 2017, https://www. mvn. usace. army. mil/Portals/56/docs/PAO/PCCP%20March% 202017% 20fact% 20sheet. pdf? ver=2017-03-14-112758-863。路易斯安那州官员游说美国陆军工程兵团加固排水渠两侧的防洪墙，但未获成功，参见 AECOM, *Permanent Protection System*, *Opinion of Probable Cost*, *Options 1*（《永久保护系统，可能的成本意见书一》），p. 2 and 2a, Vol. 1, report prepared for the Sewerage and Water Board of New Orleans（May 2010）。美国参议员戴维告诉兵团，他最担心的是，他们可能会重蹈历史的覆辙。参见 *New Orleans Hurricane and Flood Protection and Coastal Louisiana Restoration*（《新奥尔良飓风和洪水保护及路易斯安那州沿海恢复》），p. 43。关于装甲，参见 US Army Corps of Engineers, HSDRRS [Hurricane & Storm Damage Risk Reduction System] Armoring, http://www. mvn. usace. army. mil/Missions/HSDRRS/Armoring/。

个大城市可接受的水平。① 比如州洪泛区管理者协会建议将五百年一遇的标准作为城市地区的最低标准。同样,"独立绩效评估工作组"——陆军工程兵团评估 2005 年堤坝故障时组成的小组——称百年一遇标准风险过大。工程师们称:"我们常常根据当下的成本进行优化,追求短期收益而非寻求长期的解决方案。这是全国性的文化弊病,这种问题只有通过公众要求改变政策来解决。"②2011 年陆军工程兵团的一项研究报告预测,如果风暴潮超过堤坝,那么会有近千名民众丧生。回首 2018 年,路易斯安那州共和党国会议员、该州海岸保护和恢复管理局的前主席加勒特·格雷夫斯(Garret Graves)向记者承认说:"我们一直都知道,百年一遇标准有点小儿科了。"③

2014 年 2 月 20 日,联邦紧急事务管理局正式认证"飓风和风暴损失风险降低系统"符合《国家洪水保险计划》中百年一遇的标准,但指出该市大部分地区仍然非常脆弱。2009 年,联邦紧急事务管理局发布的初步洪水保险费率地图继续将很多社区划定为"洪灾区",这意味着该区域很有可能在百年一遇的洪水中被淹,房主必须购买洪水保险

---

① 虽然对可接受的生命风险标准没有达成共识,但与其他大型工程系统(如水坝或核电厂)相比,飓风后新奥尔良的生命风险相对较高,参见 A. Miller, S. N. Jonkman, and M. Van Ledden, "Risk of Life Due to Flooding in Post-Katrina New Orleans"(《飓风后新奥尔良威胁生命风险》), Natural Hazards and Earth System Sciences 15 (2015):59 – 73, esp. 71。

② 关于五百年一遇的建议,参见 "Statement of Jefrey Jacobs, Scholar, National Research Council and Study Director, Committee on New Orleans Regional Hurricane Protection Projects"(《国家研究委员会学者、新奥尔良地区飓风保护项目委员会研究主任关于五百年一遇的建议》), US Senate, New Orleans Hurricane and Flood Protection and Coastal Louisiana Restoration(《新奥尔良飓风和洪水保护及路易斯安那州沿海恢复》), p. 47. 参见 US Army Corps of Engineers Interagency Performance Evaluation Task Force, Performance Evaluation of the New Orleans and Southeast Louisiana Hurricane Protection System(《新奥尔良和路易斯安那东南部飓风的绩效评估》)Vol. 1 (US Army Corps of Engineers, 2009), p. I – 8。

③ 2011 年研究的具体数字为 974 人,如果风暴潮冲垮堤坝,则死亡人数为 2 945 人。参见 Richard J. Varuso, "USACE Levee Screening Tool"(《堤坝检测工具》), PowerPoint presentation in author's possession, US Army Corps of Engineers, November 17, 2011, p. 30. 感谢马克·施莱夫施泰因与我分享此内容。另见 Mark Schleifstein, "New Orleans Area Levee System 'High Risk,' and 'Minimally Acceptable,' Corps Says"(《新奥尔良堤坝系统高风险与接受度低》), New Orleans Times-Picayune(《新奥尔良皮卡尤恩时报》), May 22, 2018. 关于格雷夫斯,参见 John Schwartz and Mark Schleifstein, "Fortified but Still in Peril, New Orleans Braces for Its Future"(《坚固但仍处于危险之中,新奥尔良为未来做好准备》), New York Times(《纽约时报》), February 24, 2018。

才能获得抵押贷款。[1] 意识到这个地图可能会影响城市的未来，包括决定房产价值、保险费以及人们对城市生存能力的看法，新奥尔良市对联邦紧急事务管理局的决定提出上诉，并胜诉了。2016 年，联邦紧急事务管理局宣布新奥尔良大部分地区不再需要洪水保险。隔年，新奥尔良超过 3 000 名投保人放弃了洪水保险。[2]

一直以来，随着路易斯安那州海岸地区被逐渐淹没，墨西哥海湾海水不断朝着新堤坝冲刷。海岸保护和恢复管理局是该州负责领导防洪工作的机构，从它起草的"海岸总体规划"中可以看出，这场危机正在加速，其原因在于地方、州、国家甚至全球层面缺乏有意义的行动。该机构 2012 年计划中被视为最糟糕的土地损失情况在 2017 年看来竟然算是最好的情况了。根据海岸保护和恢复管理局的分析，即使该计划获得了超过 500 亿美元的全额资助，并在未来半个世纪内成功开垦了约 2 072 平方千米的湿地，路易斯安那州在未来 50 年内仍将

---

[1] 关于认证，请参见 US Army Corps of Engineers, "FEMA Accredits Hurricane and Storm Damage Risk Reduction System"（《联邦紧急事务管理局认可飓风和风暴损害风险降低系统》）, press release, February 21, 2014。关于 2009 年洪水保险费率地图，参见 Chris Kirkham, "Long-Awaited FEMA Maps Give Residents Detailed Snapshot of Flood Risks"（《期待已久的洪水保险费率地图为居民提供了详细的洪水风险快照》）New Orleans Times-Picayune（《新奥尔良皮卡尤恩时报》）, February 5, 2009。

[2] 该市还担心国会计划限制对洪水保险费的联邦补贴，转而收取保险精算费率。这将给洪水特别危险区的房主带来沉重的负担。2012 年《洪水保险改革法案》颁布了该计划，见 Pub. L. No. 112 -141, 126 Stat. 916 (July 6, 2012)，又被 2014 年《房主洪水保险可负担性法案》替代，见 Pub. L. No. 113 - 89, 128 Stat. 1020 (March 21, 2014)。另见 Andy Horowitz, "Could New Orleans Flood Again?"（《新奥尔良会再次发生洪灾吗?》）, New York Times（《纽约时报》）, May 31, 2016, p. A21; 参见 Bob Marshall, "Here'sa FEMA Map that Actually Delivers Good News for New Orleans"（《联邦紧急事务管理局的地图实际上为新奥尔良带来了好消息》）, The Lens（《镜头》）, March 28, 2016。该市宣布，这些变化将影响近 85 000 名保单持有人。参见 Kelsey Davis, "Mayor, City Officials to Discuss Benefits of New FEMA Flood Maps Friday"（《政府官员周五讨论联邦紧急事务管理局新洪水地图的好处》）, WDSU, April 8, 2016。2016 年 6 月，新奥尔良有 84 828 份有效保单; 2017 年 6 月，有 81 581 份有效保单。参见 Richard Rainey, "New Orleans Saw Drop in National Flood Insurance Policies"（《新奥尔良全国洪水保险保单数量下降》）, New Orleans Times-Picayune（《新奥尔良皮卡尤恩时报》）, September 7, 2017。

失去至少 1036 平方千米的土地，甚至可能多达 8 547 平方千米。① 与此同时，在圣伯纳德教区，选民两次否决了为维护教区堤坝和排水泵而进行的增税。如果增税，每户房主平均每年要支付 38.25 美元。2015 年 5 月，在选票过程中第二次出现了问题，这项旨在保护圣伯纳德教区 45 000 多名居民的措施最终以 513 票失败。只有 12% 的合格选民参加了投票。②

2007 年夏天，联邦储蓄保险公司前主席唐纳德·鲍威尔在接受记者采访时谈到了当时该地区新出台的飓风防护计划，他是由布什总统任命负责协调联邦灾后恢复的。鲍威尔说："在我看来，大家应该信任美国政府。人们以为自己受到保护，但堤坝被冲垮了。我们需要弥补信任。这就是新堤坝的意义所在。他告诉记者路易斯安那人通常问他的两个问题是：'我们什么时候才能达到五级飓风防护标准？'以及"'如果再次出现卡特里娜飓风类似的灾难，我们安全吗？'"③10 年后，这个问题有了答案：不会解决，永远不会。

新奥尔良下一次发生洪灾时，许多人可能会怀着无限怜悯和一丝鄙夷的心情来看待灾难。回顾过去，他们会认为这是这座城市难逃的命运。一些人可能会认为这是它应得的，甚至表示幸灾乐祸。他们会说："那些可怜的人决定生活在本不该生活的城市。在别的地方生活会好很多。"

---

① Coastal Protection and Restoration Authority of Louisiana, *Louisiana Comprehensive MasterPlan for a Sustainable Coast* effective (《路易斯安那州可持续海岸综合总体规划》)，June 2, 2017, p. 74. 根据通货膨胀率，调整后海岸总体规划的成本超过 917 亿美元。参见 Mark Davis, Harry Vorhof, and John Driscoll, *Financing the Future：Turning Coastal Restoration and Protection Plans Into Realities：The Cost of Comprehensive Coastal Restoration and Protection*(《为未来融资：将海岸恢复和保护计划变为现实：全面海岸修复和保护的成本》)（New Orleans：Tulane Institute on Water Resources Law & Policy, 2014）。

② 参见 Benjamin Alexander-Block, "St. Bernard Voters Reject Levee Tax Again"(《圣伯纳德选民再次拒绝征收堤坝税》)，*New Orleans Times-Picayune*(《新奥尔良皮恩时报》)，May 2, 2015. 关于 1 272 票比 1 785 票的计票结果，请参见 Louisiana Secretary of State, "OfficialElection Results, Results for Election Data：5/2/2015, St. Bernard"(《2015 年 5 月 2 日圣伯纳德教区官方结果与选举数据结果》)，https://voterportal.sos.la.gov/static/2015−05−02/resultsRace/44。

③ 参见 Peter Whoriskey, "Repairs Don't Allay Fears of Next Storm"(《维修不能消除对下一次风暴的担忧》)，*Washington Post*(《华盛顿邮报》)，June 1, 2007。

　　但愿卡特里娜飓风这段历史能让批评者感到内疚。众所周知，新奥尔良所谓的灾后恢复政策并没有真心希望建立一个能够切实保护城市的飓风防护系统。他们决定将人们赶出家门，使其无家可归；他们在自杀人数激增的情况下决定关闭医院；它们以帮助孩子为由，决定解雇其父母。几十年来，路易斯安那州一直鼓励民众听信于政府往往不愿或无法兑现的承诺；几十年来，路易斯安那州一直以不平等的方式分配财富和责任。这些行为让路易斯安那州变成了与新奥尔良人期望中完全不同的样子，如果民众有办法，他们绝不会将这里变成这副样貌。

　　有绝对权力决定这些事情的人通常不是那些会受决策影响的人。在我看来，我们的集体行为会强加给一些人痛苦，之后我们通常还会说他们的遭遇是公平、自然、不可避免的，这并不是外部灾难所产生的原因或后果。它就是灾难本身。①

---

① 参见 Andy Horowitz，"Don't Repeat the Mistakes of the Katrina Recovery"（《不要重蹈卡特里娜飓风灾后重建的覆辙》），*New York Times*（《纽约时报》），September 14, 2017。

尾声　帝国的终结，路易斯安那

　　环境动荡、经济不平等、种族敌对、政治分裂、官僚无能、社会受创，以及对于以上种种困境的抵抗基本描绘出了卡特里娜这场灾难的样貌，这样的灾难可能在美国任何一个地方发生。它的起因和后果都是全国性的。重要的是，被冲毁的防洪堤原本是用于保护路易斯安那州的。全世界的目光都聚焦在路易斯安那，虽然大家对该州并不陌生，但对这片土地上发生的事情却不甚了解；当凶猛袭来的洪水灾害引发土地流失的生存性危机，当墨西哥湾原油泄漏事件反映出石油开采经济所带来的潜在困境，围绕路易斯安那的未来展开的努力，不仅代表了一场有关一系列公共政策的辩论，同时也是对未来生活方式的一次全民公投。

　　2010 年夏季的一天，菲利普·西蒙斯（Philip Simmons）正在重建自己的房子，彼时距离卡特里娜飓风灾害已过去 5 年。对重建房屋，他已轻车熟路。这是 68 岁的西蒙斯第三次在飓风后重建自己的家园。他按照舅公曾教给他的方法，把房屋的底梁铺设在地面上，所使用的木头来自暴风雨肆虐后的教堂所留下的残骸。地桩由底梁支撑着，把西蒙斯家的房子抬得比以前更高，房屋的高度现在有 6.4 米。西蒙斯心里明白，新房子迟早也会被洪水吞没，或是被暴风吹倒。但至少眼下，透过新房的窗户，可以将普拉克明教区这一片陆地和沼泽的美景尽收眼底。这里距离密西西比河河口 20 千米，西蒙斯的家族自 18 世纪晚期就开始在此居住和工作。西蒙斯家族来到这里时，西班牙刚拥有这片地区的所有权,后来这里被转手给了法国,又被美国买下,再由南方邦联短暂接手。但无论怎样变迁,菲利普和妻子格洛丽亚始终觉得这里是他们的家,希望能在这里一直待下去。

西蒙斯一家住在密西西比河西岸,而 200 年前他的祖先大多出生于东岸。在 1915 年的飓风灾害后,他的祖辈们才举家迁至西岸。20 世纪 20 年代中期,奥尔良堤坝委员会征用了东岸的大片土地,用于建造一个"弃水堰"泄洪口,并封闭了拉哈什角以南的道路。后来,为了降低 1927 年密西西比河洪灾对新奥尔良地区的威胁,州长命令工程师们将卡那封的防洪堤炸毁,这使洪水淹没了普拉克明的东岸。随着贝琪、卡米尔、卡特里娜和艾萨克飓风轮番登场,老城镇的残存部分最终被洪水冲走。到了 2010 年,这里面目全非,没人记得曾经在东岸下游住过西蒙斯家族或是别的什么人。但如果你知道方位,沿着狭窄河流,向几棵残存的橡树那里走,你便来到了西蒙斯家族曾经放牧的那片坚硬的土地上。在这儿,你仍可以找到菲利普·西蒙斯的伯祖父纳西斯·科斯在 1921 年为极乐角公墓留出的约 0.2 公顷的土地。菲利普的叔叔希德(Sid)、兄弟乔(Joe)、母亲安娜·玛丽(Anna Marie)和其他几十位亲戚都埋骨于此,而随着这里变动多发,他们很难在此安然长眠。①

建新家时,西蒙斯一直挂念着极乐角公墓。和安葬在那儿的许多亲人们一样,西蒙斯的生计一直都依赖于周围的土地和水源。他说:"我们家几乎都是依靠土地而活的。"西蒙斯从小就饲养家畜,耙牡蛎,捕虾蟹,捉水貂、水獭、浣熊和狸鼠。他的叔叔们教会了他许多本领。1959 年,16 岁的西蒙斯赢得了州 4 - H 麝鼠皮评级大赛的冠军。他的叔叔们在普拉克明经营着一家船厂和锯木厂,用一种叫路路通的双人

---

① 关于弃水堰,参见 Board of Levee Commissioners, Orleans Levee District, *Report of Levee Examining Committee*, *Plaquemines Parish East Bank Levee District*(《普拉克明教区东岸堤坝区防洪堤检查委员会报告》)(New Orleans, 1926), in the Louisiana State Archives, Baton Rouge, LA。关于墓地,参见 "Act of Donation by Narcise Cosse, Sr. to Board of Trustees for the Point Pleasant Cemetery"(《老纳西斯·科斯对极乐角公墓理事会的捐赠》),July 23, 1921, copy in author's possession。

横锯对古老柏树进行加工。他的父亲曾在自由港硫黄公司工作。整个家族中的男人都曾在油田工作过。[1]

　　学者们有一个专门的词来形容自然资源攫取型经济对当地人的影响，那就是"资源的诅咒"。21世纪初，路易斯安那州拥有全国最多的石油化工厂，同时几种癌症的发病率也属全国最高。2009年，英国石油公司公布其当年的收益为140亿美元，而在作为这些收益重要来源地的路易斯安那，生活在贫困线以下的公民比例在全国排名第七。路易斯安那州海岸的海平面上升速度几乎比地球上其他任何地方都快。[2]

　　正如许多路易斯安那州人一样，风暴灾害和家园重建长期以来塑造着西蒙斯一家的生活。"嘿，我能活下去，我是真正的幸存者。"西蒙斯说："你看过电视上的《幸存者》节目了吗？那都不算什么。"但当卡特里娜飓风到来，大自然比以往更狂躁不安。2010年夏天，西蒙斯的院子里杂乱地摊放着拖拉机、割草机和其他重型设备。他正用一座教堂的残骸，或者说从里面挽救出来的东西，来重建他的房子，这里的教

---

① "Simmons Wins 1st Place in State Muskrat Judging"（《西蒙斯在州级麝鼠评判比赛中获得第一名》），*Plaquemines Gazette*（《普拉克明公报》），January 23，1959，p. 3。Philip Simmons，interview by Andy Horowitz，July 12，2010，interview R-0498，transcript，pp. 2 - 3，SOHP Collection.

② 关于资源的诅咒，参见 Richard M. Auty，*Sustaining Development in Mineral Economies*：*The Resource Curse Thesis*（《矿产经济中的可持续发展：资源的诅咒理论》）（New York：Routledge，1993）；Terry Lynn Karl，*The Paradox of Plenty*：*Oil Booms and Petro-States*（《富足的悖论：石油繁荣与石油国家》）（Berkeley：University of California Press，1997）；以及 William R. Freudenburg and Robert Gramling，"Linked to What? Economic Linkages in an Extractive Economy"（《与何相关？——采掘型经济中的经济联系》），*Society & Natural Resources*（《社会与自然资源》）11，no. 6（1998）：569 - 586。关于一名自由港公司前高管的回忆录中所涉及的相反观点，参见 Gordon Cain，*Everybody Wins*！*A Life in Free Enterprise*（《人人皆赢！在自由企业中的一生》）（Philadelphia：Chemical Heritage Foundation，2001）。有关癌症，参见 F. D. Groves et al.，"Is There a'Cancer Corridor' in Louisiana?"（《路易斯安那是否存在"癌症走廊"?》），*Journal of the Louisiana Medical Society*（《路易斯安那医学会杂志》）48，no. 4（April 1996）：155 - 165；以及 Barbara Allen，*Uneasy Alchemy*：*Citizens and Experts in Louisiana's Chemical Corridor Disputes*（《令人不安的炼金术：路易斯安那化学走廊争议中的市民和专家》）（Cambridge：The MIT Press，2003）。关于英国石油公司，参见 BP，"4Q 2009 *Results Presentation to the Financial Community*"（《向金融界介绍 2009 年第四季度财务业绩报告》），February 2，2010，p. 1。关于贫困率，参见 US Census Bureau，"Poverty：2009 and 2010"（《2009 年和 2010 年的贫困情况》），*American Community Survey Briefs*（《美国社区调查简报》），October 2011，p. 2。关于海平面，参见 Bob Marshall，"New Research：Louisiana Coast Faces Highest Rate of Sea-Level Rise Worldwide"（《最新研究：路易斯安那海岸面临全球最高海平面上升速度》），*The Lens*（《镜头》），February 21，2013。

堂会众在飓风过后再也没有回来。他出面要下了这些木材,否则它们就会被送往垃圾场。"我说,'伙计你看,这些木材质量很好,就这样毁掉太可惜了。'"西蒙斯说:"我们家现在已经没有任何树木了。"①如果把他说成一个拾荒者,靠别人不要的东西来过活,那是不对的。相反,他的适应能力展示出当周围所生活的社区逐渐消失时,他需要怎样做才能生存下来。

西蒙斯的叔叔们从小培养他追求一种平衡的处事原则。他记得小时候去钓鱼时曾经学过这一原则。在他的记忆中,水里鱼儿不计其数,以至于不用任何鱼饵就能捉到斑点鳟鱼,只需要在鱼钩上挂一块白布即可。"当然,我们没有浪费机会。我们捕到了我们需要的。"他回忆说:"但如果我们抓得太多了,我们就会扔回去一些。"这种简单的处事原则多年来似乎已经被抛弃了。人们变得"贪得无厌"。"现在有些人,想来这里捕杀所有的鱼。"西蒙斯感慨道。从小到大,西蒙斯一家人始终依靠土地为生。但到了 2010 年,当他的房子漂浮于水面上,当海水汹涌来袭,房桩高出水面 6.4 米时,他明白自己无法在这片土地继续生活。在他一生的时间中,路易斯安那州失去了近 5 180 平方千米的沿海地区。②

2010 年 4 月 20 日,在距离西蒙斯家西南方向 136.8 千米的墨西哥湾,英国石油公司的"深水地平线"钻井平台发生爆炸。在此之前,英国石油公司曾于密西西比大峡谷的一片区域内进行了约 1 524 米深的钻探。石油喷发后,陆军工程兵团打开了密西西比河口附近的水

---

① Simmons, July 12, 2010, pp. 17(for "survivor"), 12(for "that wood").
② Simmons, July 12, 2010, pp. 10 - 11. 1884 年至 2002 年间,普拉克明屏障海岸线的长期平均侵蚀速率为每年负 7 米。参见 Shea Penland et al., "Changes in Louisiana's Shoreline: 1855 - 2002"(《1855 年至 2002 年,路易斯安那海岸线历年变化》), *Journal of Coastal Research*《海岸研究杂志》44(Spring 2005): 7 - 39。关于沿海侵蚀地带的生活经历,还可参见 Davis, *Washed Away*(《冲刷》); David M. Burley, *Losing Ground: Identity and Land Loss in Coastal Louisiana*(《失地:路易斯安那沿海地区身份与土地丧失》)(Jackson: University of Mississippi Press, 2010); Mike Tidwell, *Bayou Farewell: The Rich Life and Tragic Death of Louisiana's Cajun Coast*(《告别河湾:路易斯安那卡津海岸的绚烂生活和悲剧灭亡》)(New York: Vintage, 2004); 以及 Shirley Laska et al., "At Risk: The Human, Community, and Infrastructure Resources of Coastal Louisiana"(《身处险境:路易斯安那沿岸的居民、社区和基础设施资源》), *Journal of Coastal Research*《海岸研究杂志》44(2005): 154 - 175。

闸,希望河水能将石油从岸边冲走。这些石油会毒死西蒙斯养的牡蛎,摧毁他放牛的牧场。在卡特里娜飓风期间,他养的 600 头牛中的大部分被淹死,后来才又慢慢积累到现在的数量。而这次是干净的河水杀死了他的牡蛎,还淹没了极乐角公墓。那年夏天,西蒙斯带一位客人渡河去参观公墓,他选择留在船上,并嘱咐客人在泥路中行走时要小心。洪水把埋于地中的尸骨都冲了出来。西蒙斯觉得,迟早有一天他家人的遗骸也会被冲走。[1]

在想到极乐角公墓和它周围的地区时,西蒙斯认为这一地区被夹在了两个强大的、截然不同的势力集团之间。第一个是政府,由于过于庞大而无暇顾及当地的具体问题,在试图提供帮助时却又带来了伤害。另一个是作为社区经济命脉的公司组织,他们的问题是对当地困境的疏忽。西蒙斯无法求助于两者中的任何一个。[2]

西蒙斯在普拉克明重盖了房子,此地在新奥尔良下游 104.6 千米处,大约在凯旋镇和萨尔弗港镇中间,所在的社区名为"帝国"。菲利普·西蒙斯在路易斯安那州"帝国"社区的一隅生活了下来。

无处似家

卡特里娜飓风之前,路易斯安那州拥有全美各州中最稳定的人口数量。2000 年,在路易斯安那有八成人口出生于本地。洪水灾害前,住在新奥尔良的非裔美国人中有近九成是在该市出生的(相比之下,亚特兰大的这一比例还不到六成)。"我们都生活在这里,彼此间相距不到 1.6 千米。"一位来自圣伯纳德教区的居民说道。洪灾发生之前,该教区所有居民的出生率接近 90%。"在我们的人生中,第一次看到

[1] "State, Corps Consider Opening Bonnet Carre Spillway to Keep Gulf Oil Spill at Bay"(《路易斯安那州和陆军工程兵团考虑打开"邦卡莱"泄洪道,以阻碍墨西哥湾石油泄漏》),*New Orleans Times-Picayune*(《新奥尔良皮卡尤恩时报》),May 5, 2010. 关于西蒙斯养的牛,参见 Cecil H. Yancy Jr., "Walking Through the Flood"(《穿越洪水》),*Mid South Farmer*(《中南农民》),February 2008, p. 5。
[2] Simmons, July 12, 2010, p. 16.

所有人都离开了，大家都散落各地。"①即使那些能够重新回来的人，也感受到自己曾经熟悉的地点发生了巨大变化，有些甚至都已面目全非。

人口稳定的一部分原因是他们的家族长期居住于此，人们往往会从地域角度了解自身，许多人认为路易斯安那州不同于美国其他地方。这一点在新奥尔良表现得尤其明显。在当地人民和全国人民的印象中，新奥尔良是美国创造力的源泉，是国内反对新教工作伦理观统治的代表。它是公认的"快乐之都"和"爵士乐的发源地"，体现了国家的原始欲望，《时代周刊》称之为"美国的心灵厨房"。② 可以肯定的是，这些老生常谈的说法是从种族主义和性别歧视的熔炉中提炼出来的，被旅游产业所利用，而这些陈词滥调所起到的作用与旅游公司经纪人所努力宣传的形象正相反。但是，人们听到的以及讲述的关于自己的故事变为了他们自己眼中的事实。眼见自己的城市被洪水淹没，许多新奥尔良人感到更加的依恋和不舍。"我们都知道思念新奥

① 2006 年 11 月 3 日，圣伯纳德教区西属岛民接受乔纳森·韦斯特（Jonathan West）采访。引自韦斯特的采访记录，"Negotiating Heritage：Heritage Organizations amongst the Isleños of St. Bernard Parish, Louisiana and the Use of Heritage Identity to Overcome to Isleño / Tornero Distinction"（《遗产协商：路易斯安那州圣伯纳德教区西属岛民中的文化遗产组织，以及利用文化遗产身份消除 Isleño / Tornero 差异》）（MS thesis, University of New Orleans, 2009），p. 20。路易斯安那州的州内出生率为 79.4%。奥尔良堂区的区内出生率为 77.4%。有关路易斯安那州，参见 US Census Bureau, "Tape DP-2. Profile of Selected Social Characteristics：2000, Geographic Area：Louisiana"（《数据带 DP-2，所选社会特征概要：2000 年，地理区域：路易斯安那州》）；有关奥尔良堂区，参见 US Census Bureau, "Table DP-2. Profile of Selected Social Characteristics：2000, Geographic Area：Orleans Parish, Louisiana"（《数据带 DP-2，所选社会特征概要：2000 年，地理区域：路易斯安那州，奥尔良堂区》）；有关新奥尔良和亚特兰大的非裔美国人的出生情况，参见 James Dao, "In New Orleans, Smaller May Mean Whiter"（《在新奥尔良，更小规模可能意味着更多白人》），New York Times（《纽约时报》），January 22, 2006, p. 1。

② Thomas Jessen Adams, "New Orleans Brings It All Together"（《新奥尔良聚集一切》），American Quarterly（《美国季刊》）66, no. 1（March 2014）：245 - 256. 关于"心灵厨房"，参见 Wynton Marsalis, "Saving America's Soul Kitchen"（《拯救美国的心灵厨房》），Time（《时代周刊》），September 19, 2005, p. 84；也可参见 Tom Piazza, Why New Orleans Matters（《为什么新奥尔良如此重要》）（New York：HarperCollins, 2005）；以及 Roger D. Abrahams et al., Blues for New Orleans：Mardi Gras and America's Creole Soul（《蓝调为新奥尔良而唱：狂欢节与美国的克里奥尔灵魂》）（Philadelphia：University of Pennsylvania Press, 2006）。关于"场所感"，一般参见 Irwin Altman and Setha Low, eds., Place Attachment（《场所依恋》）（New York：Plenum Press, 1992）；Dolores Hayden, The Power of Place：Urban Landscapes as Public History（《场所的力量：成为公共历史的城市景观》）（Cambridge：MIT Press, 1995）；以及 Yi-Fu Tuan, Space and Place：The Perspective of Experience（《空间与场所：体验的观点》）（Minneapolis：University of Minnesota Press, 1977）。

尔良意味着什么。"一位男士这样说道。①

当有批评者呼吁放弃这座城市——或者使其经历创造性破坏,并任其在利润驱动下被重建——一些新奥尔良人以城市文化独特性的美誉作为自保手段。尼克·斯皮策(Nick Spitzer)称,毕竟在风暴发生之前,由于新奥尔良市的基础设施和经济状况,这里的居民没人会这样做。这位民俗学家和广播节目制作人认为,人们能够忍受"长期破损的基础设施、时常退步的治安维护、薄弱不当的管理政策以及水准低下的公立学校的原因,是城市富有创造力的生活方式,这与本地长期以来杂糅的文化密切相关"。在 2005 年 9 月接受斯皮策的采访中,新奥尔良作曲家艾伦·图森特阐述了这一观点。他回想了如何失去自己的唱片、乐谱、施坦威钢琴以及他位于尚蒂利的家中的所有东西,但他最后总结说,自己可以在这儿坚持下去,因为城市的精神没有被淹没。② 防洪堤可以拯救生命,但它无法赋予生命意义。

"去你们的,你们这些该死的。"阿什利·莫里斯(Ashley Morris)如此回应那些想改变新奥尔良的人。在 2005 年 11 月的一篇博客文章中,莫里斯——这位在德保罗大学任计算机科学教授的新奥尔良人——猛烈抨击了那些建议彻底改变新奥尔良的芝加哥人。他在芝

① 有关新奥尔良旅游业,参见 Kevin Fox Gotham, *Authentic New Orleans: Tourism, Culture, and Race in the Big Easy*(《真实的新奥尔良:快乐之都的旅游、文化和种族》)(New York: New York University Press, 2007); J. Mark Souther, *New Orleans On Parade: Tourism and the Transformation of the Crescent City*(《游行中的新奥尔良:新月之城的旅游业和城市转型》)(Baton Rouge: Louisiana State University Press, 2006); Anthony J. Stanosis, *Creating the Big Easy: New Orleans and the Emergence of Modern Tourism, 1918 - 1945*(《快乐之都的诞生:1918 年到 1945 年新奥尔良和现代旅游业的崛起》)(Athens: University of Georgia Press, 2006);以及 Lynnell L. Thomas, *Desire and Disaster in New Orleans: Tourism, Race, and Historical Memory*(《新奥尔良的欲望与灾难:旅游、种族和历史记忆》)(Durham: Duke University Press, 2014)。关于自己眼中的事实,参见 Andy Horowitz, "The Complete Story of the Galveston Horror: Trauma, History, and the Great Storm of 1900"(《加尔维斯顿悲剧的完整故事:1990 年的创伤、历史和大风暴》), *Historical Reflections*(《历史反思》)41, no. 3 (Winter 2015): 95 - 108, quoting from 105。参见 "We Know What It Means to Miss New Orleans"(《我们都知道思念新奥尔良意味着什么》), *American Routes*(《美国之路》), November 2, 2005。
② Nick Spitzer, "Mondé Creole: The Cultural World of French Louisiana Creoles and the Creolization of World Cultures"(《蒙代·克里奥尔:法兰西路易斯安那克里奥尔人的文化世界与世界文化的克里奥尔化》), in Robert Baron and Ana C. Cara, eds., *Creolization as Cultural Creativity*(《文化创造中的克里奥尔化》)(Jackson: University Press of Mississippi, 2011), pp. 32 - 67, esp. 61 (for "chronically broken" and 55 (for Toussaint).

加哥工作,所以每周会往返于芝加哥和新奥尔良之间。他写道:"我很高兴你们芝加哥人想出了如何修复新奥尔良的办法。但也请看看你们自己那恶心的城市,解释一下为什么除雪就只会往路上成吨成吨撒盐,为什么在你们这儿买不到 5 美元以下的啤酒。"莫里斯在手臂上文了一个鸢尾花,这是新奥尔良的非官方标志。"去你们的,你们这些该死的。"他再次写道。"如果新奥尔良因为容易受洪水侵袭而不应该被重建,那么类似的逻辑应同样适用于火灾后粪坑一样污秽的芝加哥,大地震后的罪恶之城旧金山,飓风多次肆虐过的迈阿密,或者多发恐怖事件的纽约。"他补充道:"去他的堪萨斯、爱荷华和你们该死的龙卷风。"他还想到了迁移至得克萨斯州和佐治亚州的新奥尔良人。"去你的休斯敦和亚特兰大。不管你们偷了多少我们新奥尔良的居民……你们依然没有文化。"他写道。"我们的一个社区就能比你们一片又一片可悲的、千篇一律的郊区加在一起更有特色。"文章最后他又加上了标志性的话语:"去你们的,去你们的吧。"①

"虽然所有其他的地方都很不错,但没有哪里能与新奥尔良相比。"再生铜管乐队的创始人兼大号手菲利普·弗雷泽(Philip Frazier)在 2005 年如是说:"没有新奥尔良,就没有美国。"一些新奥尔良人很有可能用理论来说明他们和他们城市的重要性,因为许多新奥尔良人认为自己是在捍卫一种生活质量的愿景,这不是用经济术语就能解释清楚的。第二线游行(一种乐队游行)、爵士乐葬礼、狂欢节,还有一连串具有自己庆祝仪式的小型节日,这些变成了市民们常年的风俗习惯,为市民们提供社会援助和娱乐互动——这使新奥尔良人能够应对其所面临的挑战。因此,承认新奥尔良文化的重要性就是在承认其他

---

① Ashley Morris, "Fuck You, You Fucking Fucks"(《去你们的,你们这些该死的》), November 27, 2005, http://ashleymorris. typepad. com/ashley_morris_the_blog/2005/11/fuck_you_you_fu. html. 关于莫里斯, 也可参见 Dave Walker, "Blogger Ashley Morris Provides Some of the Words for John Goodman's HBO 'Treme' Character"(《博主阿什利·莫里斯为约翰·古德曼在 HBO 电视剧〈特雷姆〉中的角色提供了一些台词》), *New Orleans Times-Picayune*(《新奥尔良皮卡尤恩时报》), April 9, 2010; 以及 Chris Rose, "We'll Miss the Blogger Next Door"(《我们会想念隔壁的博主》), *New Orleans Times-Picayune*(《新奥尔良皮卡尤恩时报》), April 15, 2008。

所有人类文化的重要性。"当前在新奥尔良发生的事是对美国灵魂的
考验。"唐纳德·哈里森(Donald Harrison)这样说。他是一名小号手,
也在狂欢节中扮演印第安人。他说:"如果认为这个城市的文化根基
无关紧要,那么美国也同样无关紧要。"①

对非物质文化的争夺可能变为赤裸裸的物质斗争。就像游行队
伍前排那些收入微薄的音乐人一样,每周日都举行城市第二线游行的
社会援助和娱乐俱乐部的成员发现他们在别处能得到尊重和敬仰,但
似乎一回家就会遭受攻击。② 2006 年 1 月 15 日,大约有 300 人在特雷
梅街区大摇大摆地参加洪灾后的首次大型第二线游行活动,其中一些
人是灾后第一次回来。当他们穿过街道时,邻居们听到了叫喊声——
切分的鼓声和有力的喇叭声——然后又有数千人走出房子加入游行,
人群占领了圣克劳德、奥尔良和克莱伯恩大道,互相展示重新燃起的
作为社区群体的愿景。这可能是自洪灾以来新奥尔良市最大的一次
集会活动。"我们祛走了卡特里娜。"一名男子宣称。塔玛拉·杰克逊
(Tamara Jackson)是"VIP 女士"和"儿童社会援助和娱乐俱乐部"的创
始成员之一,她也帮助组织了第二线游行,她表示,穿着印有"奥尔良
重生"字样的衬衫,跟在再生铜管乐队后面跳舞,是她一生中最伟大的
时刻。然而,在四个小时的游行接近尾声时,枪声使音乐戛然而止,街
上有 3 人受伤。当杰克逊听到枪声,她急忙向开火地跑去,结果看到

① 关于菲利普·弗雷泽,引自 Nick Spitzer, "Rebuilding the 'Land of Dreams' with Music"(《用音乐
重建"梦想之地"》),in Eugenie Ladner Birch and Susan M. Wachter, eds., Rebuilding Urban Places
After Disaster: Lessons from Hurricane Katrina(《重建灾后城市:卡特里娜飓风的教训》)
(Philadelphia: University of Pennsylvania Press, 2006), pp. 305 – 328, quotation on 326。关于洪灾
后首次狂欢节的争论,参见 Randy J. Sparks, "Why Mardi Gras Matters"(《为什么狂欢节很重
要》),in Romain Huret and Randy J. Sparks, eds., Hurricane Katrina in Transatlantic Perspective(《跨
大西洋视角下的卡特里娜飓风》)(Baton Rouge: Louisiana State University Press, 2014), pp. 178 –
197。关于哈里森,参见 Larry Blumenfeld, "Hard Listening in the Big Easy"(《快乐之都的艰难音
乐》),Village Voice(《乡村之声》),April 18, 2006。
② 2008 年至 2012 年间,新奥尔良的音乐家们每场演出的平均收入逐步下降,每月平均演出场次也
有所减少;其中 40% 的音乐家年收入不足 1 万美元(2012 年音乐家的平均收入为 17 800 美元)。
数据来自"Sweet Home New Orleans"(《甜蜜家园新奥尔良》), 2012 State of the New Orleans Music
Community Report(《2012 年新奥尔良乐坛状况报告》)(August 2012), p. 4。

一名男子躺在地上。她用自己的腰带帮他止血，直到医护人员赶到。①

两周后，也就是2006年1月31日，新奥尔良警局宣布将提高游行许可费。飓风前，俱乐部每次的游行费用为1 200美元。而现在，警局宣布将游行费用提高至4 445美元，并要求缴纳1万美元的保证金，以此作为在街区游行时给警察的保护费。这笔新费用对工薪阶层的俱乐部成员而言是难以承受的，这对非裔美国人的创造能力和公共文化造成了严重的负担，如同一种惩罚性的征税。事实上，在"重建新奥尔良"委员会刚提出将该市许多以非裔美国人为主的社区改建为绿地的建议后，新费用政策就出台了。这似乎是彻底剥夺非裔美国人享有城市权利之阴谋中的一环。②

2006年11月，塔玛拉·杰克逊创立的一个名为"社会援助和娱乐俱乐部特别工作组"的俱乐部联盟，与路易斯安那州的公民自由联盟联合，共同起诉市政府和警察局，声称他们收取的费用侵犯了自己言论自由和集会自由的宪法权利。他们在诉状中称："俱乐部的许多成员……都想努力回到新奥尔良，他们正经历着失去亲人与家园，无法正常生活等种种困难。""市政府非但没有鼓励新奥尔良市民回家，反而在他们恢复一种重要的情感表达方式时，对其设置重重阻碍。"该联盟称这些费用威胁到了第二线游行的顺利举行。"犯罪分子无法摧毁这座城市（却正在被政府所摧毁）。"杰克逊在诉讼中表示："这不是在保护受灾群众，而是在惩罚他们。"③

杰克逊的诉讼迫使新奥尔良警局在四个月后降低了游行费用，尽

---

① Jordan Hirsch, "End of the Line"（《游行终章》）, Slate（《页岩》）, August 25, 2015. 也可参见 Nick Spitzer, "Love and Death at Second Line"（《第二线游行的爱与死》,）Southern Spaces（《南部地带》）, February 20, 2004。

② Hirsch, "End of the Line"（《游行终章》）. 有关城市权利，参见 Henri Lefebvre, Le Droit à la Ville（《城市权利》）, 1968; Eleonore Kofman and Elizabeth Lebas, trans. and ed., Henri Lefebvre: Writings on Cities（《亨利·勒菲弗:城市著作》）(Blackwell, 1996), pp. 147 - 159。

③ "Complaint," Social Aid and Pleasure Club Task Force et al. vs. City of New Orleans, Louisiana et al., US District Court for the Eastern District of Louisiana, Civil Action No. 06 - 10057, Document 1, November 16, 2006, pp. 15 - 16. 经过协商谈判，新奥尔良警察局将费用降低至3 760美元，但大多数俱乐部仍难以承担。

管这是一次重要的胜利,但音乐家们、狂欢节印第安人以及跟随他们一同穿街走巷的人们仍接连遭受攻击。① 比如,2007 年 9 月克尔温·詹姆斯(Kerwin James)去世后,他的家人和朋友做了特雷梅街区众所周知的几代人都做的事情——上街游行。特雷梅因其爵士乐葬礼而闻名世界。詹姆斯作为新再生铜管乐队的大号手,曾多次在特雷梅的街道上演奏和献唱。他的家人也同样如此。母亲芭芭拉·弗雷泽(Barbara Frazier)在街区的基督教宣教浸信会里演奏风琴。他的兄弟也是再生铜管乐队的成员。菲利普·弗雷泽是大号手,基思·弗雷泽(Keith Frazier)是大鼓手,他们在 1983 年共同创立了这支著名乐队。尽管克尔温的过世是在飓风发生两年后,但在菲利普看来,克尔温绝对是卡特里娜飓风的受害者。"无论是飓风爆发期间还是结束之后,他始终很担心妈妈。"菲利普表示:"他也担心乐队,担心我们,心里十分低落难受,结果就生病了。"克尔温在 2006 年患上中风,次年离世,年仅 34 岁。他去世 5 天后,菲利普、基斯和其他 100 多名亲朋好友在黄昏时候聚在一起,于街区游行并吟唱圣歌;爵士乐葬礼的传统开场曲名叫"召他下来",这是一种与逝者沟通的方式。当悼念者们正吟唱灵歌"我将远走"时,警察赶到现场开始抢夺乐者们的乐器,并指控他们无证游行和扰乱治安。很快,警察逮捕了再生铜管乐队的小鼓手德里克·塔布(Derrick Tabb),以及长号手格伦·戴维·安德鲁斯(Glen David Andrews),后者所在的特雷姆铜管乐队刚刚获得了声誉颇高的美国国家传统艺术遗产奖。②

在公众的强烈抗议下,这些指控最终被撤销。然而,警察和他们本应保护的民众之间仍存在敌意。白人新移民与非裔美国人之间的

① "Amended Consent Judgment"(《修订版同意判决书》), *Social Aid and Pleasure Club v. City of New Orleans*(《社会援助和娱乐俱乐部诉新奥尔良市政府》), Document 64, March 9, 2017.
② "James, Kerwin, obituary"(《克尔温·詹姆斯的讣告》), *New Orleans Times-Picayune*(《新奥尔良皮卡尤恩时报》), October 5, 2007. John Swenson, "Obituary: Kerwin James (1972−2007)"(《讣告:克尔温·詹姆斯(1972—2007)》), *Offbeat Magazine*(《弱拍杂志》), November 2007. 也可参见 Matt Sakakeeny, "'Under the Bridge': An Orientation to Soundscapes in New Orleans"(《"在桥下":新奥尔良的声景介绍》), *Ethnomusicology*(《民族音乐学》)54, no. 1 (Winter 2010): 1−27.

摩擦也持续存在,而吸引白人到来的一个因素似乎是这里的非裔文
化。洪水过后的几年里,特雷梅的住房成本翻了两番——这与整个城
市住房成本急剧上升的情况相一致,尤其是在未受洪水影响的街区。
到 2013 年,白人居民的比例增加了一倍,达到 36%。其中约 80% 的人
出生在美国其他州。多数人认为,这些新来的富有白人居民中有人曾
对黑人游行行为报过警。①

　　有些人认为对当地文化的颂扬并不重要,认为这只是一种对结构
性问题本质的呈现或隐藏。但对许多路易斯安那人而言,文化的重要
性不言而喻。世人似乎常常不愿承认,但新奥尔良的音乐、美食、游
行、葬礼和城市纪念日都向拒绝承认它们重要性的世人证明了其不可
或缺。② 像“新奥尔良例外主义”这样的说法,可能会让人认为卡特里
娜飓风灾害只是一个区域性问题,其起因和影响的范围被框定到一个
特定的地区,好像此事不会发生在其他地方一样。但是主张文化的独
特性以及公开实践具有代表性的城市传统能为处于社会边缘的人群
提供维护他们群体重要性的路径。市民们在城市街头自我欢庆,歌颂
彼此,个人舞动的夺目光彩串联成一整片,整支队伍在街区艺术家们

① Campbell Robertson and Richard Fausset, "10 Years After Katrina"(《卡特里娜飓风发生十年后》),
New York Times《纽约时报》, August 26, 2015. Katy Reckdahl, "Culture, Change Collide in Tremé"
(《文化与变革在特雷梅交汇》), New Orleans Times-Picayune《新奥尔良皮卡尤恩时报》), October
3, 2007. Larry Blumenfeld, "Band on the Run in New Orleans"(《新奥尔良在逃乐队》), Salon(《沙
龙》), October 29, 2007. Red Cotton, "What Really Happened in Tremé the Night Musicians Were
Arrested"(《特雷梅的夜晚音乐家遭逮捕的真相》), New Orleans Gambit (《新奥尔良策略报》),
September 28, 2012. 举例来说,2004 年新奥尔良有 43% 租户认为住房成本难以负担;到 2016 年,
该数字上升到了 51%。Allison Plyer and Lamar Gardere, "The New Orleans Prosperity Index:
Tricentennial Edition"《新奥尔良城市繁荣指数:三百周年纪念版》, The Data Center (《数据中
心》), April 11, 2018.
② 关于该方面的批评,参见 Adolph Reed, "Three Tremés"(《三个特雷姆》), Nonsite. org, July 4,
2011. 有关社会援助和娱乐俱乐部及其成员的重要意义,参见 Frederick Weil, "The Rise of
Community Organizations, Citizen Engagement, and New Institutions (full draft)"(《社区组织、公民参
与和新机构的崛起(完整草稿)》), July 27, 2010, https://www.lsu.edu/fweil/lsukatrinasurvey/
Reconstituting Community Draft Summary; Frederick Weil, "Rise of Community Organizations, Citizen
Engagement, and New Institutions"(《社区组织、公民参与和新机构的崛起》), in Amy Liu, Roland
V. Anglin, Richard Mizelle, and Allison Plyer, eds., Resilience and Opportunity: Lessons from the
U. S. Gulf Coast after Katrina and Rita(《韧性与机遇:卡特里娜和丽塔飓风后美国墨西哥湾吸取的
教训》)(Washington, DC: Brookings Institution Press, 2011), pp. 201 - 219;以及 Nick Spitzer,
"Learning from the Second Lines"(《从第二线游行中学到的》), New Orleans Times-Picayune(《新奥
尔良皮卡尤恩时报》), October 14, 2007。

的带领下不断前行——这就是第二线游行的盛况。与之产生鲜明对比的是主流的城市重建模式，包含诸多法律条文的政策建议，以成本效益分析为前提，并由远在外地的分包商来执行。狂欢节印第安酋长登场的一个重要环节就是，他张开双臂，身上的羽毛服饰也围绕他展开，为街头展现一幅充满艺术感的、工人阶级的、非裔美国人的美丽画面，体现了一个种族的愿景，正如印第安颂歌中唱的，"不会屈服/不知如何屈服"。随后警笛响起，警察抵达，将酋长推回人行道上，但即便只是这刹那芳华也很值得。① 新奥尔良人和其他人一样，都希望拥有满意的工作、优秀的学校、健全的医疗保障、坚固的堤坝、称职的警察和政府——事实上，他们比大多数人更清楚缺少这些会带来多大影响。可他们也知道，其他形式的社会援助和休闲娱乐同样十分重要。

有研究发现，在洪灾过去三年后，移居得克萨斯州的新奥尔良市民中超过半数表示更愿意回到新奥尔良。问及原因，有69%的人回答得十分简单："新奥尔良是就是我的家。"一位女士说道："我想念狂欢节，那是身为新奥尔良市民不可或缺的部分。"②

卢马雷·勒布朗（Lumar LeBlanc）也搬到了得克萨斯州。他不得不把在新奥尔良东部的房子交由"回家之路"计划来处理，也在休斯敦度过了他自己口中五年的舒适时光，可是他依然觉得自己是新奥尔良人。几乎每个星期四，勒布朗都会驱车563千米回到新奥尔良，在一家名为乐邦当的市郊酒吧与灵魂叛逆者铜管乐队一起演出，他的角色

---

① 关于狂欢节印第安人表演，参见 Joseph Roach, *Cities of the Dead*: *Circum-Atlantic Performance*（《死者之城：环大西洋演出》）（New York：Columbia University Press, 1996），p. 207；以及 George Lipsitz, "Mardi Gras Indians: Carnival and Counter-Narrative in Black New Orleans"（《狂欢节印第安人：新奥尔良黑人的狂欢与反叙事》），*Cultural Critique*（《文化批评说》）10（Autumn 1988）：99 - 121。关于警方对狂欢节印第安人的阻挠，可参见 Katy Reckdahl, "Mardi Gras Indians Concerned About Police Antagonism"（《狂欢节印第安人对警方的敌意表示担忧》），*New Orleans Times-Picayune*（《新奥尔良皮卡尤恩时报》），March 8, 2009。

② Emily Chamlee-Wright and Virgil Henry Storr, "'There's No Place Like New Orleans': Sense of Place and Community Recovery in the Ninth Ward after Hurricane Katrina"（《无处似新奥尔良：卡特里娜飓风后第九区的地域感和社区重建》），*Journal of Urban Affairs*（《城市事务期刊》）31, no. 5 (2009)：615 - 634, survey on 629. 关于不可或缺的部分，参见 David Mildenberg, "Census Finds Hurricane Katrina Left New Orleans Richer, Whiter, Emptier"（《人口普查显示，卡特里娜飓风让新奥尔良拥有更多财富、更多白人、更多空地》），*Bloomberg*（《彭博资讯》），February 3, 2011。

是小鼓手。对勒布朗来说，在搬家后还继续回来演出是很重要的。
"我们不希望乐队消失在大众视野。"他说："所以我们要开车过来演
出。"曾经作为青年奥林匹亚铜管乐队的一员，勒布朗在当时掌握了表
演新奥尔良传统爵士乐的技艺，如今他把这些带到了新乐队，并将爵
士乐与当代嘻哈音乐融合，连通传统与时尚。他在采访当中说："新奥
尔良对世界各地仍产生的影响在于其音乐所蕴含的真正奥秘。"[1]2009
年，灵魂叛逆者乐队录制了一首名为"无处似家"的原创歌曲。在向圣
徒橄榄球队、圣路易斯大教堂、辣香肠、祖鲁（社会救助组织）和其他新
奥尔良的标志性事物——致敬后，主唱温斯顿·特纳（Winston Turner）
这样唱道："若葬礼上没有铜管乐队，我是不会乖乖进棺材的。"想象一
个缺少了熟悉的群体仪式的葬礼，这不单与个人生死有关，还关乎城
市的存亡。"那不是新奥尔良。那不是家。"他唱道："你懂我的意思
吗？"这首关于乡情之歌流露出一种弥漫而来的恐惧感：新建起的新奥
尔良可能从此变得面目全非。[2]

　　传统不代表停滞不前；传统是一种变化，具有集体自我创造、稳定
牢固、易于辨识等特点。作为一种变化过程，传统和灾难正好相反，灾
难似乎总是不期而至。像勒布朗和弗雷泽兄弟这样的艺术家，他们的
天才之处就在于他们能借助传统的力量，从过去中创造出新未来。他
们明白，即便新奥尔良仍能作为地名出现在地图上，但倘若现在的新
奥尔良无法真正地和过去的历史及传统联系起来，那么在他们看来，
新奥尔良就已不复存在。还有其他许多新奥尔良人也清楚这一点，或
者至少感受到了这一困难带来的压力，比如带领人们上街游行的塔玛

① 关于舒适，参见 Claudia Feldman et al. , "After Katrina, Louisianans Have Left Their Mark on Houston"（《卡特里娜飓风后，路易斯安那人在休斯敦留下了印记》），*Houston Chronicle*（《休斯敦纪事报》）, August 29, 2010；也可参见 Wade Goodwyn, "Some Katrina Evacuees Long for What They Lost"（《因卡特里娜飓风而撤离的人们怀念他们所失去的》），*All Things Considered*（《万事皆晓》）, August 27, 2010. 关于消失在大众视野，参见 Samuel H. Winston, "Street Soul"（《街头灵魂》），*New Orleans Gambit*（《新奥尔良策略报》）, April 24, 2006. 关于真正奥秘，参见 John Lomax, "Stealing the Show"（《出风头》），*Houston Press*（《休斯敦周报》）, October 19, 2006。
② Soul Rebels Brass Band, "No Place Like Home"（《无处似家》），recorded February 13, 2009, on Soul Rebels *No Place Like Home*: *Live from New Orleans*（《无处似家：新奥尔良现场版》）(2010). Spitzer, "Rebuilding the 'Land of Dreams' with Music"（《用音乐重建"梦之乡"新奥尔良》），pp. 305.

拉·杰克逊。[1]

　　一项针对杜兰医疗中心患者的研究表明，在飓风过后的六年里，市中心医院接收的心肌梗死入院病例增加了三倍以上。研究人员将此归咎于人们身上慢性压力的增加。但医生们还注意到了另一个变化。通常周一上午是心脏病患者入院数激增的时间，因为人们要开始忍受新一周的工作压力。然而在洪灾之后，这一时间发生了变化：更多的新奥尔良人会在夜晚和周末心脏病发作。"我们觉得这可能是进行灾后重建工作而导致的结果。"一位研究人员解释说。在卡特里娜飓风过后的新奥尔良，每次回家都会让人心碎。[2]

　　阿什利·莫里斯，一位言辞尖酸刻薄的博主，曾把新奥尔良称作"唯一以爱回应我的城市"。2008 年 4 月他因心脏病去世，年仅 45 岁。火辣 8 号铜管乐队为他举办了爵士乐葬礼，大逍遥轮滑女孩则在他的灵柩后乘着轮滑为他送行。[3]

石油与河水

　　在大部分观察员看来，贝拉克·奥巴马总统口中的"美国有史以来最为严重的环境灾难"的发生就像一出"精彩的大戏"。在 87 天的时间里，英国石油公司的马孔多油井中有超过 1.34 亿加仑的石油泄漏进入墨西哥湾，这是美国历史上最大的石油泄漏事故。从

---

[1] 传统是在过去的基础上创造未来。Henry Glassie, "Tradition"（《传统》）, *Journal of American Folklore*（《美国民俗学》）108, no. 430 (Autumn 1995)：395-412, quotation on 395. 关于集体自我创造，参见 Spitzer, "Rebuilding the 'Land of Dreams' with Music"（《用音乐重建"梦之乡"新奥尔良》）, p. 327。

[2] Matthew N. Peters et al., "Natural Disasters and Myocardial Infarction：The Six Years After Hurricane Katrina"（《自然灾害与心肌梗死：卡特里娜飓风过去后的六年》）, *Mayo Clinic Proceedings*（《梅奥诊所学报》）89, no. 4 (April 2014)：472-477. 参见 Blake Hanson, "Stress of Rebuilding Disrupted Heart Attack Timing, Tulane Study Says"（《杜兰大学研究表明，城市重建的压力导致心脏病发作时间的紊乱》）, *WDSU News*（《WDSU 新闻》）, March 18, 2014。

[3] Rose, "We'll Miss the Blogger Next Door"（《我们会想念隔壁的博主》）. 关于"以爱回应我"，参见 Ashley Morris, "Light at the End of the Tunnel"（《隧道尽头的光》）, blog post, September 27, 2006, http://ashleymorris.typepad.com/ashley_morris_the_blog/2006/09/oyster_ashley_l.html。

水下 1 524 米处喷涌翻滚而出的褐色巨浪形成一道奇观，呈现在视频直播的画面中。路易斯安那州的州鸟鹈鹕也遭受石油污染，沾满油污的鹈鹕图片登上了各大全国性报纸的头版。① 这是因为美国有线电视新闻网主持人安德森·库珀（Anderson Cooper）刚好就住在路易斯安那。到了 7 月 10 日，英国石油公司终于封堵住了泄漏点。该事件的相关新闻报道也像不再泄露的石油一样，逐渐平息消散。②

生活在沿海地区的人们基本上都没有过这种紧张跌宕的经历。将该事件称为英国石油公司泄露事故会使调查人员将矛头指向英国石油公司，并通过石油泄漏的时长来确定总的事故时间。但这些都无法展现石油泄漏事故对路易斯安那造成的影响。对于沿海居民来说，表面上看这是一场严重的化学事故，但它的危害会造成一种长期性和

① 关于最为严重的环境灾难，参见 Barack Obama, "Address to the Nation on the Oil Spill in the Gulf of Mexico"（《有关墨西哥湾石油泄漏事件的国家讲话》），June 15, 2010, *Daily Compilation of Presidential Documents*（《总统文件日常汇编》）No. 201000502 (Office of the Federal Register, National Archives and Records Administration), p. 1。关于泄漏的油量没有确切的测量标准。为了根据《清洁水法案》评估损失，新奥尔良联邦地区法院法官卡尔·J. 巴比里（Carl J. Barbier）裁定石油泄漏量为 400 万桶，由于英国石油公司已经收集了其中一部分，总共还在墨西哥湾留下了 319 万桶（1.34 亿加仑）石油。尽管英国石油公司辩称泄漏量为 326 万桶，但为联邦政府作证的专家们给出的估算是 500 万桶。John Schwartz, "Judge's Ruling on Gulf Oil Spill Lowers Ceiling on the Fine BP Is Facing"（《法官对海湾漏油事件的裁决降低了英国石油公司面临的罚款上限》），*New York Times*（《纽约时报》），January 15, 2015. 国家委员会关于英国石油公司"深水地平线"钻井平台石油泄漏和近海钻探的报告见 *Deep Water: The Gulf Oil Disaster and the Future of Offshore Drilling*（《深水：墨西哥湾石油灾难和近海钻探的未来》）(Washington, DC: US Government Printing Office, 2011)。关于此次石油泄漏事件的其他描述，参见 William R. Freudenburg and Robert Gramling, *Blowout in the Gulf: The BP Oil Spill Disaster and the Future of Energy in America*（《墨西哥湾石油喷发：英国石油公司漏油灾难与美国能源的未来》）(Cambridge: MIT Press, 2010); Antonia Juhasz, *Black Tide: The Devastating Impact of the Gulf Oil Spill*（《黑色浪潮：墨西哥湾漏油的毁灭性影响》）(Hoboken: John Wiley and Sons, 2011); 以及 Abraham Lustgarten, *Run to Failure: BP and the Making of the Deepwater Horizon Disaster*（《一败涂地：英国石油公司与深水地平线漏油事件的始末》）(New York: W. W. Norton & Company, 2012)。
② Brian Stelter, "Cooper Becomes Loud Voice for Gulf Residents"（《库珀成为墨西哥湾居民的发言人》），*New York Times*（《纽约时报》），June 17, 2010. Justin Gillis and Campbell Robertson, "On the Surface, Gulf Oil Spill Is Vanishing Fast"（《表面上看，墨西哥湾漏油事件正迅速平息》），*New York Times*（《纽约时报》），July 28, 2010, p. A1. 文章中指出"担忧依然存在"。

渗透性的文化创伤。[1] 由于事故的发生,总统宣布暂停新的深水钻井,很多人认为该举措对路易斯安那州的经济所造成的伤害比漏油事故本身更为严重。同时这也证实了许多路易斯安那人越来越认同的一种看法:变革带来的好处不断落在别地,而发生变故的代价要由他们当地人来承担。

先后遭受卡特里娜飓风和石油泄漏事故,其间经历的种种让路易斯安那人越来越觉得他们像是联邦政府的私生子。彻里克·福伊特林(Cherri Foytlin)觉得这一切像是一个阴谋。2005 年时她的丈夫在海上钻井平台找到一份工作,她也随之从俄克拉荷马搬到了路易斯安那。2010 年 7 月她这样说道:"我觉得我们现在就是这个政治棋局中的一个棋子,这个局是为了达成一些其他的目的,比如借机发展绿色能源,对此我完全支持。但我想说,这可能不应当是当下的重点。目前的头等大事应该是去罩住漏油的油井,援助和保护灾民及野生动物。但这只是我这个无足轻重的老百姓的想法。"福伊特林是在卡特里娜飓风着陆的几个月后来到路易斯安那的。她说那时她的许多邻居都对联邦政府应对飓风的举措感到失望。而现在她也同样对政府心怀不满。她说:"毫无疑问,我对政府丧失了信心。"[2]像福伊特林这样的美国原住民可以回

① Rick Jervis, "In The Gulf: Lives Forever in Recovery"(《在墨西哥湾:生活永无止境地恢复》), *USA Today*(《今日美国》), June 18, 2010. Kai Erikson, *A New Species of Trouble: The Human Experience of Modern Disasters*(《一种新的麻烦:人类对于现代灾难的感受》)(New York: W. W. Norton, 1994), p. 20. Anne McClintock, "Slow Violence and the BP Oil Crisis in the Gulf of Mexico: Militarizing Environmental Catastrophe"(《墨西哥湾遭受的慢性暴力和石油泄露危机:军事化的环境灾难》), *e-misférica*(《电子半球》), Summer 2012, p. 9. 也可参见 Rob Nixon, *Slow Violence and the Environmentalism of the Poor*(《慢性暴力与贫困人群的环境主义》)(Cambridge: Harvard University Press, 2011); Michelle Meyer Lueck and Lori Peek, "The Crude Awakening: Gulf Coast Residents Reflect on the BP Oil Spill and the 2010 Hurricane Season"(《原油觉醒:墨西哥湾沿岸居民对英国石油公司漏油事件和 2010 年飓风季节的反思》), in Lisa A. Eargle and Ashraf Esmail, eds. , *Black Beaches and Bayous: The BP Deepwater Horizon Oil Spill Disaster*(《黑色海滩和海湾:英国石油公司深水地平线漏油灾难》)(Lanham: University Press of America, 2012), pp. 159 - 180。关于所谓技术灾难引起的慢性压力,还可参考 Duane A. Gill and Steven Picou, "Technological Disaster and Chronic Community Stress"(《技术灾难与社区慢性压力》), *Society & Natural Resources*(《社会与自然资源》)11, no. 8 (1998): 799 - 815。

② Cherri Foytlin, interview by Andy Horowitz, July 6, 2010, interview R - 0494, transcript, pp. 21 - 22, SOHP Collection.

顾过去两个多世纪以来与联邦政府之间发生的暴力冲突。自黑人奴隶解放以来，美国白人愤怒于联邦政府打乱了正常的社会秩序。而在非裔美国人看来，自从联邦政府放弃重建南方起，政府充其量也就是一个不可靠的合作伙伴。而如今飓风灾害导致种族和阶级的分裂问题加重，政府则成了办事无能、不负责任的代名词。美国理应能够解决洪水灾害和漏油事故这样的问题，但若始终找不到解决方法，整个国家将变得难以修复。

2014 年 9 月，联邦法院裁定该石油泄漏事故为英国石油公司"重大疏忽"和"故意渎职"而"导致的结果"。但是，除了两名英国石油公司员工被判轻罪——其中一名钻井平台主管承认犯污染环境罪，另一名员工则因为在手机上删除了有关清理工作的短信而认罪，其余没有任何英国石油公司的工作人员受到刑事处罚。① 2016 年 4 月，法院正式批准了一份 208 亿美元的和解协议。② 经英国石油公司与美国政府磋商，其大部分的赔偿金都能用于减免税额。英国石油公司在石油泄漏事故中共花费了 616 亿美元，报道称其实际税后金额为 440 亿美元，

---

① "Findings of Fact and Conclusions of Law, Phase One Trial"（《漏油事故的事实调查结果和法律结论，第一阶段审判》），In re: Oil Spill by the Oil Rig "Deepwater Horizon" in the Gulf of Mexico, on April 20, 2010, US District Court, Eastern District of Louisiana, case nos. 10－2771 and 10－4536, Document 13355, September 4, 2014, p. 152. 调查结果认定，英国石油公司负 67% 责任，越洋钻探公司负 30% 责任，哈里伯顿公司负 3% 责任。关于轻罪指控，参见 "Former BP Rig Supervisor Found Not Guilty"（《前英国石油公司钻井主管被判无罪》），Associated Press, February 25, 2016。

② 这笔金额包括：因违反《清洁水法案》被处以的 55 亿美元民事罚款、81 亿美元自然资源损失赔偿、49 亿美元经济损失赔偿、10 亿美元用于解决地方政府提出的索赔，以及 13 亿美元用于解决其他较小的索赔。US District Court for the Eastern District of Louisiana, "Consent Decree Among Defendant BP Exploration & Production Inc. ('BPXP'), the United States of America, and the States of Alabama, Florida, Louisiana, Mississippi, and Texas"（《关于被告英国石油勘探与生产股份有限公司（BPXP），与美利坚合众国，及亚拉巴马州、佛罗里达州、路易斯安那州、密西西比州和得克萨斯州达成的和解协议》），In Re Oil Spill by the Oil Rig "Deepwater Horizon" Document 15, April 4, 2016. 也可参考 US Department of Justice, "Deepwater Horizon, Proposed Consent Decrees"（《深水地平线，拟议和解法令》），https://www.justice.gov/enrd/deepwater-horizon。该和解协议不包括 2012 年的集体诉讼或其他个人诉讼。

这意味着美国联邦政府事实上为英国石油公司补贴了 176 亿美元。① 和解协议宣布后，英国石油公司首席财务官告知公司的股东们："和解赔偿对于我们的资产负债和现金流的影响是在可控范围内的，公司能够继续投资和发展业务。"②

对于路易斯安那州而言，石油就如同一剂苦药。石油和其他石油化工产业维持着该州的经济生机，但同时也在让这片土地慢慢下沉。截至 2015 年，路易斯安那沿海地区大约有 5 万口油井，通过超 14 484 千米的运河进行运输。石油产业每年能为路易斯安那州带来约 10 亿美元的税收以及约 6.5 万个工作岗位。但同时，石油运河也导致了 30% 至 59% 的土地流失。自 20 世纪 30 年代以来，路易斯安那州四分之一的沿海湿地已沉入墨西哥湾中，总面积约有 4 921 平方千米。据该州 2017 出台的《海岸总体规划》预测，如若不采取大规模行动，未来 50 年内路易斯安那至少将损失 3 108 平方千米的土地，最多则可能超过 10 619 平方千米。③

---

① 英国石油公司达成和解协议，使得 153 亿美元(除 55 亿美元的《清洁水法案》罚款外，其余罚款根据联邦法律可能高达 137 亿美元)符合公司税收减免资格。Mark Schleifstein, "No Tax Deduction of Settlement for BP"(《英国石油公司的和解协议无税收减免》), *New Orleans Times-Picayune*(《新奥尔良皮卡尤恩时报》), November 19, 2015. Steven Mufson, "BP's Bill for Oil Spill Hits $61.6 Billion"(《英国石油公司漏油事故账单达 616 亿美元》), *Wshington Post*(《华盛顿邮报》), July 14, 2016. 鉴于英国石油公司的"重大疏忽"，根据《清洁水法案》，公司应被处以每桶石油 4 300 美元的罚款，但是英国石油公司对和解方案进行了设计，使其大部分罚款都归于自然资源损失的评估费，这是可以减税的部分。2015 年，路易斯安那州免除了 1.96 亿美元的州开采税、9 600 万美元的州石油产品税，以及石油和天然气行业获得的其他税收。Louisiana Department of Revenue, "State of Louisiana Tax Exemption Budget, 2016-2017"(《2016—2017 年度路易斯安那州税收豁免预算》), p. 9.
② BP, "BP to Settle Federal, State and Local Deepwater Horizon Claims for up to $18.7 Billion With Payments to be Spread Over 18 Years"(《英国石油公司接受美国联邦、州和地方政府关于深水地平线事故的最高 187 亿美元赔偿协议，赔款将分 18 年支付》), press release, July 2, 2015.
③ Nathaniel Rich, "The Most Ambitious Environmental Lawsuit Ever"(《史上最具野心的环境诉讼》), *New York Times Magazine*(《纽约时报杂志》), October 2, 2014. Donald F. Boesch et al., "Scientific Assessment of Coastal Wetland Loss, Restoration and Management in Louisiana"(《关于路易斯安那沿海湿地流失、恢复和管理的科学评估》), *Journal of Coastal Research*(《海岸研究杂志》), Special Issue no. 20 (1994): 1-103, esp. 5. 虽然相关的具体研究涵盖时期为 1955 年至 1978 年，其仍被视作权威的估算研究。也可参见 Ricardo A. Olea and James L. Coleman, Jr., "A Synoptic Examination of Causes of Land Loss in Southern Louisiana as Related to the Exploitation of Subsurface Geologic Resources"(《关于与地下地质资源开发相关的路易斯安那州南部土地流失原因的综合审查》), *Journal of Coastal Research*(《海岸研究杂志》), p. 30, no. 5 (2014): 1025-1044. 有关 14 484 千米长的运河，参见 John W. Day, Jr., "Restoration of the Mississippi Delta; (转下页)

　　而从另一个角度来看，英国石油公司的和解赔偿却为《海岸总体规划》提供了首笔重要资金。《海岸总体规划》中概述并制定了该州防止土地流失和抵御洪水灾害的行动，工程所需费用预计超 900 亿美元。路易斯安那州预计将在 15 年内一共从英国石油公司获得 87 亿美元的赔偿金，其中的绝大部分资金将由海岸恢复和保护管理局专门使用。①

　　和解协议让解决"资源诅咒"问题的方式变得更为全面，但其中所采取的策略也让路易斯安那州对石油开采的依赖度进一步增加。2006 年 12 月，美国国会通过了玛丽·兰德里欧提出的《墨西哥湾能源安全法》，让路易斯安那州近海石油开采收入的份额得到了提升。1948 年，哈里·杜鲁门总统曾提议开采路易斯安那州海岸线 4.8 千米以外的石油和天然气，并将联邦政府开采收入的 37.5% 给到路易斯安那，该提议没有被接受，据估计这让该州损失了超 300 亿美元（该数字未经通胀因素调整）。② 按照新法律，从 2017 年开始，路易斯安那州预

（接上页）Lessons from Hurricanes Katrina and Rita"（《密西西比三角洲的恢复：从卡特里娜和丽塔飓风中获得的经验》），*Science*（《科学》）315, no. 5819（March 23, 2007）：1679 – 1684. 有关土地流失的预测，参见 Coastal Protection and Restoration Authority of Louisiana, *Louisiana Comprehensive Master Plan for a Sustainable Coast*（《路易斯安那州可持续海岸综合总体规划》）（effective June 2, 2017），p. 74。

① Coastal Protection and Restoration Authority, *Louisiana's Comprehensive Master Plan for a Sustainable Coast*（《路易斯安那州可持续海岸综合总体规划》），p. 129. 也可参见 Mark Davis, Harry Vorhoff, and John Driscoll, *Financing the Future*：*Turning Coastal Restoration and Protection Plans into Realities*：*The Cost of Comprehensive Coastal Restoration and Protection*（《融资未来：将海岸恢复和保护计划变为现实：海岸综合恢复及保护成本》）（New Orleans：Tulane Institute on Water Resources Law & Policy, 2014）。

② Tyler Priest, "Claiming the Coastal Sea：The Battles for the 'Tidelands,' 1937 – 1953"（《赢得沿海海域："潮滩"的争夺战，1937 年至 1953 年》），in Diane Austin et al., *History of the Offshore Oil and Gas Industry in Southern Louisiana*, *Volume I*：*Papers on the Evolving Offshore Industry*（《路易斯安那南部海域石油和天然气工业发展史，第一卷：不断发展的深水工业》），OCS Study MMS 2008 – 042（New Orleans：US Department of the Interior, Minerals Management Service, Gulf of Mexico OCS Region, 2008），p. 82（amount extrapolated from 1995, when Priest estimates the loss at ＄27.63 billion）。直到 1986 年，路易斯安那州才开始收到开采石油的特许使用费和其他相关款项，开采地点位于该州遭受侵蚀的海岸线 4.8 千米以外。当时，法律进行了修改，以确保路易斯安那州能够从 4.8 千米至 9.6 千米外的海域获得 27% 的开采收入。从 1986 年到 2005 年，路易斯安那州共计获得 10 亿美元出头的收入，根据州宪法修正案规定，这笔款项专门用于教育业。1920 年的《矿产租赁法》规定，将联邦政府获得的石油特许使用费中的 50% 分配给石油开采地所在州。但是墨西哥湾各州都没能从近海钻探中获得任何特许使用费，直到 1978 年，针对《1953 年外围大陆架土地法案》出台了修正案（《1973 年外围大陆架土地法修正案》，公法号 95 – 372,92 Stat. 629，于 1978 年 9 月 18 日通过），其中才要求将海上的收入公平合理地分配给附近各州。路易斯安那州于 1985 年提起诉讼，国会在《1985 年综合预算协调法案》（公法号 99 – 272,100 Stat. 82，于 1986 年 4 月 7 日通过）中将费用分配比例设定为 27%。

计每年可获得1.75亿美元的石油收入，这将成为海岸保护计划中最大的稳定资金来源。① 结果到了2017年，更加慷慨的分配政策开始正式生效了，但下跌的石油价格使路易斯安那州仅仅得到预计收入的40%。金融资本主义的变化莫测产生了实在的影响：该州宣布不得不将推迟防洪和土地建设项目。②

2015年，迪安·布兰查德（Dean Blanchard）坐在杰斐逊教区的办公室里，回想着石油泄漏事故如何改变了自己的生活。他说："我不再为自己是美国人而骄傲。"自2010年来，他的虾类加工业务量下降了85%。过去的5年让他明白"政府被石油公司掌控着"。他对政府和石油公司都没有好话可说。2013年，路易斯安那州东南部防洪管理局起诉了共97家石油公司，指控它们破坏湿地，称它们应对因石油运河的建造而增加的防洪成本而负责。许多人将此举视作为减缓土地流失筹资而做出的最后奋力一搏。路易斯安那州州长博比·金达尔很快反对了这一诉讼，他指责防洪堤委员会被一帮辩护律师所操纵，并签署了一项州议会通过的法案来阻止该诉讼进行。尽管后来发现这一法案违反了州宪法，但无论怎样，联邦法院最终还是驳回了防洪管理局的诉讼。布兰查德感到困惑又茫然："所以说在这里你到底要找谁帮忙？找本州的参议员，还是众议员？自打他们参政以来，给他们付工资的就是英国石油公司。"由此他得出结论："美国的政治体系一

---

① Gulf of Mexico Energy Security Act of 2006, Pub. L. No. 109–432, 120 Stat. 3000 (December 20, 2006). 2010年8月5日，兰德里欧参议员提出了《恢复三角洲生态系统可持续性和保护措施法案》(S. 3763)，该法案本应即刻确保路易斯安那获得更大份额的海上石油收入，而非一直等到2017年。当时该法案被提交到能源和自然资源委员会，但没有获得投票。

② Della Hasselle, "Louisiana Faces Unexpected Shortfall in Major Source of Funding for Coastal Protection"(《路易斯安那州面临海岸保护主要资金的意外短缺》), *The Lens*(《镜头》), October 18, 2017; Della Hasselle, "State Pulls Back on Coastal Restoration Projects Due to Shortfall in Oil and Gas Royalties"(《因石油和天然气特许权使用费短缺，路易斯安那州暂缓海岸修复项目》), *The Lens*(《镜头》), December 14, 2017.

团糟。"①

　　决策者们越来越频繁地谈到了即将到来的有序撤离海岸这一行动的必要性,这类似一种更大规模的州级"绿点计划"。路易斯安那州2012 年的《海岸总体规划》曾模糊地提及这个计划,其中提到了"自愿搬迁和收购措施"等内容。② 计划书里精美的页面上满是地图,却没有任何解释说明为什么这些地方对人们很重要,或者人们抛弃这些地方意味着什么。计划中也没有严谨地询问人们住在当地的原因,居住的方式,生活了多久,让他们选择留下或离开的原因,或者这些问题的答案是如何随着时间的推移而产生变化的。与许多其他的政策文件一样,这个计划自称能提供相关解决方案,但它似乎与多数人认为亟须解决的问题是脱节的。此外,那些不公平的方案也不能算作真正的解决方案。

　　身处联邦防洪堤系统的混凝土包围之外,看着眼前慢慢沉没的土地,牧师泰伦·爱德华兹(Tyronne Edwards)开始思考那些日益增长的呼声,那些呼声让他和邻居们,连同他在锡安旅行者浸信会的教徒们一起搬去内陆。和他家族的前四代人一样,爱德华兹住在普拉克明教区东岸的一个名叫菲尼克斯的小型非裔美国人社区。该社区位于卡

① Julie Demansky, "Five Years After the BP Oil Spill, Gulf Coast Residents Say ' BP Hasn't Made Things Right"(《漏油事故五年后,墨西哥湾沿岸居民称"英国石油公司没把事情做好"》), DeSmog, April 21, 2015, https://www.desmogblog.com/2015/04/21/five-years-after-bp-oil-spill-gulf-coast-residents-say-bp-hasn-t-made-things-right. 引用自嵌入视频,2015 年 4 月 21 日迪安·布兰查德接受朱莉·德曼斯基(Julie Dermansky)的采访。该诉讼名为 Board of Commissioners of the Southeast Louisiana Flood Protection Authority-East v. Tennessee Gas Pipeline Company, LLC et al. (《路易斯安那州东南部防洪管理局诉田纳西燃气管道公司及其他相关公司》), Civil District Court, Parish of Orleans, Louisiana, case no. 13 – 6911; once it moved to the US District Court, Eastern District of Louisiana, it became Civil Action no. 13 – 5410; on appeal to the US Court of Appeals, Fifth Circuit, it became case no. 15 – 30162. 关于金达尔,参见 Jeff Adelson, "Jindal Denounces Lawsuit Targeting Oil and Gas Firms"(《金达尔谴责针对石油和天然气公司的诉讼》), The Advocate(《倡导者报》), July 25, 2013. 终止该诉讼的立法始于路易斯安那州参议院第 469 号法案,该法案通过并成为 2014 年路易斯安那第 544 号法案,随后在 2014 年 10 月 31 日《路易斯安那州石油天然气协会股份有限公司诉路易斯安那州司法部长詹姆斯·D.·巴迪·考德威尔》一案中被裁定违宪。2017 年 3 月 3 日,美国第五巡回上诉法院驳回了路易斯安那州东南部防洪管理局的诉讼。

② State of Louisiana, Coastal Protection & Restoration Authority, Louisiana's Comprehensive Master Plan for a Sustainable Coast(《路易斯安那州可持续海岸总体规划》)(2012), 159 (for " relocation") and 175 (for " retreat").

那封河和波西米亚泄洪道之间,前者为 1927 年路易斯安那州工程师炸毁堤坝的所在地,后者自 1926 年以来为东岸堤坝的终点处,也是新奥尔良堤坝委员会波西米亚泄洪道的起点处。与菲尼克斯隔河相望的是爱恩顿,同样也是一个小型非裔美国人定居点。1980 年,爱德华兹曾在爱恩顿协助领导了向普拉克明长官查林·佩雷兹(Chalin Perez)(莱安德·佩雷兹之子)争取自来水供应的行动。①

在卡特里娜飓风中,2.7 米深的洪水冲击了菲尼克斯社区。事后,爱德华兹创办了锡安旅行者合作中心,此举的灵感来自《尼希米记》(Nehemiah)中的一句话,"让我们站起来重建家园"。该中心筹集善款以购买锤头、锯子和其他工具,用以借给社区居民使用,同时还向他们发放购买木材的代金券。爱德华兹说:"联邦紧急事务管理局没有带给人们希望,保险公司也没有,所以我们必须挺身而出让大家看到希望。"在 2015 年,菲尼克斯社区的人口已经超过了飓风前的数量。②

路易斯安那州《海岸总体规划》中运用的主要策略是对密西西比河进行导流,使部分河水通过专业设计的管道穿过防洪堤坝,这样,河流中的沉积物会形成新的陆地,以此修复部分下沉的区域。支持者们认为这项引水修复工程与过去密西西比河沉积形成路易斯安那州陆地是一样的过程,并声称这将是解决该州问题的唯一希望。其中一项计划是在菲尼克斯社区附近修建一条名为"米德-布雷顿沉积河"的引流河。爱德华兹明白这有助于减缓海岸侵蚀的速度,但他同时也清楚引流会改变沼泽地的盐浓度,导致牡蛎死亡和鱼类逃离,这会严重影响附近居民们的生计。③

---

① 关于爱恩顿,参见 Tyronne Edwards, *The Forgotten People: Restoring a Missing Segment of Plaquemines Parish*(《被遗忘的人们:修复普拉克明县一处被遗忘之地》)(Xlibris, 2017), pp. 193 – 200。

② Michelle Bates Deakin, "Phoenix Rising"(《崛起的菲尼克斯》),*UU World*(《世界》), December 11, 2006, https://www.uuworld.org/articles/stub – 7062. Zion Travelers Cooperative Center, http://www.ziontcc.com/home/.

③ 2017 年 1 月 18 日泰伦·爱德华兹在新奥尔良举行的"海岸恢复和保护管理局"会议上的公开发言。收录于 Coastal Protection and Restoration Authority, *2017 Coastal Master Plan. Attachment G1: Public Hearing Transcripts*(《2017 年海岸总体规划附件 G1:公开听证文字记录》)(April 2017), 200, http://coastal.la.gov/wp-content/uploads/2017/04/Attachment-G1_FINAL03.24.2017.pdf。

　　支持者们称，河水引流对更多生活在远离海岸以及新奥尔良内陆地区的人们来说是有好处的，因此引流带来的部分牺牲是必要的——这是为了更大的功德而做出的妥协。但爱德华兹不赞同这个说法。他说："我们一直都在做出牺牲，现在已经没法再做出更多妥协了。"[①]爱德华兹倡导一种让更多人受益的愿景，旧防洪堤系统的设计就体现了这一理想——在公共工程中能把每个人都纳入保护范围。他知道大多数美国人更愿意把他所面临的问题认作是局部的，只发生在边缘地区，只有那些远离中心区域的人们才会遇到。但同时，他也目睹了那些所谓比他更加靠近中心的地区同样也会经历洪灾——比如 2012 年遭遇飓风桑迪袭击的纽约。各处的海平面正在上升。卡特里娜的故事似乎并未随着历史的洪流消散，而是继续影响着未来。

　　爱德华兹祖上曾经在菲尼克斯社区过着被奴役的生活，有时他会想到祖先们在监工鞭子下所受到的伤害。谈及自己的先祖，爱德华兹说："这片土地上流淌着他们的鲜血。"他的曾祖父曾经是 1868 年路易斯安那州制宪会议的代表。该会议通过的法案宣布了奴隶制非法，并且确定了"人人生而自由平等"的原则，这在路易斯安那的历史上是头一遭。爱德华兹每天早上以自由之身醒来，而就是在这片土地上，他的先祖们用鲜血和抗争为自己赢来了自由，也让后辈的爱德华兹获得了自由。爱德华兹说："请再告诉我，你觉得你要我牺牲的是什么，以及为什么你觉得是我应该做出牺牲。"[②]

未来会如何

　　2015 年 8 月 27 日，为了纪念卡特里娜飓风发生 10 周年，时任总

[①] 2015 年 11 月 10 日泰伦·爱德华兹在杜兰大学的讲话，我持有视频录像。关于河水引流，参见 Coastal Protection and Restoration Authority, *Louisiana's Comprehensive Master Plan for a Sustainable Coast*（《路易斯安那州可持续海岸总体规划》）(2017), p. 149。

[②] 1868 年 3 月 7 日通过的路易斯安那州宪法。泰伦·爱德华兹在杜兰大学的讲话。"要求我做出牺牲"是 2015 年 11 月 6 日爱德华兹与我的对话中使用的表述，我持有笔记。

统贝拉克·奥巴马到访新奥尔良。他在下九区一个整洁明亮的社区中心发表讲话,并赞美该中心是"新奥尔良市超凡韧性的象征"。奥巴马说:"在面对灾祸和困境时,你们展现了一切皆有可能。善良的新奥尔良人团结起来互相帮助,从一砖一瓦开始,到一片街区,再到整个社区,你们亲手创造了一个更加美好的未来。"①

总统还提到了中午在特雷梅社区的"威莉·梅炸鸡屋"享用了美味的炸鸡。当初防洪坝决堤时,洪水毁坏了这家炸鸡店。但是在志愿者们的努力以及从全国各地募集到的 20 万美元善款的帮助下,餐厅不到两年后便重新开业。炸鸡店老板娘威莉·梅·西顿(Willie Mae Seaton)出生于密西西比州的农村地区。二战期间,她的丈夫在希金斯造船厂找到一份工作,她便随之一同搬来新奥尔良。西顿先是开了几年出租车,当了几年干洗工。获得美容师执照后,她又开了一家美容院。到了 1957 年,她把美容院改成了小吃店,并开始为顾客制作炸鸡。后来,她的炸鸡被誉为"可能是世界上最好吃的炸鸡"。2005 年,西顿赢得了颇具声望的詹姆斯·比尔德奖(美国著名餐饮奖项)。这枚奖牌也是当初在洪灾撤离时她所带走的为数不多的重要财产之一。2015 年 9 月 8 日,在洪灾过去 10 年后,西顿与世长辞,享年 99 岁。她足够长寿,等到了第一位非裔美国总统光临自己的炸鸡店。总统来访那天的晚些时候,在回顾重建餐厅的经历时,西顿坚定地说:"全国人民都不会同意美国失去如此重要的地方。"②

新奥尔良全市人口总数为 390 711 人,较 2000 年减少了 93 963 人。其中,白人数量减少 8 689 人,降幅为 7%;非裔美国人数量减少

① Barack Obama, "Remarks on the 10th Anniversary of Hurricane Katrina in New Orleans, Louisiana"(《卡特里娜飓风 10 周年纪念活动上的讲话》), August 27, 2015, Daily Compilation of Presidential Documents No. 201500573 (Office of the Federal Register, National Archives and Records Administration),p. 2.

② Obama, "Remarks on the 10th Anniversary of Hurricane Katrina"(《卡特里娜飓风 10 周年纪念活动上的讲话》),p. 5. 关于西顿,参见 Todd A. Price, "Willie Mae Seaton of Willie Mae's Scotch House Dies at 99"(《"威莉·梅炸鸡屋"老板娘威莉·梅·西顿享年 99 岁》), New Orleans Times-Picayune(《新奥尔良皮卡尤恩时报》), September 21, 2005. 关于 20 万美元善款和洪灾撤离,参见 Neda Ulaby, "In New Orleans, A Fried Chicken Institution Revived"(《在新奥尔良,一家炸鸡店重获新生》, All Things Considered(《万事皆晓》)), July 30, 2008。

91 741 人，降幅为 28%。每 10 名新奥尔良白人居民中有 1 人生活贫困，而每 10 名非裔美国居民中则有 3 人，该比例与飓风前基本相同。据一项指标显示，新奥尔良收入的不平等程度在全国所有城市中位居第二。[①] 其中，白人家庭的中位数收入为 62 074 美元；非裔美国人家庭的中位数收入为 26 819 美元。而在圣伯纳德教区，人口数变为了 45 439 人，较之前减少了 21 790 人，降幅达到了 32%。

在演讲的最后，奥巴马指出美国"将会因为气候变化而遭遇更多极端天气"。他坚信新奥尔良在应对灾害和韧性方面正在成为美国的典范城市。不同人对这个说法持有不同态度，有人觉得鼓舞人心，有人则觉得沮丧气馁。2015 年夏季的一次调查中显示，近八成的新奥尔良白人市民认为灾后的路易斯安那州已"基本恢复"，而近六成的新奥尔良非裔人则认为"基本上还没恢复"。在被问及"重建新奥尔良的相关举措对您有多大帮助"时，三分之二的白人和生活在贫困线上的市民回答"有些帮助或帮助很大"，而半数的非裔美国人和生活在贫困线以下的市民回答"帮助不多或完全没帮助"。表示在洪灾后生活质量有所提高的白人市民数量是非裔市民的两倍还多，而表示生活质量变

[①] 亚裔人口数量保持不变，而自称西班牙裔或拉丁裔的新奥尔良居民数量增加了 6 658 人。在新奥尔良，21 484 人报告为西班牙裔或拉丁裔，120 182 人报告为白人，231 651 人报告为黑人或非洲裔美国人，11 528 人报告为亚裔。参见 US Census Bureau, Population Division, "Annual Estimates of the Resident Population by Sex, Race, and Hispanic Origin for the United States, States, and Counties: April 1, 2010 to July 1, 2017"（《2010 年 4 月 1 日至 2017 年 7 月 1 日，美利坚合众国、各州县按性别、种族和西班牙裔划分的居民人口数量年度估算数据》）。关于生活贫困，参见 US Census Bureau, 2016 American Community Survey 1-Year Estimates, "Poverty Status in the Past 12 Months"（《过去 12 个月的贫困状况》）。关于收入的不平等程度，参见 Marla Nelson, Laura Wolf-Powers, and Jessica Fisch, *Persistent Low Wages in New Orleans' Economic Resurgence: Policies for Improving Earnings for the Working Poor*（《新奥尔良经济复苏中的持续低工资收入：提高贫困劳动者收入的政策》）(New Orleans: The Data Center, August 2015), p. 1. 关于人口变化，还可参见 Elizabeth Fussell, "The Long-Term Recovery of New Orleans' Population After Hurricane Katrina"（《卡特里娜飓风后新奥尔良人口的长期复苏》）, *American Behavioral Scientist*（《美国行为科学家》）59, no. 10 (2015): 1231 – 1245。

得更糟的非裔美国市民数量是白人市民的三倍还多。① 10 年之后,卡特里娜飓风似乎成了现代美国历史上一次重要的罗夏墨迹测验,它并非只是一扇窗户,让人们直面飓风带来的伤害;它更像是一面镜子,折射出灾难后不同人各自的经历和体验。但这些体会和想法并非像墨迹测试一样,出自对同一张图的不同解读,而是基于在同一个国家生活所面对的不同经历和待遇。

在美国,"道德世界的发展弧线会趋向公平"是人们深信不疑的观念之一。当事情变得异常糟糕时,我们就称之为灾难。我们会把这些灾难视为不幸发生的个案而将其搁置一旁,以免其阻碍人们眼中那滚滚向前的历史洪流。对于在灾难中受到伤害的人们,我们也是用同样的态度对他们弃之不顾。这样做了之后,一般按照惯例我们会给故事一个幸福圆满的大结局。但如果认为卡特里娜飓风是必须被铭记的一段历史,将它带来的伤痛当作是切身的,那么就不可能有一个完满的结局。圆满结局给我们带来的慰藉对于逝者来说是一种侮辱。相反,对于在当时做什么才能减小灾难所产生的伤害时,我们亏欠逝者和自己一次坦诚的反省和评估。历史学家所能做的就是去深入分析和评估历史,这能让逝去的一切变得意义,让希望不再渺茫。

回到 2006 年,马利克·拉希姆接受采访时被问到,他想象中卡特里娜过去 10 年后的 2015 年的新奥尔良会是什么样子,他回答说很可能会是"全世界最进步的城市"。他说新奥尔良会变成一座充满机遇的城市,拥有干净的市容,建有先进的黑人医院,大学里满是当地的学

---

① Obama, "Remarks on the 10th Anniversary of Hurricane Katrina"(《卡特里娜飓风 10 周年纪念活动上的讲话》),p. 6. 关于"基本恢复",参见 Michael Henderson, Belinda Davis, and Michael Climek, *Views of Recovery Ten Years After Katrina and Rita*(《卡特里娜和丽塔飓风 10 年后的恢复情况》)(Baton Rouge: LSU Manship School of Mass Communication, Reilly Center for Media & Public Affairs, August 25, 2015), p. 5. 关于"对您有多大帮助",参见 The Henry J. Kaiser Family Foundation, *New Orleans Ten Years After the Storm: The Kaiser Family Foundation Katrina Survey Project*(《风暴过后 10 年的新奥尔良:凯撒家庭基金会卡特里娜调查项目》)(2015), p. 5. 在非裔美国人中,20%表示他们的生活变得更好,36%表示他们的生活变得更糟;而在白人中,41%表示他们的生活变得更好,10%表示他们的生活变得更糟。Henderson, Davis, and Climek, *Views of Recovery Ten Years After Katrina and Rita*(《卡特里娜和丽塔飓风 10 年后的恢复情况》),p. 10.

生。他预言城市的游客会络绎不绝，"因为大家都想来亲眼看看新奥尔良取得的巨大成就"。在 2006 年那天的采访中，拉希姆断言："我对新奥尔良的未来充满希望，也对美国的明天信心十足。"①

拉希姆的愿景听起来有些乌托邦化，但这也可以理解的。采访地点就位于他所协助创办的"共同基地组织"，不远处的志愿者们正忙着清理受灾房屋，运营免费医疗诊所，提供免费法律援助，修复有毒有害土壤，计划在湿地上种植沼泽水草——所有这些都是政府迄今为止拒绝或没能做到的事，但拉希姆和他的团队正将这些一一实现。当天在现场的志愿者仅代表了数千人中的一小部分，有黑人也有白人，来自远近各地，被该组织团结而非慈善的精神所吸引，并且都渴望帮助新奥尔良成为梦想中有爱的大家庭。而拉希姆的启动资金仅为 50 美元，在这里一切似乎皆有可能。

拉希姆的生活经历让他无法粉饰那些艰难的真相。作为一名越战老兵、黑豹党新奥尔良分部的前安全负责人，拉希姆长期以来始终倡导非裔美国人的武装自卫。他曾与警察发生过枪战，并因持枪抢劫入狱多年。② 飓风席卷之后，他在阿尔及尔看到中枪的邻居横尸街头。"我看着他们的遗体慢慢变浮肿，然后被狗咬得四分五裂。"拉希姆说。他们并不是风暴灾害或者堤坝垮溃的受害者——因为阿尔及尔并没有遭受洪灾，杀害他们的是他们的邻居——那些白人治安会会员，这些人行事如同滥用私刑的暴民一样。③

采访者问拉希姆，10 年后，他想象中的完成重建、充满公正的新奥尔良是否会变为现实。他回答："是的，没错。"他又提高嗓音再次答

---

① Malik Rahim, interview by Pamela Hamilton, May 23, 2006, interview U-0252, transcript, pp. 50 - 51, SOHP Collection.

② 有关拉希姆和"共同基地组织"，参见 Joshua B. Guild, "'Nobody Can Tell Me What We Can't Do': Malik Rahim, the Black Radical Tradition, and Struggles for Social Justice in New Orleans, 1970 - 2010"（《"没人能对我说我们不能做什么"：马利克·拉希姆、黑人激进传统、新奥尔良社会正义斗争，1970 —2010 年》），2015, unpublished paper in author's possession。也可参见 Rebecca Solnit, *A Paradise Built in Hell: The Extraordinary Communities that Arise in Disaster*（《地狱中的天堂：灾后涌现的非凡社区》）(New York: Viking, 2009), pp. 231 - 304。

③ Trymaine Lee, "Inquiries Give Credence to Reports of Racial Violence After Katrina"（《调查证实了卡特里娜飓风后的种族暴力报道》），*New York Times*（《纽约时报》），August 27, 2010, p. A9.

道:"是的,肯定会!"拉希姆在迈向更美好未来的路上不断努力和付出着,也正是因为他的人生艰辛才必须努力向上。他说:"我们别无选择。如果不去努力争取未来,我们就会走向自我毁灭。"①

_____

① Rahim, May 23, 2006, p. 51.

"同一颗星球"丛书书目